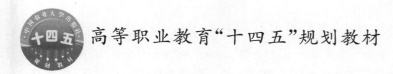

高等职业教育"十四五"规划教材

畜禽生产

第 3 版

赵 聘 潘 琦 刘亚明 主编

U0219170

中国农业大学出版社
·北京·

内 容 简 介

本教材较为全面地反映了畜禽生产的新知识、新技术、新成果。教材采用"单元—项目—任务"的形式编写,主要内容包含概论和4个单元(猪生产、家禽生产、牛生产、羊生产),共21个项目,72个任务。教材力求做到理论紧密联系实际,突出实践性、应用性,体现科学性、先进性和实用性。每个项目都附有知识目标、技能目标、复习思考题,便于学生掌握知识重点和实践技能以及复习、巩固和提高。本教材共安排24个技能训练,有助于锻炼、提高学生的实践技能。教材还附有部分畜禽生产视频,使学生对生产环节有直观的了解和认识。

本教材可作为高等职业院校畜牧兽医、兽医、饲料与动物营养、兽药生产与营销、兽医医药、动物防疫与检疫等专业的教材,也可作为从事与动物科学相关研究及生产技术人员的培训教材与学习参考书。

图书在版编目(CIP)数据

畜禽生产/赵聘,潘琦,刘亚明主编. —3 版. —北京:中国农业大学出版社,2021.2(2024.1 重印)

ISBN 978-7-5655-2526-1

Ⅰ.①畜…　Ⅱ.①赵…②潘…③刘…　Ⅲ.①畜禽-饲养管理-高等职业教育-教材
Ⅳ.①S815

中国版本图书馆 CIP 数据核字(2021)第 035082 号

书　名	畜禽生产　第3版		
作　者	赵　聘　潘　琦　刘亚明　主编		
策划编辑	康昊婷	**责任编辑**	林孝栋
封面设计	李尘工作室　郑　川		
出版发行	中国农业大学出版社		
社　址	北京市海淀区圆明园西路 2 号	**邮政编码**	100193
电　话	发行部 010-62733489,1190	**读者服务部**	010-62732336
	编辑部 010-62732617,2618	**出　版　部**	010-62733440
网　址	http://www.caupress.cn	**E-mail**	cbsszs@cau.edu.cn
经　销	新华书店		
印　刷	北京鑫丰华彩印有限公司		
版　次	2021 年 3 月第 3 版　2024 年 1 月第 4 次印刷		
规　格	185 mm×260 mm　16 开本　24.75 印张　610 千字		
定　价	59.00 元		

图书如有质量问题本社发行部负责调换

编写人员

主　　编　赵　聘（信阳农林学院）

　　　　　　潘　琦（江苏农牧科技职业学院）

　　　　　　刘亚明（乌兰察布职业学院）

副 主 编　丁国志（辽宁农业职业技术学院）

　　　　　　李吉楠（山东畜牧兽医职业学院）

　　　　　　宋　瑜（河北环境工程学院）

　　　　　　张　敏（信阳农林学院）

编写人员　（按姓氏拼音排序）

　　　　　　程万莲（信阳农林学院）

　　　　　　丁国志（辽宁农业职业技术学院）

　　　　　　李吉楠（山东畜牧兽医职业学院）

　　　　　　刘亚明（乌兰察布职业学院）

　　　　　　祁兴磊（泌阳县夏南牛科技开发有限公司）

　　　　　　潘　琦（江苏农牧科技职业学院）

　　　　　　宋　瑜（河北环境工程学院）

　　　　　　宋金昌（河北科技师范学院）

　　　　　　张　敏（信阳农林学院）

　　　　　　张日欣（辽宁农业职业技术学院）

　　　　　　赵　聘（信阳农林学院）

　　　　　　赵　阳（辽宁农业职业技术学院）

　　　　　　赵云焕（信阳农林学院）

　　　　　　朱文进（河北科技师范学院）

前　言

党的二十大报告指出,增进民生福祉,提高人民生活品质。畜牧业是关系国计民生的重要产业。"十四五"期间,我国畜牧业坚持产出高效、产品安全、资源节约、环境友好的发展方向,以建设现代畜牧业强国为目标,以加快转变发展方式为主线,以推进转型升级、提质增效和提升行业竞争力为重点,以满足人民群众消费安全优质畜产品为目的,建立以"布局区域化、养殖规模化、生产标准化、经营产业化、服务社会化"为基本特征的现代畜牧业生产体系。畜牧业生产发展迅速,畜产品供给能力显著增强,2019年全国猪牛羊禽肉产量7 649万t(其中猪肉产量4 255万t,牛肉产量667万t,羊肉产量488万t,禽肉产量2 239万t),禽蛋产量3 309万t,牛奶产量3 201万t。我国人均禽蛋占有量超过发达国家水平;人均肉类占有量超过世界平均水平。

畜禽生产是高等职业院校畜牧兽医、兽医、饲料与动物营养、兽药生产与营销、兽医医药、动物防疫与检疫等专业的一门必修专业课。本课程的教学任务是使学生获得猪、禽、牛、羊生产所必需的基本理论、基本知识和基本技能。

本次修订是在中国农业大学出版社2015年出版的《畜禽生产》(第2版)基础上进行的。教材修订者为:赵聘(概论,全书统稿、定稿);潘琦(单元一猪生产,单元一猪生产定稿);丁国志、赵阳、张日欣(单元二家禽生产项目一、三、五、六,单元二家禽生产统稿);宋瑜、宋金昌(单元三牛生产项目二、三、四,单元三牛生产统稿);刘亚明、李吉楠(单元四羊生产,单元四羊生产定稿);朱文进(单元二家禽生产项目五);张敏(单元三牛生产项目一,单元三牛生产统稿、定稿);赵云焕(概论,单元二家禽生产统稿);程万莲(单元二家禽生产项目二、四);祁兴磊(单元三牛生产项目一)。技能训练由相应项目的编者修订。畜禽生产视频由修订者和有关单位提供。

在教材编写过程中参阅了国内外有关文献,并引用了其中的一些资料,部分已注明出处,限于篇幅仍有部分文献未列出,编者对这些文献的作者表示由衷的感谢和歉意。

教材的修订和出版得到了中国农业大学出版社和信阳农林学院牧医工程学院刘纪成、李军、王俊锋等老师的大力支持。河南牧业经济学院、江苏农牧科技职业学院以及泌阳县夏南牛科技开发有限公司、河南三高农牧股份有限公司等养殖企业提供部分畜禽生产视频,在此一并表示感谢!

虽经多次修改,但编者水平有限,教材中难免存在不足和遗漏之处,敬请同行专家和读者批评指正。

编　者

2024年1月

目 录

单元一 猪 生 产

单元四　羊　生　产

概　　论

一、畜禽生产的概念

畜禽生产是指人们利用自然资源(土地、水等)、生物资源(畜禽、饲草料等)和社会资源(人力、物力、财力、科技、市场等),进行畜禽产品生产、加工和销售的活动。按照经济学的观点,畜禽生产是人类利用驯养动物的自然再生产能力,以植物性和部分动物性产品为主要食物(饲草、饲料),获取人类必需的动物性产品的整个经济再生产过程,是人类与自然界进行物质交换的重要环节。

农业是国民经济的基础,畜牧业是农业的重要组成部分,畜牧业与种植业并列为农业生产的两大支柱。畜牧业发展水平占农业的比重是衡量一个国家和地区农业现代化水平总体发展状况的重要标志,高度发达的畜牧业是农业现代化的重要标志,实现农业现代化必须首先实现畜牧业现代化。从发达国家和地区实现农业现代化的经验看,他们都是把畜牧业作为农业的主导产业来对待,畜牧业在农业中的比重均超50%,2018年美国畜牧业产值占第一产业比重超过60%,英国畜牧业产值占第一产业比重接近66.7%,而新西兰畜牧业产值占第一产业比重更是达到91.8%。

据测算,到2035年,我国畜牧业总产值占农业总产值的比重将从目前的30%提升到52%,畜牧业将成为我国第一产业的主导产业。

二、畜牧业在我国国民经济中的地位和作用

畜牧业是从事动物饲养和繁殖的一种产业,是一项关联广泛的基础产业,是关系国计民生的重要产业,对保障国家食物安全,繁荣农村经济,促进农牧民增收,保护和改善生态环境,推进农业现代化,促进国民经济稳定发展,具有十分重要的现实意义。

(一)畜牧业在建设社会主义新农村和乡村振兴中的地位

加快畜牧业发展是农民增收的重要途径,是改善农村生态环境的重要手段。大力发展畜牧业是促进农业和农村经济发展、增加农民收入、保持社会稳定的一项重大的现实举措,是全面建设小康社会的重要内容;畜牧业在优化农业和农村经济结构,合理配置农业资源,大量安置农村富余劳力,持续增加农民收入,以及发展现代农业、建设社会主义新农村中都发挥了不可替代的作用。而且畜牧业是实现农产品转化,促进种植业、带动农产品加工业发展的重要环节,也是加快农村经济发展、增加农民收入的亮点。畜牧业已经成为我国农业和农村经济中最有活力的增长点和最主要的支柱产业,畜牧业收入已经成为农民家庭经营收入的重要来源。

我国作为农业大国,畜牧业整体规模庞大,目前行业总产值在 3 万亿元左右(图 0-1),但随着国内经济的平稳发展,行业总产值将恢复增长。

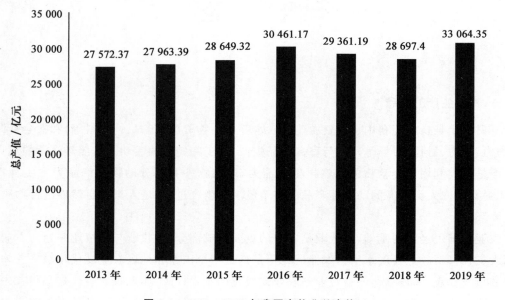

图 0-1　2013—2019 年我国畜牧业总产值

(资料来源:国家统计局)

实施乡村振兴战略,是党中央、国务院作出的重大决策。畜牧业作为产业振兴的重要组成部分,既是促进乡村经济发展的主力担当,又是保障"菜篮子"供应的重要产业。国家有关权威机构分析指出,我国农村产业振兴的最大短板、最大空间都在畜牧业。畜牧业作为农牧民增收的支柱产业,其品类多、规模大、链条长,是农牧区基础性、支撑性产业,且与生态环境密切相关,在乡村振兴战略中扮演着极其重要的角色。

畜牧业是"产业兴旺"的重要支柱。畜牧业前连种植业,中连加工业,后连流通和服务业,承农启工,是农村经济不可缺少的重要组成部分;乡村振兴的首要要求是"产业兴旺",必须有经济支柱,那么畜牧业就是最为直接、最具竞争力的备选产业之一。畜牧业是"生活富裕"的有效途径:畜牧业具有进入门槛较低、覆盖面广、投资见效快、商品率高等特点,非常适合农户家庭式发展,是增加农民收入的重要途径之一。畜牧业是实现可持续发展的朝阳产业:随着人民生活水平的提高,对肉蛋奶等畜产品的需求日益增长,对品质的要求与日俱增,这就为畜牧业提供了广阔的发展空间,也有利于缓解发展不平衡不充分的矛盾。

(二)畜牧业是实现农业可持续健康发展的重要环节

畜牧业的发展,一方面可以大大促进粮食等农副产品加工转化成利用价值更高,营养更好的肉、蛋、乳制品;另一方面也可以为种植业提供大量的质优价廉的有机肥料,降低种植业成本,提高农产品质量,促进农业良性循环和可持续发展的实现。

畜牧业作为发展生态有机农业的关键环节,可以延长自然界的生物链,秸秆过腹还田,既生产了畜产品,又增加了土壤的有机质,还减少了因焚烧秸秆造成的环境污染,在维护生态平衡,保护环境方面具有不可替代的作用。另外,通过推广科学养殖,实施"三结合"厩舍,建沼气池,可解决农户燃料问题,减少森林砍伐,对水土保持、生态环境改善起到积极的促进作用。

(三)畜牧业是"菜篮子"工程主体,是提高人民生活水平的重要产业

畜牧业是否成长为农村经济的支柱产业,是衡量一个国家农业发达程度的主要标志。在吃饭问题没有解决的时候,粮食生产特别是满足人们口粮问题就是最大的目标。一旦这一目标基本实现,在保证人们口粮供应的基础上,满足人们食物上的多种需求,就成为新的目标。与种植业相比,畜牧业为人类提供了更有营养和更受青睐的食品。

肉蛋奶是百姓"菜篮子"的重要品种,也是衡量人民生活小康水平的重要指标。畜牧业可以为人类提供大量优质的动物性食品,调整人们的膳食结构,提高人们的健康水平。2019 年全国猪牛羊禽肉产量 7 649 万 t,其中猪肉产量 4 255 万 t、牛肉产量 667 万 t、羊肉产量 488 万 t、禽肉产量 2 239 万 t,禽蛋产量 3 309 万 t,牛奶产量 3201 万 t。畜牧业综合生产能力不断增强,充分保障了城乡居民"菜篮子"产品供给。

《国务院办公厅关于促进畜牧业高质量发展的意见》提出的发展目标:畜禽产品供应安全保障能力大幅提升,猪肉自给率保持在 95% 左右,牛羊肉自给率保持在 85% 左右,奶源自给率保持在 70% 以上,禽肉和禽蛋实现基本自给。

(四)畜牧业为工业提供原料

畜牧业可以为食品、制革、毛纺、医药等轻工业提供原材料。如肉蛋奶等是食品工业的重要原料;动物皮是皮革加工业的重要原料,可制作皮鞋、皮帽、皮夹克等;动物皮毛、绒、羽等可作为毛纺织品及羽毛加工业的原料,制作毛毯、被褥、寒衣等;各种动物的心、肝、胆、脑髓等可提取多种有价值的药品与工业用品的原料。

(五)畜牧业促进出口创汇

畜产品在对外贸易中占有重要地位。我国畜产品资源丰富,名特优产品多,竞争力强,畜产品出口呈平稳发展趋势,出口创汇有了较大提高。2019 年我国畜产品出口额 65.0 亿美元,占农产品出口额 791.0 亿美元的 8.2%。

三、我国畜牧业取得的成就、存在的问题及发展趋势

(一)我国畜牧业取得的主要成就

改革开放以来,我国畜牧业实现了连年的持续增长,取得了令人瞩目的成就。

1. 对地方畜禽品种资源的保护和合理利用

我国是世界上畜禽遗传资源最为丰富的国家,已发现地方品种 545 个(表 0-1),约占世界畜禽遗传资源总量的 1/6。

表 0-1　我国地方畜禽遗传资源数量统计表　　　　　　　　　　　　个

畜种	地方总品种数量	国家级保护品种数量	省级保护品种数量	其他品种数量
猪	90	42	32	16
牛	94	21	47	26
羊	101	27	52	22
家禽	175	49	97	29
其他	85	20	32	33
合计	545	159	260	126

（资料来源：《全国畜禽遗传资源保护和利用"十三五"规划》）

　　为了全面加强我国畜禽遗传资源保护和利用，实现有效保护、科学利用，促进畜牧业可持续发展，农业农村部从 2008 年陆续发布了《中国奶牛群体遗传改良计划（2008—2020 年）》《全国生猪遗传改良计划（2009—2020 年）》《全国肉牛遗传改良计划（2011—2025 年）》《全国蛋鸡遗传改良计划（2012—2020 年）》《全国肉鸡遗传改良计划（2014—2025 年）》《全国肉羊遗传改良计划（2015—2025）》《全国水禽遗传改良计划（2020—2035）》。采取抢救性保护措施保留下来的品种有 39 个，如表 0-2 所示。

表 0-2　采取抢救性保护措施保留下来的品种

畜种	数量	品种名称
猪	19	马身猪、大蒲莲猪、河套大耳猪、汉江黑猪、两广小花猪（墩头猪）、粤东黑猪、隆林猪、德保猪、明光小耳猪、湘西黑猪、仙居花猪、莆田猪、嵊县花猪、玉江猪、滨湖黑猪、确山黑猪、安庆六白猪、浦东白猪、沙乌头猪
家禽	6	金阳丝毛鸡、边鸡、浦东鸡、萧山鸡、雁鹅、百子鹅
牛	5	复州牛、温岭高峰牛、阿勒泰白头牛、海子水牛、独龙牛（大额牛）
羊	4	兰州大尾羊、汉中绵羊、岷县黑裘皮羊、承德无角山羊
其他	5	鄂伦春马、晋江马、宁强马、敖鲁古雅驯鹿、新疆黑蜂

（资料来源：《全国畜禽遗传资源保护和利用"十三五"规划》）

　　"农为国本，种铸基石"，种业是国家战略性、基础性核心产业。中共中央、国务院始终高度重视种业发展，习近平总书记指示要下决心把我国种业搞上去，抓紧培育具有自主知识产权的优良品种。《乡村振兴战略规划（2018—2022 年）》和 2019 年中央一号文件明确要求开展畜禽良种联合攻关，2019 年 8 月农业农村部办公厅印发《国家畜禽良种联合攻关计划（2019—2022 年）》。通过引进国外高产畜禽品种，改良我国地方品种，选育专门化品系和新品种。我国已自主培育新品种、配套系超过 200 个，使我国畜禽生产性能显著提高，畜禽良种普及率和畜禽生产水平显著提高。

　　2. 畜牧业生产发展迅速，畜产品供给安全保障能力显著增强，安全优质畜禽产品不断增加

　　改革开放以来，我国畜牧业持续快速发展，取得了举世瞩目的成就，对于保障畜产品消费、改善城乡居民膳食结构、促进农牧民增收作出了重要贡献，为经济社会发展提供了重要支撑。畜产品生产能力稳步提升。2018 年，全国肉类总产量 8 517 万 t，禽蛋产量 3 128 万 t，居世界

第一位,奶类总产量 3 186 万 t 居世界第六位。2018 年我国人均禽蛋占有量 22.4 kg,超过发达国家水平;人均肉类占有量 61.8 kg,超过世界平均水平,达到中等发达国家的水平。

畜产品结构不断优化,更好地满足了人民群众多元化、多层次的消费需求。

"民以食为天,食以安为先",畜禽产品质量安全问题是一个关系到人类身体健康和生命安全的重大社会问题。随着生活水平的提高和消费观念的转变,人们对畜禽产品的要求也越来越高。通过实施"无公害食品行动计划",畜禽产品质量安全水平不断提高,有力保证了城乡群众"舌尖上的安全"。

3.饲料工业快速发展

我国饲料工业起步于 20 世纪 70 年代,伴随着我国国民经济的持续、快速发展而迅速壮大。1990 年至 2010 年,我国饲料产量从 3 194 万 t 增长至 16 202 万 t,年均复合增长率达 8.46%,呈现了较高的增长速度。2011 年起,我国饲料产量增速有所放缓(图 0-2),2011 至 2019 年,全国饲料产量年均复合增长率为 3.91%。目前,我国饲料产量约占全球总产量的 1/5。

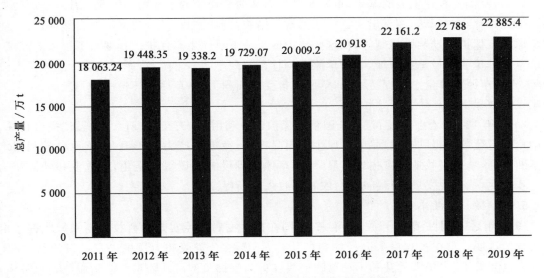

图 0-2　2011—2019 年我国工业饲料总产量

(资料来源:国家统计局)

从饲料品种结构看,猪饲料和肉禽饲料是当前我国产量最大的两个饲料品种。2019 年,全国猪饲料产量占饲料总产量的比例为 33.48%,肉禽饲料产量占饲料总产量的比例为 36.99%,两者之和占比达 70%。

2019 年,我国工业饲料产量达到 2.28 亿 t,其中,配合饲料 21 013.8 万 t,浓缩饲料 1 241.9 万 t,添加剂预混合饲料 542.6 万 t。全国饲料工业总产值 8 088.1 亿元。全国饲料添加剂产量 1 199.2 万 t,氨基酸、维生素和矿物元素产量分别为 330 万 t、127 万 t、590 万 t。酶制剂和微生物制剂产量继续快速增长,同比增幅分别为 16.6%、19.3%。

全国有配合饲料、浓缩饲料、精料补充料、添加剂预混合饲料等加工企业近 10 000 家,饲料添加剂生产企业约 1 800 家。根据中国饲料工业协会数据,2019 年全国有每年产 10 万 t 以上规模饲料生产企业 621 家,饲料产量 10 659.7 万 t,在全国饲料总产量中的占比为 46.6%。

全国有年产 100 万 t 以上规模饲料企业 31 家,在全国饲料总产量中的占比为 50.5%,其中有 3 家企业年产量超过 1 000 万 t。

饲料机械工业专业化发展迅速,部分产品远销国际市场。我国饲用维生素和氨基酸产量分别占全球的 2/3 和 2/5,是第一大生产国和出口国。2019 年我国制成的饲料添加剂出口数量为 98.3 万 t,出口金额为 8.783 亿美元。

我国每年直接使用 40%～50% 的原粮,转化玉米等能量饲料 2.3 亿 t(玉米约 1.7 亿 t),转化豆粕约 7 300 万 t。

我国饲料工业发展的总体目标是:饲料产量稳中有增,质量稳定向好,利用效率稳步提高,安全高效环保产品快速推广,饲料企业综合素质明显提高,国际竞争力明显增强。通过努力,饲料工业基本实现由大到强的转变,为养殖业提质增效促环保提供坚实的物质基础。

4.草原生态保护修复成效显著

我国是一个草原大国,拥有草原面积 3.9 亿多公顷,居世界第二位,占国土面积的 41.7%,是我国畜牧业发展的基础,也是我国生态文明建设中的重要内容。我国针对草原生态治理保护中存在的问题,相继出台了一系列政策措施,例如退牧还草、建立草原自然保护区、建立草原生态保护补助奖励机制等,在这些政策的支持下草原生态保护工作取得了很大的成绩:天然草原理论载畜量总体增加,天然草原平均牲畜超载率明显下降;草原植被盖度总体呈上升趋势,天然草原产草量总体保持增长;草原灾害受害面积下降;草原破坏情况得到遏制;草原火灾案发次数呈下降趋势。

2016 年 12 月,农业部发布了《全国草原保护建设利用“十三五”规划》。“规划”提出目标:全国草原退化趋势得到有效遏制,草原生态明显改善,草原生产力稳步提升,草原科学利用水平不断提高,草原畜牧业因灾损失明显降低,草原基础设施建设得到强化,农牧业和经济结构进一步优化,草牧业发展取得新成效,农牧民收入不断提高。

5.疫病防控成效卓著

1949 年后,特别是改革开放 40 年来,我国在畜禽疫病防控实践和科技创新领域取得了卓有成效的进展。重视畜禽疫病防控体系的构建,不断整合资源和力量推进基础设施的建设。先后制订完善了《中华人民共和国动物防疫法》《兽药管理条例》《动物重大疫病应急处理条例》等一系列法律法规,构建起了全方位的畜禽免疫预防保障体系、疫病监测诊断体系、防疫监督体系、防疫屏障体系及疫病应急处理体系,夯实了畜禽疫病防控的制度保障,形成了畜禽疫病预防和疫情突发应急处置的机制。制订实施了完备的畜禽疫病监测、预防免疫、检疫、封锁、隔离、封锁、扑杀和消毒技术的国家标准及操作规程。建成了兽医生物技术、家畜疫病病原生物学等一批高水平的国家重点实验室。畜禽疫病防控的科学研究和技术服务的工作队伍日益壮大,整体素质大幅度提升,研究水平和服务能力不断增强。畜禽疫病防控的基础研究和产品研发成果丰硕,一批新型疫苗和诊断试剂、综合防治技术等科研成果转化为实用技术和产品。

(二)我国畜牧业发展存在的主要问题

随着经济社会的发展与转型,制约畜牧业发展的内外部因素也日益复杂多样,畜牧业的发展面临着一系列矛盾和问题。

1.畜禽种源依赖进口

我国畜禽产业面临的第一痛点是核心种源问题。缺少具有自主知识产权的高性能畜禽良种,多数良种主要依赖国外引进,特别是猪、奶牛、白羽肉鸡等;地方畜禽遗传资源保护利用的力度还不够。

目前我国在畜禽育种方面存在的主要问题:缺少良好的育种机制、企业育种积极性不高、科研与生产脱钩、基础工作不扎实等。

2.饲料资源短缺

畜牧业的快速发展导致饲料用粮大幅度上升,目前我国的饲料用粮约占粮食的1/3,预计到2030年我国饲料粮占粮食的比重将达到50%,存在着人畜争粮的问题。作为饲料生产的重要原料,2019年我国进口大豆8 851万t,约占我国需求量的85%;进口玉米479万t;进口饲料用鱼粉142万t,进口鱼粉所占需求量比例超过80%。这种饲粮短缺的情况严重制约了畜牧业的可持续发展,饲料粮问题将成为我国粮食安全的主要问题。

3.重大动物疫病成为制约我国畜牧业发展的最大障碍

畜禽疫病的发生与流行是制约我国畜牧业可持续发展的关键因素之一,受畜禽疾病的影响,"生的少、死的多、长的慢"一直是我国养殖业发展无法回避的现实问题。近年来,非洲猪瘟、高致病性禽流感、口蹄疫等一些烈性畜禽传染病在我国时有发生,每年造成的直接经济损失近1 000亿元,间接经济损失更大。这容易引起畜禽产品生产和价格的异常波动,在一定程度上限制了市场机制作用的发挥。

4.畜禽产品安全问题突出

畜禽产品质量安全存在隐患,使用禁用药品和滥用兽药现象时有发生,抗生素、化学合成药物和饲料添加剂等在畜牧业中的过度应用,造成畜禽产品中一些重金属、抗生素等危害人体健康的兽药残留增加,使畜产品的安全问题引起社会的关注,导致国内消费放心指数降低。在过去,"瘦肉精""苏丹红""药鸡门""H7N9流感"等事件接连不断,对城乡居民的身体健康及消费心理造成了严重影响;同时由于肉食品药物残留超标,出口受阻。传统养殖方式下,养殖户分散,难以管理,不能保证上市畜禽产品符合无公害标准。

5.环境污染严重,环保压力日益增大。

畜牧业的发展在解决了畜产品供给和带动农村经济发展的同时也带来了日益严重的环境污染问题,随着畜禽养殖业规模化、集约化发展,我国畜禽废弃物总量呈逐年大幅度增长态势,据农业部门数据统计,当前我国每年畜禽粪污产生量约38亿t,但综合利用率不足60%。

由于畜禽养殖污染处理成本偏高,部分畜禽养殖者粪污处理意识薄弱,设施设备和技术力量缺乏,畜禽养殖污染已经成为制约现代畜牧业发展的瓶颈。

2014年施行的《畜禽规模养殖污染防治条例》指出,国家鼓励和支持采取粪肥还田、制取沼气、制造有机肥等方法,对畜禽养殖废弃物进行综合利用。进行畜禽养殖污染防治,从事利用畜禽养殖废弃物进行有机肥产品生产经营等畜禽养殖废弃物综合利用活动的,享受国家规定的相关税收优惠政策。

2016年农业部等六部门联合发布《关于推进农业废弃物资源化利用试点的方案》,明确农业废弃物资源化利用工作要聚焦畜禽粪污、病死畜禽、农作物秸秆、废旧农膜及废弃农药包装物五类废弃物,着力探索构建农业废弃物资源化利用的有效治理模式。

2017年国务院办公厅印发《关于加快推进畜禽养殖废弃物资源化利用的意见》,提出目标,全国畜禽粪污综合利用率要达到75%以上,规模养殖场粪污处理设施装备配套率要达到95%以上。

国家发改委和农业农村部提出,集中中央预算内投资,加大投入力度,支持 200 个以上畜牧大县整县推进畜禽粪污资源化利用工作。列入国家支持的 200 个畜牧大县全县畜禽粪污综合利用率需达到 90% 以上,规模养殖场粪污处理设施装备配套率达到 100%。

《国务院办公厅关于促进畜牧业高质量发展的意见》提出发展目标:到 2025 年畜禽粪污综合利用率达到 80% 以上,到 2030 年达到 85% 以上。

6. 科学技术研究与推广应用不力

传统的畜牧养殖技术已经跟不上现代化的畜牧养殖要求,我国的科技研究成果转化率不高。从事畜牧业生产的人员学历普遍较低,使畜牧业先进养殖技术推广与应用困难,成为阻碍畜牧业可持续发展的进程因素之一。

另外,养殖成本不断攀升、土地资源约束趋紧、劳动力短缺、贷款渠道少融资困难、市场波动风险大等因素都严重影响畜牧业健康发展。

(三)我国畜牧业发展趋势

1. 品种良种化

畜禽良种对畜牧业发展的贡献率超过 40%,是提升畜牧业核心竞争力的重要体现。推进现代畜禽种业振兴,落实遗传改良计划。开展生猪区域性联合育种,实施水禽遗传改良计划,推进肉牛、肉羊联合育种;加强畜禽种质资源保护项目和种畜禽质量安全监督。

2. 养殖规模化

规模化养殖是现代畜牧业的重要标志,是各项工作的重要抓手。发展适度规模经营是现代畜牧业的发展方向,是高质量发展的必由之路。规模化养殖的最大优势在于降本增效,更有利于先进养殖装备和养殖技术的应用,更有利于疫病防控和粪便集中处理。根据各地畜牧业的发展状况,政府部门制定畜牧业发展的扶持政策并认真执行,推进标准化规模养殖场的建设,支持规模和生态养殖模式发展。建立规范化的规模养殖场,这样才能实现畜禽粪污无害化处理和资源化的合理利用。加快优势畜产品的区域布局,利用各地的有利畜禽资源,发展有竞争力的畜产品品牌,实现产量规模化、效益化并具有市场竞争力。

我国畜牧业是在一家一户分散养殖的基础上逐步发展壮大起来的,要加强对养殖户的指导帮扶,引导养殖户改造提升基础设施条件,因地制宜发展规模化养殖,提升标准化养殖水平。加快养殖专业合作社和现代家庭牧场发展,鼓励养殖龙头企业发挥引领带动作用,与养殖专业合作社、家庭牧场紧密合作,形成稳定的产业联合体。

目前全国畜禽养殖规模化率达到 64.5%。《国务院办公厅关于促进畜牧业高质量发展的意见》提出:到 2025 年畜禽养殖规模化率达到 70% 以上,到 2030 年达到 75% 以上。

3. 生产标准化

畜禽标准化生产,就是在场址布局、畜禽圈舍建设、生产设施配备、良种选择、投入品使用、卫生防疫、粪污处理等方面严格执行法律法规和相关标准的规定,并按程序组织生产的过程。

标准化规模养殖是现代畜禽生产的主要方式,是现代畜牧业发展的根本特征。要加快推进畜禽生产方式的转变,由分散养殖向标准化、规模化、集约化养殖发展,以规模化带动标准化,以标准化提升规模化。

农业部从 2010 年启动实施了畜禽养殖标准化示范创建活动。畜禽养殖场标准化创建的主要内容如下。

（1）畜禽良种化。因地制宜,选用高产优质高效畜禽良种,品种来源清楚、检疫合格。

（2）养殖设施化。养殖场选址布局科学合理,畜禽圈舍、饲养和环境控制等生产设施设备满足标准化生产需要。

（3）生产规范化。制定并实施科学规范的畜禽饲养管理规程,配备与饲养规模相适应的畜牧兽医技术人员,严格遵守饲料、饲料添加剂和兽药使用有关规定,生产过程实行信息化动态管理。

（4）防疫制度化。防疫设施完善,防疫制度健全,科学实施畜禽疫病综合防控措施,对病死畜禽实行无害化处理。

（5）粪污无害化。畜禽粪污处理方法得当,设施齐全且运转正常,实现粪污资源化利用或达到相关排放标准。

《畜禽养殖标准化示范创建活动工作方案》制定的目标任务:在全国生猪、奶牛、蛋鸡、肉鸡、肉牛和肉羊优势区域(含农场)开展畜禽养殖标准化示范创建,创建一批"生产高效、环境友好、产品安全、管理先进"的畜禽养殖标准化示范场,通过创建活动的示范带动,使全国主要畜禽规模养殖比重在现有基础上得到明显提高,畜禽标准化规模养殖场生产水平进一步提高,排泄物基本实现达标排放或资源化利用,畜产品质量安全水平明显提升。

4. 饲养机械化

机械化是提升我国畜牧业生产水平,促进畜牧业转型升级的重要途径。蛋鸡饲养趋向于规模化标准化,采用多层层叠笼养,喂料、饮水、环境控制、清粪和拣蛋自动化,全封闭鸡舍和饲养环境自动监测调节,并且配备蛋品自动化收集、分级、计数、装箱设备。肉鸡饲养机械化以环境调控、高速定量精确饲喂设备和消除应激反应为主。机械化养猪中猪舍环境控制自动化、饲料自动饲喂线、脂肪测定仪、妊娠测定仪和种猪个体饲喂技术得到推广应用。猪舍清粪机械化趋向于采用缝隙地板下深粪沟或缝隙地板下水冲除粪等设施,还有典型的经过多次的沉淀分离后,清液经氯化消毒后排入水体或循环做畜舍清粪的水冲液。奶牛饲养向机械化、自动化发展中主要采用青贮收获及加工系统、自动取饲系统、全混合日粮系统、自动饮水系统、牛场清粪设施,规模牧场100％实现机械化挤奶。总的来说,品种多样化、控制自动化、功能专业化、规模大型化、定量精确化、管理技术数字信息化与注意环境可持续发展构成未来畜牧机械发展的主要方向。

我国高度重视畜牧业机械化发展,国务院《关于加快推进农业机械化和农机装备产业转型升级的指导意见》提出,到2025年畜牧养殖机械化率达到50％左右。2020年农业农村部印发了《关于加快畜牧业机械化发展的意见》,明确了当前和今后一个时期推进畜牧养殖机械化发展的思路、目标和主要任务,这是加快推进畜牧业机械化,提升畜牧业机械化水平,提高畜禽产品保供能力的重要举措和工作指南。

5. 产品生态化

随着高新技术的迅猛发展,生态畜牧业得到广大消费者、经营企业和政府的一致认可,消费生态食品已成为一种新的消费时尚。尽管生态食品的价格比一般食品贵,但在西欧、美国等生活水平比较高的国家和地区仍然受到人们的青睐。不少工业发达地区对生态食品的需求量大大超过了对本地的产品需求。随着世界生态畜产品需求的逐年增多和市场全球化的发展,生态畜牧业将会成为畜牧业的主流和发展方向。

6. 经营一体化

养殖是现代畜牧业的核心,但并不是现代畜牧业的全部。要打破从养殖这个单一环节认识现代畜牧业的思维定式,需从全产业链的视角更系统、更全面地理解。现代畜牧业应该以养殖为基础,分别向产业链前端的饲料生产和产业链后端的食品加工延伸拓展,通过合同签约或股份制方式,将产前、产中、产后组成一个完整的产业链,使畜牧业成为高度专业化、高附加值和具有规模经济优势的产业,实现种养加紧密结合的一体化发展。

一体化发展不仅蕴含了集约化的生产理念,即高度重视养殖的自动化程度、圈舍环境的适宜程度、养殖场的科学管理水平等,而且以实现节能、高效、降低成本。一体化既可以分散风险,又可以提高收益。

7. 管理科学化

规模养殖企业需要科学规范的管理,我国农业企业普遍存在管理环节薄弱的弊病。畜牧养殖生产需要科学严谨规范的方法和态度,现代化的养殖企业首先要树立科学管理的观念,建立起一整套规范有效的科学管理、标准化生产经营和疫病防控管理体系,是推进现代畜牧业规模化健康养殖的关键所在。通过建立现代企业管理机制,实现现代化的畜禽生产。

生产过程智能化,将大数据、人工智能、云计算、物联网、移动互联网等技术广泛应用于畜禽生产过程中,提高圈舍环境调控、精准饲喂、动物疫病监测、畜禽产品追溯等智能化水平,实现精准控制和精确管理。

8. 种养结合化

改革开放以来养殖专业化快速发展,专业化带来了效率的提高也改变了传统的农牧关系,造成了农牧分割、种养分离。种植业结构亟待调整,养殖业结构有待优化升级,草食畜牧业发展不足,草业发展不足,优质饲草料短缺;大量畜禽粪便尚未还田利用,环境压力增大。

近年来,国家出台了一些举措大力支持草食畜牧业的发展,积极推进"粮改饲"试点,振兴奶业苜蓿发展行动,努力推动畜禽综合治理和资源化利用。

促进农牧循环发展,加强农牧统筹,将畜牧业作为农业结构调整的重点。农区要推进种养结合,鼓励在规模种植基地周边建设农牧循环型养殖场(户),促进粪肥还田,加强农副产品饲料化利用。农牧交错带要综合利用饲草、秸秆等资源发展草食畜牧业,加强退化草原生态修复,恢复提升草原生产能力。草原牧区要坚持以草定畜,科学合理利用草原,鼓励发展家庭生态牧场和生态牧业合作社。南方草山草坡地区要加强草地改良和人工草地建植,因地制宜发展牛羊养殖。

国务院办公厅《关于加快推进畜禽养殖废弃物资源化利用的意见》要求:建立科学规范、权责清晰、约束有力的畜禽养殖废弃物资源化利用制度,构建种养循环发展机制。

9. 养殖业减抗、禁抗,产品无抗化

重视兽用抗菌药综合治理,严格实施兽药非临床研究质量管理规范、兽药临床试验质量管理规范、兽药生产质量管理规范、兽药经营质量管理规范和二维码追溯监管,确保兽用抗菌药产品质量安全。特别是近年重点以药物饲料添加剂退出行动、兽用抗菌药使用减量化行动、规范用药宣教行动以及兽药残留监控、动物源细菌耐药性监测为抓手,促进"用好药、少用药"。实施药物饲料添加剂退出行动,自 2020 年 1 月 1 日起,停止生产进口促生长类药物饲料添加剂(中药类除外);废止相关品种标准,注销相关产品批准文号。

四、现代畜牧业

现代畜牧业就是在传统畜牧业基础上,用现代科学技术和装备及经营理念武装,基础设施完善,营销体系健全,管理科学,资源节约,环境友好,质量安全,优质生态、高产高效的畜牧业。

发展现代畜牧业,加快推进现代畜牧业建设,重点要做好以下工作。

1.加快推进现代畜禽牧草种业体系建设

种业是现代畜牧业发展的根本。加强良种培育与推广,实施畜禽遗传改良计划和现代种业提升工程,增强自主育种和良种供给能力,重点开展白羽肉鸡育种攻关,推进瘦肉型猪本土化选育,加快牛羊专门化品种选育,逐步提高核心种源自给率,改变畜禽良种长期依赖进口的局面。实施生猪良种补贴和牧区畜牧良种补贴,完善畜禽良种繁育体系,加快优良品种推广和应用。强化畜禽遗传资源保护,加强国家级和省级保种场、保护区、基因库建设,推动地方品种资源应保尽保、有序开发。加强基层畜禽良种推广体系建设,稳定畜禽品种改良技术推广队伍,建设新品种推广发布制度,加大新品种推广力度。

加强草业良种工程建设,建立健全牧草种质资源保护、品种选育和草种质量监管体系,实施牧草良种补贴,加强草种基地建设,提高良种供应能力。

2.加快推进现代饲草料产业体系建设

饲草料产业是现代畜牧业发展的基础,发展现代畜牧业,必须建立与之相适应的饲料工业。大力发展优质安全高效环保饲草料产品;规范饲草料生产企业,严格许可审查;推行生产全过程质量安全管理制度;统筹国际国内两个市场,加强饲草料资源开发利用,构建安全、优质、高效的现代饲草料产业体系。

健全饲草料供应体系。饲草料成本占养殖成本的 $60\%\sim70\%$,提高畜牧业竞争力,必须建设品类更全、质量更优、效率更高的饲草料供应体系。因地制宜推行粮改饲,增加青贮玉米种植,提高苜蓿、燕麦草等紧缺饲草自给率,开发利用杂交构树、饲料桑等新饲草资源。推进饲草料专业化生产,加强饲草料加工、流通、配送体系建设。促进秸秆等非粮饲料资源高效利用,建立健全饲料原料营养价值数据库,全面推广饲料精准配方和精细加工技术。加快生物饲料开发应用,研发推广新型安全高效饲料添加剂。调整优化饲料配方结构,促进玉米、豆粕减量替代。

3.加快推进畜禽标准化生产体系建设

标准化规模养殖是现代畜牧业的发展方向。按照"畜禽良种化、养殖设施化、生产规范化、防疫制度化、粪污处理无害化"的要求,加大政策支持引导力度,加强关键技术培训与指导,深入开展畜禽养殖标准化示范创建工作。进一步完善标准化规模养殖相关标准和规范,要特别重视畜禽养殖污染的无害化处理,因地制宜推广生态种养结合模式,实现粪污资源化利用。建立健全畜禽标准化生产体系,大力推进标准化规模养殖。

4.加快推进饲料和畜产品质量安全保障体系建设

饲料和畜产品安全是现代畜牧业发展的重点。严格饲料行政许可,提高饲料和饲料添加剂生产企业准入门槛。实施饲料和生鲜乳质量安全监测计划,扩大监测范围,提高监测频次,对重点环节和主要违禁物质开展全覆盖监测。制定和实施畜产品质量安全标准;加强检验检测、安全评价和监督执法体系建设,强化监管能力,提高执法效能;全面实施畜禽标识制度和牲畜信息档案制度,完善畜产品质量安全监管和追溯机制。

5.加快推进草原生态保护支撑体系建设

草原生态保护是现代畜牧业发展的重要方面。加大扶持力度,完善政策体系,构建草原生态保护建设长效机制;实施草原生态保护重大工程,稳定和完善草原承包经营制度,落实基本草原保护、禁牧休牧轮牧和草畜平衡制度;加强草原执法监督和技术推广体系建设。

6.加快推进现代畜牧业服务体系建设

完善的服务体系是现代畜牧业发展的有效保障。完善畜牧业监测预警体系,加大信息引导产业发展力度;深入推进畜牧技术推广体系改革和建设,研发和推广一批重大产业关键性技术;建立健全产销衔接机制,完善利益联结机制;建立健全畜牧业防灾减灾体系,提高畜牧业抗风险能力,实现畜牧业减灾促增收;强化公共防疫服务,提高服务质量和水平。

7.加大畜牧业产业结构调整步伐

推进畜牧业供给侧结构性改革,调整畜牧业产业结构,整合生产要素,优化资源配置,是发展现代畜牧业的重要内容。稳定生猪、家禽生产,重点发展牛羊等节粮型草食家畜,大力发展奶业,适度发展特种养殖业。

8.加快畜牧业科技进步

2020年我国畜牧业的科技贡献率约为66%,与畜牧业发达国家的70%～80%还有一些差距,这也是我国畜牧业竞争力不强的重要原因之一。

科技创新是实现畜牧业可持续增长的根本动力。发展现代畜牧业,必须大力提高畜牧业科技自主创新能力。加快科技创新和技术推广,提升先进技术对畜牧业发展的支撑功能。建立新型畜牧业科技研发、转化和推广体系,促进畜牧业技术升级和产业转型。

将物联网、大数据、区块链、人工智能等现代信息技术与传统畜牧业融合创新。建设信息化、自动化、智能化的现代畜牧业是当今和未来产业发展的方向。

9.创新经营机制

更新观念,改革创新,是建设现代畜牧业的客观要求。充分发挥市场配置资源的基础性作用,利用市场机制调节畜牧业生产、畜产品流通和消费。

着力培育适应市场的新型主体,加快推进畜牧业经营方式转变,重点扶持一批辐射面广、带动力强、生产经营水平高的畜产品加工龙头企业,以现代化的大型畜产品加工龙头企业带动现代畜牧业的快速发展。发展和规范以大型批发市场为龙头、专业市场为骨干、集贸市场为基础的畜产品营销网络,大力发展产销直挂、连锁经营、物流配送、电子商务、信息共享的现代畜产品运销体系。

10.建立健全动物疫病防疫体系

动物防疫工作是发展现代畜牧业的重要保障。要加快建立健全重大动物疫病的防控体系,增强畜牧业发展的保护能力,切实加强动物防疫基础设施建设和基层动物防疫力量,完善防疫责任制度、风险评估制度、防疫巡查制度等长效工作机制,全面提升重大动物疫病综合防控能力,促进畜牧业健康发展。

11.构建系统的畜牧业法律法规保护体系,积极探索畜牧业发展的长效机制

不断完善畜禽品种选育和改良、畜牧业生产经营管理和监督、畜禽屠宰与动物福利、动物卫生与疫情防治、废物处理与环境保护、进出口贸易、资金资助等方面的法律法规和监管。

现代畜牧业的发展需要建立一个持续稳定的长效发展机制。坚持以市场导向为核心,以提高畜牧业市场竞争力为关键,进一步完善畜牧产业发展的政策,研究建立促进现代畜牧业发

展的保障机制和激励机制。

五、畜禽生产课程的性质和任务

畜禽生产是一门阐述畜禽生产原理与技术的综合性课程,包括猪生产、家禽生产、牛生产、羊生产四部分内容。

本课程的教学任务是使学生掌握畜禽生产所必需的专业知识和相关技能,培养学生适应职业变化和继续学习的能力,能更好地为畜牧业生产的发展服务。

由于畜禽生产是一门紧密联系生产实际的课程,在教学过程中应以教材为基础,通过观看教学视频、参观养殖场、课程实验、课程实习和顶岗实习实训等实践教学环节,掌握畜禽生产实际中的技术和各种措施,为从事畜禽生产奠定良好基础。学习本课程后,使学生能掌握畜禽生产的基础理论,掌握畜禽生产中各主要环节的基本技能。能够利用所学知识和技能,解决畜禽生产中的实际问题,提高畜禽养殖的经济效益和社会效益。

复习思考题

1.什么叫畜禽生产?简述畜牧业在我国国民经济中的重要地位和作用。

2.我国畜牧业取得了哪些主要成就?存在的主要问题有哪些?发展趋势是什么?

3.现代畜牧业的内涵是什么?发展现代畜牧业,重点要做好哪些工作?

4.本课程的性质和任务是什么?

中华人民共和国畜牧法

中华人民共和国动物防疫法

单元一
猪 生 产

项目一

规模化猪场的建设

【知识目标】

1. 了解猪场设计、规划的基本原则。
2. 掌握现代化养猪的生产工艺流程。
3. 掌握猪场规划和猪场建设。

【技能目标】

1. 能正确科学选择猪场场址，完成对猪场的总体规划与布局。
2. 会设计现代养猪生产流程，能拟订猪群的周转计划。
3. 能根据猪场规模、生产工艺确定各类猪舍的数量。

　　随着新技术在猪的育种、饲料营养、饲养管理、环境控制、疫病防治、经营管理及猪场设计等各个领域的广泛应用，提高了猪场建设的技术水平。只有正确选择场址和猪舍类型，合理规划布局猪场建筑，合理设计与建造猪舍，科学处理与利用废弃物，为猪的生存和生产创造适宜的环境条件，保证猪群健康高产，才能提高经济效益。

任务一　猪场的选址

　　猪场场址选择应根据猪场的性质、规模和任务，考虑场地的地形、地势、水源、土壤、当地气候等自然条件，同时还应考虑饲料及能源供应、交通运输、产品销售，与周围工厂、居民居住区及其他畜牧场的距离，当地农业生产、猪场粪污处理和防疫灭病等社会条件，进行全面调查，综合分析后再做决定。

一、场址选择的基本原则

（1）符合土地使用发展规划和村镇建设发展规划。

（2）满足建设工程需要的水文和工程地质条件。

（3）禁止在旅游区、自然保护区、水源保护区和环境污染严重的地区建场。

（4）场址根据当地常年主导风向，位于居民区及公共建筑群的下风向处，以防止因猪场气味的扩散、废水排放和粪肥堆置而污染周围环境。

(5)根据节约用地、不占或少占耕地的原则,选择交通便利,水、电供应可靠,便于排污的地方建场。

(6)场址地势高燥、平坦,在丘陵山坡建场地应尽量选择阳坡,坡度不得超过 25°。

(7)场址距交通干线不小于 1 000 m,距居民居住区和其他畜牧场不小于 2 000 m。

二、场址的选择

1. 地形地势

猪场要求地形整齐开阔,有足够的面积,场地狭长或边角太多不便于猪场规划和布局;面积不足会造成建筑物拥挤,不利于猪舍内环境改善和疫病防治。猪场地势应高燥、平坦或有缓坡,背风向阳。环境潮湿,容易助长病原微生物和滋生寄生虫,使猪群易患病;低洼地,雨后场内积水不易排除。山坳凹处,易积水潮湿,通风不良,猪场污浊空气会在场内滞留造成空气污染,影响猪群健康,不宜建场。有缓坡的场地便于排水,但坡度不能过大,以免造成场内运输不便,坡度应不大于 25°。在坡地建场宜选背风向阳坡,以利于防寒和保证场区较好的小气候环境。

2. 水源水质

猪场水源要求水量充足,水质良好,便于取用和进行卫生防护,避免污染,并易于净化和消毒。水源水量必须能满足场内生活用水、猪只饮用及饲养管理用水(如清洗、调制饲料,冲洗猪舍,清洗机具、用具等)的要求。

3. 土质条件

猪场应选择土质坚实、渗水性强、未被病原体污染的沙壤土为好。沙质土渗水虽好,但地温变化较大,对猪的健康不利;黏性土不易渗水,阴雨季节易造成场地泥泞不堪,有碍猪场生产工作的正常进行。沙壤土兼具沙土和黏土的优点,是建猪场的理想土壤。

4. 场地面积

筹建猪场时,要节约用地,尽量不占用农田。猪场占地面积依据猪场生产的任务、性质、规模和场地等总体情况而定。规划生产区面积一般可按每头繁殖母猪 40~50 m² 或每头上市商品猪 3~4 m²。

5. 周围环境

猪场饲料、产品、粪污、废弃物等运输量很大,对外联系密切,必须选在交通便利的地方。但因猪场防疫要求严格,又要防止猪场对周围环境的污染。因此,猪场需选在交通便利又比较僻静,最好离主干道路 1 000 m 以上,与屠宰场、畜牧兽医站、畜牧场以及居民点等的距离宜在 2 000 m 以上。禁止在旅游区及工业污染严重的地区建场。猪场应处在居民点的下风向和地势较低处。

猪场照明、保温、设备运行等都需要电源,一旦停电,后果严重。因此,猪场场址选择时,应重视供电条件,特别是集约化程度较高的现代化大型养猪场,必须具备可靠的电力供应,并具有备用电源。

任务二 猪场的设计与布局规划

一、猪场规划原则

养猪场规划与布局是否科学合理,直接关系到建设投资和生产运行成本,同时也关系到能否最大限度保证猪群持续稳定健康生产。

(1)符合猪场生产工艺流程路线的要求,便于管理。

(2)最短的场内道路运输及水、暖、电等管线铺设长度。

(3)方便场区与外界联系,有利防疫,防止污染。

(4)节约土地,尽量减少土方工程量。

二、猪场规划

猪场场址选定以后,就要根据实际需要对猪场加以规划。猪场规划应考虑到当地气候、风向、场地的地形地势、场地各种建筑物和设施的尺寸及功能关系,合理规划全场的道路、排水系统、场区绿化,安排各功能区的位置及每种建筑物和设施的朝向与位置。一个完整的猪场布局,包括场区的总平面布置、场内道路和排污、场区绿化三部分内容。

1.场区平面布置

一个完善的规模化猪场在总体布局上应包括 4 个功能区,即生活区、生产管理区、生产区和隔离区。考虑到有利防疫和方便管理,应根据地势和主风向合理安排各区。

(1)生活区。生活区包括职工宿舍、食堂、文化娱乐室、活动或运动场地等。此区应设在猪场大门外面的地势较高的上风向或偏风向,避免生产区臭气与粪水的污染,且便于与外界联系。

(2)生产管理区。包括消毒室、接待室、办公室、会议室、技术室、化验分析室、饲料厂、仓库、车库、水电供应设施等。该区与社会联系频繁,与场内饲养管理工作关系密切,应严格防疫,门口设车辆消毒池、人员消毒更衣室,与生产区间应有墙隔开,进生产区门口再设消毒池、更衣消毒室以及洗澡间。饲料原料最好经卸料窗入库,非本场车辆一律禁止入场。此区也应设在地势较高的上风向或偏风向。

(3)生产区。包括各类猪舍和生产设施,是猪场的最主要区域,禁止一切外来车辆与人员入内。饲料运输用场内小车经料库内门领料,围墙处设装猪台,售猪时经装猪台装车,避免装猪车辆进场。

(4)隔离区。此区包括兽医室、隔离猪舍、尸体剖检和处理设施、粪污处理区等。该区是卫生防疫和环境保护的重点,应设在地势较低的下风或偏风处,并注意消毒及防护。

2.场内道路和排污

道路是猪场总体布局中一个重要组成部分,它与猪场生产、防疫有重要关系。猪场内应分出净道、污道,互不交叉。净道正对猪场大门,是人员行走和运送饲料的道路。污道靠猪场边墙,是处理粪污和病死猪等的通道,由侧后门运出。场内道路要求防水防滑,生产区不宜设直通场外的道路,以利于卫生防疫。

场区污水不应排放到河流、湖泊中,小型猪场的排污道可与较大的鱼塘相连,也可建在灌溉渠旁,在灌溉时将污水稀释后浇地。大型猪场应有专门的排污及污水处理系统,以保证污水得到有效的处理,确保猪场的可持续生产。

3.场区绿化

猪场绿化可以美化环境、吸尘灭菌、净化空气、防疫隔离、防暑防寒,改善猪场的小气候。同时还可以减弱噪声,促进安全生产,提高经济效益。猪场绿化可在猪场北面设防风林,可在猪场周围设隔离林,可在场区各猪舍之间、道路两旁种植树木以遮阳绿化,可在场区裸露地面上种植花草。绿化植树时,需考虑其树干高低和树冠大小,防止夏季阻碍通风和冬季遮挡阳光。

三、猪场建筑物布局

猪场建筑物的布局在于正确安排各种建筑物的位置、朝向和间距。布局时需考虑各建筑物间的功能关系、卫生防疫、通风、采光、防火、节约用地等。

为保障猪群防疫,生活区和生产管理区宜设在猪场大门附近,门口分设行人和车辆消毒池,两侧设值班室和更衣室。生产区,种猪、仔猪应置于上风向和地势高处,分娩猪舍要靠近妊娠猪舍,还要接近仔猪培育舍,育成猪舍靠近育肥猪舍,育肥猪舍设在下风向。商品猪置于离场门或围墙近处,围墙内侧设装猪台,运输车辆停在围墙外装车。商品猪场可按种公猪舍、空怀母猪舍、妊娠母猪舍、产房、断奶仔猪舍、育肥猪舍、装猪台等建筑物顺序靠近排列。病猪和粪污处理应置于全场最下风向和地势最低处,距生产区宜保持至少 50 m 的距离。

任务三　猪舍类型与设备的配置

一、猪舍的形式

我国的猪舍种类和建筑形式多种多样,不同猪场应综合考虑当地的具体条件,选择适用的猪舍类型。猪舍按墙壁结构、窗户有无和猪栏排列等可分为多种形式。

1. 按猪舍屋顶结构分类

包括单坡式、双坡式、联合式、平顶式、拱顶式、钟楼式和半钟楼式等(图 1-1-1)。

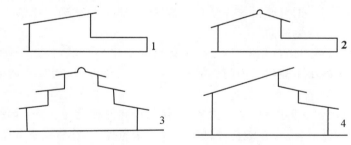

1. 单坡式　2. 双坡式　3. 钟楼式　4. 半钟楼式

图 1-1-1　按屋顶结构划分的猪舍示意图

(1)单坡式。一般跨度较小,多用于单列式猪舍,优点是结构简单,屋顶用材较少,施工简单,造价低,舍内通风、光照较好;缺点是冬季保温差,土地面积及建筑面积利用率低。适合于养猪专业户和小规模猪场。

(2)双坡式。双坡式可用于各种跨度的猪舍,一般用于跨度较大的双列或多列式猪舍。双坡式屋顶由于跨度大,其优点是保温好,若设吊顶保温性能更好,节约土地面积及建筑面积;缺点是对建筑材料要求高,投资稍大。我国规模较大的猪场多采用此种类型。

(3)联合式。联合式猪舍的特点介于单坡式和双坡式猪舍之间。

(4)平顶式。平顶式多为预制板或现浇钢筋混凝土屋面板,可适宜各种跨度。该种屋顶只要做好屋顶保温和防水,合理施工,使用年限长,使用效果较好;缺点是造价较高。

（5）拱顶式。拱顶式猪舍可用砖拱或钢筋混凝土壳拱,其优点是节省木料,设吊顶后保温隔热性能更好,此种屋顶可为各种猪舍所采用。

（6）钟楼式和半钟楼式。钟楼式猪舍是在双坡式猪舍屋顶上安装天窗,如只在阳面安装天窗即为半钟楼式。优点是舍内空间大,天窗通风换气好,有利于采光,夏季凉爽,防暑效果好;缺点是不利于保温和防寒。此种屋顶的猪舍适用于炎热的地区。

2.按墙的结构和窗户有无分类

猪舍按墙的结构可分为开放式猪舍（图 1-1-2）、半开放式猪舍和密闭式猪舍（图 1-1-3）,密闭式猪舍按窗户有无又分为有窗密闭式和无窗密闭式。

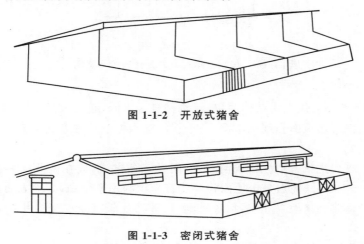

图 1-1-2　开放式猪舍

图 1-1-3　密闭式猪舍

（1）开放式。开放式猪舍三面设墙,一面无墙。优点是结构简单,造价低,通风采光好;缺点是受外界环境影响大,尤其是冬季防寒能力差,在冬季如能加设塑料薄膜,也能获得较好的效果。养猪专业户可采用该种类型猪舍,冬季加设塑料薄膜。

（2）半开放式。半开放式猪舍三面设墙,一面设半截墙。其使用效果与开放式猪舍接近,只是保温性能略好,冬季加设草帘或塑料薄膜能明显提高其保温性能。

（3）有窗密闭式。该种猪舍四面设墙,纵墙上设窗,窗的大小、数量和结构可依当地气候条件来定。寒冷地区可适当少设窗户,南窗宜大,北窗宜小,以利保温。为解决夏季通风降温,夏季炎热地区可在两纵墙上设地窗、屋顶设通风管或天窗。此种猪舍的优点是保温隔热性能较好,并可根据不同季节启闭窗扇,调节通风量和保温隔热,使用效果较好,特别是防寒效果较好;缺点是造价较高。它适合于我国大部分地区,特别是北方地区以及分娩舍、保育舍和仔猪舍。

（4）无窗密闭式。该种猪舍与外界自然环境隔绝程度较高,墙上只设应急窗,仅供停电时急用。舍内的通风、光照、采暖等全靠人工设备调控,有利于猪的生长发育,能够充分发挥猪的生长潜力。优点是能给猪提供适宜的环境条件,有利于提高猪的生产性能和劳动生产率;缺点是猪舍建筑、设备等投资大,能耗和设备维修费用高。主要用于对环境条件要求较高的猪群,如母猪产房、仔猪培育舍等。

3.按猪栏排列分类

猪舍按猪栏的排列方式可分为单列式、双列式和多列式猪舍（图 1-1-4）。

（1）单列式。单列式猪舍的猪栏排成一列,靠北墙设饲喂走道,舍外可设或不设运动场,跨

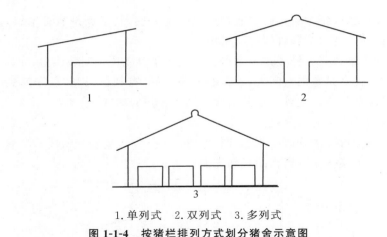

1.单列式　2.双列式　3.多列式

图 1-1-4　按猪栏排列方式划分猪舍示意图

度较小,一般为 4~5 m。优点是结构简单,建筑材料要求低,通风采光良好,保温防潮,空气清新;缺点是土地面积及建筑面积利用率低,冬季保温能力差。该种方式适合于专业户养猪舍和种猪舍。

(2)双列式。双列式猪舍猪栏排成两列,中间设一条走道,或在南北墙再各设一条清粪通道,一般跨度在 7~10 m。优点是土地面积及建筑面积利用率较高,管理方便,保温性能好,便于使用机械;缺点是北侧猪栏采光差,猪舍易潮湿,建造比较复杂。规模化猪场与饲养肥猪多采用双列式猪舍。

(3)多列式。多列式猪舍猪栏排列为三列、四列或更多列,一般跨度在 10 m 以上。优点是土地面积及建筑面积利用率高,猪栏集中,管理方便,保温性能好;缺点是构造复杂,采光性差,猪舍阴暗潮湿容易引发疾病,空气环境差,并要求辅以机械通风,投资较高。主要用于大群饲养育肥猪。

4.按猪舍的用途分类

不同种类的猪群对猪舍环境条件要求不同,猪栏的形式和大小、饮水、清粪等要求也各不相同,很难用一种方式满足各种猪群的需要。传统养猪生产只有一种通用猪舍,不能满足各类猪群对环境的要求,也不利于防疫。随着现代化养猪的发展,常根据猪群的不同种类,将猪舍划分为四类,即配种妊娠舍、分娩舍、保育舍、生长育肥舍。不同猪舍的结构、样式、大小、保温隔热性能等都有所不同。一个猪场需建哪几种猪舍?各建多少?要根据猪场的性质、规模、预期生产水平等确定。

二维码 1-1-2　后备猪舍

二维码 1-1-3　哺乳猪舍

二维码 1-1-4　育肥猪舍

二、猪舍的基本结构

猪舍的小气候状况在很大程度上取决于猪舍基本结构的性能。猪舍的基本结构包括地基、基础、地面、墙壁、屋顶、门窗等。

1. 地基与基础

承受整个建筑物的土层叫"地基"。一般畜舍多用天然地基(直接利用天然土层),通常以一定厚度的沙壤土层或碎石土层较好。黏土、黄土和富含有机质的土层不宜用作地基。

基础是指墙壁埋入地下的部分,它直接承受墙壁、门窗等建筑物的重量。基础应坚固、耐火、防潮,比墙宽,并呈梯形或阶梯形,以减少建筑物对地基的压力。深度为 50~70 cm。为防止地下水通过毛细管作用浸湿墙体,应在地平部位铺设防潮层,如沥青等。

2. 地面

地面是猪只活动、采食、休息和排粪尿的主要场所。因其与土层直接接触,易传热并且被水渗透,因此,要求地面坚实平整,不滑,不透水,便于清扫和清洗消毒,并具有较高的保温效能。地面一般应保持一定坡度(3%~4%),以利于保持地面干燥。土质地面、三合土地面和砖地面保温性能好,但不坚固、易渗水,不便于清洗和清毒。水泥地面坚固耐用、平整,易于清洗消毒,但保温性能差,可在地表下层用孔隙较大的材料增强地面的保温性能,如炉灰渣、空心砖等。

3. 墙壁和屋顶

墙壁和屋顶是猪舍的外围护结构,将猪舍与外界隔绝。猪舍墙壁要求坚固耐用,承重墙的承载力和稳定性必须满足结构设计要求,地面以上 1.0~1.5 m 高的墙壁内表面应设水泥墙裙,以便于清洗消毒,防止猪弄脏或损坏墙面。

屋顶起遮风挡雨和保温隔热的作用,要求坚固,有一定的承重能力和良好的保温隔热性能,不漏水、不透风。草料屋顶的优点是造价低和保温性能好,主要缺点是不耐久、易腐烂。泥灰屋顶的耐久性虽不高,但造价低并兼有避雨、防暑、防寒等优点。青瓦屋顶的保温性能不及草顶,但坚固耐用,有条件时可加设吊顶,提高其保温隔热性能,但随之也增大了投资。

4. 门与窗

猪舍的门窗要求坚固结实,能保持舍内温度和易于出入,并向外开。门是供人和猪出入的地方,外门一般宽度 1.5 m,高度 2.0 m,门外设坡道,便于猪只和手推车的出入。外门的设置应避开冬季主导风向,必要时加设门斗。走廊门宽度 1.0 m,高度 2.0 m,各种猪舍圈栏门宽度 0.8 m,高度同猪栏高,圈门也应向外开。

三、不同猪舍的内部布置及要求

不同年龄、性别和生理阶段的猪对环境及设备的要求不同,设计猪舍应根据猪的生理特点和生物学特性,合理布置猪栏、走道和合理组织饲料、粪便运送路线,选用适宜的生产工艺和饲养管理方式,充分发挥猪只的生长潜力,同时提高劳动效率。

1. 公猪舍

公猪舍多采用带运动场的单列式。公猪采用单圈饲养,公猪栏要求比母猪和育肥猪栏宽,隔栏高度为 1.2~1.4 m,每栏面积一般为 7~9 m²。公猪舍配置运动场,可利于公猪充足的运动,防止公猪过肥,保证公猪健康,提高精液品质,延长公猪利用年限。

2. 空怀及妊娠母猪舍

空怀母猪可采用群养,也可单养。群养可节约猪舍,但母猪发情不容易检查,通常每圈饲养4～5头。这种方式节约猪舍,提高了猪舍的利用率,也可以相互诱发发情,但发情不易检查。限位栏饲养便于发情鉴定、配种和定量饲喂,但母猪运动量小,受胎率有所下降,肢蹄病增多,影响母猪的利用年限。每个限位栏长2.1 m、宽0.6 m。空怀母猪隔栏单养时可与公猪饲养在一起,4～5头待配母猪栏对应一个公猪栏,这样就可不用专设配种栏舍。配种舍可设计成双列式或多列式。

妊娠母猪舍可设计成单列式或双列式。小规模猪场可采用带运动场的单列式。在现代化猪场,可设计成双列式或多列式。母猪可采用群养,每群2～4头,但群养易发生因争食、咬架而导致死胎、流产。群养妊娠母猪亦可采用隔栏定位采食,采食时猪只进入小隔栏,平时则在大栏内自由活动,这样可以增加活动量,减少肢蹄病和难产的发生,延长母猪利用年限,猪栏占地面积较少,利用率高。妊娠母猪也可采用限位栏饲养,每栏长2.1 m、宽0.6 m。

3. 泌乳母猪舍

泌乳母猪舍供母猪分娩、哺育仔猪用,其设计既要满足母猪需要,同时要兼顾仔猪的要求。常采用三走道双列式的有窗密闭舍,舍内配置分娩栏,分设母猪限位区和仔猪活动栏两个部分。中间部分母猪限位区,宽一般为0.6 m,两侧仔猪栏内一般设仔猪补饲槽和保温箱,保温箱内配备红外线灯、热风器等仔猪取暖设备。

4. 仔猪保育舍

仔猪断奶后就转入仔猪保育舍,因断奶仔猪身体机能发育不完全,怕冷,抵抗力和免疫力差,易感染疾病,因此,仔猪保育要求提供一个温暖、清洁的环境,配备专门的供暖设备。仔猪保育舍常采用地面或网上群养,每群8～12头。网上群养时,每个保育网3 m^2,可容纳仔猪10头左右。

5. 生长育肥猪舍

生长育肥猪舍可设计成单列式或双列式。生长育肥猪多采用实体地面、部分漏缝或全部漏缝地板的地面群养,每圈8～10头,每头猪占栏面积0.8～1.0 m^2,采食宽度为35～40 cm。生长育肥猪身体机能发育均趋完善,对不良环境条件具有较强的抵抗力。因此,对环境条件的要求不是很严格,可采用多种形式的圈舍饲养。

四、现代化猪场设备

(一)猪栏设备

为了减少猪舍占地面积,便于饲养管理和改善环境,在不同的猪舍要配置不同的猪栏,按照猪栏的结构分为栅栏式猪栏、实体猪栏、综合式猪栏、母猪单体限位栏、高床产仔栏、高床育仔栏等。

1. 栅栏式猪栏(图1-1-5)

即猪舍内圈与圈之间以0.8～1.2 m高的栅栏相隔,栅栏通常由钢管、角钢、钢筋等金属型材焊接而成,一般由外框、隔条组成栏栅,几片栏栅和栏门组成一个猪栏。优点是猪栏占地面积小,便于观察猪只;夏季通风好,有利于防暑;便于饲养管理。缺点是钢材耗量大,投资成本较大;相邻圈之间接触密切,不利于防疫。现代化猪场的猪栏多为栅栏式,适用于公猪、母猪及生长育肥猪群养。

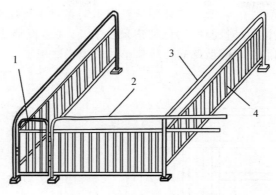

1.栏门　2.前栏　3.隔栏　4.隔条

图 1-1-5　栅栏式猪栏

2.实体猪栏(图 1-1-6)

实体猪栏一般采用砖砌结构(厚度 120 mm、高度 1.0~1.2 m),外抹水泥或采用混凝土预制件组成。优点是可以就地取材,投资费用低;相邻圈之间相互隔断,有利于防疫。缺点是猪栏占地面积大,不便于观察猪的活动;夏季通风不好,不利于防暑;不便于饲养管理。适用于专业户及小规模猪场饲养公猪、母猪及生长育肥猪。

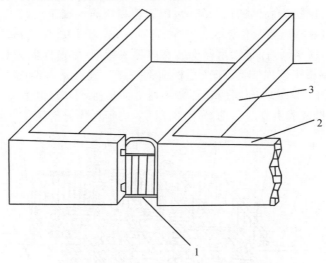

1.栏门　2.前墙　3.隔墙

图 1-1-6　实体猪栏

3.综合式猪栏

综合式猪栏是综合了上述两种猪栏的结构,一般是相邻的两猪栏间采用 0.8~1.0 m 高的实体墙相隔,沿饲喂通道正面采用栏栅。该种猪栏集中了栅栏式猪栏和实体猪栏的优点,既适宜专业户及小规模猪场也适宜现代化猪场饲养公猪、母猪及生长育肥猪。

4.母猪单体限位栏(图 1-1-7)

母猪单体限位栏用钢管焊接而成,由两侧栏架和前门、后门组成,前门处安装食槽和饮水器,栏长 2.1 m、宽 0.6 m、高 0.96 m。单体限位栏用于饲养空怀及妊娠母猪,与每圈群养母猪相比,优点是便于观察发情,及时配种;避免母猪采食争斗,易掌握喂量,控制膘情。缺点是限制母猪运动,容易出现四肢软弱或肢蹄病。母猪单体限位栏适用于集约化和工厂化养猪。

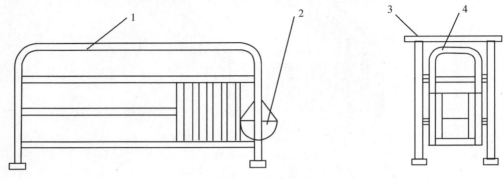

1.栏架 2.限量食槽 3.上挡杆 4.栏门

图 1-1-7 母猪单体限位栏

5.高床产仔栏(图 1-1-8)

高床产仔栏由底网、围栏、母猪限位架、仔猪保温箱、食槽组成。底网多采用直径 5 mm 的冷拔圆钢编织的编织网或塑料漏缝地板,长 2.2 m、宽 1.7 m,下面附以角钢和扁铁,靠腿撑起,离地 20 cm 左右;围栏为底网四面的侧壁,用钢管和钢筋焊接而成,长 2.2 m、宽 1.7 m、高 0.6 m,钢筋间缝隙 5 cm;母猪限位架长 2.2 m、宽 0.6 m、高 0.9~1.0 m,位于底网中间,限位架前安装母猪食槽和饮水器,仔猪饮水器安装在前部或后部;仔猪保温箱长 1 m、宽 0.6 m、高 0.6 m,多由水泥预制板组装而成,置于产仔栏前部一侧。优点是占地面积少,利用率高;便于管理;母猪限位,可防止或减少压死仔猪;仔猪不与地面接触,干燥、卫生,减少疾病和死亡。缺点是耗费钢材量大,投资成本高。目前高床产仔栏多用于现代化猪场的母猪产仔和哺育仔猪。

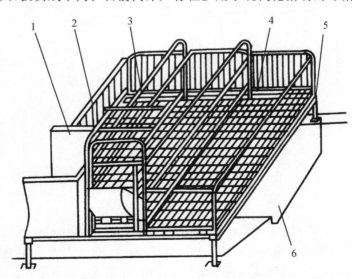

1.保温箱 2.仔猪围栏 3.分娩栏 4.钢筋编织板网 5.支腿 6.粪沟

图 1-1-8 高床产仔栏

6.高床育仔栏(图 1-1-9)

高床育仔栏主要用于饲养 4～10 周龄的断奶仔猪,其结构与高床产仔栏的底网及围栏相同,只是高度为 0.7 m,离地面 20～40 cm,面积根据猪群大小而定,一般长 1.8 m、宽 1.7 m,饲养断奶仔猪 10 头左右。优点是占地面积少,利用率高;便于管理;仔猪不与地面接触,干燥、卫生,减少疾病和死亡。缺点是耗费钢材量大,投资成本高。目前高床育仔栏多用于现代化猪场培育仔猪。

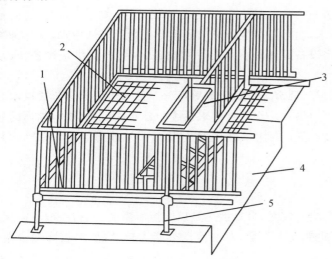

1.连接杆　2.钢筋编织板网　3.自动翻料食槽　4.粪沟　5.支腿
图 1-1-9　高床育仔栏

二维码 1-1-5　猪栏(床)
及喂料设施

(二)饲料的供给和饲喂设备

猪场饲料的运输、饲喂工作约占工作总量的 40%,为了提高劳动生产率,并将饲料定时、定量、无损地提供给各类猪,必须配备相应的设备,尤其是对于集约化和工厂化猪场。其设备主要包括饲料加工机组、饲料运输车、贮料塔(仓)、饲料输送机、食槽、自动给料箱等。采用机械设备的种类、数量、程度等应根据猪场的规模、设计的现代化程度及当地的人力资源等条件来定。

目前,大多数猪场以人工喂料为主,采用袋装,人工送到猪舍,投到自动落料饲槽或食槽,供猪采食。尽管人工运送喂饲劳动强度大,劳动生产率低,饲料装卸、运送损失大,又易污染,但这种方式所需设备较少,除食槽外,主要是加料车。加料车目前在我国应用较普遍,一般料车长 1.2 m、宽 0.7 m、深 0.6 m,有两轮、三轮和四轮三种,轮径 30 cm 左右。饲料车具有机动性好,可在猪舍走道与操作间之间的任意位置行走和装卸饲料;投资少,制作简单,适宜运送各种形态的饲料;不需要电力,任何地方都可采用。

在养猪生产中,无论采用机械喂料还是人工饲喂,都要选配好食槽。根据养猪场采用的自由采食和限量饲喂两种饲喂方式,饲槽也分为自由采食槽(自动食槽)和限量采食槽(限量食槽)两种。

自动食槽:在培育、生长、肥育猪群中,一般采用自动食槽让猪自由采食。自动食槽就是在食槽的顶部装有饲料贮存箱,贮存一定量的饲料,随着猪的吃食,饲料在重力的作用下,不断落入食槽内。因此,自动食槽可以间隔较长时间加一次料,大大减少了喂饲工作量,提高了劳动生产率,同时也便于实现机械化、自动化饲喂。

限量食槽:限量食槽用于公猪、母猪等需要限量饲喂的猪群,小群饲养的母猪和公猪用的限量食槽一般用水泥制成,造价低廉,坚固耐用。每头猪所需要的饲槽长度大约等于猪肩部宽度,不足将会造成饲喂时争食,太长不但造成饲槽浪费,个别猪还会踏入槽内吃食,弄脏饲料。

(三)供水饮水设备

现代化猪场不仅需要大量饮用水,而且各个生产环节还需要大量的清洁用水,这些都需要配备供水饮水设备。因此,供水饮水设备是猪场不可缺少的设备,主要包括供水设备、供水管道和自动饮水器等。

猪场供水设备包括水的提取、贮存、调节、输送、分配等部分。供水可分为自流式供水和压力供水,现代化猪场一般都是采用压力供水。水塔是供水系统中蓄水的设备,要有相当的容积和适当的高度,容积应能保证猪场 2 d 左右的用水量,高度应比最高用水点高出 1~2 m,并考虑保证适当的压力。

(四)供热保温和通风降温设备

现代化猪场,育肥猪等大猪抗寒能力较强,自身散热足以维持所需的舍温,一般不需保温。而哺乳仔猪和断奶仔猪由于热调节机能发育不全,对寒冷抵抗能力较差,要求较高的舍温,在冬季必须供热保温。

猪舍供热保温分集中供暖和局部供暖两种方法。集中供暖主要利用热水、蒸汽、热空气及电能等形式供热。我国养猪生产实践中,多采用热水供暖系统,该系统包括热水锅炉、供水管路、散热器、回水管路及水泵等设备。猪舍局部供暖最常用的是电热地板、热水加热地板、电热灯等设备。红外线保暖灯或远红外线辐射板在仔猪保温中使用最为广泛,虽然其本身发热量和温度不可调节,但可以通过调节灯具吊挂高度来调节小猪群的受热量,如果采用保温箱,则保温效果更好。保温箱通常用水泥、木板或玻璃钢制造,典型的保温箱外形尺寸为:长1.0 m、宽 0.6 m、高 0.6 m。

供热保温、通风降温可通过自控装置实现自动调节,使舍内保持适宜的卫生环境条件。如果温度较高、空气污浊时,通风机启动工作,进行降温通风换气;如果温度较低时,关闭通风机,则保温设备启动工作。

(五)清洗消毒设备

1.人员车辆消毒设施

凡是进入场区的人员、车辆等必须经过彻底的清洗、消毒、更衣等环节。所以,猪场应配备人员车辆消毒池、人员车辆消毒室、人员浴池等设施及设备。

人员车辆消毒池:在猪场门口应设与大门同宽,1.5 倍汽车轮周长的消毒池,对进场的车辆四轮进行消毒。在进入生产区门口处再设消毒池。同时在大门及生产区门口的消毒室内应设人员消毒池,每栋猪舍入口处应设小消毒池或消毒脚盆,人员进出都要消毒。

人员车辆消毒室:在场门口及生产区门口应设人员消毒室,消毒室内要有消毒池、洗手盆、紫外线灯等,人员必须经过消毒室才能进入行政管理区及生产区。有条件的猪场在进入场区的入口处设置车辆消毒室,用来对进入场区的车辆进行消毒。

浴室:生产人员进入生产区时,必须经过洗澡,然后换上经过消毒的工作服才可以进入。因此,现代化猪场应有浴室。

2.环境清洁消毒设备

现代化猪场常用的环境清洁消毒设备主要有高压地面冲洗喷雾消毒机、火焰消毒器等。

(1)高压地面冲洗喷雾消毒机。工作时柴油机或电动机带动活塞和隔膜往复运动,将吸入泵室的清水或药液经喷枪高压喷出。喷头可以调换,既可喷出高压水流,又可喷出雾状液。地面冲洗喷雾消毒机工作压力一般为 $15\sim20$ kg/cm^2,流量为 20 L/min,冲洗射程 $12\sim14$ m。其优点是体积小,机动灵活,操作方便;既能喷水,又能喷雾,压力大,可节约清水或药液。因而是规模化猪场较好的地面冲洗喷雾消毒设备。

(2)火焰消毒器。火焰消毒器是利用煤油高温雾化剧烈燃烧产生的高温火焰对猪舍内的设备和建筑物表面进行瞬间高温喷烧,达到杀菌消毒的目的。

(六)粪便处理设备

1.漏缝地板

现代化猪场为了保持栏内的清洁卫生,改善环境条件,减少人工清扫,普遍采用在粪尿沟上铺设漏缝地板,漏缝地板有钢筋混凝土板条或板块、钢筋编网、钢筋焊接网、塑料板块、铸铁块等。漏缝地板应耐腐蚀,不变形,表面平,不滑,导热性小,坚固耐用,漏粪效果好,易冲洗消毒,适应各种日龄的猪行走站立,不卡伤猪蹄。

2.清粪设备

清粪又称粪便收集,是指将猪排出的粪尿从猪舍中移出的过程。下面介绍几种目前我国养猪场中常用的清粪工艺及其设备。

(1)人工清粪。人工清粪就是靠人力利用清扫工具将猪舍内的粪便清扫收集,再由机动车或人力车运到集粪场。人工清粪的粪沟沟底有1%左右的坡度。猪的粪尿从漏缝地板落下后,尿流入尿沟中,粪则留在坡上,由人工利用刮板等工具将其收集在一起,然后运到舍外。猪尿和冲洗猪舍的废水则通过尿沟流到舍外的污水管道中,再经汇总后进行处理。

人工清粪只需用一些工具、人工清粪车等。设备简单,不用电力,一次性投资少,还可以做到粪尿分离,便于后面的粪尿处理。但其劳动量大,生产率低。我国劳动力资源丰富,价格便宜,目前,人工清粪方式较为广泛地在我国养猪场内使用。

(2)水冲清粪。放水冲洗有自动和手工两种。手工冲洗法是工人定时打开水龙头放水冲洗,可将粪尿沟及漏缝地板上的粪尿冲洗干净。自动冲洗法是在猪舍粪沟的一端或两端设置容积 2 m^3 的冲水器,用浮球控制存水量,定时向沟内放水,利用水流的冲力将落入粪沟中的粪尿冲至总排粪沟。常用的冲水器有简易放水阀、自动翻水斗和虹吸自动冲水器等。

水冲清粪设备简单、效率高、故障少、工作可靠,有利于猪场的卫生和疫病控制。但基建投资大,舍内湿度大,水消耗量大,流出的粪便为液态,粪便处理难度大。因此,在水源缺乏、寒冷地区及没有足够的农田消纳污水的地区不宜采用。

(3)机械清粪。机械清粪就是利用机械将粪便清出猪舍外,常用的清粪机械有链式刮板清粪机、往复式刮板清粪机等。链式刮板清粪机主要由链刮板、驱动装置、导向轮和张紧装置等部分组成。工作时,驱动装置带动链子在粪沟内做单向运动,装在链节上的刮板便将粪便带到舍端的小集粪坑内,然后由倾斜升运器将粪便提升并装入运粪车运至集粪场。

链式刮板清粪机一般安装在猪舍的开放式粪沟(明沟)中,即在猪栏的外面开一粪沟,猪尿自动流入粪沟,猪粪由人工清扫至粪沟中。此种方式不适用在高床饲养的分娩舍和培育舍内清粪。链式刮板清粪机的主要缺点是由于倾斜升运器通常在舍外,在冬天易冻结。

任务四 猪场的工艺流程设计

现代化养猪实行从母猪配种、妊娠、分娩、断奶到育仔、育成、育肥、出栏形成一条连续的流水式生产工艺,并以周为单位,有计划、有规律地循环下去,使养猪生产常年处于均衡状态,彻底改变了传统养猪生产春秋两季配种、产仔,年底出栏的模式。流水式生产工艺特点是限位饲养、早期断奶、全进全出的均衡生产。

流水式生产工艺的优点有:有计划地组织生产,实现均衡生产,全进全出,减少疫病的传播机会,有利于设备的维修和保养,以及舍内小环境气候的控制;按阶段对猪只进行科学管理,有利于控制产品数量和质量。但现代化养猪生产与我国劳动力低廉、水资源缺乏和电力价格高等有矛盾,因此,在我国不同的地区、不同的气候条件和能源情况下,不必强求采用流水式的生产工艺。例如,在寒冷地区,为了节省能源,可以考虑改常年分娩为季节分娩,至于实行季节分娩时产房不能充分利用的问题,可以改养生长肥育猪,以提高房舍的利用率。

一、生产工艺流程

现代化养猪场的生产工艺流程和生产周期的设计,应使各阶段有计划、有节奏地进行流水作业,采用 7 d 为一个生产周期组织生产,实行常年配种、分娩、断奶、保育、生长肥育,连续生产,实行"全进全出"的工艺流程。目前,根据猪群生长、育成的不同阶段,常见的工艺流程有以下几个。

(一)二阶段饲养工艺流程

空怀、妊娠及哺乳期—生长肥育期。

母猪分娩后,仔猪在母猪栏内饲养,约 35 d 断奶后,仔猪留在原栏饲养,一般停留 40~60 d,体重达 30~50 kg,然后转群至育肥猪舍,一直饲养至出栏。这种饲养工艺,商品猪只需一次转群,减少猪只的应激反应,有利于仔猪生长。缺点是仔猪占产仔舍时间长,降低了母猪舍利用率。

(二)三阶段饲养工艺流程

空怀、妊娠期—哺乳期—生长肥育期。

整个生产过程中,仔猪经过两次转群,不同的猪场采取不同的转群形式。第一种:仔猪 28~35 d 在分娩舍断奶后,母猪离开产仔舍,仔猪原圈停留 1 周后再转群到保育猪舍,在保育舍内饲养 50~60 d,体重达 35 kg 左右,转群至育肥猪舍饲养直至出栏。第二种:哺乳 20 d 左右,母猪与仔猪一同转入保育猪舍,母猪在保育舍内待 1~2 周后转回种猪舍,仔猪则在保育舍内饲养 50~60 d,体重达 35 kg 左右转入育肥猪舍。

三段饲养两次转群可在很大程度上提高分娩舍的利用率,适用于规模较小的养猪企业,其操作简单、猪舍类型少、节约维修费用,还可以重点采取措施,例如,分娩哺乳期,可以采用好的环境控制措施,满足仔猪生长的条件,提高成活率与生产水平。

(三)四阶段饲养工艺流程

空怀、妊娠期—哺乳期—仔猪保育期—生长肥育期。

在三阶段饲养工艺流程的基础上,仔猪在保育舍饲养 5 周左右,猪的体重达 20 kg 左右,然后转入育成舍饲养约 7 周,最后转入育肥舍。保育阶段主要是从肥育阶段划分出来的。育肥猪平均每头占用栏舍面积 1.0 m²,而育成阶段仅占 0.7 m²,所以,这种工艺流程可减少猪舍面积,降低投资,提高猪舍利用率。而且断奶仔猪比生长育肥猪对环境条件要求高,这样也便于采取措施提高成活率。

二、主要技术指标

为了准确计算猪群结构即各类猪群的存栏数、猪舍及各猪舍所需栏位数、饲料用量和产品数量,必须根据养猪的品种、生产力水平、技术水平、经营管理水平和环境设施等,实事求是地确定生产过程中的主要技术指标。规模化猪场的生产程序按配种、妊娠、分娩、保育、育成及育肥 6 个步骤进行,不同环节要求的生产性能和指标不同。我国国标《规模猪场建设》(GB/T 17824.1—2008)及《规模猪场生产技术规程》(GB/T 17824.2—2008)为规模化猪场建设提供了参考。母猪繁殖性能见表 1-1-1。

表 1-1-1　母猪繁殖性能

指标名称	指标数值
基础母猪断乳后第一情期受胎率/%	≥85.0
分娩率/%	≥96.0
基础母猪年均产仔窝数/[窝/(年·头)]	≥2.1
基础母猪年均每窝产活仔数/(头/窝)	≥10.5
断乳日龄/d	≥28.0
哺乳仔猪成活率/%	≥92.0
基础母猪年提供断奶仔猪数/(头/年)	≥20.0

规模化猪场繁殖猪群的生产性能还包括母猪断乳后至下次发情的时间间隔为 5~7 d,公猪使用年限 3~4 年,母猪使用年限 3 年,本交生产公母比例为 1:(20~25)。生长育肥猪群的生产性能见表 1-1-2。

表 1-1-2　生长肥育期性能指标

指标名称	指标数值
仔猪平均断奶体重(4 周)/(kg/头)	≥7.0
仔猪保育期(5~10 周)	
期末体重/(kg/头)	≥20.0
料重比/(kg/kg)	≤1.8
成活率/%	≥95.0

续表 1-1-2

指标名称	指标数值
生长肥育期	
成活率/%	≥98.0
日增重/(g/d)	≥650.0
料重比/(kg/kg)	≤3.0
160 日龄体重/(kg/头)	≥100.0

(一)确定每头母猪一年内理论产仔窝数

母猪年产仔窝数的多少,决定于母猪繁殖周期的长短,而母猪繁殖周期的长短主要受哺乳时间的制约。若母猪的一个繁殖周期为 22.5 周(哺乳期为 5 周、妊娠期 16.5 周、断奶至配种期 1 周),一年共 52 周,因此,每头母猪年产仔窝数应该为 $52÷22.5≈2.3$(窝)(如果哺乳期缩短为 4 周,则每头母猪年产仔窝数应该约为 2.4 窝)。

(二)确定每周应产仔的母猪头数

按理论计算,假使我们已确定每头母猪年产仔 2.3 窝,那么,根据一个猪场所饲养的母猪总头数,就可以算出全场每年应该产仔的总窝数,然后,就可以算出每周应该有多少头母猪产仔。

$$每周应产仔窝数＝母猪总头数×2.3 窝÷52 周$$

例如,600 头母猪的猪场每周应产仔窝数为:

$$600×2.3÷52≈26.5(窝)$$

为了留有余地和便于掌握,每周可安排 26 头母猪产仔。

(三)确定每周应配种的母猪头数

根据每周应产仔窝数,以及母猪配种受胎率(按 80% 掌握),每周参加配种的母猪头数应该是:

$$每周应配种母猪数＝每周应产仔窝数÷80\%$$

以 600 头母猪的猪场为例,每周参加配种的母猪头数为:

$$26÷80\%＝32.5(头)$$

(四)确定每周断奶仔猪数及转群基础数

以每周分娩 26 窝,每窝断奶成活 9 头为例:

$$每周断奶仔猪数＝9×26＝234(头)$$
$$每周转群基数＝234×95\%(育成率)≈222(头)$$

以上计算均为理论数据,生产实践中可视具体情况在此原则基础上进行调整。

(五)其他经济技术指标

现代化养猪生产的其他经济技术指标与猪场设计和生产水平直接相关,可参考有关书籍或根据实际技术水平和条件确定。

任务五　猪场的环境控制

一、防寒保温

在冬季比较寒冷的地区,应做好猪舍的防寒保温工作,特别是对分娩哺育舍、仔猪舍,做好防寒保温工作更为重要。猪舍防寒保温的措施有以下几个方面。

1. 做好猪舍的保温隔热设计

在猪舍的外围护结构中,失热最多的是屋顶,因此设置天棚极为重要,铺设在天棚上的保温材料热阻值要高,而且要达到足够的厚度并压紧压实。墙壁的失热仅次于屋顶,普通红砖墙体必须达到足够厚度,用空心砖或加气混凝土块代替普通红砖用空心墙体或在空心墙中填充隔热材料等均能提高猪舍的防寒保温能力。有窗猪舍应设置双层窗,并尽量少设北窗和西侧窗。地面失热虽较其他外围护结构少,但由于猪直接在地面上活动,所以加强地面的保温能力具有重要意义。为利于猪舍的清洗消毒、防止猪的拱掘,猪舍地面多为水泥地面,但水泥地面冷而硬,因此,可在趴卧区加铺地板或垫草。也可用空心砖等建造保温地面,但造价稍高。

2. 加强冬季防寒管理

冬季常采取的防寒管理措施有:入冬前做好封窗,窗外加挂透光性能好的塑料膜,门外包防寒毡等;简易猪舍覆盖塑料大棚;通风换气时尽量降低气流速度;防止舍内潮湿;铺设厚垫草;适当加大饲养密度等。

3. 猪舍的供暖

在采取以上各种防寒保温措施后仍不能达到要求的舍温时,需采取供暖措施。猪舍的供暖保温可采用集中供热、分散供热和局部保温等办法。集中供热就是猪舍用热和生活用热都由中心锅炉提供,各类猪舍的温差由散热片多少来调节,这种供热方式可节约能源,但投资大,灵活性也较差。分散供热就是在需供热的猪舍内,安装一个或几个民用取暖炉来提高舍温,这种供热方式灵活性大,便于控制舍温,投资少,但管理不便。局部保温可采用保温箱(图 1-1-10)、红外线灯(图 1-1-11)等,这种方法简便、灵活,只需有电源即可。传统的局部保温方法有铺厚垫草、生火炉、搭火墙等,这些方法目前仍被规模较小的猪场和农户采用,效果不甚理想,且费力,但比较经济。

图 1-1-10　仔猪用保温箱

图 1-1-11　仔猪用红外线灯

二、防暑降温

环境炎热的因素有气温高、太阳辐射强、气流速度小和空气湿度大等。在炎热情况下,企图通过降低空气温度,从而增加猪的非蒸发散热,技术上虽可以办到,但经济上往往行不通。所以生产中一般采用保护猪免受太阳辐射热、增强猪的传导散热(与冷物体接触)、对流散热(充分利用天然气流或强制通风)和蒸发散热(水浴或向猪体喷淋水)等措施。

1.遮阳和设置凉棚

猪舍遮阳可采取加长屋顶出檐,顺窗户上设置水平或垂直的遮阳板及采用绿化遮阳等措施。也可以搭架种植藤蔓植物,在南墙窗口和屋顶形成绿的凉棚。凉棚设置时应以长轴东西向配置,棚子面积应大于凉棚投影面积,若跨度不大,棚顶可采用单坡、南低北高,从而可使棚下阴影面积大、移动小。凉棚高度 2.5 m 为宜。

2.做好隔热设计

做好猪舍外围护结构的隔热设计可防止或削弱太阳辐射热和高气温的综合效应。猪舍隔热设计的重点在屋顶,可采取增大屋顶的热阻、修建多层结构屋顶、建造有空气间层的屋顶、屋面选用浅色而光平的材料以增强其反射太阳光的能力。猪舍内设置天花板可减少屋面的辐射热。

3.猪舍的通风

加强猪舍通风的目的在于驱散舍内产生的热能,不使热在舍内积累而致气温升高,同时在猪体周围形成适宜的气流促进猪的散热。加强通风的措施有:在自然通风猪舍内设置地脚窗、大窗、通风屋脊等;应使进气口均匀布置,使猪舍内所有猪均能享受到凉爽的气流;缩小猪舍跨度,使猪舍内易形成穿堂风。在自然通风不足时,应增设机械通风。

4.猪舍的降温

猪舍采用制冷设备降温在经济上一般不划算,故在生产中多采用蒸发降温的设备措施,这种措施只适用于干热地区。有条件的猪场可以装湿帘(图 1-1-12),也可让猪进行水浴,猪场修建滚浴池,供猪滚浴,也可向猪体或猪舍空气喷水,借助水的汽化吸热而达到降温的目的。猪舍内设置水龙头喷雾系统(图 1-1-13),定时打开,是一种用得较多又较为经济的降温方法,不但能起到降温作用,又能净化空气,同时还可减少因水直接喷向猪体而给猪带来的应激。

图 1-1-12　湿帘

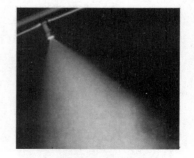

图 1-1-13　喷雾系统

三、通风换气

猪舍通风换气的目的有两个,一是在气温高时加大气流使猪感到舒适,从而缓解高温对猪的不良影响;二是在猪舍封闭的情况下,通风可排出舍内的污浊空气,引进舍外的新鲜空气,从而净化猪舍内的空气环境。猪舍的通风可分为自然通风和机械通风两种。

1.自然通风

自然通风是指不需要机械设备,而借助自然界的风压或热压,使猪舍内空气流动。自然通风又分为无管道自然通风系统和有管道自然通风系统两种形式,无管道自然通风是指经开着的门窗所进行的通风透气,适于温暖地区和寒冷地区的温暖季节。而在寒冷季节里的封闭猪舍,由于门窗紧闭,故需专用的通风管道进行换气。有管道自然通风系统包括进气管和排气管,进气管均匀排在纵墙上,在南方,进气管通常设在墙下方,以利通风降温;在北方,进气管道宜设在墙体上方,以避免冷气流直接吹到猪体。进气管在墙外的部分应向下弯或设挡板,以防冷空气或降水直接侵入。排风管沿猪舍屋脊两侧交错安装在屋顶上,下端自天棚开始,上端伸出屋脊 50~70 cm。排气管应制成双层,内夹保温材料,管上端设风帽,以防降水落入舍内。进气管和排气管内均应设调节板,以控制风量。

2.机械通风

机械通风是指利用风机强制进行猪舍内外的空气交换,常用的机械通风有正压通风、负压通风和联合通风三种(图 1-1-14)。正压通风是用风机将猪舍外新鲜空气强制送入舍内,使舍内气压增高,舍内污浊空气经排气口(管)自然排走的换气方式。负压通风是用风机抽出猪舍内的污浊空气、使舍内气压相对小于舍外,新鲜空气通过进气口(管)流入舍内而形成舍内外的空气交换。联合通风则是同时进行机械送风和机械排风的通风换气方式。在高寒地区的冬季,通风换气与防寒保温存在着很大的矛盾,在进行通风换气时应解决好这一矛盾。

图 1-1-14　机械通风(风扇)

四、光照

光照不仅影响猪的健康和生产力,而且影响管理人员的工作条件。猪舍的光照以自然光照为主,以人工光照为辅。

1.自然光照

猪舍自然光照时,光线主要是通过窗户进入猪舍内的。因此,自然光照的关键是通过合理设计窗户的位置、形状、数量和面积,以保证猪舍的光照标准,并尽量使舍内光照均匀。在生产中通常根据采光系数(窗户的有效采光面积与猪舍地面面积之比)来设计猪舍的窗户,种猪舍的采光系数要求为 1∶(10~12),育肥猪舍为 1∶(12~15)。猪舍窗户的数量、形状和布置应根据当地的气候条件、猪舍的结构特点,综合考虑防寒、防暑、通风等因素后确定。

2.人工光照

自然光照不足时,应考虑补充人工光照,人工光照一般选用 40～50 W 的白炽灯、荧光灯等,灯距地面 2 m,按大约 3 m 灯距均匀布置。当猪舍跨度大时,应装设两排以上的灯泡,并使两排灯泡交错排列,以使舍内各处光照均匀。

五、排污

猪舍内的主要污物为猪排泄的粪尿及生产污水等。猪每天排出的粪尿数量很大,而且日常管理所产生的污水也很多。因此,合理设置排污系统,及时排出这些污物,是防止猪舍内潮湿、保持良好的空气卫生状况的重要措施。

猪舍的排污方式一般有两种,一种是粪便和污水分别清除,一般多为人工清除固形的鲜粪便,另设排水管道将污水(含尿液)排出至舍外污水池。这种方法比较适于北方寒冷地区,要求尽量随时清除粪便,否则会使得粪便与污水混合而难以清除,或排入排水管道而易造成排水管道的阻塞。

另一种是粪便和污水同时清除,这种清除方式又分为水冲清除和机械清除。水冲清除应在舍内建造漏缝地板、粪沟,在舍外建粪水池。漏缝地板可用钢筋水泥或金属、竹板条等制成,当粪尿落在漏缝地板上时,液体物从缝隙流入地面下的粪沟,固形的粪便被猪踩入沟内。粪沟位于漏缝地板下方,倾向粪水池方向的坡度为 0.5%～1.0%,用水将粪污冲入舍外的粪水池。这种方式不宜在北方寒冷地区采用,因其用水量较大,会造成舍内潮湿,又会产生大量污水而难以处理。机械清除方式基本是将水冲清除方式中的水冲环节用刮板等机械装置将粪污清至猪舍的一端或直接清至舍外。

复习思考题

1.解释下列概念:

规模化养猪;正压通风;负压通风;开放式猪舍;双列式猪舍;采光系数。

2.分析二阶段饲养工艺流程、三阶段饲养工艺流程、四阶段饲养工艺流程、五阶段饲养工艺流程各有何优点。

3.工厂化养猪的饲养工艺流程包括哪些技术指标?

4.如何进行猪场的选址和设计?

5.各种猪栏的主要特点有哪些?

6.猪舍冬季保温和夏季降温措施有哪些?

7.猪场规划有何要求?

猪的品种选择与引种

任务一　猪的品种选择

全世界猪的品种很多,有 300 多个,为了方便研究和利用,根据不同的标准将这些品种分为不同的类型。依照品种的来源与培育方式可分为地方猪种、国外引入猪种、培育猪种;依据品种成熟的早晚可分为早熟、中熟和晚熟品种;在生产实际中,人们较多地从经济利用角度出发,根据猪只生产瘦肉和脂肪的性能,以及相应的体躯结构特点,划分为脂肪型、瘦肉型和兼用型三类。

脂肪型。这类猪的胴体能提供较多的脂肪,瘦肉少。猪的外形特点是头颈粗重,体躯宽广、肥满,四肢粗短,体长与胸围相等或相差 2~3 cm,背膘厚,90 kg 胴体瘦肉率在 45% 以下。我国绝大多数地方品种猪都属于脂肪型,如太湖猪、姜曲海猪、民猪等。

瘦肉型。这类猪的胴体瘦肉较多,脂肪少。外形特点与脂肪型相反,头颈较轻,体格大,体躯长,流线型体躯;四肢高,前后肢间距宽,背线与腹线平行,腿臀丰满,背膘薄。体长比胸围长 15~20 cm,90 kg 胴体瘦肉率在 55% 以上。从国外引进的长白猪、大白猪、杜洛克猪和皮特兰猪,以及我国培育的苏太猪和三江白猪等均属这个类型。

兼用型。这类猪的外形特点、生产性能、饲料转化率、生长速度等都介于瘦肉型和脂肪型之间,胴体中瘦肉稍多于脂肪,90 kg 胴体瘦肉率多在 45%~55%。我国培育的大多数猪种都属于此类,如上海白猪、北京黑猪等。

一、地方品种

中国幅员辽阔,地形和气候差异大,地方猪种资源丰富多样,是一个巨大的基因库。在复杂多样的生态环境和社会经济条件作用下,经过精心选育,逐渐形成了丰富多彩的地方猪资源。

(一)我国地方猪种类型

我国地方猪种按其外貌体型、生产性能、当地农业生产情况、自然条件和移民等社会因素,大致可以划分为六个类型,分别是华北型、华南型、华中型、江海型、西南型和高原型。

1. 华北型

华北型猪的体质健壮,骨骼发达,外形表现为体躯高大,四肢粗壮,背腰狭窄,但大腿不够紧实。头较平直,嘴筒较长,便于掘地采食,耳较大,额间多纵行皱纹。为适应严寒的自然条件,皮厚多皱褶,毛粗密,鬃毛发达,冬季生有一层棕红色的绒毛。华北型猪的毛色绝大多数为全黑色。

华北型猪繁殖性能较强,产仔数多在 12 头以上,母性较好,仔猪育成率高。乳头一般有 8 对,性成熟早,一般多在 3～4 月龄时开始发情。公母猪在 4 月龄左右就可初次配种。

华北型猪种主要有:东北民猪、八眉猪、黄淮海黑猪(淮猪)、汉江黑猪和沂蒙黑猪等。

2. 华南型

华南型猪新陈代谢较为旺盛,早熟、体质疏松、容易积累脂肪。体躯一般较短、矮、宽、圆、肥,皮薄毛稀,鬃毛短少。毛色多为黑色或黑白花色。外形呈现背腰宽阔,腹大下垂,臀部丰圆,四肢开阔粗短而多肉,头较短小,面侧稍凹,额有横行皱纹,耳小上竖或向两侧平伸。

华南型猪的繁殖力较低,产仔数一般每窝 8～9 头,有的高达 11～12 头。母性好,护仔性强。母猪乳头数 5～6 对。性成熟较早,母猪多在 3～4 月龄时开始发情,6 月龄左右体重达 30 kg 以上就可配种。

两广小花猪、滇南小耳猪、香猪、槐猪、海南猪、五指山猪和桃园猪等均属华南型猪。

3. 华中型

华中型猪的体型与华南型猪基本相似,体质较疏松,早熟。背较宽,骨骼较细,背腰多下凹,四肢较短,腹大下垂,体躯呈圆筒形。头不大,额部多有横行皱纹,耳较华南型猪大且下垂,被毛稀疏,毛色多为黑白花色或两头乌,少数为全黑色。

华中型猪的繁殖性能中等偏上,性成熟较早,乳头多为 6～7 对,经产母猪一般每窝平均产仔 10～13 头。屠宰率一般为 67%～75%。

华中型地方猪种很多,华中两头乌猪、浙江金华猪、龙游乌猪、皖浙花猪、玉江猪、莆田猪、宁乡猪、武夷黑猪、广东大白花猪和乐平猪等均属华中型猪。

4. 江海型

江海型猪最突出的优点是繁殖力很高。性成熟早,母猪发情明显,一般 4～5 月龄即有配种受胎的能力,并且受胎率高,乳头一般 8～9 对,经产母猪产仔数在 13 头以上居多,个别猪产仔数甚至超过 20 头,其中以太湖猪最为突出,经产母猪平均窝产活仔数超过 14 头,最高纪录达 42 头之多。

江海型猪沉积脂肪的能力较强,增重较快。经济利用角度成熟早,小型猪种 6 月龄达

60 kg 以上就可屠宰,大型猪种 12 月龄亦可达 100 kg 以上,屠宰率一般为 70% 左右。

太湖流域的太湖猪、姜曲海猪、安徽圩猪、虹桥猪、阳新猪以及台湾猪等均属江海型猪。

5.西南型

由于西南地区的气候条件类似,饲料条件基本相似,碳水化合物的饲料较多,人们对猪肉品质的要求较高,喜欢早熟丰满的猪种,因而形成了早熟、易肥的肉脂兼用型猪种。此型猪种被毛以黑色和六白居多,个体较大,头大,腿粗短,额部多旋毛和横行皱纹。育肥能力较强,背腰宽、陷,腹大略有下垂,背腰较厚,腹脂沉积较多,屠宰率不高。

西南型猪繁殖力中等,性成熟较早,有些母猪 90 日龄时就能配种受胎。乳头平均 6 对左右,平均产仔 8～10 头。猪的初生重较小,平均为 0.6 kg。

内江猪、荣昌猪、成华猪、雅南猪、关岭猪、乌金猪和湖川山地猪等均属西南型猪。

6.高原型

高原型猪属于小型晚熟猪种,因长期放牧奔走,致使头长呈锥形,体型紧凑,四肢发达,蹄小结实,嘴尖长而直,耳小而直立,背窄而微弓。心脏等脏器发达,擅长奔跑跳跃,行动敏捷。被毛多为黑色和黑褐色,兼有黑白花色,毛长而密,生有绒毛,鬃毛多长而刚粗,质地好。

高原型猪繁殖力低,母猪通常 4～5 个月才开始发情,妊娠期也较其他类型猪种长约 1 周。乳头一般为 5～6 对,平均产仔数约为 5 头,哺育率较低。

甘肃省甘南藏族自治州夏河一带高寒地区的合作猪和青藏高原的藏猪均属于高原型猪。

(二)我国地方猪种的种质特性

(1)性成熟早,繁殖力强。

(2)耐粗饲,抗逆性强。

(3)肉质好,瘦肉率低。

(4)早熟易肥,性情温顺。

(5)体型矮小。

(6)生长速度较慢,饲养周期长。

二维码 1-2-1　猪的品种识别

(三)我国地方猪种的优良品种

1.太湖猪

太湖猪包括二花脸猪、梅山猪、枫泾猪、嘉兴黑猪、横泾猪、米猪和沙乌头猪七个类型,属江海型。太湖猪体型中等,头大额宽,多皱褶,耳大下垂;被毛黑色或青灰色,腹部皮肤多呈紫红色,梅山猪四肢末端为白色。太湖猪主要分布在长江下游的江苏、浙江、上海交界的太湖流域。

(1)生产性能。太湖猪以繁殖率高而著称于世,是全世界猪种中产仔数最多的一个品种。初产母猪产仔 12.14 头,经产母猪产仔 15.83 头。母猪乳头数 8～10 对,泌乳性能高,母性好。

(2)胴体品质。7～8 月龄体重可达 75 kg,屠宰率为 65%～70%,瘦肉率 39.9%～45.1%,背膘厚 3.5～4.0 cm。

2.姜曲海猪

姜曲海猪主要分布于江苏省长江下游北岸高沙土地区的姜堰、海安一带,而以姜堰、曲塘、海安三镇为主要集散地。

(1)生产性能。10～82 kg 生长期内平均日增重 590 g,初产母猪产仔 11.08 头,经产母猪产仔 14.1 头。

(2)胴体品质。姜曲海猪胴体品质的主要特点是背膘较厚,体脂较多,骨骼和瘦肉的比例较低。在体重 75 kg 阶段屠宰时,屠宰率为 71.23%,平均背膘厚 4.51 cm,胴体瘦肉率 42.54%,脂肪含量 37.78%。

3.民猪

民猪头中等大,面直长,耳大下垂。体躯扁平,背腰狭窄,臀部倾斜,四肢粗壮;全身被毛黑色,毛密而长,猪鬃较多,冬季密生绒毛。分布于辽宁、吉林和黑龙江三省的东北民猪与分布在河北省和内蒙古自治区的民猪,在起源、外形和生产性能上相似,1982 年被确定统称为民猪。

(1)生产性能。性成熟早,母猪 4 月龄出现初情期,初产母猪产仔 11 头,经产母猪产仔 13 头左右。

(2)胴体品质。体重 90 kg 屠宰时,屠宰率 72.5%,瘦肉率 46.13%,背膘厚 3.22 cm。肌肉肉质优良,屠宰后 45 min 内背最长肌 pH 为 6.3,系水率 76.29%,肌肉含水分 71.36%,粗脂肪 5.22%,粗蛋白质 20.27%。

4.香猪

香猪属华南型。体型小,头较直,额部皱纹浅而少,耳小而薄、略向两侧平伸或稍下垂。四肢短细,全身白多黑少,有两头乌的特征。主要分布在贵州的剑河县。

(1)生产性能。香猪体型小,性成熟早,母猪 3～4 月龄出现初情期,6 月龄体重 20～30 kg,平均日增重 120～150 g,产仔数为 5～6 头。

(2)胴体品质。6 月龄的屠宰率为 64.46%,皮厚 0.36 cm,背膘厚 2.02 cm,瘦肉率 45.75%;肌肉的系水率为 75.31%,pH 为 6.43,熟肉率 60.99%,肌肉含水分 73.5%,粗蛋白质 22.43%,粗脂肪 2.92%,肉色评分为 3～3.5,大理石纹评分为 2～2.5。

5.金华猪

金华猪属华中型。产于浙江省金华地区的义乌、东阳和金华等地。具有性成熟早,繁殖力高,皮薄骨细,肉质好等特点。体型中等偏小,耳中等大,下垂,背腰微凹,腹微垂,臀较倾斜。四肢细短,蹄坚实。头颈和臀尾为黑色,其余部分为白色,少数背部有黑斑。因此,又称为"两头乌",或"金华两头乌猪"。

(1)生产性能。成年公猪体重 110 kg,体长 127 cm;成年母猪体重 97 kg,体长 122 cm。初产母猪产仔数 10.5 头,经产母猪产仔数 14.2 头。20～70 kg 生长期内平均日增重 410 g。

(2)胴体品质。70 kg 屠宰时,屠宰率 72.1%,瘦肉率 43.14%,腹脂率 9.39%;背最长肌 pH 为 6.72,肌间脂肪 3.7%。

二、引入品种

我国于 20 世纪初开始引入国外猪种,最早的是英国猪种,如大白猪已有近百年的历史,巴克夏猪有 70 多年的历史。目前对中国养猪生产影响较大的引入猪种主要有大白猪、长白猪、杜洛克猪等。

(一)引进猪种的种质特性

(1)生长速度快。

(2)屠宰率和胴体瘦肉率高。

（3）繁殖性能较差,母猪发情不明显,配种困难。

（4）肉质欠佳。

（5）抗逆性较差。

（二）主要引进品种

1. 大白猪

原产于英国北部的约克郡及其临近地区,又名约克夏猪。约克夏猪可分为大、中、小三型。目前,在世界分布最广的是大约克夏猪,因其体型大,毛色全白,故称为大白猪。

（1）品种特征和特性。

①体型外貌。大白猪体型大而匀称,耳大直立、鼻筒直,背腰多微弓,四肢较高,全身被毛白色,少数额角皮上有小暗斑,颜面微凹;平均乳头数 7 对。

②生产性能。初产母猪产仔 9.5～10.5 头,经产母猪产仔 11～12 头。乳头 7 对以上,8 月龄开始配种。成年公猪体重 250～300 kg,成年母猪体重 230～250 kg。体重 25～90 kg阶段,平均日增重 800～900 g,饲料报酬 2.8∶1。

③胴体品质。体重 100 kg 屠宰时,屠宰率约 74.5％,背膘厚平均 2.57 cm,眼肌面积约 33.14 cm^2,胴体瘦肉率 64％～65％。

（2）杂交利用。大白猪在杂交配套生产体系中主要用作母系,也可用作父系。大白猪作父本,分别与民猪、皖南花猪、荣昌猪、内江猪等杂交,在日增重等方面取得很好的杂交效果。

2. 长白猪

原产于丹麦,原名兰德瑞斯,因其体躯长,毛色全白,故称为长白猪,是世界著名瘦肉型品种之一。

（1）品种特征和特性。

①体型外貌。长白猪外貌清秀,性情温和,全身白色,体躯呈流线型,头狭长,颜面直,耳向前下平行直伸,颈部与肩部较轻,背腰特长,腰线平直而不松弛,体躯丰满,乳头数 7～8 对。

②生产性能。性成熟较晚,6 月龄出现性行为,公猪 10 月龄,体重 130～140 kg,母猪 8 月龄,体重 130～140 kg 开始配种。初产母猪平均产仔 10.8 头,经产母猪平均产仔 11～12 头。6 月龄体重达 90 kg 以上,成年体重可达 300 kg 以上。

③胴体品质。体重 30.70～72.81 kg 阶段,肥育期 84 d,平均日增重 793 g,料肉比 2.68∶1,屠宰率 71.66％,胴体瘦肉率 65.3％。

（2）杂交利用。长白猪具有生长快、饲料利用率高、瘦肉率高等特点,母猪产仔较多,泌乳性能好,断乳窝重较高,而且自从引入国内后经风土驯化,适应性有所提高,分布范围也日益扩大。以长白猪为父本,荣昌猪、民猪、上海白猪等为母本的二元杂交后代均能显著提高日增重、瘦肉率和饲料转化率。

3. 杜洛克猪

原产于美国东部的新泽西州和纽约等地,全身红色为其突出外貌特征。

（1）品种特征和特性。

①体型外貌。体型大,耳中等大小且向前稍下垂,颜面微凹,体躯深广,四肢粗壮,毛色呈现红棕色,在国外猪种中较突出,但颜色从金黄色到暗棕色深浅不一,樱桃红色最受欢迎,皮肤上可能出现黑色斑点,但不允许有黑毛或白毛。

②生产性能。初产母猪产仔 9 头,经产母猪平均产仔 10～11 头。20～90 kg 肥育猪,肥育期 159 d,平均日增重 760 g,每千克增重耗料 2.55 kg。

③胴体品质。杜洛克猪 90 kg 屠宰率为 74.38%,胴体长 85.1 cm,平均背膘厚 1.86 cm,腿臀比 31.8%,瘦肉率 62.4%。

(2)杂交利用。杜洛克猪对世界养猪生产的最大贡献是作商品猪的主要杂交亲本,尤其是终端父本。杜洛克与国内猪种杂交,多数情况下能表现出最优的日增重和料肉比,其胴体品质和适应性良好。

4.皮特兰猪

原产于比利时布拉帮特地区的皮特兰村。

(1)品种特征和特性。

①体型外貌。体躯呈方形,体躯短,背幅宽,耳中等大小、微向前倾,四肢粗短,骨细。最大特点是眼肌面积大,后腿肌肉特别发达。毛色灰白而夹有黑色斑块,有的还夹杂有少量红毛。

②生产性能。皮特兰母猪初情期为 6 月龄,体重 80～85 kg,发情周期平均为 21.94 d,平均产仔 10 头左右。6 月龄体重可达 90～100 kg,平均日增重 750 g,料肉比 2.55∶1。

③胴体品质。皮特兰猪背膘薄,胴体瘦肉率高,体重 90 kg 屠宰时,瘦肉率可高达 70%。肉质欠佳,肌纤维较粗,易发生猪应激综合征(PSS),PSE 肉发生率高。

(2)杂交利用。我国于 1994 年引进皮特兰猪进行纯繁与扩群,突出优点是胴体瘦肉率高,并且在杂种组合中能显著提高商品猪的瘦肉率。因此,可以作为杂交组合很好的终端父本猪。

5.汉普夏猪

原产于美国肯塔基州布奥尼地区。

(1)品种特征和特性。

①体型外貌。被毛黑色,在肩和前肢有一条白带围绕(一般不超过 1/4),故称"银带猪"。后肢常是黑色,在飞节上不允许有白斑,嘴较长而直,耳中等大小而直立,体躯较长,肌肉发达,性情活泼。

②生产性能。母猪 6～7 月龄开始发情,产仔数 9～10 头。成年公猪体重 315～410 kg,成年母猪体重 250～340 kg。肥育猪在 20～90 kg 阶段,平均日增重 760 g,公猪平均日增重 845 g,料肉比 2.53∶1,瘦肉率 64%左右。

③胴体品质。眼肌面积 43.03 cm^2,平均背膘厚 1.90 cm,胴体瘦肉率 65.34%。

(2)杂交利用。汉普夏猪具有瘦肉多、背膘薄等特点,以汉普夏猪为父本与某些地方猪种杂交,能显著提高商品猪的瘦肉率。但汉普夏猪与其他瘦肉型猪相比,生长速度慢,饲料报酬较差。

三、培育品种

1.苏太猪

(1)产地和分布。苏太猪是由江苏省苏州市太湖猪育种中心在 1999 年培育成功的瘦肉型猪新品种,已被农业部批准为国家级新品种,目前苏太猪已被推广到全国 29 个省(自治区、直辖市)。

(2)品种特征和特性。

①体型外貌。苏太猪全身被毛黑色,耳中等大小且垂向前下方,头面皱纹清晰,嘴中等长而直,部分允许有玉鼻,四肢结实,背腰平直,腹小,后躯丰满,身体各部分发育良好,具有明显的瘦肉型猪特征,是生产三元杂交商品瘦肉猪的理想母本。

②生产性能。苏太猪母猪乳头 7 对以上。初产母猪平均产活仔数为 11.68 头,经产母猪平均产仔数为 14.45 头。90 kg 体重日龄为 178 d。

③胴体品质。苏太猪肉质鲜美,肥瘦适度,肉味香醇,肉质鲜嫩,这是其他猪种无法媲美的。体重达 90 kg,屠宰率 72.88%,平均背膘厚 2.33 cm,眼肌面积 29.03 cm²,胴体瘦肉率 55.98%,肌内脂肪 3%。

2. 上海白猪

(1)产地和分布。中心产区位于上海市的闵行区和宝山区,主要繁殖中心在闵行区的虹桥、宝山区的彭浦和嘉定区的长征等地。

(2)品种特征和特性。

①体型外貌。上海白猪体型中等,全身被毛白色,面部平直或微凹,耳中等大小且略向前倾,背部平直,体躯较长,腿臀丰满,体质结实,乳头排列较稀,乳头 7 对左右,属肉脂兼用型猪。三个品系根据头型和体型略有差别:农系体型较高大,头和体躯较狭长;上系体型较短小,头和体躯较宽短;宝系介于两者之间。

②生产性能。6 月龄后备公猪平均体重 68.79 kg,体长 111.72 cm,后备母猪体重和体长分别为 65.92 kg、111.29 cm;成年公猪的体重为 258 kg,成年母猪体重为 177 kg。初产母猪平均产活仔数为 9.5 头,经产母猪平均产仔数为 11~13 头,肥育猪适宜屠宰体重为 75~90 kg。

③胴体品质。据对上海白猪肥育猪 286 头进行屠宰测定,平均宰前体重 87.23 kg,屠宰率 72.58%,背膘厚 3.69 cm,眼肌面积 25.63 cm²,腿臀比例 27.12%,胴体瘦肉率 52.78%。

3. 北京黑猪

(1)产地和分布。北京黑猪主要育成于北京市国营双桥农场和北郊农场,原来集中分布于北京市朝阳区、海淀区以及京郊各区县,并已推广到河北、河南、山西等省。

(2)品种特征和特性。

①体型外貌。北京黑猪体质结实,结构匀称,全身被毛黑色。头中等大小,外形清秀,两耳向前上方直立或平伸,面微凹,额宽,嘴筒直,粗细适中,中等长。颈肩结合良好,背腰平直且宽,腹部平直,四肢强健,腿臀丰满,背膘较薄,乳头一般 7 对以上,属优良瘦肉型的配套母系猪种。

②生产性能。母猪初情期为 6~7 月龄,6 月龄后备公猪平均体重 90.1 kg,后备母猪的平均体重为 89.55 kg。初产母猪产仔数为 9~10 头,经产母猪产仔数为 11.5 头。成年公猪的体重为 260 kg,成年母猪的体重为 220 kg。

③胴体品质。体重 90 kg 屠宰率为 74.38%,背膘厚 2.72 cm,瘦肉率 54.59%,胴体长 78.42 cm,腿臀比例 28.85%,眼肌面积 31.47 cm²,背最长肌重 1.83 kg。

4. 三江白猪

(1)产地和分布。三江白猪是在东北三江(黑龙江、松花江、乌苏里江)平原地区由东北农学院与黑龙江省三江平原地区的国营农场共同选育的我国第一个瘦肉型猪种。1983 年,由农牧渔业部组织专家组进行验收,专家组经过认真审查、鉴定,认为选育的三江白猪符合品种要求,各项生产性能达到了育种指标的要求,宣布三江白猪为培育的肉用型新品种。

(2)品种特征和特性。

①体型外貌。头轻嘴长,耳下垂,后躯丰满,四肢强健,蹄质结实,乳头 7 对,排列整齐,被毛全白,整个体躯呈流线型,近似长白猪体型。

②生产性能。三江白猪繁殖力高,母猪发情明显,易配,受胎率高。8 月龄配种,初产母猪平均产仔 10.2 头,经产母猪平均产仔 12.3 头,20~90 kg 肥育期肉仔猪平均日增重 600 g,料肉比 3.5∶1。

③胴体品质。肉质好,体重 90 kg 屠宰时,屠宰率为 74.38%,胴体瘦肉率 57.86%,背膘厚 3.44 cm。

任务二　品种杂交利用

不同猪种具有不同的生产优势,杂交可以充分利用不同猪种间的优势、规避弱势。杂交的目的是加速品种的改良步伐以及利用杂种优势,在短时间内生产高性能的商品肥育猪,已成为现代化养猪生产的重要手段。

杂交指不同品种、品系或类群之间的进行交配,对提高猪的生产性能以及养猪的经济效益做出重要的贡献。选择合理的杂交方式,目的是获取最大的杂种优势及亲本性状互补效应。目前根据杂交的性质,杂交方式主要分为二元杂交、三元杂交与四元杂交等。

一、二元杂交

二元杂交又称简单杂交(图 1-2-1),指的是选择两个不同的品种(系)之间的公母猪进行交配,产生的后代直接用于商品猪的生产。杂交亲本的父本称父系,母本称为母系。二元杂交是我国养猪生产中应用最多的一种杂交方法,特别在我国农村养猪中应用广泛。一般农户家中饲养本地母猪与外种公猪杂

A(♂)×B(♀)

↓

AB(二元杂种商品猪)

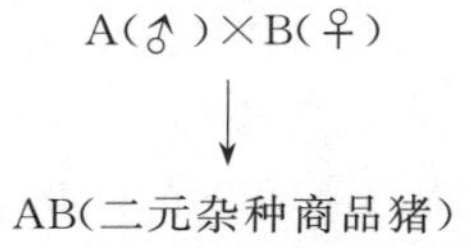

图 1-2-1　二元杂交模式图

交生产商品肥育猪。随着集约化养猪的快速发展,可采用外种公猪与外种母猪的进行二元杂交,如大白公猪与长白母猪杂交,但需要较高的养殖水平。二元杂交的优点是简单易行,杂交后代可获得最大的个体杂种优势,并只需一次亲本配合力测定就可筛选出最佳杂交组合。缺点是父本和母本品种均为纯种,不能利用父体特别是母体的杂种优势,并且杂交后代的遗传基础不广泛,不能利用多个品种的基因加性互补效应。

二、三元杂交

由 3 个品种(系)参加的杂交称为三元杂交(图 1-2-2)。先用 2 个品种(系)杂交,产生的杂交后代作为母本,再与作为终端父本的第三个品种(系)杂交,产生的三元杂种直接作为商品肥育猪。三元杂交在现代集约化养猪业中具有重要作用。在规模化猪场,常采用本地母猪与外种公猪(如杜洛克公猪)杂交,生产的杂种母猪再与外种公猪(如长白公猪、大白公猪)杂交,生产三元杂种商品肥育猪。在有些集约化猪场,采用杜洛克公猪配长白与大白或大白与长白的

杂种母猪,来生产三元杂交商品肥育猪,并获得良好的经济效益。三元杂交的优点:主要在于杂交后代遗传基础较广泛,既能获得最大的个体杂种优势,也能获得效果十分显著的母体杂种优势,也可以利用 3 个品种(系)的基因加性互补效应。三元杂交在繁殖性能上的杂种优势率较二元杂交高出 1 倍以上。三元杂交的缺点:饲养成本高,需要饲养 3 个纯种(系),制种较复杂且时间较长,一般需要进行二次配合力测定以确定生产二元杂种母本和三元杂种商品肥育猪的最佳组合,但不能利用父体杂种优势。

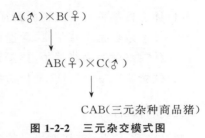

图 1-2-2　三元杂交模式图

三、四元杂交

四元杂交又称双杂交(图 1-2-3)。用 4 个品种(系)分别两两杂交,获得杂种父本和杂种母本,再进行杂交以获得四元杂交的商品肥育猪。一些养猪企业采用汉普夏与杜洛克的交配生产杂种父本,大白与长白的交配生产杂种母本,从而生产四元杂交的商品肥育猪。四元杂交可以利用 4 个品种(系)的遗传互补以及获得个体、母体和父体的最大杂种优势,杂交效果比二元杂交或三元杂交的杂交效果优越。但在现实生产中,人工授精技术和水平的不断提高以及广泛应用,使杂种父本的父体杂种优势如配种能力强等不能充分表现出来。另外,多饲养一个品种(系)的费用是昂贵的,且制种和组织工作更复杂。又由于汉普夏品种的繁殖性能一般,其他生产性能也不突出。因此,生产上更趋向于应用杜洛克×(大白×长白)的三元杂交。

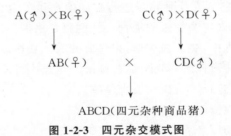

图 1-2-3　四元杂交模式图

四、我国猪的优良杂交模式(杂交组合)

大白猪×(长白猪×北京黑猪)　　　　杜洛克猪×浙江中白猪

杜洛克猪×(长白猪×北京黑猪)　　　杜洛克猪×(长白猪×嘉兴黑猪)

杜洛克猪×(皮特兰猪×梅山猪)　　　杜洛克猪×(长白猪×二花脸猪)

杜洛克猪×湖北白猪　　　　　　　　杜洛克猪×(长白猪×大白猪)

任务三　引　　种

引种是一项非常严谨的工作,引种前必须准备充分,科学安排每个环节。在了解及调研不同种猪场的基础上,综合信息选定种猪场并确定引入的品种类型及数量,提前与种猪场签订合同,并约定引种时间。将种猪引进场内放在隔离检疫区,以达到安全的效果。隔离检疫区要建立在远离猪场 500 m 以上的地方。

一、种猪选择的基本要求

(1)体型外貌符合本品种的特征。

(2)外生殖器官发育正常,无遗传疾患,有效乳头数 6 对以上,排列整齐。

(3)种猪来源及血缘清楚,档案系谱记录齐全。

(4)健康状况良好,符合动物防疫法的有关规定。

二、引种程序

制订引种计划→市场调研→种猪挑选→运前检验→种猪运输→种猪目的地隔离与检疫。

(1)制订引种计划。根据实际情况,从建场规模、市场和未来发展方向等方面考虑,确定所引种猪的品种、数量,制订切实可行的引种计划。

(2)市场调研。应从具有种猪经营许可证、种猪质量高、信誉好的种猪场引进。

①调查引种猪场及其所在地区常见疾病的发生、发展和流行情况及预防的措施。了解该猪场近 6 个月的疫情情况,若发现有一类传染病及炭疽、猪痢疾的疫情时,应停止购买。②种猪档案及免疫记录。了解防疫程序和卫生消毒情况,确保猪处在免疫有效期内,各种规章制度的制订和落实情况。③种猪质量及选育标准。如公猪的料肉比、瘦肉率、日增重,母猪的繁殖性能及其后代情况。

(3)种猪挑选。符合种猪选育的体型标准,发育正常,无遗传缺陷,无临床疾病症状。查看种猪测定资料和种猪 3 代系谱,体重在 60 kg 以下。

(4)运前检验。运输前 15 d 在原种猪场进行临床检查和实验室检疫,每头采集 2 mL 血清进行血清免疫学检查。检查确定为健康的动物,发"健康合格证",准予起运。

(5)种猪运输。运输过程中,要加强护理,中途要查看。长途运输,夏季要注意通风、遮阳、防暑,应多饮凉水。冬季要注意保暖,防止风吹、雨淋。车速不可过快,尤其要注意转弯、刹车、上下坡,过桥时猪只的状态,防止因挤压而发生事故。

(6)种猪目的地隔离与检疫。

①隔离与观察,种猪到场后必须在隔离舍隔离饲养 30～45 d,严格检疫。②猪种经长途运输后,会有不同程度的应激。在饲料中添加抗生素,在饮水中添加电解多维,1 周左右逐渐恢复正常。③对不采食饲料的猪,应分析原因,及时用抗生素进行治疗。④根据当地的疫病流行情况,本场的疫苗接种和抽血检疫情况,进行免疫。

三、引种的注意事项

(1)已有疫情的地区,要谨慎引种。疫情暴发期间不要引种。

(2)关注天气变化。最好避开在恶劣天气(高温、冰冻、大雪)引种,夏天最好利用早晚凉爽天气,冬天可选择晴朗天气。

(3)做好栏舍准备。后备猪按每头 1～2 m² 的密度预留栏舍,并做好清扫、清洗、消毒工作,空舍 1 周。检查猪舍门窗栏舍及饮水等设置,确保引进猪只进舍后能正常使用。

(4)做好饲料准备。体重 30～60 kg 的猪,每头 1 周准备 14 kg 饲料;体重 60～90 kg 的猪,每头 1 周准备 16 kg 饲料。预防运输应激,在 100 kg 饲料中添加 15% 金霉素 200 g,并在饮水中添加电解多维,饲喂 1 周左右。

（5）做好运输车辆的准备。自行联系车辆，要注意车辆的大小与所购猪数量是否匹配；选用专门运输猪的车，每头后备猪（50 kg）保证 0.3 m² 的空间；车厢要有车篷、垫草。

（6）提前 1 天通知辖区业务员。姓名、地址、电话、购买猪品种、数量、规格、是否带车、到达时间、人数等。

四、种猪的购买程序

（1）挑选种猪时要认真观察，种猪生长发育良好，符合其品种特征。食欲旺盛，动作灵活，被毛光亮，四肢结实，蹄坚实。小母猪要求乳头 6 对以上且排列整齐；小公猪睾丸左右对称、紧凑，附睾明显。没有明显遗传缺陷（如公猪单睾，隐睾，阴囊松垂；母猪外阴不正常、瞎乳头等）。

（2）合理搭配公猪与母猪比例（自然交配为 1∶20，人工授精为 1∶80）。

（3）种猪选购完成后，猪场财务过磅，即可付款。付款后在交验单上签字确认。

（4）装猪前，车辆要清洗消毒，赶猪上车时，动作要轻，特别注意不要损伤种猪，保护好四肢及蹄脚部分。

（5）起运前应标记好耳号或耳标，以区别个体；随车携带好购猪发票和各项检疫证明。

复习思考题

1.解释下列概念：
二元杂交；三元杂交；四元杂交；终端父本。
2.我国地方猪品种分为哪六大类型？各类型有哪些代表性猪品种？
3.简述国内地方品种与培育品种的产地、外貌特性和生产性能。
4.简述引进品种大白猪、长白猪、杜洛克猪的产地、外貌特性和杂交利用。
5.比较我国地方猪种和国外引入品种的优点、缺点。
6.简述种猪选择的基本要求。
7.引种的注意事项有哪些？

技能训练一　猪的外貌部位识别与外形鉴定

【目的要求】
掌握猪体的主要部位名称；熟悉各部位的特点及其重要性。了解猪外形鉴定的程序和方法；掌握猪的一般外形鉴定标准。

【材料和用具】
猪场种猪若干头，猪品种外形鉴定评分标准表。

【内容和方法】
首先了解猪体外形各部位名称，进一步比较不同经济类型、品种和个体猪的外形特点，具体步骤和方法如下。

1.猪体各部位名称的认识
利用活猪，按图技训 1-2-1 顺序认识猪的外部名称。猪体各部位特点和重要性的识别，包括一般的、有缺陷的和理想的部位。
猪体各部位特点的识别。猪体可分为头颈、前躯、中躯、后躯、四肢等部分，依次比较各部

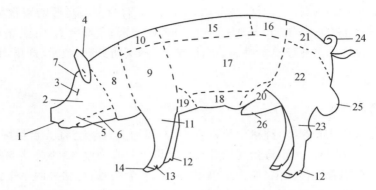

1.嘴 2.面 3.眼 4.耳 5.颊 6.下腭 7.额顶 8.颈 9.肩甲 10.鬐甲 11.前肢
12.副蹄 13.系 14.蹄 15.背 16.腰 17.体侧 18.腹 19.前胁 20.后胁
21.臀 22.大腿 23.后肢 24.尾 25.睾丸 26.包皮

图技训 1-2-1 猪体各部位名称

分特点。

(1)头颈部。

头:头部骨占比例多,肉质差,因此,猪的头部不宜过大,俗语有:"头大脖子细,越看越生气"的说法,头部是品种特征表现最显著的部位,要求合乎品种特征。

鼻嘴:鼻嘴的长短与形状可以表明猪的经济早熟性及品种特征,同一品种的猪鼻嘴过短,面侧过凹,是早熟的特征。理想的鼻嘴,应稍长而微凹。嘴筒是重要的采食器官,应宽大,特别是口叉要深,保证能大口采食,嘴筒的肌肉应发达,采食行动灵活。鼻孔应大,显示较强的呼吸机能,上下唇接合整齐,显示咀嚼有力。

耳:耳的大小和形状需符合品种的特征。

眼:要求圆,大而明亮有神,没有内凹或外凸,对外界事物反应灵敏,是健康猪的表示。额部两眼及两耳间的距离要宽,额的宽度一般与前躯的宽度呈正相关,额宽则前躯也比较宽。

(2)前躯。由肩端和肩胛骨后角作两条与体轴垂线所构成的中间部分。

胸:要求宽深而开阔,表示心脏、肺器官发育良好,胸宽可从两前肢间的距离来判断,距离大,表示胸部发达,则机能旺盛,食欲良好。胸部在公猪特征中更为重要,对公猪的胸部的要求应较母猪严格。

前肢:要求正直,左右距离宜宽,无 X 形或其他不正肢势。前肢宜短而坚强,与水平面微有倾斜,过长、倾斜过大、软系和实球等均属缺点。蹄大小适中,形状端正。蹄壁角质坚滑,无裂纹,行走时两侧前后肢在一条直线上前进,不宜左右摆动。

(3)中躯。由肩胛骨后角和腰角各作一条与体轴垂直线,两条直线的中间部位。

背:要求宽平,直而长,前与肩、后与腰的衔接要良好,没有凸部,在发育良好的情况下,国外品种弓背是正常的。如此部很窄或部分凸起(鲤背)以及形成凹背的都是缺陷,凹背乃是脊柱或体质软弱的象征,表示与邻近脊柱相连的韧带松弛,这是一个重要的缺点。年龄较大的猪尤其是母猪,背部允许稍凹,我国南方一些地区的猪,成年时背呈微凹,不应作为大的缺点。

腰:要求平、宽、直、肌肉充实,与背、臀结合自然而无凹陷者为好。

腹部不仅容纳消化器官,也容纳了母猪的主要生殖器官,因此要求其容积广大,腹部不下垂也不卷缩,与胸部结合处自然而无凹陷,要求腹线较平。我国的地方猪种,由于历史上喂给大量青粗饲料,更需庞大的消化器官和相应发育的腹部,这与以精料为主而育成的国外猪不同。我国猪腹线应为弧形,略呈下垂,即要求腹部深广,保证腹部有最大的容积,但仍应注意腹部要结实而富有弹性和其他部位结合良好,不应片面强调容积而过分松弛,造成腹部拖地的不良外形。

乳头和乳房:乳头应分布均匀,特别是前后排列应间隔稍远,最后一对乳头要分开,以免仔猪哺乳时过挤,左右两侧的乳头应平行,中间间隔不能过狭或过宽。过狭时不仅背腰也相应地较狭,且哺乳时容易引起仔猪争执;过宽时,则一侧乳房常常躺卧时压在身下,影响泌乳。乳头数不少于 12 个(高产仔品种要求更多),我国华北型和华中型猪种应有 16 个以上乳头,有假乳头和没有泌乳孔的乳头都属缺点。

乳房应发育良好,在乳头的基部宜有明显的膨大部分,形成"莲蓬状乳房"或"葫芦状乳房"最为理想(图技训 1-2-2)。

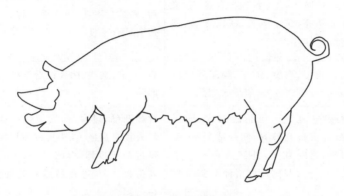

图技训 1-2-2　猪的乳房与乳头

①发育良好的乳房。泌乳时乳房胀大,各个之间分界清楚,干乳时,收缩完全。

②排列良好的乳头。左右间隔适当宽,每个乳头间隔均匀,后腹部的乳头间隔较前面的略宽。

(4)后躯。腰角以后的各部位。

臀部:要求宽、平、长、微倾斜,臀长表示大腿发育良好,臀宽表示后躯开阔,骨盆发育良好,这部分不仅肌肉多,而且和母猪生殖器官的发育有密切相关。臀部过斜,则大腿的发育受影响。

大腿:这是猪肉价值最高的部位之一,是制造火腿的原料,应宽、广、深、厚而丰满,一直至飞节处仍有大量的肌肉着生。

后肢:由后方观察后肢的宽度,要距离宽且肢势直立,曲飞节、软系是后肢的缺点。

(5)其他。

皮肤和毛:皮肤不过薄、有弹性、无皱纹;被毛稀密适中,毛要求柔软、坚韧。

外部生殖器官:公猪的睾丸要大而明显,大小一致对称,并无单睾、隐睾、大小不一或疝气等缺点,阴茎应抽出快、较长且色泽鲜红或紫红。母猪阴户应发育良好,阴户宜向上翘,这是因为骨盆平正时,骨盆腔较大,母猪生殖器官较发达,交配时公、母生殖器官易紧密接触。

2.猪的外形鉴定

猪的外形鉴定是根据品种特征和育种的要求,对猪体的各部位规定一定的分数值,分数值的高低按部位的相对重要性而定,各部位分数值总计为 100 分(表技训 1-2-1)。

综合评定种猪时,种猪的外形是主要选种指标之一。

表技训 1-2-1　猪品种外形鉴定评分标准表

序号	项目	结构良好的特征	结构不良的缺点	最高评分	实际评分
1	品种特征及体质	品种特征明显,体躯结构良好,发育匀称,体质结实	品种特征不明显,体躯结构不良,体质过粗或过于细弱,行动不自然	22	
2	头颈部	头符合品种特征(公猪头雄壮而粗大),嘴筒齐,上、下唇吻合良好,眼大而明亮,颈中等长,肌肉丰满,颈肩结合良好	头不符合品种特征,头过大或过小,嘴、唇结合不良,眼小而无神,颈细,颈肩结合不良	8	
3	前躯部	肩背较平,肩宽、胸宽、胸深发育良好,肩背结合良好,肩后无凹陷	肩、胸窄,胸浅,两者结合不良,肩后凹陷	12	
4	中躯部	背腰平、宽、长,母猪腹略大,肋拱圆,乳头排列整齐,间距适当宽,呈对称,无瞎乳头,外国猪种不少于 12 个,一般我国地方猪种不少于 14 个	背腰凹陷、过窄,前后结合不良,缩腹或垂腹拖地,乳头排列不均匀,间隔过密或过稀,有瞎乳头,小乳头,乳头数过少,母猪最后一对乳头合在一起	26	
5	后躯部	臀平、宽、长,大腿宽、圆、长而肌肉丰满,公猪睾丸发育匀称,母猪外阴正常	臀斜、窄,飞节过曲,两腿靠紧,公猪单睾、隐睾、阴囊松垂,母猪外阴不正常	24	
6	四肢	四肢结实,开张直立,系正直,蹄坚实	四肢细弱,肢势不正,卧系,蹄质松裂	8	
合计				100	

3.注意事项

(1)鉴定的场所,应选择在面积 9 m² 以上平坦的地方,以避免地形不平,肢势不正,导致鉴定时产生错觉,影响鉴定的准确性。

(2)猪的外形是适应于当地的生产条件的,故鉴定以前应先了解其产地的农作制度、积肥和饲养管理方法等外界环境条件。

(3)猪的外形特征随品种的不同而有所差异,鉴定以前,应先熟悉被鉴定品种是属于哪一经济类型的品种,必须了解该品种的外形特征,如属于新培育的品种则应了解其培育目标,掌握其应具有的外形特征。

(4)有机体是统一的整体,各部分是相互联系的,鉴定时应先观察整体,看各部分结构是否协调匀称,体格是否健壮,而后观察各部分,鉴定时应抓住重点,各个部位不可等同对待。

(5)应在种猪体况适中时鉴定,避免体况过肥或过瘦时鉴定。鉴定时,不仅观察其外形,还要注意其机能动态,特别是采食、排粪、排便等行为,病态表现的猪不予鉴定。

【实训报告】

1.画出猪体各部位名称图。

2.鉴定4头成年种猪的外形,按鉴定评分标准评分并记入评分表内。

3.猪体可分为哪些部位?

猪的良种繁育

【知识目标】

1. 掌握仔猪耳号编制的方法。
2. 了解种猪选择的常用方法。
3. 掌握母猪的发情规律和发情。
4. 掌握猪的选种选配与杂交利用技术。

【技能目标】

1. 学会仔猪耳号的编制。
2. 学会种猪的选择标准。
3. 会进行母猪发情鉴定。
4. 能应用猪的人工授精技术。
5. 会进行母猪接产。

任务一　仔猪耳号编制

新生仔猪耳号的编制是给仔猪个体编号,是每个种猪场必做的工作,仔猪耳号编制直接影响到以后各个阶段种猪生产性能的测定记录、销售种猪的档案记录、血缘追踪记录等。

给仔猪编号的方法有耳刺法、耳牌法、耳刻法(即打耳号)和电子耳标。对于育种场最好采用电子耳标或者双重标记,如"耳牌+耳刻"。

耳刺法就是在猪的耳朵上纹身或刺青,这种方法一般在国外常用。缺点:投资较高,对猪的刺激较大,识别和纹刺的时候都较麻烦。优点:准确率高、不易出错、卫生,可以较好地预防细菌的侵入和感染,另一方面,万一刺错,还可以再修改。

耳牌法是所有标识中最简单的一种方法,它集合了耳刺法和耳刻法的所有优点,唯一不足的是耳牌易坏易掉,一旦丢失,无法追溯。耳牌法在国内国外基本上都是与耳刺法或耳刻法一起用,这样可以双重保险,丢失一个可以再追溯到另外一个,这样就可以保证耳号的准确无误。

耳刻法是用耳缺钳,在耳朵的不同部位打上缺口,每一个缺口代表着一个数据。猪耳号编制的原则是左大右小,上一下三。编号时一般是公单母双连续编号。不同猪场具体打耳号的方法也各有不同。目前猪的耳刻法打耳号有两种,一种是大排号法,是指将左耳和右耳各缺口代表的数之和,就是该猪的编号;另一种是窝号法,指左耳各缺口数的和是代表窝号,右耳各缺口数之和是代表猪的个体号。但一个原种场必须统一使用一种耳号编制方法,防止耳号混乱。

随着物联网技术在养猪行业的慢慢兴起,耳标也在一代代地更新与发展。电子耳标也是数字化养猪的一部分,管理员对这头猪做的所有管理行为及该猪产生的所有数据指标,都将通过猪耳朵上的电子耳标上传到网络系统,进入这头猪的生产管理档案,伴随猪的一生。随着这头猪的身份信息和数据指标的完善,有助于管理员对这头猪提出针对性的解决方案。不管是送去屠宰,还是进行二次销售,买家通过电子耳标就能够了解到想要的信息。随着后期运输、屠宰等信息的进一步完善,将耳标上的信息进一步汇总制作成二维码类型的电子码,就能完成猪肉从猪场到餐桌的全程追溯,消费者扫一扫电子码就能获知这头猪一生的全部信息,消费者买得放心,吃得安心,提高猪肉的品牌价值。

任务二 种猪的选择与选配

一、种猪的选择

1.种公猪的选择

(1)体型外貌。要求头颈较细,占身体的比例小,胸宽深,背宽平,体躯长,腹部平直,肩部和臀部发达,肌肉丰满,骨骼粗壮,四肢有力,体质强健,符合本品种的特征。

(2)繁殖性能。要求外生殖器官发育正常,有缺陷的公猪要淘汰;对公猪的精液品质进行检查,精液质量优良,性欲良好,配种能力强。

(3)生长育肥与胴体性能。要求生长快,瘦肉型公猪体重达 100 kg 的日龄在 175 d 以下;料肉比低,生长肥育期每千克增重的耗料量在 3.0 kg 以下;背膘薄,100 kg 体重测量时,倒数第 3～4 肋骨离背中线 6 cm 处的超声波背膘厚在 2.0 cm 以下。

2.种母猪的选择

(1)体型外貌。外貌与毛色符合本品种要求。乳房和乳头是母猪的重要特征表现,除要求具有该品种所应有的乳头数外,还要求乳头排列整齐,有一定间距,分布均匀,无瞎、瘪乳头。外生殖器正常,四肢强健,体躯有一定深度。

(2)繁殖性能。母猪在 6～8 月龄时配种,要求发情明显,易受孕。淘汰发情迟缓、久配不孕或有繁殖障碍的母猪。当母猪有繁殖成绩后要重点选留那些产仔数高、泌乳力强、母性好、仔猪育成多的种母猪。淘汰繁殖性能表现不良的母猪。

3.后备种猪的选择

猪的性状是在个体发展过程中逐渐形成的。因此,选种时应在个体发育的不同时期,有所侧重以及采用相应的技术措施。后备种猪的选择过程,一般经过四个阶段:

(1)断奶阶段选择。第一次挑选(初选),可在仔猪断奶时进行。挑选的标准为:仔猪必须来自母猪产仔数较高的窝中,符合本品种的外形标准,生长发育好,体重较大,皮毛光亮,背部宽长,四肢结实有力,乳头数 7 对以上(瘦肉型猪种 6 对以上),没有遗传缺陷,没有瞎乳头,公猪睾丸良好,两侧对称。

(2)测定结束阶段选择。性能测定一般在5～6月龄结束,这时个体的重要生产性状(除繁殖性能外)都已基本表现出来。因此,这一阶段是选种的关键时期,应作为主选阶段。凡体质瘦弱、肢蹄存在明显疾患、有内翻乳头、外阴部特别小、同窝出现遗传缺陷者,可先行淘汰。要对公、母猪的乳头缺陷和肢蹄结实度进行普查;其余个体均应按照生长速度和活体背膘厚度等生产性状构成的综合育种阶段的选留或淘汰。

(3)母猪繁殖配种和繁殖阶段选择。对下列情况的母猪应考虑淘汰:7月龄后毫无发情征兆者;在一个发情期内连续配种3次未受胎者;断奶后2～3个月内无发情征兆者;母性太差者;产仔数过少者。

(4)终选阶段。当母猪有了第二胎繁殖记录时可做出最终选择。选择的主要依据是种猪的繁殖性能,这时可根据本身、同胞和祖先的综合信息判断是否留种。同时,已有后裔生长和胴体性能的成绩,亦可对公猪的种用遗传性能做出评估,决定是否继续留用。

二、种猪的选择方法

种猪的选择必须符合生产目标,只有将种猪选好才能生产出优良的后代。包括外形、繁殖性能、生长发育和胴体瘦肉率的选择。

1.种猪的外形选择

猪的外形主要包括毛色、皮色、头型、耳型、乳房、乳头、体躯结构、体质、性特征等。

(1)毛色、皮色。每个品种都有规定的毛色、皮色,通过毛色、皮色可以判断是什么品种,或是用什么品种杂交的后代,间接判断其生产性能。

(2)头型、耳型。如同毛色、皮色一样,头型和耳型也是品种的显著标志,每个品种都有特有的头型与耳型。

(3)乳房、乳头。要求母猪乳头6对以上,排列均匀整齐,且位置和发育良好,前后两乳头之间要有一定距离。无瞎乳头或内翻乳头。

(4)体躯结构。要选择肩颈结合良好、四肢粗长、背腰平直、腹不下垂、臀部丰满、尾根高位的猪。

(5)体质。要求选择四肢强健有力,行走自如,无内外八字形,无蹄裂现象,眼睛明亮、灵活、肌肉突出、皮紧而不疏松、身体结实强健的猪。

(6)性特征。要求选择生殖器官发育良好、性特征明显的猪。公猪的睾丸大小匀称而明显突出,两侧对称,阴囊紧附于体壁,没有单睾、隐睾或赫尔尼亚(阴囊疝),不过于下垂;前胸宽广,阴茎较长,包皮适中无积液。母猪的阴户大小适中(与年龄、体重相适应),过小可能不生育,过大可能正在发情或发炎(不在发情时选择)。阴户还应向上翘,有利于配种受孕。

2.种猪的繁殖性状选择

猪的繁殖性状主要有产仔数、仔猪初生重和初生窝重、泌乳力、断奶仔猪重和断奶窝重、断奶仔猪数等。

(1)产仔数。产仔数有两个指标,即窝总产仔数和窝产活仔数。窝总产仔数是指包括木乃伊和死胎在内的出生时的仔猪总头数;而窝产活仔数是指出生时活的仔猪数。产仔数为一复合性状,受母猪的排卵数、受精率和胚胎成活率等诸多因素影响,即产仔数的高低实质上受这三个因素的影响。

（2）初生重和初生窝重。初生重是指仔猪在出生 12 h 内所称得的个体重。初生窝重是指仔猪在出生 12 h 内所称得全窝重。初生重和仔猪哺育率、仔猪哺育期增重以及仔猪断奶体重呈正相关，与产仔数呈负相关。

（3）泌乳力。母猪泌乳力一般用 20 日龄的仔猪窝重来表示，其中也包括带养仔猪，不包括已寄养出去的仔猪。

（4）断奶仔猪重和断奶窝重。断奶个体重是指断奶时仔猪的个体重。断奶窝重指断奶时全窝仔猪的重量，包括寄养仔猪在内。

（5）断奶仔猪数。指仔猪断奶时成活的仔猪数。

3. 种猪的生长性状选择

生长性状也称肥育性状。生长性状是十分重要的经济性状和遗传改良的主要目标。在生长性状中以生长速度和饲料转化率最为重要。

（1）生长速度。通常以平均日增重来表示，平均日增重是指在一定生长肥育期内，猪平均每日活重的增长量。一般用克表示，其计算公式为：

$$平均日增重 = \frac{终重 - 始重}{育肥天数}$$

对肥育期的划分，一般是从断奶后 15 d 开始到 90 kg 活重时结束；或者从 20～25 kg 体重开始，达 90 kg 体重时结束。

（2）饲料转化率。一般是按生长肥育期或性能测检期每单位增重所需的饲料量来表示，即饲料转化率 = 肥育期饲料消耗量(kg)/肥育期内纯增重(kg)。

4. 种猪的胴体性状选择

猪的胴体性状主要有背膘厚度、胴体长度、眼肌面积、腿臀比例、胴体瘦肉率等。

（1）背膘厚度。指背部皮下脂肪的厚度。测量的方法有两种：一种是测量胴体倒数第 3～4 根肋骨结合处，这一方法简便易行，是我国习惯采用的方法；另一种是测量平均背膘厚，即以肩部最厚处、胸腰椎结合处和腰荐结合处三点平均背膘厚。

（2）胴体长度。胴体长度的测量有两种方法：一是从耻骨联合前缘至第 1 肋骨与胸骨结合处的斜长，国内一般称胴体斜长；二是从耻骨联合前缘至第 1 颈椎前缘的直长，国内称胴体直长。胴体长与瘦肉率呈正相关。

（3）眼肌面积。指背最长肌的横截面积。国内一般在最后肋骨处而国外在第 10 肋骨处测定。胴体测定时可用游标卡尺测量眼肌的宽度和厚度，然后用公式计算：

$$眼肌面积 = 宽度(cm) \times 厚度(cm) \times 0.7$$

（4）腿臀比例。指腿臀部重量占胴体重量的百分率。一般用左半胴体计算。腿臀部分的切割方法，国外多在腰荐结合处垂直背线切下，我国是在最后一对腰椎间垂直于背线切开。

（5）胴体瘦肉率。指瘦肉(肌肉组织)占所有胴体组成成分重量的百分率。这是反映胴体产肉量高低的关键性状。瘦肉率测定方法上左侧胴体去除板油和肾脏后，将剖析为骨、皮、肉、脂四种组分，然后计算肌肉重量占四种成分总量的百分率。

三、种猪的选配

猪的选配就是有计划地决定公母猪的配对,使之产生优良的后代。即根据育种目标有计划地为母猪选择最合适的公猪,或为公猪选择最合适的母猪进行交配,使其产生基因型优良的后代,促进猪群的改良和提高后代的质量。

1.品质选配

品质一般是指体质、体型、生物学特性、生产性能和产品质量等方面,也可指遗传品质。品质选配是考虑交配双方品质对比的选配,根据相配猪的品质对比,可分为同质选配和异质选配。

(1)同质选配。它是一种以表型相似为基础的选配,就是选用性状相同、性能表现一致,或育种值相似的优秀公母猪来配种,以期获得与亲代品质相似的优秀后代。

同质选配的作用,主要是使亲本的优良性状稳定地遗传给后代,使优良性状得以保持和巩固,并在畜群中增加具有这种优良性状的个体。在育种实践工作中,为了保持种猪有价值的性状,增加群体中纯合基因型的频率,可采用同质选配;杂交育种到了一定阶段,出现了理想型,也可采用同质选配,使理想类型在群体中得到巩固和扩大。育种过程中的横交固定就属于同质选配。

为了提高同质选配的效果,采用同质选配时要注意:选配中应以一个性状为主;性状的遗传力越高,同质选配效果越好,而对于遗传力中等的性状,短期内效果表现不明显,可连续继代选育;选配双方应该只有共同优点,没有共同缺点;尽量用品质最好的配最好的,不用品质一般的配一般的。

(2)异质选配。选用不同品质的公母猪交配叫作异质选配,可分为两种情况。一种是选择具有不同优良性状的公母猪相配,综合双亲的优良性状,丰富后代的遗传基础,创造新的类型。例如,在商品猪生产中常选用生长速度快的公猪配肉质好的母猪,获得生长速度快、肉质又好的后代。另一种是选同一性状但优劣程度不同的公、母猪相配,即以优改劣。例如,用瘦肉率高的公猪和瘦肉率中等的母猪交配,其后代比母本瘦肉率有所提高。

为了提高异质选配的效果,采用异质选配时要注意:选配的优良性状宜少不宜多,既要考虑性状各自的遗传力,又要注意遗传相关;后代群体要适当大些,以利各类性状组合的充分表现,并按需要进行严格的淘汰;禁止使用有相反缺点(如凸背与凹背)的公母猪进行弥补选配,因为这样的交配不仅不能克服缺陷,有时会使后代的缺陷更严重,甚至出现畸形;要注意异质选配的相对性。

2.亲缘选配

亲缘选配,就是根据交配双方亲缘关系远近进行选配,如果交配双方有较近的亲缘关系,就叫作亲缘交配,简称近交。反之,叫作非亲缘交配,或称远交。

(1)非亲缘交配(远交)。一般是指交配双方到共同祖先的世代数之和在6代以上的选配,远交有利于保持后代较强的生活力,远交的用途很广,在猪育种过程中,经常采用的是非亲缘交配;在商品猪生产中,为了避免近交衰退造成经济损失,应避免近亲交配。因此,猪场要建立系谱登记和配种记录制度,保证非亲缘交配的实施。

(2)亲缘交配(近交)。如果交配双方有较近的亲缘关系,即在系谱中,双方到共同祖先的总代数不超过 6 代;交配后代的近交系数大于 0.78% 者,称为近交。近交可以促进基因纯合,远交可以提高群体的杂合性,增加群体的变异程度,进而提高猪的适应性和生活力。一般只限于培育品系(种)以及为了固定理想性状才可用各种不同程度的近亲交配。

任务三　母猪妊娠诊断

及时对配种后的母猪进行妊娠鉴定,对养猪生产有重要的意义。早期妊娠诊断可以缩短母猪空怀时间,缩短母猪的繁殖周期,提高年产仔窝数;有利于保胎,提高分娩率。如未受孕,则要及时采取措施,促使母猪再次发情配种,防止失配影响母猪生产力,造成饲料浪费。常见的妊娠诊断方法有以下几种。

一、外部观察法

母猪的发情周期一般为 21 d,母猪配种后 21 d 左右,经过一个发情周期没有发情的表现。如表现疲倦、贪睡、食欲旺、易上膘、皮毛光滑、性情温顺、行动稳重、夹尾走路、阴门收缩,则表明已妊娠。相反,若精神不安,阴户微肿,则是没有受胎的表现,应及时补配。

二、返情检查法

根据母猪配种后 18～24 d 是否恢复发情来判断是否妊娠。生产中,一般配种后母猪和空怀母猪都养在配种猪舍,在对空怀母猪查情时,用试情公猪对配种后 18～24 d 进行返情检查。若母猪出现发情表现,说明没有妊娠;若母猪拒绝公猪接近,可初步确定为妊娠。

三、超声波早期诊断法

超声波法是把超声波的物理特点和动物组织结构的声学特点密切结合的一种物理学诊断法。目前在养猪生产中应用的主要有 A 型和 B 型超声波妊娠诊断仪。

1. A 型超声波诊断法

A 型超声波诊断仪体积小、携带方便、操作简单、价格便宜,其发射的超声波遇到充满羊水而增大的子宫就会发出声音以提示妊娠。一般在母猪配种后 30 d 和 45 d 进行 2 次妊娠诊断,探测部位在母猪两侧后肋腹下部、倒数第 1 对乳头的上方 2.5 cm 处,在此处涂些植物油,然后将妊娠诊断仪探头紧贴在测定部位,拇指按压电源开关,对子宫进行扫描。如果仪器发出连续的"嘟嘟"声即判定为阳性,说明母猪已妊娠;若发出断续的"嘟嘟"声则判定为阴性,说明母猪没有妊娠。

2. B 型超声波诊断法

B 型超声波诊断仪可通过探查胎体、胎水、胎心搏动及胎盘等来判断妊娠阶段、胎儿数及胎儿状态等。具有时间早、速度快、准确率高等优点。一般在配种后 22～40 d 进行妊娠诊断。母猪不需保定,只要保持安静即可。母猪体外探查在下腹部、后腿部前乳房上部。猪被毛稀少,探查时不必剪毛,但要保持探查部位的清洁,探查时涂耦合剂即可。22～24 d 断层声像图能显示完整孕囊的液性暗区,超过 25 d 在完整孕囊中出现胎体反射的较强回声,超过 50 d 能见到部分孕囊和胎儿骨骼回声,均可确认为妊娠。

四、尿液检查法

在母猪配种 10 d 后,采集被检母猪清晨尿液 10 mL 置于烧瓶中,加入 5% 碘酊 1 mL,煮沸后观察烧瓶中尿液颜色。如尿液呈现淡红色,说明已妊娠;如尿液呈现淡黄色,且冷却后颜色很快消失,说明未妊娠。

任务四　母猪的分娩与接产

分娩是养猪生产中最繁忙的生产环节,是解决猪源的关键。其任务是保障母猪安全分娩,提高仔猪存活率。

一、分娩前的准备

1. 产房的准备

母猪在分娩前要做许多产前准备工作。根据预产期,在母猪临产前 5~7 d 准备好产房,产房内要求温暖干燥,清洁卫生,舒适安静,阳光充足,空气新鲜。温度在 23~25 ℃,相对湿度为 65%~75%。

母猪调入产房前,必须进行彻底冲洗和消毒。彻底清除产房墙角和产床缝隙等处所残留的粪便后,可用 2%~3% 的氢氧化钠溶液喷雾消毒,6 h 后再用清水冲洗,围墙可用 20% 的生石灰溶液粉刷消毒。空栏晾晒 3~5 d 后方可调入母猪,并铺上柔软清洁的垫草。

产前 1 周将妊娠母猪赶入产房,适应新的环境。母猪进产房前要将母猪全身冲洗干净。产前要将母猪腹部、乳房及阴户附近的污物清除,然后用 0.1% 高锰酸钾溶液消毒,等待分娩。

2. 物品的准备

产前根据需要应准备好接产用具,如毛巾、水桶、消毒药品、照明灯具、剪刀、碘酒、缝合针和缝合线、仔猪保温箱,最好再准备些 25% 的葡萄糖,以做抢救仔猪用。若是种猪场还应准备好母猪产仔记录卡、秤、耳号钳或耳标钳和耳标等。

二、预产期的推算

母猪配种时要详细记录配种日期和与配公猪的品种及号码。确定母猪妊娠就要推算出预产日期,便于饲养管理,做好接产准备。母猪的妊娠期为 110~120 d,平均为 114 d。推算母猪预产期均按 114 d 进行,预产方法的推算有以下三种。

1. "三三三"法

为了便于记忆可把母猪的妊娠期记为三个月三个星期零三天。

2. 算式推出法

配种月加 3,配种日加 20。即在母猪配种月份上加 3,在配种日上加 20,所得日期就是母猪的预产期。例如,2 月 3 日配种,5 月 23 日分娩;4 月 20 日配种,8 月 10 日分娩。

3. 查表法

因为月份有大有小,天数不等,为了把预产期推算的更准确。把月份大小的误差排除掉,同时也为了应用方便,可直接查预产期推算表。如表 1-3-1 所列。

表 1-3-1　母猪预产期推算表

配种月 / 配种日	1月	2月	3月	4月	5月	6月	7月	8月	9月	10月	11月	12月
1 日	4.25	5.26	6.23	7.24	8.23	9.23	10.23	11.23	12.24	1.23	2.23	3.25
2 日	4.26	5.27	6.24	7.25	8.24	9.24	10.24	11.24	12.25	1.24	2.34	3.26
3 日	4.27	5.28	6.25	7.26	8.25	9.25	10.25	11.25	12.26	1.25	2.25	3.27
4 日	4.28	5.29	6.26	7.27	8.26	9.26	10.26	11.26	12.27	1.26	2.26	3.28
5 日	4.29	5.30	6.27	7.28	8.27	9.27	10.27	11.27	12.28	1.27	2.27	3.29
6 日	4.30	5.31	6.28	7.29	8.28	9.28	10.28	11.28	12.29	1.28	2.28	3.30
7 日	5.1	6.1	6.29	7.30	8.29	9.29	10.29	11.29	12.30	1.29	3.1	3.31
8 日	5.2	6.2	6.30	7.31	8.30	9.30	10.30	11.30	12.31	1.30	3.2	4.1
9 日	5.3	6.3	7.1	8.1	8.31	10.1	10.31	12.1	1.1	1.31	3.3	4.2
10 日	5.4	6.4	7.2	8.2	9.1	10.2	11.1	12.2	1.2	2.1	3.4	4.3
11 日	5.5	6.5	7.3	8.3	9.2	10.3	11.2	12.3	1.3	2.2	3.5	4.4
12 日	5.6	6.6	7.4	8.4	9.3	10.4	11.3	12.4	1.4	2.3	3.6	4.5
13 日	5.7	6.7	7.5	8.5	9.4	10.5	11.4	12.5	1.5	2.4	3.7	4.6
14 日	5.8	6.8	7.6	8.6	9.5	10.6	11.5	12.6	1.6	2.5	3.8	4.7
15 日	5.9	6.9	7.7	8.7	9.6	10.7	11.6	12.7	1.7	2.6	3.9	4.8
16 日	5.10	6.10	7.8	8.8	9.7	10.8	11.7	12.8	1.8	2.7	3.10	4.9
17 日	5.11	6.11	7.9	8.9	9.8	10.9	11.8	12.9	1.9	2.8	3.11	4.10
18 日	5.12	6.12	7.10	8.10	9.9	10.10	11.9	12.10	1.10	2.9	3.12	4.11
19 日	5.13	6.13	7.11	8.11	9.10	10.11	11.10	12.11	1.11	2.10	3.13	4.12
20 日	5.14	6.14	7.12	8.12	9.11	10.12	11.11	12.11	1.12	2.11	3.14	4.13
21 日	5.15	6.15	7.13	8.13	9.12	10.13	11.12	12.13	1.13	2.12	3.15	4.14
22 日	5.16	6.16	7.14	8.14	9.13	10.14	11.13	12.14	1.14	2.13	3.16	4.15
23 日	5.17	6.17	7.15	8.15	9.14	10.15	11.14	12.15	1.15	2.14	3.17	4.16
24 日	5.18	6.18	7.16	8.16	9.15	10.16	11.15	12.16	1.16	2.15	3.18	4.17
25 日	5.19	6.19	7.17	8.17	9.16	10.17	11.16	12.17	1.17	2.16	3.19	4.18
26 日	5.20	6.20	7.18	8.18	9.17	10.18	11.17	12.18	1.18	2.17	3.20	4.19
27 日	5.21	6.21	7.19	8.19	9.18	10.19	11.18	12.19	1.19	2.18	3.21	4.20
28 日	5.22	6.22	7.20	8.20	9.19	10.20	11.19	12.20	1.20	2.19	3.22	4.21
29 日	5.23		7.21	8.21	9.20	10.21	11.20	12.21	1.21	2.20	3.23	4.22
30 日	5.24		7.22	8.22	9.21	10.22	11.21	12.22	1.22	2.21	3.24	4.23
31 日	5.25		7.23		9.22		11.22	12.23		2.22		4.24

母猪预产期推算表中,上边第一行为配种月,左边第一列为配种日,表中交叉部分为预产期。例如,50 号母猪 6 月 25 日配种,先从配种月中找到 6 月,再从配种日中找到 25 日,交叉处的 10.17,即 10 月 17 日为预产日期。

三、产前征兆

母猪在分娩前3周左右,腹部急剧膨大下垂,乳房从后到前依次逐渐膨胀,乳头呈"八"字形分开,至产前2~3 d,更为潮红,乳头可以挤出乳汁。一般来说,前面乳头能挤出乳汁时,约24 h产仔;中间乳头挤出乳汁时约12 h产仔;最后一对挤出乳汁时,约5 h产仔。

母猪产前3~5 d外阴部红肿异常,尾根两侧下陷,骨盆开张,为产仔做好准备。产前6~8 h,母猪起卧不安,行动缓慢慎重,经常衔草做窝,食欲减退。当母猪表现为时起时卧、频频排尿、阴户有羊水流出时,表示仔猪即将产出。

归纳起来为:行动不安,起卧不定,食欲减退,衔草做窝,乳房膨胀,具有光泽,挤出乳汁,频频排尿。有了这些征兆,一定要有专人看管,做好接产准备工作。

四、接产技术

母猪一般在夜深人静的时候开始产仔,整个接产过程要求保持环境安静,动作迅速准确。

(1)擦拭。仔猪产出后,接产人员应立即用清洁的毛巾擦净仔猪口腔和鼻腔周围的黏液,以防仔猪窒息,然后用毛巾或干草擦净仔猪体表的黏液,以免仔猪受冻。

(2)断脐。仔猪产出后一般脐带会自行扯断,但仍拖着20~40 cm长的脐带,此时应及时人工断脐带。断脐时先将脐带内的血液挤向仔猪腹部,在距仔猪腹部3~5 cm,即三指宽处用手扯断脐带。断脐前后用5%的碘酒消毒脐部,如脐带断后仍然流血,可用手指捏住断端3~5 min即可压迫止血。

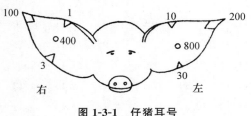

图 1-3-1　仔猪耳号

(3)仔猪编号。编号便于记载和鉴定,对种猪具有重大意义,可以分清每头猪的血统、发育和生产性能。仔猪断脐后应立即进行编号、称重,并登记母猪产仔记录卡。一般公猪编单号,母猪编双号。编号的方法很多,目前常用耳刻法(图1-3-1),即利用耳缺钳在猪耳朵上打缺口,编号原则为:"左大右小,上一下三",左耳尖缺口为200,右耳100;左耳小圆洞800,右耳400。打耳号时,必须打透软骨,否则耳号不容易分辨清楚。

规模化养猪场采用专用耳标,只需用专用的耳标安装器,将耳标装订在猪耳朵上即可。猪耳标颜色鲜明多样,耳号是用专用记号笔书写,清洗不掉。

(4)称重并登记分娩卡片。

(5)吃初乳。胎儿分娩结束后,应立即将仔猪送到母猪身边固定奶头吃奶,个别仔猪生后不会吃奶,需要进行人工辅助固定。寒冷冬季,无供暖设备的猪舍要生火保温,或用红外线灯泡提高局部温度。

(6)及时清理产舍。产后0.5~2 h,母猪排出胎衣。这时要认真仔细检查胎衣数量,只有两侧子宫角的胎衣都排出来时,才能说明母猪产仔结束。此时,应及时将产房打扫干净,清除胎衣与污染的垫草,以防母猪因吃掉胎衣而造成消化不良或养成吃仔猪的恶癖。

五、假死仔猪的急救

有的仔猪产出后呼吸停止,但心脏和脐带动脉还在跳动,这种现象称为假死仔猪。如果立即对假死仔猪进行救护,一般都能救活,使仔猪迅速恢复呼吸的抢救方法有以下几种。

(1)人工呼吸法。具体操作步骤是:立即清除假死仔猪口腔、鼻内和体表的黏液,将仔猪四肢朝上,然后左右手分别握住仔猪肩部与臀部,双手向腹中心回折,并迅速复位,双手一屈一伸反复进行,一般经过几次来回,就可以听到仔猪猛然发出声音,上述方法徐徐重做,直到呼吸正常为止。

(2)倒提拍打法。一手抓住假死仔猪的两后肢倒提起,另一手拍打其臀部的方法。

(3)刺激法。有时假死仔猪的急救也采用药物刺激法,即用酒精、氨水等刺激性强的药液涂擦于仔猪鼻端,刺激鼻腔黏膜恢复呼吸。因低温导致的假死,可将仔猪全身浸泡入40 ℃的温水中刺激复活。

二维码 1-3-1
仔猪接产技术

六、难产处理

从排出第一头仔猪到最后一头仔猪,正常分娩时,需1～4 h,每头仔猪排出的间隔时间为5～25 min,产仔间隔时间越长,仔猪就越弱,早期死亡的危险性就越大。

母猪分娩时一般不需要帮助,但母猪长时间剧烈阵痛,仔猪仍产不出母猪出现烦躁,极度紧张,呼吸困难,心跳加快,应实行人工助产。一般可用人工合成催产素注射,用量按每100 kg 体重 1 mL,注射后 20～30 min 可产出仔猪。如注射催产素仍无效,可采用手术掏出。施行手术前,应剪磨指甲,双手及手臂洗净消毒,涂润滑剂。将母猪后躯、肛门和阴门用 0.1%高锰酸钾溶液消毒,助产人员将五指并拢,呈圆锥状,沿着母猪努责间歇时慢慢伸入产道,伸入时手心朝上,摸到仔猪后随母猪努责慢慢将仔猪拉出,在助产过程中,切勿损伤产道和子宫。手术后,母猪应注射抗生素或其他抗菌消炎药物。

七、分娩母猪的护理

母猪在分娩过程中,应禁止喂料。如产仔时间过长,可适当喂些稀的温热麸皮盐水,这样可补充体力。母猪分娩后,身体极度疲劳虚弱,消化能力差,不愿吃食和活动,此时不要急于喂料,只喂给温热麸皮盐水即可,以便解渴通便。产后 2～3 d 不应喂料过多、过饱,宜用易消化的饲料调成粥状饲喂,并加喂适量青绿饲料,喂量逐渐增加,到产后 1 周左右可按哺乳母猪标准饲喂。当前有些猪场在母猪分娩前 7～10 d 内饲喂一定剂量抗生素,既可防病,又可防止分娩期间及以后出现疾病。

母猪分娩后应立即用温水与消毒液清洗消毒母猪乳房、阴部与后躯血污,并更换垫草,清除污物,保持垫草和猪舍的清洁干燥。经常保持产房安静,让母猪充分休息,产后 2～3 d 减少母猪户外活动时间,让母猪尽快恢复正常。保持母猪乳房和乳头的清洁卫生,减少仔猪吃奶时的污染。

妊娠后期母猪如果饲养不良,则产后 2～5 d 由于血糖、血钙突然减少等原因,常易发生产后瘫痪,食欲减退或废绝,乳汁分泌减少甚至无奶,这时除进行药物治疗外,应检查日粮营养水平,喂给易消化的全价日粮,刷拭皮肤,促进血液循环,增加垫草,经常翻转病猪,防止发生褥疮。

复习思考题

1. 解释下列概念：

同质选配；异质选配；饲料转化率；眼肌面积；初生重。

2. 假设某猪场用窝号法，347 窝—8 号该如何打耳号？请画出示意图。

3. 如何选择种公猪和种母猪？

4. 简述仔猪接产全过程。如何判定是否需要助产？怎样助产？

5. 母猪分娩前有哪些表现？

6. 如何做好分娩前的准备工作？

7. 常用的妊娠诊断方法有哪几种？如何用 B 型超声波进行妊娠诊断？

技能训练二   母猪发情鉴定

【目的要求】

掌握母猪发情的规律，学会母猪的发情鉴定方法。

【材料和用具】

0.1％高锰酸钾溶液、一次性胶皮手套、输精器、发情盛期母猪、输精管、符合输精要求的精液、消毒液、毛巾、记录本等。

【内容和方法】

1. 母猪发情周期

平均 21 d(19～23 d)，大多数经产母猪在仔猪断奶后的 3～7 d，可再次发情排卵，配种受胎。

2. 母猪发情各期特征

(1)发情初期。母猪兴奋性逐渐增加，常在栏内走动，食欲下降，外阴部微充血肿胀，并流出少量透明黏液，以后肿胀明显，并显湿润，常爬跨其他母猪或接受其他母猪爬跨。

(2)发情盛期。外阴部红肿达到高峰，流出白色浓稠带丝状黏液，阴户红色变暗，当公猪接近时，顿时变得温驯安静，愿意接受公猪爬跨、交配。此时用力按压腰部时，母猪静立不动，两耳耸立，尾向上举，背部拱起，眼神变呆。这种发情时对压背产生的特征性反应称为"静立反射"。这时表明母猪发情正处于盛期。

(3)消退期。阴部充血肿胀逐渐消退，变成淡红，微皱，阴门较干，表情迟滞，喜欢静伏。输精的有效时间是在出现"静立反射"开始后 12～24 h。

3. 发情鉴定

母猪是否发情，可以通过"一看、二听、三算、四按背、五综合"的方法进行鉴定。

一看，即看母猪外阴变化、行为变化和采食情况。

(1)外阴变化。发情母猪外阴变化包括阴户肿胀与消退，阴户颜色变化，黏液量多少，黏膜颜色的变化。

阴户肿胀是发情母猪表现出的最早征象，但输精要掌握在阴户肿胀消退至出现明显皱褶，阴户已基本恢复到发情以前的状况时进行。要注意初产母猪的皱褶没有经产母猪的明显。在阴户肿胀的同时颜色也随之变红，中后期变淡。输精适期以阴户颜色接近平常时为宜。发情初期阴道分泌黏液较少,略呈白色,持续时间较短;以后变稠、变少;再后变得透明;后期变稠、变少,在阴户端部几乎不再有黏液时输精比较适宜。黏膜颜色的变化一般以红色转变为粉红色时输精比较适时,初产或老龄母猪以黏膜呈淡红色时输精为宜。

(2)行为变化。母猪发情的精神状态大多数为安静型,少数为兴奋型和隐性型。发情初期表现为不安,走动,有爬跨行为;中后期甚至发呆,站立,隔栏静望,对声音刺激灵敏,竖耳静听。

(3)采食情况。母猪发情食欲略有变化,采食时间延长,不像平时狼吞虎咽与争食。

二听,即听母猪的叫声。母猪发情初期常发出哼鸣声,声音短而低,呈间断性。

三算,即算母猪发情周期、发情持续期、断奶隔离期。通过计算"三期",可为预知发情期及适时输精提供参考。母猪发情期一般为3～4 d,少数为2～3 d。如果低于2 d或超过4 d,就属非正常发情,需要查明原因。

四按背,即按母猪背部刺激部位,确定输精时间。在母猪发情期内,最好每隔2～4 h按背测试一次,这样有利于把握最佳输精时间。

五综合,即根据"一看、二听、三算、四按背"的情况进行综合分析,找出母猪的发情规律,确定最佳配种时间。

由于大型晚熟品种猪常常不易观察到明显的发情征候,因此,在生产实践中,主要以公猪的试情为主,以提高母猪的发情诊断成功率。每天最好进行2次试情(每天上午6:30—8:30和下午16:30—17:30进行发情检查),即在安静的环境下,有公猪在旁时,压背以观察其静立反应。试情公猪选用善于交谈、唾沫分泌旺盛、行动缓慢的老公猪。

【实训报告】
1.母猪发情有哪些表现?
2.如何判定母猪输精适期?

技能训练三 猪的采精技术

【目的要求】
了解猪人工授精的重要性,掌握公猪采精的基本操作要领。

【材料和用具】
采精室、种公猪、台猪、消毒液、纱布、手套、集精杯、保温杯、保温箱等。

【内容和方法】
采精是人工授精的重要环节,掌握好采精技术,是提高采精量和精液品质的关键。

1.采精前的准备
采精一般在采精室进行,当公猪被牵引或驱赶到采精室时,能引起公猪的性兴奋。采精室应平坦、开阔、干净、无噪声、光线充足。采精人员最好固定,以免产生不良刺激而导致采精失败,要尽可能使公猪建立良好的条件反射。设立假母猪供公猪爬跨采精,假母猪可用钢材、木材制作,高60～70 cm、宽30～40 cm、长60～70 cm,假母猪台上可包一张加工过的猪皮。

(1)公猪的调教 调教公猪在台猪(图技训1-3-1)上采精是一件比较困难而又细致的工作,训练人员要耐心,不可操之过急,或粗暴地对待公猪,未经自然交配过的青年公猪比本交过的公猪容易训练。调教方法有以下三种。

①在台猪后部涂撒发情旺盛的母猪尿液或公猪副性腺分泌物,被调教的公猪来到台猪跟

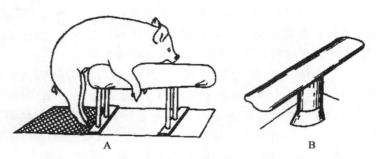

A.公猪爬跨台猪时的情况　B.台猪

图技训 1-3-1　公猪爬跨台猪和台猪图

前嗅到特殊气味,诱发公猪性欲而爬跨,如一次不成,可反复训练,即能成功。

②在假母猪旁边放一头发情母猪,诱发公猪的性欲和爬跨后,不让交配而把公猪拉下,爬上去,拉下来,反复多次,当公猪性欲冲动至高峰时,迅速牵走或用木板隔开发情母猪,引导公猪直接爬跨假母猪采集,经过几次反复训练,即可成功。

③将待调教的公猪拴系在假母猪附近,让其目睹另一头已调教好的公猪爬跨假母猪,引起冲动,然后诱使其爬跨台猪,便可进行采精。总之,调教公猪要有耐心,反复训练,切不可操之过急,忌强迫、抽打、恐吓。

(2)物品准备　应准备好集精杯,以及镜检、稀释所需的各种物品,若采用重复使用的器材,在每次使用前应彻底冲洗消毒,然后放入高温干燥箱内消毒。

(3)采精人员的准备　采精人员的指甲必须剪短磨光,充分洗涤消毒,用消毒毛巾擦干,然后用 75％的酒精消毒,待酒精挥发后即可进行操作。

2.采精(徒手采精法,图技训 1-3-2)。

①将消毒的纱布和集精杯,用 1％氯化钠溶液冲洗,拧干纱布,折为 4 层,罩在消毒后的集杯口上,然后用橡皮筋套住,放入 37 ℃的恒温箱内预热。

②将手洗净,戴上用 75％酒精溶液消毒过的一次性胶皮手套,用 0.1％高锰酸钾溶液消毒假母猪后躯和公猪的阴茎包皮、周围皮肤,再用清水冲洗消毒,并用毛巾擦干。

③当公猪爬上台猪后,采精员蹲在台猪左后侧。戴手套的手待公猪阴茎挺出时,迅速握住阴茎,并使其伸入空拳中。

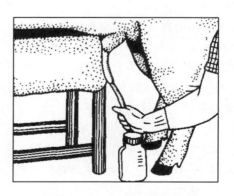

二维码 1-3-2　猪的采精技术　　　　　图技训 1-3-2　公猪的徒手采精法

④待公猪阴茎伸入空拳后。此时手要由松到紧有弹性、有节奏地握住螺旋状的龟头,使之不能转动。待阴茎充分勃起前伸时,顺势牵引向前,同时手指要继续有节奏地施以压力即可引起射精。

⑤公猪俯伏不动时表示开始射精。公猪最先排出的稀薄精液主要为副性液体,不必收集。等射出较浓厚的乳白色精液时,立即以左手持集精杯收集。公猪完成第一次射精后,可重复上述方法促使公猪第二次射精。

⑥公猪射精完毕后,顺势将阴茎送回包皮中,并将公猪轻轻赶下台猪送回公猪栏。

⑦采集的精液,先将过滤纱布及上面的胶体丢掉,用盖子盖住采精杯,迅速传递到精液处理室进行检查、处理。

3. 打扫

公猪从台猪下来,赶回公猪舍后,将台猪周围清扫干净,特别是公猪精液中的胶体、稀薄的精液和残留尿液。并用消毒液消毒,备下次使用。

【注意事项】

1. 手握阴茎的力量适度,应以不让其滑落并能抓住为准。用力太小,阴茎容易脱掉,采不到精;用力太大,一是容易损伤阴茎,二是公猪很难射出精液。

2. 保证公猪的射精过程完全,不能过早中止采精。

3. 采精时间应安排在采食后 2~3 h 进行,饥饿状况时和刚喂饱时不能采精,最好应固定每次采精时间。在气温较高的季节,采精应在气温凉快时进行。

4. 公猪包皮部位消毒后,必须用清水洗净,并擦干。否则残留液滴入精液后,会导致精子死亡或污染精液。

5. 采精频率。成年公猪每周 2~3 次,青年公猪(1 岁左右)每周 1~2 次。避免公猪长期不采精或过度采精,造成公猪恶癖。

6. 采精杯上套的四层过滤用纱布,使用前不能用水洗,若用水洗则要烘干,因水洗后,相当于采得的精液进行了部分稀释,即使水分含量较少,也将会影响精液的浓度。

7. 需保持采精环境安静,并注意自身安全。平时要善待公猪,不要强行驱逐,恫吓;进入正常采精前要对公猪进行调教,让公猪形成条件反射;采精时要坚持一贯的采精方式和采精时间,切不可随意更改。用于采精的台猪要坚固,安装的位置和高度要合适,并保证其没有锐利的边角,防止伤害公猪。

【实训报告】

1. 生产实践中如何训练种公猪?

2. 掌握徒手采精法的操作步骤。

技能训练四　猪的精液品质检查、稀释和保存

【目的要求】

掌握精子密度、活力的检查方法。精液稀释和保存的方法。

【材料和用具】

猪鲜精液、载玻片、盖玻片、电子天平、恒温显微镜、计数器、精子密度仪(或血细胞计数板)、蓝墨水、95%酒精。

【内容和方法】

检查前,将精液转移到在 37 ℃水浴锅内预热的烧杯中,或直接将精液袋放入 37 ℃水浴锅内保温,以免因温度降低而影响精子活力。整个检查活动要迅速、准确,一般在 5～10 min 内完成。

1. 感官检查

(1)射精量。精液量的评定以电子天平(精确至 1～2 g,最大称量 3～5 kg)称量,一般 1 g 精液的重量相当于 1 mL 精液的体积。勿将精液倒入量筒内评定其体积,否则将导致较多的精子死亡。公猪的新鲜精液量应在 150～500 mL,平均为 200 mL。

(2)色泽。公猪精液因为精子密度小,正常情况下呈淡乳白色或淡灰白色。精液颜色发生异常,说明公猪的生殖器官有疾患。如精液呈浅绿色可能混有脓液;呈淡红色可能混有血液;呈淡黄色可能混有尿液。

(3)气味。正常的精液一般略带腥味,如果精液异常,则会有臭味。

2. 精子活力

精子活力又叫精子活率,是指直线前进运动的精子占总精子的百分率。采精之后和精液稀释后都要进行活力检查。在检查精液活力时要用加热 37 ℃左右的载玻片,用无菌玻璃棒蘸取混合均匀的精液一滴,用压片法立即在显微镜视野下观察计数。

在我国精子活力一般采用 10 级一分制,即在显微镜下观察一个视野内的精子运动,若全部直线运动,则为 1.0 级;有 90% 的精子呈直线运动则活力为 0.9;有 80% 的呈直线运动,则活力为 0.8,依次类推。鲜精液的精子活力以大于或等于 0.7 才可使用,当活力低于 0.6 时,则应弃去不用。

3. 精子密度

精子密度指每毫升精液中含有的精子数量,它是用来确定精液稀释倍数的重要依据。

(1)目测法。这种方法不用计数,用眼观察显微镜下精子的分布,精子与精子之间的距离少于一个精子的长度为"密";精子与精子之间的距离相当于一个精子的长度为"中";精子与精子之间的距离大于一个精子的长度为"稀"。

(2)精子密度仪法。其基本原理是精子透光性差,精清透光性好。选定一定波长的一束光透过稀释的精液,光吸收度将与精子的密度呈正比的关系,根据所测数据,查对照表可得出精子的密度。具体操作步骤:按 ON/OFF 开关键打开测试仪→波长调至测试用波长(470～570 nm)→对照(稀释液)→测试精液密度→读数→查数据对照表,得出精液密度。

(3)血细胞计数板计数法。用手动计数器和血细胞计数来统计精子密度的方法。

稀释精液:用 3% 的 NaCl 溶液稀释精液(杀死精子)。

检查血细胞计数板:取一块洁净的计数板,盖上盖玻片,在低倍镜下找出计数板的中方格和小方格。

滴加精液:用血球吸管吸取具有代表性的稀释后精液,再将吸管尖端置于血球计数室和盖玻片交界处的边缘上,吸管内的精液自动渗入计数室内,使之自然、均匀地充满计数室。注意不要使精液溢出盖玻片,也不可因精液不足而使计数室内有气泡或干燥处,否则,应重新操作。静放 2～3 min,开始计数。

镜检:在高倍镜下计数 5 个中方格(四角一中央或者任意一条对角线)内精子总数。若精子压计数室的线,则以精子头为准,按照快速连接"数上不数下,数左不数右"的原则计数。

计算:代入公式进行计算。

1 mL 原精液中的精子数＝5 个中方格数的精子数×5×10×1000×稀释倍数

为了减少误差,应对同一样品做 2～3 次重复,求其平均值。

4.精液的稀释和保存

(1)稀释液的配制。

①选择稀释剂。根据猪精液要保存期的长短,选择短期型或者长期型;查看所选择稀释剂的使用说明及生产日期。

②确定稀释时间。精液稀释液应在精液稀释前 1～2 h 配制。精液稀释剂完全溶解后要求静置 40～50 min。

③取 1 000 mL 或 2 000 mL 蒸馏水。

④将蒸馏水加热到 30 ℃左右时,将相应质量的精液稀释剂完全倒入相应体积的蒸馏水中,必要时可用水冲洗精液稀释剂袋内壁。

⑤在稀释容器中加入磁力搅拌器(或者玻璃棒)搅拌 20 min,有助稀释剂溶解。

⑥将配置好的稀释液放入 35 ℃的恒温水浴槽中水浴加热,确保使用前稀释液整体加热到 35 ℃。

(2)稀释精液。

①稀释前检查精子活力和密度,确定稀释倍数。

②稀释液与精液同温处理:将精液与稀释液放在同一个 30 ℃的水浴锅中做等温处理。

③稀释:将稀释液缓慢沿杯壁倒入精液中,并轻轻摇动。

④稀释后检查活力,以确定稀释的成功与否。

(3)精液的保存。

猪精液常采用常温保存法,放到 16～17 ℃恒温箱内保存。

【注意事项】

1.检查活力时取样要有代表性。

2.观察活力用的载玻片和盖玻片应事先放在 37 ℃恒温板上预热,由于温度对精子影响较大,温度越高精子运动速度越快,温度越低精子运动速度越慢,因此观察活力时一定要预热载玻片、盖玻片,尤其是 17 ℃精液保存箱的精子,应在恒温板上预热 30～60 s 后观察。

3.观察活力时,应用盖玻片。

4.评定活力时,显微镜的放大倍数要求 100 倍,而不是 400 倍。因为如果放大得过大,使视野中看到的精子数量少,评定不准确。

【实训报告】

1.根据实验体会,讨论目测法、精子密度仪法、血细胞计数板计数法的优缺点,分析三种方法测定精液密度产生差异的原因。

2.将本次实验观察结果分别填入表技训 1-3-1 内,说明该原精液是否可用于输精。

耳号	品种	采精日期	采精量/mL	色泽	气味	密度	活力	稀释倍数

技能训练五　猪的输精技术

【目的要求】

掌握母猪人工输精技术。

【材料和用具】

0.1%高锰酸钾溶液、一次性胶皮手套、输精器、发情盛期母猪、输精管、符合输精要求的精液、消毒液、毛巾、记录本等。

【内容和方法】

人工授精过程主要包括采精、精液品质检查、稀释、保存、运输和输精六个方面。输精是指用输精管将稀释精液注入发情盛期母猪的生殖道。在自然交配时,公猪阴茎可以直接伸到子宫内射精,输精时也应模拟自然交配方式,使输精管通过子宫颈进入子宫体。猪的阴道和子宫颈结合处无明显界限,所以给猪输精时不需使用开膣器。

输精是人工授精技术的最后一关,输精效果的好坏,关系到母猪情期受胎率和产仔数的高低,而输精管插入母猪生殖道部位的正确与否,则是输精的关键。

1.输精的准备

输精前,精液要进行镜检,检查精子活力、死精率等。新鲜精子活力大于 0.7。对于多次重复使用的输精管,要严格消毒、清洗,使用前最好用稀释液洗一次。母猪阴部清洗干净并消毒,用毛巾吸干残留消毒液,最后再用生理盐水清洗一次,防止将细菌带入阴道。输精人员双手需清洗消毒。

2.输精管的选择

目前在生产中,应用的输精管有一次性和多次性的两种。

(1)一次性的输精管。目前有螺旋头型和海绵头型,长度50～51 cm。螺旋头一般用无副作用的橡胶制成,适合于初产母猪的输精;海绵头一般用质地柔软的海绵制成,通过特制胶与输精管黏在一起,适合于经产母猪的输精。选择海绵头输精管时,一应注意海绵头黏得牢不牢,不牢固的则容易脱落到母猪子宫内;二应注意海绵头内输精管的深度,一般以 0.5 cm 为好,因输精管在海绵头内包含太多,则输精时因海绵体太硬而损伤母猪阴道和子宫壁,包含太少则因海绵头太软而不易插入或难以输精。

(2)多次性输精管。一般为一种特制的胶管,因其成本较低,重复使用而较受欢迎,但因头部无膨大部分或螺旋部分,输精时易倒流,并且每次使用均应清洗、消毒。

3.输精方法

输精时,先将输精管海绵头用精液或人工授精用的润滑胶润滑,以利于输精管插入顺利。

用手将母猪阴唇分开,将输精管沿着稍斜上方的角度慢慢插入阴道内。插入时要注意避开尿道口,在输精管进入 10～15 cm 之后,转成水平插入。当插入 25～30 cm 到达子宫颈时,会感到有点阻力,此时输精管顶已到达子宫颈口,用手再将输精管左右旋转,稍一用力,顶部则进入子宫颈第 2～3 皱褶处,回拉时则会感到有一定的阻力,即输精管被锁住。从精液贮存箱中取出输精瓶,确认公猪品种、耳号。缓慢摇匀精液,用剪刀剪去封头,接到输精管上开始输精。抬高输精瓶,使输精管外端稍高于母猪外阴部,同时按压母猪背部,刺激母猪使其子宫收缩产生负压,将精液自然吸收。绝不能用力挤压输精瓶,将精液快速挤入母猪生殖道内,否则精液易出现倒流。若出现精液倒流时,可停止片刻再输。

4.填写记录

输精完毕,认真填写母猪配种记录卡配种信息。包括发情母猪耳号、胎次、发情时间、外阴部变化、压背反应等。

【注意事项】

1.输精时间。正常的输精时间为 5～15 min,时间太短,不利于精液的吸收,太长则不利于工作的进行。

2.在输精后不要用力拍打母猪臀部,以减少精液倒流。

3.每头母猪在一个发情期内至少输精两次,两次输精间隔 8～12 h。

4.输精结束后,应在 10 min 内避免母猪卧下,防止精液倒流。

【实训报告】

1.母猪输精前应做哪些准备工作?

2.写出母猪人工输精的操作过程。

项目四

种 猪 生 产

【知识目标】

1. 了解后备猪的生长发育特点和后备猪的饲养管理技术。
2. 掌握种公猪的饲养管理技术。
3. 掌握空怀母猪、妊娠母猪的饲养管理技术。
4. 掌握泌乳母猪的饲养管理技术。

【技能目标】

1. 能进行猪的体尺测量和体重估计。
2. 能进行母猪发情鉴定和人工授精技术。
3. 能处理母猪的分娩与接产技术。

养猪生产水平和经济效益与饲料营养、环境条件、防疫措施及饲养管理技术等有直接的关系。种猪包括种公猪和种母猪两种,饲养种猪的目的是使种猪保持提供大量的断奶仔猪的状态,提供更多的商品肉猪,增加经济效益。

任务一 后备猪饲养管理

一、后备猪的生长发育特点

猪的生长发育是一个十分复杂的过程,从胚胎至成年的体重和身体各部位及组织的生长率不同,由此构成一定的生长模式。后备猪是成年猪的基础,后备猪的生长发育,对成年猪的生产性能、体型外貌都有直接的影响。

1. 体重的增长

体重是后备猪身体各组织器官综合生长的指标,随年龄不同,表现出一定的规律,并表现出品种的特性。在正常饲养条件下,猪体重的绝对值随年龄的增加而增大,其相对增长强度则随年龄的增长而降低,到成年时,稳定在一定的水平。

猪的体重变化与生长发育还受饲养水平、环境条件等多种因素的影响。后备猪培育期的饲养水平,要根据其种用目的来确定。后备猪发育过快,使其销售体重提前到生理上的早期阶段,会导致初产母猪的配种困难,影响以后的繁殖力。所以,后备猪培育期的生长速度要适当加以控制。

2.猪体组织的生长(图1-4-1)

猪身体内骨骼、肌肉、脂肪、皮肤的生长速度和强度不平衡,随月龄的增长,表现出"骨—皮—肉—脂"的规律性,即骨骼最先发育,从出生到4月龄生长强度最大,其后稳定;皮肤从出生到6月龄生长快,其后开始下降;肌肉是4~7月龄时增长最快,体重达100 kg时生长强度达到最高峰;脂肪则始终在生长,6~7月龄时生长强度达到最高峰,以后逐渐下降,但其绝对增重仍随体重的增加而上升,直至成年。所以,历来有"小猪长骨、中猪长皮、大猪长肉、肥猪长油"的说法。

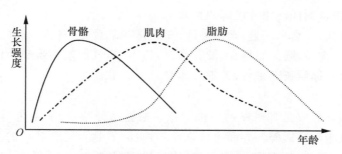

图1-4-1 体躯骨骼、肌肉、脂肪的增长顺序与生长强度

3.猪体化学成分的变化(表1-4-1)

随着猪体组织及体重的生长,猪体的化学成分也呈规律性变化,即随年龄及体重的增长,水分、蛋白质及灰分等含量下降,而脂肪含量则迅速增加,但猪体内蛋白质和水分的含量在4月龄或体重45 kg以后是相当稳定的。

随着脂肪含量的增加,猪油中饱和脂肪酸的含量也相应增高,而不饱和脂肪酸的含量则降低。

表1-4-1　不同体重猪的化学成分变化　　　　　　　　　　　　　　　　　　%

体重/kg	水分	蛋白质	脂肪	灰分
15	70.4	16.0	9.5	3.7
20	69.6	16.4	10.1	3.6
40	65.7	16.5	14.1	3.5
60	61.8	16.2	18.5	3.3
80	58.0	15.6	23.2	3.1
100	54.2	14.9	27.9	2.9
120	50.4	14.1	32.7	2.7

4.身体各部位的生长

猪在生长过程中,各种组织生长率不同,导致身体各部位生长早晚的顺序不一和体型呈现年龄变化。仔猪初生时头和四肢相对比较大,躯干短而浅,后腿发育很差。随着年龄和体重的增长,体高、身长首先增加,其后是深度和宽度增加。腰部则是身体上最晚熟的部位。

二、后备猪的选择

在仔猪断奶到 6 月龄时,应按照育种计划的要求对幼猪进行选择和组群,一般每 2 个月进行一次。把体格健壮,发育良好,外形没有重大缺陷,乳头数在 6 对以上且分布均匀的幼猪留作种用,其他幼猪作肥育商品猪。选择后备猪应根据品种类型特征、体型外貌和仔猪的健康状况进行,同时要考虑后备猪的生长表现。

1. 外形选择

后备猪应是生长发育正常、精神活泼、无疾病的优秀个体。要对其系谱进行认真研究、分析,后备猪一定要来自无任何遗传疾病的家系。

健康仔猪的特征是:食欲旺盛,动作灵活,尤其是在采食时,贪食,好强,举尾争食;皮光毛洁,没有卷毛、散毛、皮垢、眼屎和异臭;没有隐睾、单睾、疝气等遗传疾患。留作种用的猪要求肢蹄健壮,后臀丰满,体躯长而平直,无垂腹体型。

2. 品种特征

后备猪的体型外貌应具有明显的品种特征。根据品种特征,从毛色、耳型、头型、背腰长短、体躯宽窄、四肢粗细高矮等各方面进行全面的选择,看是否符合品种的要求。后备猪应达到品种的发育标准,额宽,鼻嘴宽大,眼明亮,体躯长,肢蹄粗壮,尾高卷,被毛光顺,皮肤柔嫩,白猪皮色肉红,身体肥瘦适度为宜。

3. 繁殖性能

繁殖性能是种猪非常重要的性状,因为后备猪选留的目的就是繁殖利用。后备猪应选自产仔多、哺乳能力强、断奶窝重大等繁殖力高的家系。母猪具有正常的 6 对以上乳头,排列整齐、匀称;公猪应选择睾丸发育良好,左右对称且松紧适度。后备猪要有正常的发情周期,发情表现明显。

4. 生长发育

后备公母猪生长发育性状是选择后备猪的依据。包括生长速度和饲料利用率两方面。

三、后备猪的饲养管理

(一)后备猪的饲养

后备猪培育是选育具备遗传性稳定的蛋白质生长和沉积能力的种猪。要求发育良好,在 6～8 月龄时达到成年猪体重的 50%～60%时配种,不应过肥,以免发生繁殖障碍。后备猪日粮成分应能满足骨骼、肌肉生长发育的需要,同时少用含碳水化合物丰富的饲料,多用品质优良的青绿多汁饲料和干草粉。饲喂方法上宜采用定时、定量的限制饲养法。幼猪在体重 50 kg 以后,食欲旺盛,食量增大,而且贪睡,如不限制食量,任其采食,很容易上膘、变肥,形成垂腹,因此,后备猪要控制采食,即育成阶段饲料的日喂量占其体重的 3%～3.5%,体重达到 80 kg 以后占体重的 2.5%～3%。饲料原料要多样化,种类要保持一定的稳定性,需要改变原料种类时,可采用逐步更换的方法。

猪的食欲,一般傍晚最盛,早晨次之,中午最弱,在夏天这种趋向更为明显。因此,在 1 d 内每次的给料量可按下列大致份额分配:早晨 35%,中午 25%,傍晚 40%。

(二)后备猪的管理

1.合理分群

为使后备猪生长发育均匀整齐,可按性别、体重大小分成小群饲养,60 kg 以前按体重大小每群 4～6 头;60 kg 以后按体重大小和性别再分成 2～3 头一群,此时可根据膘情进行限量饲喂,防止种猪过肥。饲养密度过高影响生长发育,出现咬尾、咬耳恶癖。

2.适当运动

"大猪要囚,小猪要游",由此可见,运动对培育后备猪是很重要的。适当运动既可促进骨骼的良好发育,四肢更为灵活和坚实,防止过肥或肢蹄不良,又可以保证健康的体质和性活动能力,防止发情失常和寡产。放牧运动可呼吸新鲜空气和接受日光浴,拱食鲜土和青绿饲料,对促进生长发育和机体抵抗能力有良好的作用。

3.调教管理

调教是后备猪培育管理中的一项重要工作。后备猪生长到一定阶段后,要进行人猪亲和训练,利用称重、喂食等进行口令和触摸等亲和训练,使猪愿意接近人,严禁粗暴地打骂它们,这样猪愿意接近人,便于将来采精、配种、接产、哺乳等繁殖时操作管理。对后备猪的敏感部位(耳根、腹侧、乳房等部位)触摸训练,这样既便于以后的管理,疫苗注射,还可促进乳房的发育。

4.定期称重和测量

为了掌握后备猪的生长发育情况,最好按月龄进行个体称量体重,6 月龄以后加测体尺和活体背膘厚。任何品种的猪都有一定的生长发育规律,要求后备猪在不同日龄阶段有相应的体尺与体重。通过比较各月龄体重、体尺变化,适时调整饲料的营养水平和饲喂量,达到品种发育要求,并及时淘汰发育不良的后备猪。

5.日常管理

对后备猪同样要注意防寒保温和防暑降温,保持环境干燥和清洁卫生。另外,对后备公猪要经常进行放牧或驱赶运动,既保证食欲,增强体质,又可避免造成自淫的恶癖。要使后备母猪适应不同的猪舍环境,将其与老母猪一起饲养,与公猪隔栏或直接接触,促进母猪发情。

(三)后备猪的利用

后备猪饲养到一定年龄后,公猪出现了爬跨并射出精液,母猪有周期性的发情变化等性行为,称之为性成熟。这时,身体发育还未达到成熟时期,生殖器官和其他组织器官尚未达到完全成熟的阶段。猪的性成熟随品种、饲养管理以及所处气候环境的不同而异。

在正常情况下,我国地方品种的小母猪,7 月龄体重达 75 kg 开始配种;引进的国外品种8～9 月龄,体重达 120 kg 以上开始配种。以经历两次发情周期,再配种使用为宜。

任务二　种公猪饲养管理

饲养好种公猪,做好母猪的配种工作,是现代化养猪场的一个重要生产环节,也是实现多胎高产的重要措施。在养猪生产中,种公猪的数量所占比例很小,所起的作用却很大。饲养种公猪的目的就是要及时完成配种任务,使母猪能够及时配种、妊娠,以获得数量多、质量好的仔猪。要完成这一任务,首先要使公猪能够提供数量多、质量优的精液,即要提高公猪的精液品质。其次,要求公猪体质健康,配种能力强,能够及时完成配种任务。

提高配种工作的成效有以下 3 个方面。

(1)要提高公猪精液的数量和质量。

(2)要促使母猪正常发情和排出更多活力强的卵子。

(3)实施先进的配种技术,做到适时配种。

一、种公猪的生理特点

猪是多胎常年发情动物,繁殖特别快,在本交的情况下,一头公猪可负担 20～30 头母猪的配种任务,一年可繁殖 500～600 头仔猪。如采取人工授精,一头公猪一年可负担 400 头母猪的配种任务,繁殖仔猪近万头。因此,要特别重视公猪的选种、育种和饲养管理工作。

与其他家畜相比,种公猪的生理特点有:射精量大,总精子数量多;交配时间长,消耗体力大;消耗的营养物质相对较多。公猪一次射精量平均为 250 mL,一般为 150～500 mL,比牛、羊的射精量高 50～250 倍。公猪精液由精子和精清两部分组成,其中精子占 2%～5%,精清主要由附睾分泌物、精囊分泌物、前列腺分泌物、尿道球腺分泌物等组成。

二、种公猪的饲养

1. 适宜的营养水平

提供种公猪充足全面的营养,是保持种公猪体质健壮、性机能旺盛和精液品质良好的基础。所提供的日粮应能全面满足公猪对能量、蛋白质、氨基酸、矿物质、维生素的需要。

(1)提供适宜水平能量。种公猪饲粮中能量水平不宜过高,控制中等偏上水平就行。能量不足可推迟公猪的性成熟,并使配种能力减弱;而能量水平过多又会招致公猪体况过肥,也会降低公猪的性欲和配种能力。对于未成年公猪,其日粮消化能应比成年猪多 25%,以保证其正常生长发育。

(2)供给充足优质的蛋白质。种公猪精液干物质中大部分是蛋白质。如果日粮中蛋白质不足,会造成精液数量减少,精子密度稀,发育不完全和活力差,所配母猪受胎率下降,甚至丧失配种能力。因此,在配制种公猪日粮时,必须重点考虑蛋白质问题,要有一定比例的动物性蛋白质饲料和植物性蛋白质饲料。种公猪日粮中粗蛋白质含量:在非配种季节应在 13% 以上,配种季节应保持在 15%～16%。

(3)适量矿物质。矿物质对于种公猪精液品质和健康具有很大影响。缺少钙、磷可使公猪精液品质明显降低,出现大量畸形精子和死精子。锌、碘、钴、锰对提高公猪精液品质有着肯定的效果。种公猪日粮中钙、磷比例以 1.25∶1 为宜。

(4)充足的维生素。维生素 A 与种猪的配种能力有密切的关系,如日粮中缺乏维生素 A、维生素 D、维生素 E 时,公猪的性反射降低,精液品质下降。长期缺乏维生素 E,可导致成年公猪睾丸退化,永久性丧失繁殖力。

2. 日粮配制

为了满足公猪的营养需要,应根据种公猪饲养标准组成日粮进行饲喂。公猪日粮应以精料为主,有良好的适口性。日粮中粗饲料占配合饲料的 10% 以下,以免饲料体积过大,造成公猪腹大下垂,影响配种。

3.防止过肥

过肥和过瘦都会降低公猪的配种能力。如果公猪配种采精次数不多,或无限量地采食高能高蛋白饲料,往往会导致公猪过于肥胖,性欲减退,逐渐失去种用价值。要注意控制公猪采食量,不能喂得太多。当公猪肥胖时,可减少精饲料15%左右,并加喂青粗饲料,同时增加公猪运动,每天自由运动1～2 h,以锻炼公猪四肢的结实性,适当减肥和增强体质,从而提高精液品质。过瘦的公猪则应提高日粮营养水平,并适当减少配种次数。

4.饲养方式

季节产仔方式使公猪出现了配种季节和非配种季节之分。种公猪在非配种季节需要营养物质并不多,但在配种期,特别是配种频繁时,需要量则会大大增加。这时不仅要考虑在饲料中适当增加蛋白质的含量,如加喂动物性饲料或每天喂2～3枚鸡蛋等,还要在非配种期饲喂量的基础上,加喂20%～40%的饲料。

5.饲喂技术

种公猪的饲喂应定时定量。有条件的地方日粮最好以精料为主,切忌长期饲喂大容积饲料,以防造成消化道负担过重,腹部下垂,从而影响配种。饲喂干粉料前应加适量水,调拌成湿料或稠粥料,也可与切碎或打成浆的青绿饲料一起饲喂,增进饲料的适口性。种猪饲喂采取少量多次的方式,可以提高食欲,促进消化。每天饲喂量:体重150 kg以内的公猪,日喂饲料2.3～2.5 kg全价料;150 kg以上的猪喂给2.5～3.0 kg的全价料。

三、种公猪的管理

保持公猪健壮的体质,提供品质良好的精液,提高配种能力,除了供给全面营养外,还要合理地进行管理。在管理方面,除了要经常注意保持圈舍清洁、干燥、阳光充足,创造良好环境外,还应做好以下几项工作。

1.单圈饲养

种用公猪应单圈饲养,并与母猪舍相距较远,这样可以减少干扰,保持安静,杜绝互相爬跨和自淫的恶习,有利保持猪的健康和良好精液品质。

2.适当运动

运动是加强机体新陈代谢、锻炼神经系统和肌肉的重要措施。适当运动,可以锻炼体质,增进健康,促进食欲和消化,避免肥胖,提高配种能力。运动时间,一般要求上下午各1次,每次约1 h和1 000 m。有条件的可以放牧代替驱赶运动。夏天宜在早晨和傍晚凉爽时运动,冬季中午温暖时进行。配种旺期应适当减少运动,有劳有逸。

3.刷拭和修蹄

为了提高公猪的健康水平,防止皮肤病和体外寄生虫的侵袭,增进猪体表的血液循环,最好每天用刷子刷拭猪体1～2次。夏天要经常让公猪洗澡,起到防暑降温作用。公猪要特别注意阴囊和包皮的清洁卫生。

不良的蹄形会影响公猪的活动和配种,要经常修整蹄甲。公猪的蹄壳容易变形,或形成裂缝,因此应注意经常观察和及时修整猪蹄,以免交配时划伤母猪。

4.定期称重

为了掌握种公猪的增重速度和各阶段的健康状况,应进行定期称重。以便根据体重变化情况,及时调整公猪日粮。公猪不能过肥,应始终保持中等膘情,符合种用体况要求。

5.经常检查精液品质

种公猪精液品质好坏影响母猪受胎率。为了保证精液质量和较强的精子活力,应经常检查公猪的精液品质,以便及时了解日粮是否符合种公猪的营养需要,从而调整公猪日粮及管理使用方式。青年公猪在配种前10～15 d应检查一次精液品质,然后再确定能否使用。配种期内每10 d应检查一次公猪的精液品质。

6.防止发生意外

公猪比较凶狠,因此严禁粗暴对待公猪,以防造成咬人恶癖。平时要管好公猪,关好圈门,经常检查,杜绝偷配和公猪咬架发生。公猪遇到不同栏的公猪会互相攻击咬架,轻则受伤,重则死亡,有的失去种用价值。所以,要注意公猪栏的高度,保证猪栏牢固,防止公猪跳出栏外进行咬架。若发生咬架,不可强行分开,应迅速用木板、筐等将猪隔开,然后将咬架的公猪赶走。

7.建立日常管理程序

根据不同季节为种公猪制订一套饲喂、运动、刷拭、配种、休息等日常管理制度,使公猪养成良好的生活习性,增进公猪的健康,提高精液品质和配种能力。饲养管理制度一经制订,就必须严格执行,不可随便更改。

四、种公猪的合理利用

配种是饲养公猪的唯一目的,因此对种公猪要合理利用。利用强度要根据年龄和体质强弱合理安排,如果利用过度就会出现体质虚弱,降低精液品质和缩短利用年限。相反,如果长期不配种,会出现性欲不旺,身体肥胖笨重,同样导致配种能力低下。

1.初配年龄和体重

引进的国外品种8～9月龄,体重达120 kg以上开始配种。与引进猪种相比,地方猪种初配年龄和体重则要小些。

2.配种调教

发情稳定的母猪,与调教的公猪体型不能相差太大,空腹时训练,每次10～15 min。

3.使用强度

种公猪精液品质优劣和使用年限长短,在很大程度上取决于初配年龄和利用强度。初配公猪一般每2～3 d配种或采精1次;1～2岁公猪可隔日1次;2岁以上公猪每天1次,连续配种应每周休息1 d。公猪到了8月龄左右就要开始配种或采精,如不利用或间隔时间过长则会产生自淫现象,影响采精量和精液品质,导致与配母猪很难受孕。集中饲养的公猪易发生性兴奋,表现为食欲减退或停食,兴奋不安,到处走动。公猪一旦出现异常现象,必须加强运动,调离原圈,改善猪栏环境。

4.公母比例和使用年限

自然交配情况下,公母比例1∶(25～30),人工授精公母比例1∶(200～400),公猪年更新率为30%～45%,可使用1～3年。

任务三　空怀母猪饲养管理

一、空怀母猪生理特点

后备母猪配种前10 d左右和经产母猪从仔猪断奶到发情配种期间称为配种准备期,又称为母猪的空怀期。正常情况下,仔猪断奶 7～10 d 后母猪即可发情配种。但有时一些母猪发情时间延长,或者不能正常发情配种。造成母猪不正常发情的原因有:有些母猪在哺乳期消耗大量的贮备物质用于哺乳,致使体况明显下降,瘦弱不堪,严重影响了母猪的繁殖机能,不能正常发情排卵;有些母猪哺乳期采食大量精饲料,泌乳消耗也少,导致母猪变得肥胖,使繁殖机能失常而不能及时发情配种;另外,母猪患病等原因也会造成母猪发情不正常。因此,空怀期母猪的饲养任务主要是尽快恢复母猪正常的种用体况,能够正常发情、排卵、配种,尽量缩短空怀期,提高母猪配种受胎率。

二、空怀母猪的饲养

(1)空怀母猪的营养需要。空怀母猪由于没有其他生产负担,主要任务是尽快恢复种用体况,所以其营养需要比其他母猪要少,但要重视蛋白质和能量的供给量。不仅要考虑蛋白质的数量,还要注意品质。如蛋白质供应不足或品质不良,会影响卵子的正常发育,使排卵数减少,受胎率降低。空怀母猪日粮中应含有大量的青绿多汁饲料,这类饲料富含蛋白质、维生素和矿物质,对排卵数、卵子质量和受精都有良好的作用,也利于空怀母猪迅速补充泌乳期矿物质的消耗,恢复母猪繁殖机能的正常,以便及时发情配种。

(2)实行短期优饲。短期优饲就是指在母猪配种前的一段时间内(10～14 d),在母猪原有日粮的基础上每天加喂 2 kg 左右的混合精料,到配准妊娠时结束,以促进母猪发情,提高母猪的配种效果。试验证明,短期优饲对后备母猪效果最显著,可提高后备母猪排卵数 1.58～2.23 枚。而对经产母猪无明显效果,但可以提高卵子质量,有利于提高受胎率。

(3)根据体况调整饲喂量。空怀母猪多采用湿拌料、定量饲喂的方法,每日饲喂 2～3 次。中等膘情以上者每天饲喂 2.5～3.0 kg。针对母猪个体酌情增减饲料喂量,母猪过于肥胖应适当减少喂量,以利减肥;过于瘦弱则应适当增加喂量,以使其尽快恢复种用体况。

三、空怀母猪的管理

(1)创造适宜的环境。舒适的猪舍环境(温度、湿度、气流、饲养密度等)对提高种猪的生产有着十分重要的意义。低温造成能量消耗增加,高温则降低食欲。因此,冬季应注意防寒保温,夏季注意防暑通风。空怀母猪适宜的温度为 15～18 ℃、相对湿度为 65％～75％。另外,圈舍要注意保持圈舍清洁卫生、干燥、空气流通,采光良好。

(2)及时治疗疾病。如果空怀母猪体况不能及时恢复,也不能正常发情配种,很可能是疾病造成的。母猪泌乳期内物质消耗很多,往往会因营养物质失衡而造成食欲不振、消化不良等消化系统疾病以及一些体内代谢病。有些母猪则可能因产仔而患有生殖系统疾病,如子宫细菌感染造成子宫炎等。因此,我们要认真检查和治疗空怀母猪疾病,以使其能够正常发情配种。

(3)认真观察母猪发情,及时输精。哺乳母猪通常在仔猪断奶后 5～7 d 就会发情。饲养人员要认真观察,以便及时发现。观察时间在早饲前和晚饲后,每天观察 2 次。观察方法可以是用有经验的饲养人员直接观察,也可以驱赶公猪到母猪圈试情的方法。

母猪不发情应检查原因,并及时采取相应的措施。对于久不发情的母猪,可将公猪赶入母猪圈内追逐爬跨母猪,或将公、母猪混养 1 周诱使母猪发情,也可给不发情母猪注射孕马血清 1～2 次,每次肌内注射 5 mL,或者用绒毛膜促性腺激素,肌内注射 1 000 IU,其效果均较好。

(4)做好选择淘汰,保持母猪群合理的结构。种猪的年淘汰更新率30%左右。理想的母猪群胎次结构是:第1胎母猪占20%,第2胎母猪占18%,第3胎母猪占17%,第4胎母猪占15%,第5胎母猪占14%,第6胎母猪占10%,第7胎母猪占6%。

母猪的空怀期也是进行选择淘汰的时期,选择标准主要是看母猪繁殖性能的高低、体质情况和年龄情况。首先应把那些产仔数明显减少,泌乳力明显降低,仔猪成活数很少的母猪淘汰掉。其次,淘汰那些体质过于衰弱而无力恢复、年龄过于老化而繁殖性能较低的母猪,以免降低猪群的生产水平。

四、母猪繁殖障碍及解决方法

1.母猪繁殖障碍的原因

繁殖障碍的主要问题是母猪不能正常发情排卵,其原因归纳为以下几个方面:

(1)疾病性繁殖障碍。主要是由于卵泡囊肿、黄体囊肿、永久性黄体而引起的。卵泡囊肿会导致排卵功能丧失,但仍能分泌雌激素,使得母猪表现发情持续期延长或间断发情;黄体囊肿多出现在泌乳盛期母猪,近交系母猪,老年母猪中,母猪表现乏情;持久性黄体导致母猪不发情。另外,卵巢炎、脑肿瘤等都会造成母猪不能发情排卵。

(2)营养性繁殖障碍。母猪由于营养不合理也会造成繁殖障碍,如长期营养水平偏高或偏低,导致母猪过度肥胖或消瘦,导致母猪发情和排卵失常;母猪长期缺乏维生素和矿物质,特别是维生素 A、维生素 E、维生素 B_2、硒、碘、锰等,使母猪不能按期发情排卵。

2.解决母猪繁殖障碍的方法

母猪出现繁殖障碍,首先要分析查找原因,通常是根据繁殖障碍出现的数量、时间、临床表现等进行综合分析。在封闭式饲养管理条件下,首先要考虑营养因素,其次考虑疾病或卵巢功能问题。如果是营养方面的原因,要及时调整饲粮配方,对于体况偏肥的母猪应减少能量给量,可以通过降低饲粮能量浓度或日粮给量来实现,可同时适当增加运动;体况偏瘦的母猪应增加能量给量,同时保证饲粮中蛋白质的数量和质量,封闭式饲养要特别注意矿物质和维生素的使用,满足繁殖母猪所需要的各种营养物质;如果是疾病原因造成的母猪繁殖障碍,有治疗可能的应积极治疗,否则应及时淘汰;卵巢功能引起的繁殖障碍,只有持久性黄体较易治愈,一般可使用前列腺素 $F_{2\alpha}$ 或其类似物处理,使黄体溶解后,母猪在第二次发情时即可配种受孕。

后备母猪初次发情配种困难比较常见,为了促进母猪发情排卵,可以通过诱情办法来解决。具体做法是:每天早饲后或晚饲后将体质强壮、性欲旺盛的公猪与不发情母猪放在同一栏内一段时间,每次30分钟左右,公猪爬跨行为和外激素刺激可以促进母猪发情,一般经过1周左右即可以使母猪发情。在后备母猪体重达到70~80 kg时,使之与公猪接触,利用公猪爬跨和气味刺激促进母猪发情。如果接触1~2周,无母猪发情应更换公猪,最好是成年公猪。

3.促进母猪发情排卵的方法

(1)用试情公猪追爬不发情的母猪。

(2)重新组群母猪运输或转移到一个新猪舍,在应激刺激作用下可使母猪发情排卵。

(3)将正在发情时期的母猪与不发情母猪同栏饲养。

(4)封闭式饲养条件下的母猪安排户外活动,接触土壤及青草野菜。

目前市场上出售的各种催情药物均属于激素类,不要盲目使用,以免造成母猪内分泌紊乱,或者母猪只发情不排卵,即使母猪配种也达不到受孕目的。

任务四　妊娠母猪饲养管理

饲养妊娠母猪的目的在于保证胎儿在母体内得到充分的发育,防止死胎和流产,生产出数量多,体质强的仔猪。同时,还要保持母猪中等以上的膘情,为泌乳期多产乳贮备足够的营养物质。保证妊娠母猪健康,才能保证胎儿发育正常。

一、妊娠母猪的变化

随着妊娠期的延长,母猪的体重增加,机体代谢活动增强。母猪妊娠后代谢活动增强,对饲料的利用率提高,蛋白质合成能力增强。在饲养水平相同条件下,妊娠母猪体内的营养蓄积比妊娠前多,表现为妊娠母猪的体重迅速增加。母猪妊娠后由于内分泌活动增加,机体的代谢活动增高,在整个妊娠期代谢率增加 10％～15％,后期高达 30％～40％。

母猪妊娠期间所增加的体重由体组织、胎儿、子宫及其内容物等构成。妊娠母猪能够在体内沉积较多的营养物质,以补充产后泌乳的需要。初产母猪妊娠全程增重为 36～50 kg,经产母猪增重 27～39 kg。体重 150 kg 的母猪妊娠期间可增体重为 30～40 kg。胎儿的生长发育是不均衡的,妊娠开始至 60～70 d 主要形成胚胎的组织器官,胎儿本身绝对增重不大,而母猪自身增加体重较多;妊娠 70 d 后至妊娠结束胎儿增重加快,初生仔猪重量的 70％～80％是在妊娠后期完成的,并且胎盘、子宫及其内容物也在不断增长。

二、妊娠母猪的饲养

(1)营养需要。妊娠母猪的营养需要,应该首先满足胎儿的生长发育需要,其次是满足母猪本身体组织增重的需要,以便为哺乳期的泌乳贮备部分营养物质。

妊娠前期胎儿发育缓慢,主要是机体各种组织器官的分化形成阶段,所以需要营养物质不多,一般采用低标准饲养,但必须注意日粮配合的全价性。尤其在配种后 9～21 d 内,必须加强妊娠母猪的护理和饲料营养的平衡,否则就会引起胚胎的早期死亡。因为受精卵在子宫壁附植初期还未形成胎盘前,由于没有保护物,对外界条件的刺激很敏感,这时如果喂给母猪发霉变质或有毒的饲料,胚胎易中毒死亡。如果日粮中营养不全面,缺乏矿物质、维生素等,也会引起部分胚胎发育中途停止而死亡。加强母猪妊娠前期的饲养,是保证胎儿正常发育的第一个关键时期。

妊娠后期,尤其是妊娠后的最后 1 个月,胎儿发育相当迅速,母猪所需营养物质也大量增加。因此,此阶段应喂给母猪充足的饲料,充分满足母猪采食和消化的能力,让母体积蓄一定的养分,以供产后泌乳的需要。同时也可以保证胎儿的营养需要,防止因营养不良而影响胎儿发育。因此,加强母猪妊娠后期的饲养,是保证胎儿正常发育的第二个关键时期。

(2)饲养方式。根据妊娠母猪的营养需要、胎儿发育规律以及母猪的不同体况,分别采取不同的饲养方式。

①抓两头带中间。这种饲养方式适用于断奶后膘况较差的经产母猪。母猪经过上一次产仔和哺乳,体况消耗很大,往往比较瘦弱。为了使其迅速恢复繁殖体况,必须在配种前约 10 d 和妊娠初期加强营养,前后约 1 个月。这个阶段除喂给一定量的优质青粗饲料外,应加喂适量

全价、优质的精饲料,特别是要富含蛋白质,待体况恢复后再按饲养标准喂养。到妊娠 80 d 后,再次提高营养水平,增加精料喂量,保证胎儿的营养需求和母猪产后的泌乳贮备,形成"高—低—高"的营养水平,且后期的营养水平应高于妊娠前期。

②前粗后精。这种饲养方式适用于配种前膘况好的经产母猪。妊娠前期胎儿发育比较缓慢,如果母猪膘情比较好就不需要另外增加较多营养,应适当降低营养水平,日粮组成以青粗饲料为主。而到了妊娠后期胎儿生长发育加快,营养需要增多,再适当增加精饲料的喂量,以提供母猪充足的营养,满足胎儿迅速生长的需要。

③步步登高。这种饲养方式适用于处于生长发育阶段的初产母猪和哺乳期配种的母猪。前者本身还处在生长发育阶段,后者生产任务繁重,营养需求量很大。因此,整个妊娠期的营养水平应根据胎儿体重的增长情况而逐步提高,到分娩前 1 个月达到最高峰。这样既可以满足母猪的营养需求,也可保证胎儿的正常发育。产前 3～5 d 妊娠母猪应减少 10%～20% 的日粮。

(3)饲养技术。实际生产中,妊娠母猪的饲粮可以由精料和一部分青粗料组成,饲喂时为防止母猪挑食,可将精料与青粗料加水搅拌成湿拌料进行饲喂。严格防止饲喂发霉变质或有毒物质的饲料,冬季也不应饲喂冰冻的饲料,以防止胚胎中毒造成死亡或流产。

母猪产前 7 d 左右,日粮应逐渐过渡成哺乳期日粮,严禁骤然更换饲粮,以免引起母猪不适应而造成便秘或腹泻,甚至流产。产前 3 d 左右,应逐渐减少饲料喂量,至临产前可削减到原喂量的 70%,且不应饲喂难以消化和易引起便秘的饲料,以防消化不良而造成流产。

三、妊娠母猪的管理

妊娠母猪管理的中心任务是做好保胎工作,促进胎儿的正常生长发育,防止流产、化胎和死胎。因此,在生产中应注意以下几方面的管理工作。

(1)注意环境卫生,预防疾病。母猪子宫炎、乳房炎、乙型脑炎、流行性感冒等都会引起母猪体温升高,造成母猪食欲减退和胎儿死亡。因此,做好猪舍的清洁卫生,保持猪舍空气新鲜,认真进行消毒和疾病预防工作,防止乳房发炎、生殖道感染和其他疾病的传播,是减少胚胎死亡的重要措施。

(2)防暑降温、防寒保暖。环境温度影响胚胎的发育,特别是高温季节,胚胎死亡会增加。要注意保持猪舍适宜的环境温度,不过热过冷,做好夏季防暑降温,冬季防寒保暖工作。夏季降温措施一般有洒水、洗浴、搭凉棚、通风等。冬季可用增加垫草、地炕、挡风等做好防寒保温工作,防止母猪感冒发烧造成胚胎死亡或流产。

(3)做好驱虫、灭虱工作。猪的蛔虫、猪虱等内外寄生虫会严重影响猪的消化吸收、身体健康和传播疾病,并容易传染给仔猪。因此,在母猪配种前或妊娠中期,最好进行一次药物驱虫,并经常做好灭虱工作。

(4)避免机械损伤。妊娠母猪应防止相互咬架、挤压、滑倒、惊吓和追赶等一切可能造成机械性损伤和流产的现象发生。因此,妊娠母猪应尽量减少合群和转圈,调群时不要赶得太急;妊娠后期应单独圈养,防止拥挤和咬斗;不能鞭打、惊吓,防止造成流产。

(5)适当运动。妊娠母猪要给予适当的运动。妊娠的第一个月以恢复母猪体力为主,要使母猪吃好、睡好、少运动。此后,应让母猪有充分的运动,一般每天运动 1～2 h。妊娠中后期应减少运动量,或让母猪自由活动,临产前 5～7 d 应停止运动。

(6)其他管理技术。沐浴消毒:母猪妊娠 110 d 左右,需由妊娠猪舍转向产仔舍。母猪产仔时要进入高床分娩架内饲养。进架前,对母猪身体特别是乳房及外阴部进行严格清洗消毒。冲洗猪体时要用温水沐浴,不可用凉水冲刷妊娠母猪猪体,以免造成母猪因感冒而不食,泌乳力下降。

任务五　哺乳母猪饲养管理

母乳是仔猪出生后 20 d 内的主要营养来源,因此,哺乳母猪饲养管理的主要目标就是提高母猪泌乳力,保证仔猪的成活和快速生长。同时,保证母猪在断奶时拥有良好的体况,使其能在断奶后短时间内发情,并保证排卵质量,顺利进入下一个繁殖周期。

一、母猪的泌乳规律

母猪的乳房结构特殊,每个乳房由 2～3 个乳腺团组成,乳腺团分别由乳腺管通向乳头。乳房之间互不相连,没有联系。母猪的乳池极度退化,已不能贮存乳汁,也不能随时排乳。母猪只有在仔猪拱撞乳房、仔猪的叫声等各种刺激下才能放乳,而且每次放乳的时间又很短,只有 10～20 s。母猪放乳次数较多,平均每昼夜 21 次,每隔 1 h 左右放乳 1 次。所以,只有在母猪真正放乳时,仔猪才能吃到母乳。

猪乳分为初乳和常乳。母猪分娩后 3 d 内分泌的乳汁称为初乳。常乳是产仔 3 d 后所分泌的乳汁。初乳中蛋白质含量高,富含免疫球蛋白,初生仔猪食入后,可以增强仔猪本身的抵抗能力,保证其不受或少受外界不良刺激带来的危害。另外,初乳还有轻泻作用,有利于仔猪顺利排出胎便。常乳是仔猪哺乳期最主要的营养物质来源,是适合仔猪胃肠道发育、消化生理特点的一种食物。在整个泌乳期内,各阶段的泌乳量并不一致,泌乳高峰在产后 20～30 d,30 d 后泌乳量下降,产后 40 d 内的泌乳量占全期的 70%～80%(图 1-4-2)。

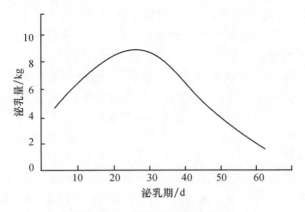

图 1-4-2　母猪泌乳曲线图

母猪不同位置的乳头,其泌乳量也不一样。一般按顺序排列,前 2～3 对乳头泌乳量最高,第 1 对乳头和第 4～5 对乳头泌乳量居中,后 6～8 对乳头泌乳量最少。

二、哺乳母猪的饲养

(1)营养需要。哺乳母猪要分泌大量的乳汁,在 60 d 内能分泌乳汁 200～300 kg,有的甚至高达 450 kg。母猪产仔后 40 d 内的泌乳量占全期的 70%～80%。因此,母猪在哺乳期间的物质代谢较高。为提高母猪的泌乳量,哺乳期应给予丰富营养,增加精料供给量,以满足母猪的营养需要。体重 180～220 kg 的哺乳母猪,泌乳高峰期每头每天应给予 5.5～6 kg 饲料。

母乳中蛋白质含量较高,品质优良,初乳为 17.8%,常乳为 6%～6.5%。因此,蛋白质合理供给对提高泌乳量有决定性作用。哺乳母猪饲料中粗蛋白质含量应为 14% 左右,并且要注意蛋白质饲料的搭配,提高蛋白质的生物学价值,使有限的蛋白质饲料充分发挥作用,以满足泌乳母猪对蛋白质营养的需要。

哺乳母猪对热能的需要,一般是在空怀母猪的基础上,按照哺乳仔猪头数来计算,每增加 1 头仔猪,就多供给 1.19 MJ 的消化能,这相当于每千克含有 12.98 MJ 消化能的饲粮 0.4 kg。

猪乳中矿物质含量在 1% 左右,其中钙 0.2% 左右,磷 0.15% 左右。若矿物质不足,泌乳量降低,为保证泌乳的需要,母猪还要动用骨钙和骨磷,常常由此引起骨质疏松症而瘫痪,甚至造成骨裂和骨折。维生素对维持母猪健康、保证泌乳和仔猪正常发育都是必要的。因此,对哺乳母猪应尽量多给些富含有维生素的饲料。

(2)饲喂技术。哺乳母猪的营养负担很重,在哺乳期内往往因采食不足而体重有所下降,尤其是泌乳量高的母猪,产后体重持续减轻,一直到泌乳后期体重才逐渐停止下来。据报道,母猪在 2 个月泌乳期内体重可减轻 30～50 kg,平均每天减重 0.5～0.8 kg。因此,哺乳母猪应全期实行强化饲养,以防营养不足而影响泌乳和母猪失重过多而影响繁殖。

哺乳母猪饲粮应以能量-蛋白质为主,饲粮结构要相对稳定,禁止骤变,不喂发霉变质和有毒饲料,以免造成母猪乳汁变质而引起仔猪腹泻。哺乳母猪最好喂生湿料〔料∶水＝1∶(0.5～0.7)〕,有条件可以喂豆饼浆汁,或给饲料中添加经打浆的胡萝卜、南瓜等催乳饲料。

母猪哺乳期每日饲喂 4 次为好,每次饲喂的时间要固定,时间为每天的 6∶00、10∶00、14∶00 和 22∶00 为宜。最后一餐不可提前,否则母猪无饱腹感,夜间常起来拱草觅食,母仔不安,从而增加压死、踩死仔猪的机会,不利于母猪泌乳和母仔安静休息。

母猪哺乳阶段需水量大,猪乳中的水分含量多达 80%,只有保证充足清洁的饮水,才能有正常的泌乳量,猪舍内最好设置自动饮水器和储水设备,使母猪随时都能饮水。

仔猪断奶前 3～5 d,应逐渐减少母猪的采食量,以促使母猪回奶,膘况差的母猪也可以不减料。母猪在仔猪断奶后的 2～3 d 内,应不急于增加饲料,等母猪乳房的皮肤出现皱褶,说明已经回奶,此时再适当加料,以促使母猪早发情和多排卵。

三、哺乳母猪的管理

哺乳母猪需要安静的环境,尽量减少噪声、大声吆喝或粗暴地对待母猪等各种应激因素。猪舍要保持温暖、干燥、卫生、空气新鲜,要随时清扫粪便。冬季应注意保温,并防止贼风侵袭,夏季应注意防暑,增设防暑降温措施,防止母猪中暑。圈舍、通道、用具等要定期消毒。

哺乳母猪最好每天进行适当运动。有条件的地方,一般在分娩 3～5 d 后,让母猪带领仔猪一起到舍外运动场自由活动,以提高母猪泌乳量,促进仔猪发育。但最初运动距离要短,以防母猪过于疲劳。

母猪乳腺的发育与仔猪的吮吸有密切关系,一定要使所有的乳头,特别是青年母猪的所有乳头都能均匀的利用,以促进乳腺发育,提高泌乳量。用湿热毛巾对母猪乳房进行热敷按摩,促进乳腺发育,增加泌乳量,同时还可以起到清洗乳房、乳头的作用。

管理人员应经常观察哺乳母猪采食、排粪情况、精神状态,以便判断母猪的健康状况,发现异常应及时查清原因,采取相应的措施。母猪分娩结束后,很容易患病,如阴道炎、乳房炎、消化不良等疾病。这些疾病都会影响母猪健康和正常泌乳,应及时治疗。

四、提高母猪受胎率的技术措施

1.生产周期与母猪年产仔窝数的关系

生产周期指某一生产环节(如配种、妊娠等)在养猪生产中重复出现的时间间隔,每个生产周期是由空怀期、妊娠期、哺乳期三个阶段组成。配种到分娩这段叫妊娠期,其时间相对固定,为 $108\sim123$ d,平均 $114\sim115$ d。分娩到断奶这段时间为哺乳期,这段时间根据生产技术水平和饲养管理条件而变化。生产中哺乳期下限应选在母猪泌乳高峰($20\sim30$ d)以后,最多不超过 60 d。从断奶到再发情配种这段时间叫空怀期,其时间也是相对固定的,通常母猪断奶后 $3\sim7$ d 后即可发情再配种。母猪一个完整的生产周期划分如图 1-4-3 所示。

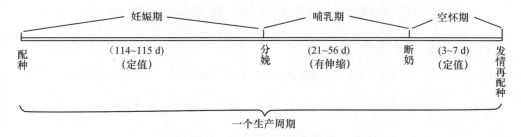

图 1-4-3　母猪生产周期示意图

例如,将哺乳期选定为 28 d,空怀期定为 7 d,则一个生产周期为: $114+28+7=149$ (d),即母猪产一窝仔猪需 149 d。一年有 365 d,则一年产仔窝数为 $365\div149=2.45$ (窝)。

2.提高母猪受胎率的技术措施

(1)早期断乳。早期断乳也就是通过缩短哺乳期来达到缩短生产周期提高母猪受胎率的目的。从仔猪生理角度看,仔猪在 $3\sim5$ 周龄时断奶比较适宜。因为,此时仔猪已经利用了母猪泌乳量的 60% 左右,体质比较健壮;另外,仔猪已经能够从饲料中获取自身需要的营养。但仔猪早期断奶必须采取相应的措施。如创造适宜的环境条件,有良好的育仔设备(如采用保育箱、红外线灯等);配制全价的仔猪料和人工乳,做到早开食、适时补料等。

(2)提高情期受胎率。如果母猪发情后没有配准,则就得等 21 d 再次发情后才能参加配种,这不仅加大了饲养成本,而且也拉长了生产周期,势必减少了母猪年产仔窝数。情期受胎率越高,对增加母猪年产仔窝数越有利。生产中通常采取提高公猪精液品质、母猪适时配种和应用激素(如公猪精液中添加催产素等)等措施,来提高母猪情期受胎率。

(3)哺乳期配种。研究与实践表明,母猪产后有 3 次发情。第一次是产后 $3\sim5$ d,但由于内分泌和泌乳的原因,此次母猪发情不明显、卵子发育不成熟,因而不能利用。第二次是产后 $27\sim32$ d,是一次能正常发情、排卵的发情期,母猪可以配种利用。第三次是断奶后 $3\sim7$ d。

哺乳期配种虽然可以缩短生产周期,增加母猪年产仔窝数,但此时母猪尚未断奶,兼有泌乳育仔和妊娠怀仔的双重任务,所以必须保证泌乳母猪的全价饲养。另外,哺乳期配种对发情鉴定、配种实施等技术要求相对较高。

复习思考题

1. 解释下列概念:

平均日增重;饲料利用率;假死仔猪;短期优饲;后备猪;空怀母猪;妊娠母猪;哺乳母猪。

2. 简述后备猪的选择标准。

3. 在生产中,如何管理好种公猪?

4. 简述母猪的分娩症状和接产技术。

5. 简述妊娠母猪饲养管理要点。

6. 简述哺乳母猪饲养管理要点。

7. 根据下列资料:妊娠期为 114 d,断奶后 7 d 可发情配种已确定。试用线段加说明的方法做出母猪年产仔 2.3 窝的计划。

技能训练六　猪的体尺测量和体重估计

【目的要求】

熟悉猪体尺测量的主要部位,掌握猪的体尺测量和体重估计方法,从而为猪的选种工作、猪种普查及生长发育鉴定打基础。

【材料和用具】

测杖、卷尺、6 月龄、10 月龄和成年种猪若干头、记录本等。

【内容和方法】

1. 测量部位和方法

(1)体高。鬐甲顶点至地面的垂直高度,用测杖进行测量。

(2)背高。背部最低点至地面的垂直高度,用测杖进行测量。

(3)体长。从两耳连线中点沿背线到尾根处距离,用卷尺测量。

(4)胸围。沿肩胛后角量取的胸部周径,用卷尺测量。

(5)胸宽。肩胛后角左右两垂直切线间的距离,用测杖进行测量。

(6)胸深。用测杖上部卡于猪肩胛部后缘背线,下部卡于胸部,上下之间的垂直距离即胸深。

(7)腿臀围。自左后膝关节前缘,经肛门绕至右侧膝关节前缘的距离。

2. 体重估计

无论大小猪都以直接称重为准确。称重时间应早晨喂饲前进行。如不能直接称重,可根据以上体尺测量的数据,根据下列公式来估计猪的体重:

$$猪的体重(kg) = \frac{胸围(cm) \times 体长(cm)}{142 \ 或 \ 156 \ 或 \ 162}$$

式中,营养优良者用 142,营养中等者用 156,营养不良用 162。

3.注意事项

(1)校正测量工具。测量场地要求平坦,猪的头颈、四肢应保持自然平直站立的姿势,下颌与胸腹应基本在一条水平线上。

(2)种猪在 6 月龄、10 月龄和成年时,早晨喂饲前或喂饲后 2 h,各测量 1 次。

(3)测量时应保持安静,切忌追赶鞭打,造成猪群紧张,影响测量效果。

(4)同一部位重复测量 2 次,尽量减少误差。

(5)注意动作温和,防止猪只因测定而损伤,同时注意人的安全。

【实训报告】

1.每组现场实际测量 2～4 头猪,将测量结果记录下来。

2.根据现场实际测量结果,计算 2 头猪的体重。

技能训练七　猪的活体测膘

【目的要求】

学会测膘仪的使用方法,掌握猪活体测膘的部位。

【材料和用具】

超声波测膘仪、液体石蜡或食用油、剪刀、保定器、6 月龄猪、记录本等。

【内容和方法】

1.原理

活体超声波,其原理与雷达相似,能产生一束狭窄的超声波向肌肉发射,并能被不同的肌肉层反射,反射的回波通过电子元件把背膘厚度直接用荧光把数字显示出来。

2.猪只保定

在猪舍内测量,尤其是在限饲栏内测量无须特殊保定,让其自然站立即可,或适当给其用料饲喂保持安静,若在舍外操作可用铁栏限位或用牵猪器套嘴保定,自然站立。

3.活体测膘测量方法

剪毛刀局部剪毛,对选定测量部位进行剪毛,尽可能剪干净,必要时用温水擦洗去皮痂。

探头必须蘸有足够的液体石蜡或食用油与皮表面垂直自然密切接触,当荧光屏上出现数字连续跳动,到红色指示灯发亮时读数,即为膘厚(包括皮肤及两层膘厚)。

4.测量部位

(1)C 点和 K 点(图技训 1-4-1)位于猪只最后一根肋骨处,分别距中脊线 4 cm 和 8 cm 处。活体膘厚 18～22 mm,不低于 16 mm。

(2)L 点(图技训 1-4-1)位于猪只臀部的眼肌面积上,也在中脊线上进行测量。

【实训报告】

1.如何用超声波测膘仪进行猪的活体测膘?

2.每组用超声波测膘仪实际测量 2～4 头猪,将测量结果记录下来。

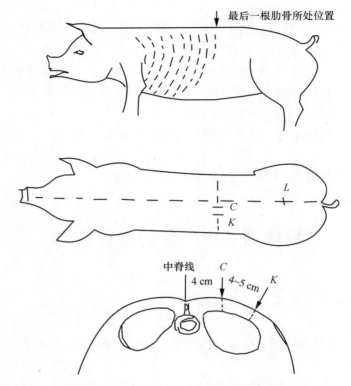

最后一根肋骨所处位置

中脊线 *C*
4 cm 4~5 cm *K*

图技训 1-4-1 *C* 点、*K* 点和 *L* 点的测量部位

仔 猪 生 产

仔猪是养猪生产的基础,仔猪阶段生长快,可塑性大,饲料利用率高。同时,仔猪培育的成败,直接关系到养猪水平的高低,因此,仔猪养育非常重要。

仔猪生产包括哺乳仔猪的饲养管理和断奶仔猪的饲养管理。

任务一　哺乳仔猪的饲养管理

哺乳仔猪是指从出生至断奶前的仔猪。根据仔猪的生长发育和生理特点,采取相应的饲养管理措施,提高仔猪成活率和断奶窝重。

一、哺乳仔猪的生理特点

(一)生长发育快,物质代谢旺盛

与其他家畜相比,仔猪的出生时体重小,不到成年体重的 1%(羊为 3.6%,牛为 6%,马为 9%~10%),但出生后生长发育很快。仔猪出生时体重为 1.0~1.5 kg,10 日龄时体重可达初生重的 2 倍,30 日龄达初生重的 5~6 倍,60 日龄达初生重的 10~13 倍。正是保持这样的生长速度,使肉猪 5~6 个月就可达 90~100 kg 体重出栏。

(二)消化器官不发达,消化机能不完善

1.仔猪的消化道不发达

仔猪胃、肠的容积小,排空快。仔猪出生时,消化器官虽然已经形成,但其重量和容积比较小,如胃重,仔猪初生时仅 4～8 g,能容纳乳汁 25～50 mL,20 日龄时可达 30 g,容积也扩大了 3～4 倍,60 日龄时可达 150 g,容积扩大了 60～70 倍,成年猪的胃重 860 g,容积达 4.5～6.0 L,是初生仔猪胃容积的 200 倍。

由于仔猪胃肠容积小,能容纳的食物少,所以排空速度快,15 日龄前为 1.5 h,30 日龄时为 3～5 h。仔猪有易饥易饱的特点,生产上对哺乳仔猪的饲喂采用少喂勤添的方式。

2.仔猪的消化机能不完善

(1)消化液成分不全。仔猪出生时,胃中仅有凝乳酶,胃蛋白酶很少;而且,胃底腺不发达,缺乏游离盐酸,胃蛋白酶没有活性,因此,在胃中不能消化蛋白质,特别是植物性蛋白质。这时,只有肠腺和胰腺发育比较完全,胰蛋白酶、肠淀粉酶、乳糖酶活性较高,食物主要在小肠内消化吸收。所以初生仔猪只能吃乳,而不能利用植物性饲料。

(2)分泌机制不完善。成年猪消化液的分泌是在条件反射的作用下产生的,即在看、听、闻到饲料时,即使胃内没有食物,也能分泌大量胃液。而仔猪的胃和神经之间的联系还没有建立起来,缺乏条件反射性的胃液分泌,只有当食物进入胃内直接刺激胃壁后,才分泌少量的胃液。因此,早补料、勤补料对促进仔猪胃液分泌,提高仔猪消化机能极为有利。

(三)体温调节机能不健全,抗寒能力差

初生仔猪皮薄毛稀,皮下脂肪少,散热快;仔猪大脑皮层调温中枢发育不完善,不能利用自身体内的能量转变成热量来维持体温,因此,体温会随着环境温度的下降而降低。

初生仔猪的体温比成年猪高 1～2 ℃,其临界温度为 35 ℃,为了保证其体温的恒定,必须保持较高的局部环境温度,温度过低会引起仔猪体温下降,如仔猪裸露在 1 ℃环境中 2 h 就可能冻昏、冻死。因此,当环境温度低于仔猪所需温度时,应在产仔舍内加保温设备。

(四)缺乏先天免疫力,抵抗疾病能力差

初生仔猪体内没有免疫抗体,猪的胎盘是上皮绒毛膜胎盘,构造复杂,在母体血管和胎儿血管之间隔着 6～7 层组织。而抗体是一种大分子的蛋白质(γ-球蛋白),因此,母猪抗体不能通过胎盘进入胎儿体内,仔猪出生时没有先天性的免疫力,新生仔猪主要依靠吸食初乳获得母源抗体来获得免疫力。只有让仔猪及早吃到初乳,最迟要在 3 h 内,才能保证 1 周龄内仔猪获得足够有效的免疫。

二、哺乳仔猪死亡原因分析

仔猪哺乳期死亡是养猪生产中的常见现象,也是导致养猪效益低下的重要原因。分析哺乳仔猪死亡的原因,并采取相应对策,减少哺乳期死亡,对提高养猪经济效益具有重要意义。

1.冻死

初生仔猪对寒冷的环境非常敏感,尽管仔猪有利用糖原储备应付寒冷的能力,但由于其体内能源储备有限,调节体温的生理机能不完善,加上被毛稀少和皮下脂肪少等因素,在保温条

件差的猪场,寒冷可冻死仔猪,同时,寒冷又是仔猪被压死、饿死和下痢的诱因。

2.压死、踩死

母猪母性较差,或产后患病,环境不安静,导致母猪脾气暴躁,加上弱小仔猪不能及时躲开而被母猪压死或踩死。有时猪舍环境温度低,垫草太厚,仔猪躲在草堆里,或是仔猪向母猪腿下、腹下躺卧,也容易被母猪压死或踩死。

3.病死

疾病是引起哺乳仔猪死亡的重要原因之一。常见病有肺炎、腹泻、低血糖病、溶血病、先天性震颤综合征、仔猪流行性感冒、贫血、白肌病和脑炎等。

4.饿死

母猪母性差;产后少奶或无奶且通过催奶措施效果不佳、乳头有损伤、产后食欲不振;所产仔猪数大于母猪有效乳头数,以及寄养不成功的仔猪等均可因饥饿而死亡。

5.咬死

仔猪在某些应激条件下(如拥挤、空气质量不佳、光线过强、饲粮中缺乏某些营养物质)会出现咬尾或咬耳恶癖,咬伤后发生细菌感染,重者死亡;某些母性差(有恶癖),产前严重营养不良,产后口渴烦躁的母猪有咬吃仔猪的现象;仔猪寄养时,保姆母猪认出寄养仔猪不是自己亲生而咬伤、咬死寄养的仔猪。

6.初生重小

初生重对仔猪死亡率也有重要影响,初生重不足 1 kg 的仔猪,死亡率在 44%～100%,随仔猪初生重的增加,死亡率下降。

三、提高哺乳仔猪培育效果的措施

哺乳仔猪有 3 个关键性时期。

第一个关键性时期是 7 日龄内。仔猪出生后,生活环境发生了剧烈变化,由原来在母体内靠胎盘进行气体交换、摄取营养和排出废物,转变为自行呼吸和排泄;在母体子宫内所处的环境相当稳定,出生后直接与复杂的外界环境相接触,由于体温的调节机能不健全,机体内能量的贮备有限,若不采取保温措施,常会被冻僵冻死;从被动获取营养和氧气到主动吮乳和呼吸来维持生命,导致哺乳期死亡率明显高于其他生理阶段。因此,应加强此时期的护理。

第二个关键性时期是 20 日龄左右。母猪的泌乳量在分娩后 21 d 达到高峰,而后逐渐下降,仔猪的生长发育却随日龄的增长而迅速上升,仔猪对营养物质的需求迅速增加,如不及时补料,容易造成仔猪增重缓慢、瘦弱、患病或死亡。因此,此时期的任务是抓好补料工作。

第三个关键性时期是断奶前后。仔猪在 4 周龄前后食量大增,是其过渡到全部采食饲料而独立生活的重要准备时期,因此,此时应加强补料,为安全断奶做好准备。同时,此时仔猪生长迅速,是提高断奶窝重的重要时期。

根据上述分析,哺乳仔猪饲养管理的关键是做好"抓三食、过三关"工作。

(一)抓乳食,过好初生关

此阶段仔猪的死亡率较高,而仔猪死亡的原因主要是冻死、压死或腹泻死亡,因此,应做好保温、防压及早吃初乳等工作。

1.保温

仔猪刚出生时适宜的温度是 35 ℃,1～3 日龄为 30～32 ℃,4～7 日龄为 28～30 ℃,7～14 日龄为 25～28 ℃,15～30 日龄为 22～25 ℃,2～3 月龄为 20～22 ℃。如果不能满足上述要求,仔猪就不能很好的发育,因此保温工作非常重要。

我们知道"小猪怕冷,大猪怕热",不能提高整个产房的温度,而应单独为仔猪保温。常见的保温措施如下。

(1)仔猪保温箱。有木制、水泥制或玻璃钢制等多种,保温箱内安装红外线灯取暖,使用方便,目前养猪业中使用最为普遍。红外线灯本身的发热量和温度不能调节,但可以调整灯的吊挂高度来调节仔猪的受热量。红外线灯的使用寿命不长,常常因猪舍内潮湿而容易损坏。

吊挂式红外线加热器也是供热设备的一种,其使用方法与红外线灯相似,寿命较长,安全可靠,但价格较高。

(2)电热保温板。其外壳采用机械强度高、耐酸碱、耐老化、不变形的塑料制成。保温板可放在地面的适当位置,也可放在保温箱的地板上,而且温度可调,使用非常方便。

2.防压措施

(1)设母猪限位架。母猪产房内设有排列整齐的分娩栏,在栏内的中间部分是母猪限位架,供母猪分娩和哺育仔猪,两侧是仔猪补乳和自由活动的地方。母猪限位架的两侧是用钢管制成的栏杆用于拦隔仔猪。栏杆长 2.0～2.2 m,宽为 60～65 cm,高为 90～100 cm。由于限位架限制了母猪大范围的运动和躺卧方式,使母猪不能"放偏"倒下,而只能先腹卧,然后伸展四肢侧卧,这样使仔猪有躲避机会,以免被母猪压死。

(2)设置护仔栏。敞开式猪舍多设护仔栏,即在母猪产床附近,离墙和地面各 25 cm 处埋上直径 40 mm 的铁管或木棍,可以防止母猪沿墙躺卧时,将身后的仔猪压死。

(3)保持环境安静。产房内防止突然的声响,防止闲杂人员进入。去掉仔猪的獠牙,固定好乳头,防止因仔猪乱抢乳头造成母猪烦躁不安,起卧不定,可减少压踩仔猪的机会。

(4)加强护理。产后 1～2 d 可将仔猪关入保温箱中,定时放出吃奶,可减少仔猪与母猪接触机会,减少压死仔猪。2 日龄后仔猪吃完奶自动到保温箱中休息。产房要日夜有人值班,一旦发现仔猪被压,立即哄起母猪,救出仔猪。

3.早吃初乳

初乳是指母猪分娩后 3 d 内分泌的乳汁。首先,初乳中蛋白质含量高,是常乳的 3 倍,而脂肪的含量相对较低,特别是初乳中免疫球蛋白的含量高,是仔猪抗体的主要来源。其次,初乳中的维生素 A、维生素 D、维生素 C 等也比常乳高 10～15 倍。第三,初乳中含有多量的镁盐,具有轻泻作用,能帮助仔猪排出胎粪。因此,初乳是初生仔猪不可缺少的食物。

4.固定乳头

母猪的各乳房泌乳量不同,前面的产奶多而后面的产奶少,仔猪出生后的前 3 天,会相互争夺乳头,如果让仔猪自己固定乳头,大仔猪抢到产奶多的乳头,小仔猪被挤到后面,因而仔猪的发育不均匀。

(1)固定乳头原则。小前大后,即应将出生时弱小的仔猪固定在前面几对乳头上吃奶,而将健壮的固定在后面的乳头上吃奶,这样,使弱小的仔猪获得较多乳汁以弥补先天的不足,虽然后面的乳房产奶少,但大仔猪拱奶力量大,可以促进后面的乳房泌乳。

(2)固定乳头方法。仔猪定位为主,人工辅助为辅。当窝内仔猪差异不大,有效乳头足够时,生后2~3 d大多数能自行固定乳头,不必干涉,只是控制个别好抢乳头的强壮仔猪,可先把它放在一边,待其他仔猪都已找好乳头,母猪接近放乳时,再把它放在指定的乳头上吃奶。如果仔猪差别较大时,则重点控制体大和体小的仔猪,中等的仔猪让其自由选择。这样经过2~3 d就可建立起吃奶位次。

5.仔猪寄养

母猪所生的仔猪由于种种原因,需要别的母猪代养,称为寄养。

寄养的原因:①产仔过多,限于母猪的体质、泌乳力和乳头数不能哺育过多的仔猪;②产仔少,若让其继续哺育较少的仔猪不划算;③母猪产后泌乳不足;④母猪死亡。

仔猪寄养时的注意事项如下:

(1)母猪产期相近,最好不超过3 d,如果超过3 d,仔猪体重相差太大,会出现大欺小的现象,影响小仔猪的发育。

(2)仔猪寄养前吃足初乳,不吃初乳的仔猪不易成活。

(3)代养母猪要性情温顺,泌乳量高。

(4)干扰母猪的嗅觉,母猪主要通过嗅觉辨认自己的仔猪,为避免母猪闻出寄养仔猪的气味不对而拒绝哺乳,要干扰母猪的嗅觉。

二维码 1-5-1　仔猪哺乳

方法是:用代养母猪的尿和奶擦仔猪全身,同时把寄养仔猪与养母所生仔猪合养在1个保育箱内一定时间,使母猪分不出被寄养仔猪的气味。

(二)抓开食,过好补料关

1.早补料的意义

(1)弥补母乳不足。仔猪出生后生长很快,所需要的营养物质也在与日俱增,这样,母乳渐渐不能满足仔猪的需要,因此,及早补料可弥补乳汁的不足。

(2)防止营养缺乏。母乳虽然是仔猪最好的食物,但是还不能完全满足仔猪快速生长的需要,如乳中 Fe、Se、I、维生素等都相对不足,通过补料可以补充这些成分。

(3)锻炼消化机能。早补料可以使饲料及早刺激胃壁,促使胃壁发育,能多分泌盐酸,激活胃蛋白酶原,早消化饲料。

(4)为早期断奶做好准备。仔猪断奶后对饲料蛋白(特别是大豆蛋白)有过敏反应而拉稀,但在断奶前如果能采食到600 g以上的饲料,就能建立起免疫耐受力,对饲料不再过敏。

2.补料方法

给仔猪补料可分为调教期和适应期两个阶段。

(1)调教期。生产上5~7日龄开始补料,虽然母猪基本上能满足仔猪的营养需要,但此时仔猪开始长牙,牙床发痒,喜欢四处活动,啃食异物,此时调教容易成功。

①诱食法。仔猪喜欢吃香、甜、脆的饲料,可以用炒熟的黄豆、玉米加糖精。目前,551仔猪颗粒料中也加有葡萄糖、乳清粉或糖精。

②强制补料。每天定时将仔猪关入补料间内,限制其吃乳,饿了自然吃料,注意补料间内要有自动饮水器。

(2)适应期。从仔猪认料到正式吃料的过程需要10 d左右,仔猪采食饲料的量逐渐增多,此时应设自动饲槽,让仔猪能随时吃到料,保证仔猪的快速生长。

仔猪开食料应是高营养的全价饲料,尽量选择营养丰富、容易消化、适口性强的原料配制。

原料组分选择既要与仔猪消化能力相适应,也要为断奶后仔猪的饲养做准备。初期尽量选用消化率高、适口性好的动物性饲料,如乳清粉、鱼粉等,以后逐渐增加植物饲料的比例,以利于仔猪断奶后的平稳过渡。

3.补充矿物质

(1)补铁。初生仔猪普遍存在缺铁性贫血的问题。其原因有以下几点。

①仔猪在胎儿期铁的储备少。母猪铁质转移给胎儿是从血浆中,但由于胎盘屏障作用,母猪血浆中的铁质转移能力较差,因此仔猪出生时仅在肝脏中储备 40～50 mg 铁。

②仔猪生长需铁量高。仔猪出生后生长速度较快,每天需铁 7～16 mg(每增重 1 kg 体重需铁 21 mg),才能维持适宜的血红蛋白浓度。

③母乳中铁的含量较低。每升猪乳平均含铁 1 mg 左右,仅食母乳的仔猪只能获得所需铁时的 1/7。

因此,仔猪出生后如果不及时补充铁,就会在 6～7 d 将体内贮备的铁耗尽,10 d 左右出现贫血。猪贫血时表现食欲减退,被毛粗乱无光泽,生长停滞,而且出现顽固性下痢。

补铁的方法主要是口服和肌内注射。

铁铜合剂补饲法:仔猪出生后 3 日龄起补饲铁铜合剂。把 2.5 g 硫酸亚铁和 1 g 硫酸铜溶于 1 000 mL 水中配成溶液,装于奶瓶中,饲喂仔猪,每日 1～2 次,每头每日 10 mL。

目前最有效的补铁方法是给仔猪肌内注射铁制剂,如葡萄糖铁、牲血素等,仔猪 2 日龄注射 1 mL,10 日龄注射 2 mL。

(2)补硒。仔猪出生后 3～5 d 肌内注射 0.5 mL 0.1%亚硒酸钠和维生素 E 合剂,断奶后再注射 1 mL。母猪分娩前 20～25 d 肌内注射 0.1%亚硒酸钠和维生素 E 合剂,剂量为每千克体重 0.1 mL,可以防止仔猪缺硒。

(三)抓旺食,过好断奶关

对仔猪来说,断奶是一次强烈的应激,它不但使仔猪的食物构成发生根本性变化,也使仔猪失去了母仔共居的温暖环境。为了减少仔猪的应激,就要掌握适宜的断奶时间和断奶方法。

(四)预防疾病

哺乳仔猪抗病能力差,消化机能不完善,容易患病死亡。在哺乳期间对仔猪危害最大的是腹泻病。仔猪腹泻病是一种总称,它包括多种肠道传染病,常见的有仔猪红痢、仔猪白痢、仔猪黄痢、传染性胃肠炎等。

1.预防

预防仔猪腹泻病的发生,是降低仔猪死亡率,提高猪场经济效益的关键措施,预防措施如下。

(1)养好母猪。加强妊娠母猪的管理,保证胎儿的正常生长发育,产出体重大、健壮的仔猪;同时,母猪产后要有良好的泌乳性能。

(2)保持猪舍清洁卫生。产房最好采用全进全出制度,前批母猪、仔猪转出后,地面、栏杆、网床、空间要进行彻底清扫,严格消毒,消灭引起仔猪腹泻的病毒、细菌。妊娠母猪进产房时对体表要进行喷淋刷洗、消毒,临产前用 0.1% KMnO$_4$ 溶液擦洗乳房和外阴部,减少母猪对仔猪的污染。产房的地面和网床上不能有粪便存留,随时清扫。

(3)保持良好的环境。产房应保持温暖干燥,控制有害气体含量,使仔猪生活舒服,体质健康,有较强的抗病能力,可防止或减少仔猪腹泻病的发生。

(4)药物预防。母猪产前 40 d 和 20 d 各注射一次黄白痢疫苗(K88、K99、987P、F41)2 mL。

产前 30 d 和 15 d 各注射一次仔猪红痢灭活苗(5 mL)。

对冬季(10 月至翌年 3 月)产仔的母猪,在产前 20~30 d 注射传染性胃肠炎和流行性腹泻二联苗。

仔猪出生后吃乳前口服增效磺胺 0.5 mL 或庆大霉素 8 万 IU 或卡那霉素 0.5 mL,每天 2 次,连用 3 d。

2.治疗

发病仔猪尽早注射抗生素:磺胺甲唑 1 mL;环丙沙星 1 mL;海达注射液 1 mL,每天 2 次。

脱水的仔猪及时补液:葡萄糖生理盐水 10 mL、10%维生素 C 1 mL,配合抗生素腹腔注射,每天 2 次,连用 2~3 d。

四、提高仔猪断奶窝重的技术措施

(一)建立优良繁育体系,科学配种

作为商品猪场选择引入品种和体格大的种母猪繁殖可提高仔猪初生重,在选配过程中要进行合理交配,充分利用杂交优势,防止体型较小的公、母猪相互交配产出较多弱仔,使其抵抗力、免疫力低下,增大死亡率。

(二)提高初生重,增强抵抗力

仔猪的初生重与成活率密切相关。在正常护理的情况下,仔猪初生重小于 1 kg,哺乳期死亡率 40%;仔猪体重 1.3~1.5 kg,死亡率 5%~8%。因此,加强母猪的饲养管理,使其产出健康的仔猪,是提高仔猪断奶窝重的重要环节。

(三)产后母猪的管理

产后母猪的饲养管理相当重要,是养好仔猪的保障,可通过人为控制采食量使母猪提供相应泌乳量来满足仔猪的需要。

母猪泌乳期间的饲粮需要量包括母猪的维持需要量和泌乳需要量,因此泌乳母猪的饲喂量取决于母猪的体重、体况、所哺育的仔猪数。为了提高仔猪的生长速度和断奶体重而又不使母猪体重减重过大,可在泌乳饲料中添加脂肪提高饲料的能量水平,以弥补标准采食量的不足。

在实际生产中,刚分娩母猪的采食量较少,以后逐渐增加,一般产后 2~3 周才会达到最高采食量。而母猪越早达到最高采食量,泌乳期的采食量越高,泌乳量也就越多,仔猪生长速度也就越快。因此,在饲养过程中应人为促使其饮水、进食,每日可饲喂 2~3 次,直到泌乳第 7 天母猪体况恢复后让其自由采食。

(四)哺乳仔猪的管理

1.科学接产

在接产前用热毛巾将母猪乳房、外阴部、臀部洗净,然后用消毒药水清洗,同时及时进行卫生处理,保证产床清洁干净。让仔猪生长在清洁、卫生、干燥、温暖的环境中,是防止仔猪发生腹泻病的前提。

2.饲喂初乳及固定奶头

最初的几滴乳汁应弃掉,该部分乳汁因存储时间相对较长,易受细菌污染,仔猪进食后最易引起腹泻。仔猪饲养在保温箱内,间隔 1.5～2 h 进行饲喂。人工为个别仔猪固定奶头,通常采用"抓两头,顾中间"的办法,即把体质较弱的仔猪放在前边的乳头,体质较强的固定在后面的乳头,其他仔猪让其自己固定。人工固定奶头是使仔猪生长整齐,防止弱仔产生的有效办法。

3.防寒保暖,减少应激

保温箱内的温度:1～3 d 为 30～34 ℃,4～7 d 为 28～30 ℃,以后每周下降 2 ℃。

4.早期断奶

实施早期断奶可提高母猪的繁殖率和增加年产仔数,降低仔猪的生产成本,提高分娩舍的利用率,还能有效地控制疾病。早期断奶一般指 21 日龄或 28 日龄断奶。

5.提早开饲,科学补料

应在 7 日龄开始训练仔猪采食补料,少喂勤添,2 周后仔猪即能采食饲料。

(五)加强卫生防疫

1.产前母猪的免疫

初生仔猪抗病能力差,很容易患病死亡,因此应根据当地疫情和本场具体情况实施有效的免疫措施,使仔猪产生保护作用的抗体。一般可在产前 5 周和产前 2 周给母猪选择性接种大肠杆菌苗、支原体、传染性胃肠炎、巴氏杆菌、猪丹毒、猪链球菌、轮状病毒等疫苗。产前 7～10 d 驱虫。

2.仔猪腹泻病

对仔猪危害最大的是腹泻病,各个年龄的猪都可能发生,但是主要发生在以下 3 个年龄群:产后 1～3 d 的仔猪、7～14 日龄的仔猪以及刚断奶的仔猪。仔猪腹泻最常见的传染性病是大肠杆菌、轮状病毒和球虫等。非传染性因素主要包括仔猪消化机能不全、日粮抗原过敏、营养因子缺乏,应激因素等。要采取有针对性的措施加强预防。

任务二　断奶仔猪的饲养管理

断奶仔猪是指从断奶到 70 日龄阶段的仔猪。培育断奶仔猪的关键是做好饲料、环境和管理制度的过渡,减少应激。

一、仔猪早期断奶

1.仔猪的断奶时间

目前,仔猪断奶的时间为 21～28 d,早期断奶是提高养猪生产水平的重要途径,因为早期断奶有以下几个方面的意义。

(1)提高母猪的繁殖力。仔猪早期断奶可以缩短母猪的产仔间隔,从而增加母猪的年产胎次和年产仔数。

(2)提高饲料利用率。仔猪断奶后直接利用饲料比通过母猪吃料仔猪再吃奶的效率提高1倍左右,据测定,饲料中能量每转化1次,就要损失20%。仔猪直接吃料的饲料利用率为50%～60%,而通过母乳的饲料利用率仅有20%左右。并且,由于母猪每年提供的仔猪数多,减少了母猪的饲养数,这样又会节省大量饲料。

(3)有利于仔猪的生长发育。早期断奶的仔猪能自由采食营养水平较高的全价饲料,得到符合自身生长发育所需的各种营养物质。在人为控制的环境中养育,可促进断奶仔猪的生长。同时,仔猪断奶后,消除了由于母猪感染的疾病,特别是不再接触母猪的粪便,减少了大肠杆菌病的发生。

2.仔猪的断奶方法

(1)一次断奶法。当仔猪达到预定的断奶日龄时,直接将母猪与仔猪分开。由于断奶突然,仔猪易因食物及环境的突然改变而引起消化不良,影响仔猪的生长发育。同时又容易使泌乳较充足的母猪乳房胀痛,甚至引起乳房炎,对母猪和仔猪都不利。但由于方法简单,在生产中普遍采用。为了防止母猪发生乳房炎,断奶前后3 d减少母猪饲喂量,同时加强母猪和仔猪的护理。

(2)逐渐断奶法。在断奶日龄前4～6天开始控制哺乳次数,第1天让母猪哺乳4～5次,以后逐渐减少哺乳次数。使母猪和仔猪都有一个适应过程,最后到断奶日期再把母猪隔离出去。这种方法避免了仔猪和母猪遭受突然断奶的刺激,对母仔都有益,但比较麻烦。

(3)分批断奶法。根据仔猪的生长发育情况,先将发育好、食欲强的仔猪断奶,而发育差的则延长哺乳期。一般是在断奶前7 d取出窝中一半仔猪,留下的仔猪不能少于5～6头。该方法对发育差的仔猪有利,但对母猪不利,母猪容易发生乳房炎。

3.断奶后注意问题

(1)避免综合应激。断奶是对仔猪较大的刺激,此时应避免其他刺激,如疫苗的注射、去势等。

(2)在母猪断奶前后减料,防止母猪得乳房炎。

(3)对仔猪适当控料,防止仔猪腹泻。

(4)要抓好仔猪早期开食、补料训练。

(5)做好猪舍卫生和消毒,以减少疾病的发生。

(6)应留在原舍饲养1周,以避免因换舍、争斗等应激因素而影响仔猪的生长发育。

二、断奶仔猪的饲养管理

(一)断奶仔猪的饲养

1.饲料和饲喂方法的过渡

(1)对哺乳仔猪进行强制性补料,并且在断奶前减少母乳的供给,迫使仔猪在断奶前就能采食较多的饲料,使消化道得到充分的锻炼,以适应断奶的应激。

二维码 1-5-2　断奶仔猪的饲养管理

（2）对断奶仔猪实行饲料和饲喂制度的过渡。饲料的过渡就是仔猪断奶后继续喂哺乳期饲料，不要突然更换饲料。断奶后 7 d 左右，开始换饲料。更换仔猪饲料要逐渐进行，每天替换 20％，7 d 换完。

饲喂方法的过渡是仔猪断奶后 3～5 d 最好采用限量饲喂的方式，每天喂八成饱，大约为 160 g 饲料，5 d 以后再逐渐采用自由采食的饲喂方式。否则，仔猪往往因过食而造成腹泻。饲喂次数也应与哺乳期一致，一般为每天 5～6 次。

2. 饲料配制技术

（1）采用诱食剂。仔猪的味觉和嗅觉特别敏感，提高饲料的适口性是增加仔猪采食量的一个重要因素，因此要在仔猪饲料中添加诱食剂。仔猪最喜欢的是甜味和乳香味，可在饲料中添加葡萄糖（3％～5％）、糖精等提高甜味；添加乳猪香、强乳香等提高香味。

（2）添加脂肪。在早期断奶时，仔猪断奶初期常出现体重下降的情况。仔猪断奶后采食量低、能量摄入不足是造成体重下降的主要原因。常规玉米—豆粕型日粮能量含量较低，不能满足仔猪的需要，因此，可添加 3％～5％的脂肪，能明显提高仔猪的日增重。

（3）应用高铜。250 mg/kg 的铜能提高脂肪酶和磷酸酯酶的活性，从而提高仔猪对脂肪的利用能力。同时可以提高对蛋白质的利用率和减少疾病的发生。

（4）添加乳清粉。乳清粉的主要成分为乳糖。首先乳糖甜，提高了饲料的适口性，其次乳糖发酵产生乳酸，抑制了病原微生物的繁殖。

3. 供应清洁饮水，饮水器安装到位

仔猪体内水分超过 70％，母猪乳中和仔猪日粮中蛋白质含量较高，需要较多的水分。断奶初期，一个饮水器可满足 8 头仔猪的需要，一头仔猪每天必需的饮用水量为 1.2 L。如饮水量不足，会使仔猪采食量减少，增重减慢。饮水器安装在高于仔猪肩部 5 cm 的位置即可。

（二）断奶仔猪的管理

1. 环境过渡

仔猪断奶后头几天很不安定，常嘶叫寻找母猪。为了减轻断奶后的这种应激，要求仔猪断奶后在原圈原窝饲养一段时间，待仔猪适应断奶的刺激后再将其转入仔猪培育舍。也就是采用赶母留仔的方式。在转群时原窝仔猪作为一群直接转入仔猪培育舍，但如果一窝仔猪过多或过少时，则需重新分群。

2. 创造良好的环境条件

为了使仔猪尽快适应断奶后的生活，充分发挥其生长潜力，就要为其创造一个良好的生活环境。

（1）温度。仔猪断奶 1 周内将温度控制在 28～30 ℃，至 8 周龄降至 22～25 ℃。为能保持这一温度，冬季要采取保温措施，较好的设备如暖气、热风炉等。夏季可采用喷雾降温或湿帘降温等，近年推广的纵向通风降温取得了良好的效果。

（2）湿度。仔猪培育舍应保持干燥，湿度在 60％～75％比较合适。

（3）清洁卫生。首先要彻底清扫消毒，并空圈 1～2 周后方可进猪。进猪后舍内外也要经常清扫，定期消毒。

3. 合理分群

转入保育舍的仔猪，按体格大小和强弱分圈饲养，尽量使每圈的仔猪个体均匀。最好按窝转群,每栏养一窝仔猪 10～12 头,可以减少仔猪相互咬斗产生的应激。

4.调教管理

仔猪在组群后,应立即调教其"三点定位"。"三点定位"是指猪只在固定地点排便、采食和睡觉,关键是调教其定点排便。让仔猪学会使用自动饲槽和自动饮水器。

5.控制咬尾咬耳

仔猪断奶后,常常发生咬尾咬耳现象,不仅影响猪的休息,严重的可能造成猪只的伤亡。

(1)咬尾咬耳的原因。吸吮习惯,仔猪断奶后虽然找不到母猪,但还保留吸吮习惯,这时可能会把其他仔猪的尾巴、耳尖当作乳头来吸吮,进而导致咬尾咬耳的发生。营养不良,特别是饲料中缺乏维生素、矿物质(Ca、P、Fe、Cu、Zn、I)、食盐等,造成仔猪异嗜癖。通风不良或拥挤增加了仔猪的攻击性。

(2)预防。改善饲养管理,饲喂全价配合饲料;保证良好通风和合理饲养密度。设置玩具,如铁链、玉米秸、石块等,分散其注意力。

(3)治疗。一旦发生咬尾,要将咬尾者和被咬者隔离,并对被咬伤者及时治疗。原圈中撒红土、微量元素、石粉等让猪拱食。

6.网床培育

断奶仔猪在产房内的过渡期管理后,转移到保育舍网床培育。断奶仔猪实行网床培育,可以使粪尿、污水能随时通过漏缝网格漏到网下,减少仔猪接触污染的机会。床面清洁卫生、干燥,能有效地遏制仔猪腹泻的发生和传播;仔猪离开地面,减少地面传导散热的损失,提高了饲养温度。

7.科学免疫接种和保健用药

为确保仔猪和整个猪群的安全,在仔猪阶段进行必要的免疫。因各地、各场、各家的疫病流行情况不同,其免疫程序也应有所不同。最科学的做法是对猪群进行免疫测定,并根据测定结果制订本场的免疫程序(表 1-5-1)。

除了按计划进行免疫外,加强对猪群的用药保健非常重要。仔猪饲粮中添加抗生素,饮水中加入补液盐,可预防仔猪腹泻、水肿病、流行腹泻、仔猪副伤寒等疾病的发生,对保证猪的正常增重有明显效果。

表 1-5-1　仔猪主要传染病免疫程序

病名	疫苗接种时间
猪瘟	首免 20 日龄,二免 60 日龄,用猪瘟弱毒疫苗
猪丹毒	50～60 日龄接种,用猪丹毒、猪肺疫二联疫苗
猪肺疫	50～60 日龄接种猪丹毒、猪肺疫二联疫苗
仔猪副伤寒	首免 30～40 日龄,二免 70 日龄,用本地菌株制苗效果最好
猪萎缩性鼻炎	3～7 日龄和 21 日龄进行两次免疫,非疫区可不免疫
仔猪黄白痢	发病严重的猪场,猪生后 1～2 d,14～20 d 两次接种本地菌株疫苗
猪喘气病	7～15 日龄首免弱毒疫苗,2 周后再接种灭活疫苗
猪口蹄疫	灭活苗肌内注射:25 kg 以下 1 mL,25 kg 以上 2 mL

复习思考题

1.解释下列概念:

哺乳仔猪;断奶仔猪;一次断奶;逐渐断奶;分批断奶;寄养;三点定位。

2.哺乳仔猪有哪些生理特点?

3.在哺乳仔猪饲养管理过程中如何减少哺乳仔猪死亡?

4.怎样提高哺乳仔猪培育效果?

5.如何防止或减少仔猪患病?

6.仔猪早期断奶有何优点? 生产中如何实施早期断奶技术?

7.提高仔猪断奶窝重的措施有哪些?

肉 猪 生 产

饲养生长育肥猪是养猪生产最后一个环节,在规模化猪场生长育肥猪头数占 50%～60%,消耗的饲料占各类猪总耗料量的 75% 左右。饲料营养水平、饲喂方式和饲料质量,直接影响增重和胴体品质。在品种、环境条件一致的情况下,通过对饲料营养物质的合理控制,实行科学饲养,能提高增重速度和饲料转化效率,改善胴体品质,生产出量多质好的猪肉。

任务一　肉猪的饲养管理

一、肉猪的生长发育规律

1. 肉猪体重的增长速度

肉猪体重增长速度的变化规律,是决定肉猪适宜出售或屠宰体重(期)的重要依据之一,同时也是检验肉猪日粮营养水平的重要依据。肉猪体重增长速度,一般是以生长肥育期平均日增重度量的,表现为不规则的抛物线,即随着体重的增大,平均日增重上升,到一定体重阶段出现增重高峰,然后下降。从肉猪幼龄期体重的高速生长到减慢下降的过程出现一个转折点,大致在成年体重的 40% 左右,相当于肉猪的屠宰体重。

生长转折点出现的早迟,因品种、营养与环境条件不同而异。肉猪在 6 月龄以前的阶段,增长速度快,饲料利用率高,即每增重千克体重所消耗的饲料量少。因此,在肥育猪生产上要抓住增长速度高峰期,加强饲养管理,提高增重速度,减少每千克增重饲料消耗。

2. 肉猪体组织的生长

猪的骨骼、肌肉、脂肪的生长发育有一定规律,随着年龄的增长,骨骼最先发育,也最早停止,肌肉处于中间,脂肪是最晚发育的组织。猪体各组织的生长发育顺序是神经→骨骼→肌肉→脂肪。骨骼从出生到 4 月龄生长强度最大,其后稳定;皮是出生到 6 月龄生长快,6 月龄后稳定;肌肉是 4 月龄到 7 月龄生长快;脂肪生长速度一直在上升,6 月龄后更为强烈。

虽然因猪的品种、营养、管理水平不同,几种组织生长强度有些差异,但基本上表现出一致性的规律。肉猪生产利用这个规律,肥育前期给予高的营养水平,注意提高蛋白质水平及生物学价值,促进骨骼和肌肉的快速发育,肥育后期,采用限制营养和限制饲喂,以减少脂肪的沉积,防止饲料的浪费,改善肉品品质,提高胴体瘦肉率。

3. 肉猪机体化学成分的变化

随着肉猪年龄和体重的增长,猪体的化学成分也呈规律性的变化。即随年龄和体重的增长,体内的水分、蛋白质和灰分的含量相对降低,而脂肪含量迅速增加。但猪体内蛋白质和灰分的含量在 4 月龄以后是相当稳定的。肉猪在整个肥育期的增重成分中前期主要以水分、蛋白质和矿物质增加较多,中期渐减,后期更少;而脂肪则在前期增加很少,中期渐多,后期更多。

掌握肉猪生长发育规律,可以在其生长不同阶段,控制营养水平,采用科学的饲养方法,根据生长需要,加速或抑制猪体某些部位和组织的生长发育,以改变猪的体型结构,生产性能和胴体品质,使其向人们需要的方向发展。

4. 猪体各部位的变化

仔猪初生时头和四肢相对比较大,躯干短而浅,后腿发育差。随着年龄和体重的增长,体高、身长首先增加,其后是深度和宽度增加。腰部则是最高生长速度表现最迟的部分,也是身体上最晚熟的部位。

各组织器官和身体部位生长早晚的顺序是:神经组织、骨、肌肉、脂肪。骨骼是由下向上,先长长度,后增粗度;脂肪的沉积是按花油、板油、肉间脂肪、皮下脂肪的次序。猪体各组织的生长规律为"小猪长骨,中猪长肉,大猪长膘"。猪的经济类型间各组织在生长强度方面有一定差异,如脂肪型的猪成熟较早,各组织的强烈生长期来得早,一般活重在 75 kg 时脂肪和肌肉的比例已达到屠宰适期;而瘦肉型猪在同样体重时身体还在生长,蛋白质仍在较快沉积,脂肪比例较小。现代瘦肉型品种猪及其杂优猪肌肉的成熟期推迟,在活重 30~110 kg 期间保持着高强度增长,110 kg 以后开始下降至成年期不再增长。

二、肉猪的育肥技术

1. 肉猪生产前的准备

猪舍的维修、清扫和消毒。为保证猪只健康,预防疫病发生,在进猪之前必须对猪舍、猪栏、用具等进行彻底消毒。先清扫猪舍走道、粪便等污物,用高压水枪冲洗猪栏、地面,冲洗干净后再进行消毒。猪栏和地面用 2%~3% 的氢氧化钠溶液喷雾消毒,6 h 后再用清水冲洗。应提前消毒饲喂用具,消毒后洗刷干净备用。空舍 2 d 后,调整猪舍温度达 18~20 ℃,即可转入生长肥育期的猪进行饲养。

二维码 1-6-1　育肥猪的饲养管理

2.肉猪的营养需要

(1)能量水平。饲粮能量水平的高低与其增重速度和胴体瘦肉率关系非常密切。在不限量饲喂条件下,兼顾猪的增重、饲料转化率和胴体肥瘦度,饲粮能量浓度以1 kg饲粮含消化能11.92~12.55 MJ为宜。

(2)适宜的蛋白质和氨基酸水平。日粮中蛋白质和氨基酸水平对商品肉猪的日增重、饲料转化率和胴体品质影响极大,并受猪的品种、饲粮的能量及蛋白质的配比制约。瘦肉型生长育肥猪不同阶段给予不同水平的蛋白质,前期(体重20~60 kg)为16%~17%;后期(体重60~100 kg)为14%~16%。兼用型杂种肉猪采取三段饲养水平:小猪阶段粗蛋白为15.5%,中猪阶段为13%,大猪阶段为12%。赖氨酸为猪的第一限制性氨基酸,对猪的日增重、饲料转化率及胴体瘦肉率的提高具有重要作用。当赖氨酸占粗蛋白质6%~8%时,其蛋白质的生物学效价最高。

(3)适宜的日粮矿物质、维生素水平。肉猪日粮中应含有足够数量的矿物质元素和维生素,特别是矿物质中某些微量元素的不足或过量时,会导致肉猪矿物质代谢紊乱,轻者使猪的增重速度减慢,饲料消耗增多,重者能引起疾病或死亡。

(4)控制日粮中粗纤维水平。在日粮消化能和粗蛋白质水平正常情况下,体重20~35 kg阶段粗纤维含量为5%~6%,35~100 kg阶段为7%~8%。

3.选择适宜的肥育方式

(1)直线肥育法。又叫"一条龙"肥育法。根据肉猪在各个生长发育阶段的特点,采用不同的营养水平,在整个生长肥育期间能量水平始终较高,蛋白质水平也较高。采用这种育肥方法,通常将肉猪整个肥育期按体重分成两个阶段,即前期20~60 kg,后期60~90 kg;或者分成三个阶段,即前期20~35 kg,中期35~60 kg,后期60~90 kg。根据不同阶段生长发育对营养物质需要的特点,采用不同营养水平和饲喂技术,从肥育开始到结束,始终采用较高的营养水平,但在肥育后期采用适当限制喂量或降低饲粮能量浓度的方法,以防止过度脂肪沉积,提高胴体瘦肉率。

(2)阶段肥育法。又叫"吊架子"肥育法。把猪的整个肥育期划分为小猪、架子猪和催肥猪三个阶段,每个阶段分别给以不同的营养水平和管理措施。由于猪种不同,屠宰体重不同和各地饲料条件的差异,对各阶段的划分也不完全一样,大致可划分为以下三个阶段。

①小猪阶段。从仔猪断奶到体重25 kg左右,这个阶段小猪生长速度相对较快,主要是骨骼、肌肉的增长,因而日粮中精料的比重较大,防止小猪掉膘或生长停滞。

②架子猪阶段。体重25~50 kg,这阶段正是肌肉组织增长最旺盛的时期,猪的耐粗饲能力较强,可以消化较多的青粗饲料,在日粮的搭配上,可以采用增加饲喂青饲料来"吊架子",充分利用青饲料中品质优良的蛋白质,促进骨骼、肌肉和内脏的充分发育,并使猪的消化器官得到良好的锻炼。

③催肥阶段。体重50 kg左右到肥育结束出栏。当架子猪进入催肥阶段以后,应逐渐增加精料供应,并适当减少运动。这阶段喂给较多的精料,由于利用了猪架子期生长受阻的补偿作用,因而可获得较高的日增,此时期主要是强烈沉积脂肪,所以胴体较肥。

(3)"前高后低"的饲养方式。这是在直线育肥的基础上,为了提高瘦肉率改进的一种育肥方法。体重60 kg前采用高能量高蛋白的饲粮,每千克饲粮消化能在12.5~12.97 MJ,粗蛋白质为16%~17%,肉猪自由采食或不限量饲喂。体重60 kg以后要限制采食量,控制在自由采食量的 75％～80％。这样既不会严重影响肉猪增重速度，又可减少脂肪的沉积。

4. 饲喂方法和饲喂次数

(1)饲喂方法。生长育肥猪的饲喂方法，分为自由采食和限量饲喂两种。限量饲喂主要有两种方法，一是对营养平衡的日粮在数量上控制，即每次饲喂自由采食量的 70％～80％；二是降低日粮的能量浓度，把纤维含量高的粗饲料配合到日粮中去，以限制其对能量的采食量。

(2)饲喂次数。应根据肉猪的肥育阶段、饲料类型和饲喂方式等灵活掌握。肉猪体重 35 kg 以下，每天饲喂 3～4 次；体重 30～60 kg，每天饲喂 2～3 次；60 kg 以后，每天饲喂 2 次。前期每天喂料 1.2～2.0 kg/头，后期每天喂料 2.2～3.0 kg/头。

猪的食欲以傍晚最盛，早晨次之，中午最弱。所以育肥猪可日喂 3 次，早晨、中午、傍晚 3 次饲喂时的饲料量分别占日粮的 35％、25％和 40％。

5. 保证充足的清洁饮水

水是维持猪体生命不可缺少的物质，猪体内水分占 55％～65％。水既是猪体细胞和血液的重要组成成分，又是猪体的重要营养物质。它对体温调节、养分的运转、消化、吸收和废物的排泄等一系列新陈代谢过程都有重要的作用。猪吃进 1 kg 饲料需要水 2.5～3.0 kg，才能保证饲料的正常消化和代谢。供水应清洁，最好安装自动饮水器全天供水。猪的饮水量随生理状态、环境温度、体重、饲料性质和采食量等而变化，春秋季节其正常饮水量应为采食量的 4 倍，夏季为采食量的 5 倍，冬季要供给采食量的 2～3 倍。

6. 科学管理

(1)合理组群。仔猪断奶后，要重新组群转入生长肥育舍饲养。如组群不合理，常常会发生咬斗、争食等情况，影响增重和肥育潜力的发挥。分群时，除考虑性别外，应把来源、体重、体质、性情和采食习性等方面相近的猪合群饲养。合群时通常采取"留弱不留强、拆多不拆少、夜并昼不并"等方法，即把较弱的猪群留在原圈，把较强的猪合群；把较少的猪留在原圈，把较多的猪合群；或将两群猪并群后赶入另一圈内；合群最好在夜间进行，在合群的猪身上喷洒同样气味药液，如酒精、来苏尔等，使猪体彼此气味相似，而不易辨别。

(2)及时调教。当猪重新组群进圈后，要及时加以调教。调教工作的重点：一是防止强夺弱食。为保证每头猪都能均匀采食，应备有足够的饲槽，对喜争食的猪要勤赶，勤教。二是进行采食、排泄、卧睡"三点定位"调教，使其建立条件反射，保持猪圈清洁、干燥，有利于肉猪的生长。做好调教工作关键在于抓得早，抓得勤(勤守候、勤赶动、勤调教)。

7. 适宜的环境条件

(1)温度和湿度。俗话说："小猪怕冷，大猪怕热"，这表明不同体重的猪对温度的要求是不一样的。体重 11～45 kg，适宜的温度是 21 ℃；体重 45～90 kg，适宜的温度是 18 ℃适宜；体重 135～160 kg，舍温 16 ℃最适宜。猪舍内相对湿度以 50％～70％为宜。

(2)饲养密度。密度以每头猪所占猪舍面积来表示。每群猪头数的多少，要根据猪舍设备、饲养方式、圈养密度等决定。20～60 kg 生长育肥猪每头所需面积为 0.8～1.0 m^2，60 kg 以上育肥猪每头为 1.0～1.2 m^2，每圈头数以 10～20 头为宜。

(3)光照。安静的环境和偏暗的光照，更有利于育肥猪的生长发育。肉猪舍的光照强度为 40～50 lx，光照时间每天 10～12 h。

(4)控制舍内有害气体和尘埃。由于猪的呼吸、排泄以及排泄物的腐败分解，不仅使猪舍空气中氧气减少，二氧化碳含量增加，而且产生了氨、硫化氢、甲烷等有害气体和臭味，对猪的健康和生产力有不良影响。因此,猪舍中氨浓度的最高限度为 25 mg/m³,硫化氢含量以 10 mg/m² 为限,二氧化碳应以 0.15% 为限。

尘埃可使猪的皮肤发痒甚至发炎、破裂,对鼻腔黏膜有刺激作用。病原微生物附着在灰尘上易于存活,对猪的健康有直接影响。因此,必须注意猪场绿化,及时清除粪尿,污物,保持猪舍通风良好,做好清洗、消毒工作。

(5)噪声。猪舍内的噪声来自外界传入、舍内机械和猪只争斗等方面。噪声对猪的休息、采食、增重都有不良影响。要尽量避免突发性的噪声,噪声强度以不超过 85 dB 为宜。

8.适时屠宰

生长育肥猪的适宜屠宰活重的确定,要结合日增重、饲料转化率、每千克活重的售价、生产成本等因素进行综合分析。

地方猪种中早熟、体型矮小的猪及其杂种肉猪出栏活重为 70～75 kg;体型中等的地方品种及其杂种肉猪出栏活重应为 75～85 kg;我国培育猪和二元杂交猪,最佳出栏活重为 85～95 kg;用两个外来瘦肉型品种猪为父本与以地方猪种为母本杂交而成的三元杂种肉猪出栏活重应为 90～100 kg;外三元或培育品种为母本三元杂种肉猪出栏活重为 100～120 kg。

9.去势、防疫和驱虫

(1)去势。规模化猪场在 7 日龄左右去势。其优点是易保定操作,应激小,手术时流血少,术后恢复快。

(2)防疫。预防肉猪的猪瘟、猪丹毒、猪肺疫、仔猪副伤寒等传染病,必须制订科学的免疫程序和预防接种。做到头头接种,对漏防猪和新从外地引进的猪,应隔离观察,并及时免疫接种。

(3)驱虫。肉猪的寄生虫主要有蛔虫、食道口线虫、疥螨和虱子等内外寄生虫。通常在 90 日龄进行第 1 次驱虫,必要时在 135 日龄左右再进行第 2 次驱虫。驱除蛔虫常用伊维菌素,每 1 kg 体重用量 0.3 mg,一次性皮下注射,或者每头每天拌料 0.1 mg,连用 7 d;丙硫苯咪唑,每 1 kg 体重为 5～10 mg,拌入饲料中 1 次喂服,驱虫效果较好。驱除疥螨和虱子,常用双甲脒,配制成 0.025%～0.05% 的溶液喷洒体表,每天 1 次,连续 3 d;多拉菌素,每千克体重 0.3 mg,一次性肌内注射。

任务二　猪的肉质评定

一、应激的概念

应激学说是由加拿大病理生理学家 Hans Selye 于 1936 年提出的。他发现许多完全不同的致病因子在机体的特异反应中均可见到相同或相似的非特异反应。Selye 认为,应激是机体对外界或内部的各种非常刺激所产生的全身非特异性应答反应的总和。

动物机体受到环境因素刺激后,可引起动物对特定刺激产生相应的特异性反应,而有些刺激不仅使动物产生特异性反应,还会使机体产生相同的非特异性反应,其表现为:肾上腺皮质变粗,分泌活性提高;胸腺、脾脏和其他淋巴组织萎缩,血液嗜酸性白细胞和淋巴细胞减少,嗜中性白细胞增多,胃和十二指肠溃疡出血等。Selye 将这些变化称为"一般适应综合征"(general adaptative sydrome,GAS)。只有出现非特异性的 GAS 征候时,机体才进入应激状态,其实质是动员全身防卫机能去抵御强烈刺激,如获得成功,则机体可达到适应;若应激失败,则体内平衡遭到破坏,甚至可导致死亡。

能引起动物应激反应的各种环境因素统称为应激源。养猪生产中常见的应激源可归纳为物理的(高温、低温、噪声等)、化学的(舍内氨、硫化氢等有害气体浓度过高,食入化学毒物等)、饲养的(饥饿、过饱、日粮不平衡、饮水不足等)、生物学的(预防接种、感染疾病等)、外伤性的(去势、打耳号、创伤等)、心理的(争斗、惊吓等)、生产工艺的(断奶、称重、转群、饲养密度过大、缺乏运动)等。

二、猪应激综合征的表现

猪应激综合征(porcine stress syndrome,PSS)是指一些猪在应激因子的作用下,以异常高的频率发生恶性高温综合征(malignant hyperthermia syndrome,MHS),在运输过程和宰前囚禁过程中猝死,死亡后肌肉呈现 PSE 和 DFD 征候。

1. PSE 猪肉

指猪宰后呈现灰白颜色(pale)、柔软(soft)和汁液渗出(exudative)特征的肌肉。PSE 肉外观上肌肉纹理粗糙,结构松散,贮存时有水分渗出,严重时呈水煮样,宰后 45 min 肌肉 pH 低于 6.0。

在屠宰后肌肉处于高温条件下(30 ℃以上),由于肌糖原酵解加速,造成肌肉中乳酸大量积累,pH 迅速低于 6.0,肌肉呈现酸化,致使肌肉中可溶性蛋白质和结构蛋白质变性,从而失去了对肌肉水分子的吸附力,造成水分大量渗出,肌肉保水力降低或丧失。沉淀于结构蛋白质的可溶性蛋白质干扰了肌肉表层的光学特性,致使肌肉的半透明度降低,更多的光由肌肉表面反射出来,使肌肉呈现特有的灰白色。

PSE 猪肉的发生受遗传因素和环境因素共同影响。在屠宰时,对应激敏感的猪只往往会表现出 PSE 现象,如皮特兰猪、长白猪等猪种,其隐性氟烷基因(Hal^n)的频率高,即应激敏感性强,容易发生 PSE 猪肉。外界环境中各种刺激因子的影响,即饲养管理、运输、屠宰过程中造成的应激,以及屠宰后处理不当,都可加剧 PSE 猪肉的发生。

在生产中采取选育抗应激品系;饲粮中添加维生素 E 和硒;减少宰前的各种应激刺激,运输时不能过挤、追赶,宰杀前让猪充分休息,击晕恰当;屠宰过程要迅速,应在 30～45 min 内完成。屠体应在 15 ℃以下预冷,然后再进入 5 ℃下冷却。

2. DFD 猪肉

宰前动物处于持续的和长期的应激下,肌糖原都用来补充动物所需要的能量而消耗殆尽,屠宰时猪呈衰竭状态。宰后肌肉外观上呈现黑色(dark)、质地坚硬(firm)和表面干燥(dry)的特征,即 DFD 肉。

猪宰后肌肉呈现 DFD 特征与遗传因素无关,所有的猪都可发生,唯一的条件是屠宰时肌肉中能量水平低,死前肌糖原耗竭。此时不能产生乳酸,pH 也不会降到 5.5 以下。因此,细胞内各种酶活性得以保持,特别是氧合肌红蛋白质的氧被细胞色素酶系消耗掉,使肌肉表面呈暗紫色,肌纤维也不萎缩,肌肉表面保水力维持较高水平,最终呈现 DFD 肉症状。

为了防止 DFD 猪肉的产生,应避免使猪长期处于应激条件下,以保证屠宰时肌肉中能量水平适宜。

三、肉质评定

根据肉类科学和消费者最关心的肉食品质,具有重要经济指标的有:肌肉 pH、肌肉颜色、系水力、滴水损失、肌肉大理石纹、熟肉率、肌肉嫩度和香味。

1.肌肉 pH

它是反映猪屠宰后肌糖原酵解速率的重要指标,也是判定正常肉质和异常肉质的依据。正常肉质的 $pH_{45\ min}$ 变动在 $6.0\sim6.7$。当 $pH_{45\ min}$ 小于 5.9 时,同时伴有肉色灰白、肌肉组织松软和大量渗液征候,可判定为 PSE 肉。当 $pH_{24\ h}$ 大于 6.5 时,又伴有肉色暗红、组织坚硬和表面干燥征候,可判定为 DFD 肉。

2.肌肉颜色

肉色主要取决于肌肉中的色素物质—肌红蛋白和血红蛋白,如果放血充分,前者占肉中色素的 $80\%\sim90\%$,占主导地位。所以肌红蛋白的多少和化学状态变化造成不同动物,不同肌肉的颜色深浅不一,肉色千变万化,从紫色到鲜红色,从褐色到灰色,甚至还会出现绿色。按 5 级分制标准肉色评分图评分:1 分为灰白色(PSE 肉色),2 分为轻度灰白色(倾向 PSE 肉色),3 分为鲜红色(正常肉色),4 分为稍深红色(正常肉色),5 分为暗黑色(DFD 肉色)。

3.系水力

肌肉受外力作用时保持其水分和添加水分的能力。所谓的外力指压力、切碎、冷冻、解冻、贮存、加工等。肌肉系水力是一项重要的肉质性状,它不仅影响肉的滋味、香气、营养成分、多汁性、嫩度、色泽等食用品质,而且有着重要的经济价值。利用肌肉有系水潜能这一特性,在其加工过程中可以添加水分,从而提高产品率。如果肌肉保水性能差,那么从猪屠宰到肉被烹调前这一段过程中,肉因为失水而失重,造成经济损失。

4.滴水损失

在不施加其他任何外力而只受重力作用的条件下,肌肉蛋白系统在测定时的液体损失量,称为滴水损失,它与肌肉的系水力呈负相关,可作为推断肌肉系水力的指标。

5.肌肉大理石纹

肌肉大理石纹指可见的肌肉脂肪,它的含量和分布状况与肌肉的多汁性、嫩度和滋味密切相关。对照肌肉大理石纹评分标准图,用目测评分法评定:1 分为肌内脂肪呈极微量分布;2 分为肌内脂肪呈微量分布;3 分为肌内脂肪呈适量分布;4 分为肌内脂肪呈较多量分布;5 分为肌内脂肪呈过多量分布。

以 3 分为理想分布,2 分和 4 分为尚理想分布,1 分和 5 分为非理想分布。

6.熟肉率

肌肉受热之后,其组成成分发生一系列物理和化学变化,产生重量损失,对度量烹调损失有实际经济意义。取左、右两侧的腰大肌样并称重(W_1),然后放置于盛沸水的铝锅蒸屉上,加盖,置于 1 500 W 电炉上加热 30 min,取出蒸熟肉样,用铁丝钩住吊挂于室内阴凉处,冷却 20 min 再称量熟肉重(W_2)。按下式计算:

$$熟肉率 = \frac{W_2}{W_1} \times 100\%$$

式中,W_1 为蒸前肉样重(g);W_2 为蒸后肉样重(g)。

7.肌肉嫩度

肉的嫩度指肉在食用时口感的老嫩,反映了肉的质地,由肌肉中各种蛋白质结构特性决定。是肉的主要食用品质之一,它是消费者评判肉质优劣的最常用指标。影响肌肉嫩度的因素十分复杂,度量方法也多种多样,可概括为主观评定和客观测定两类。

(1)主观评定。指评定人员按自己的感觉反应进行判别。感觉评定的优点是比较接近正常食用条件下对嫩度的评定,缺点是完全凭主观感觉,失去客观可比性。主观评定嫩度可按咀嚼次数(达到正常吞咽程度时)、结缔组织的嫩度、对牙、舌、颊的柔软度、剩余残渣等项进行评分。

(2)客观测定。研究工作者提出用化学的、组织学的和机械的方法测定肌肉嫩度。目前广泛应用的是机械测定。

复习思考题

1.解释下列概念:

直线肥育法;阶段肥育法;三点定位;应激;应激源;PSE猪肉;DFD猪肉。

2.如何做好肉猪生产前的准备工作?

3.根据猪生长发育规律,如何调节不同生长发育阶段猪的日粮营养水平?

4.肉猪适宜屠宰体重是什么时期?

5.结合所学内容分析如何提高肉猪的出栏率?

6.在肉猪生产过程中,你认为采取何种肥育方式较合适?

技能训练八　猪肉的品质测定

【目的要求】

了解猪的肉质评定的重要性,掌握肉质评定的方法和标准。

【材料和用具】

猪肉、标准肉色板、猪肉用酸度计、数显式肌肉嫩度计、采样器及刀具、铝蒸锅、电炉、电子分析天平、吸水纸、滤纸、烘箱、冰箱等。

【内容和方法】

1.肉色

肉色为肌肉颜色的简称。屠宰后 2～3 h 内,以胸腰结合处新鲜背最长肌的横断面。在正常光度下用目测评分法评定,避免在阳光直射或室内阴暗处评定肉色。其评定方法如表技训 1-6-1 所示。

表技训 1-6-1　肉色评分标准

肉色	评分	结果
灰白色	1	劣质肉
微红色	2	不正常
正常鲜红色	3	正常
微暗红色	4	正常
暗红色	5	不正常

2.肌肉 pH

肌肉 pH 是反映猪屠宰后肌糖原酵解速率的重要指标,也是判定生理正常肉质或异常肉质的依据。在停止呼吸后 45 min 内,直接用酸度计测定背最长肌的酸碱度(应先用金属棒在肌肉上刺一个孔)。以最后胸椎部背最长肌中心处的肌肉为代表,直接记录指针所指示的 pH。在猪停止呼吸后 45 min 内测取的 pH 叫作 $pH_{45 \, min}$,正常 pH 为 6.0～6.4。$pH_{45 \, min}$ 若低于 5.9,并伴有肉色灰白、质地松软和汁液外渗等现象,可判为 PSE 肉。

在猪停止呼吸 24 h 测取的 pH 叫作 $pH_{24 \, h}$。依品种不同变化范围在 5.3～5.7。$pH_{24 \, h}$ 若大于 6.5,并伴有肉色暗红、质地坚硬和肌肉表面干燥等现象,可判为 DFD 肉。或用肉糜 10 g 加水 100 mL 混匀,浸渍 15 min,如样液无油脂,可直接测定,否则需经过滤再测定。

3.大理石纹

大理石纹是一块肌肉范围内,可见的肌肉脂肪的分布情况,也以最后胸椎处背最长肌横断面为代表,用目测评分法评定。在 0～4 ℃冰箱中左右保存 24 h,与肉色评分同时进行。

目前,暂用大理石纹评分标准图评定。脂肪呈极微量分布评为 1 分,脂肪呈微量分布评为 2 分,脂肪呈少量分布评为 3 分,脂肪呈适量分布评为 4 分,脂肪呈过量分布评为 5 分。

4.熟肉率

取左、右两侧的腰大肌样并称重,将腰大肌置于盛沸水的铝蒸锅的蒸屉上,加盖,加热蒸煮 30 min,取出蒸熟肉样品,吊挂于室内无风阴暗处,冷却 20 min 后再称重。两次称重的比例即为熟肉率。其计算公式为:

$$熟肉率 = \frac{蒸煮后肉样重}{蒸煮前肉样重} \times 100\%$$

5.品味鉴定

肉的味道、香味、颜色的浓淡和好坏,目前是不能用仪器测量的。品味测定是一种简便、易行、快速和节省药械的可靠的肉质鉴定方法,能综合地反映出肉质优劣,可请品味专家评定。

【实训报告】

1.掌握肉色评分、肌肉 pH、熟肉率的操作方法和计算公式。

2.根据实验记录填写下表。

测定项目	肉色评分	肌肉 pH	熟肉率/%	大理石纹等级	品味
结果					

猪营养需要量(GB/T 39235—2020)

单元二

家禽生产

家禽的品种选择与繁育

【知识目标】

1.了解家禽品种的外貌和特点。

2.掌握家禽品种的分类、生产性能和外貌特征。

3.掌握家禽的配种方法。

【技能目标】

1.能解释现代家禽品种的分类及主要特征,并能根据外貌判定家禽的生产方向和生产性能。

2.能写出主要地方品种、标准品种和现代品种的产地、类型、生产性能和外貌特征。

3.会应用家禽人工授精技术。

任务一　家禽品种选择

在家禽生产中,要获得较好的经济效益,选择优良的家禽品种是一个关键环节。任务一主要介绍国内外一些重要的优良家禽品种。

一、家禽外貌

(一)鸡的外貌特征

鸡的外貌不仅与品种、性别、年龄和生产性能有直接关系,而且外貌可以反映出鸡体的健康状况。鸡的外貌大致可以分为四部分:头部、颈部、体躯和四肢(图2-1-1)。

1.头部

冠为皮肤衍生物,位于头顶,是富有血管的上皮构造。鸡冠的种类很多,是品种的重要分类特征,可分为单冠、豆冠、玫瑰冠、草莓冠、羽毛冠和杯状冠等。大多数品种的鸡冠为单冠,公鸡的冠较母鸡发达。冠的颜色大多为红色,色泽鲜红、细致、丰满、滋润是健康的状况。有病的鸡,冠常皱缩,不红,甚至呈紫色(除乌骨鸡)。母鸡的冠是产蛋或高产和停产的表现,产蛋母鸡

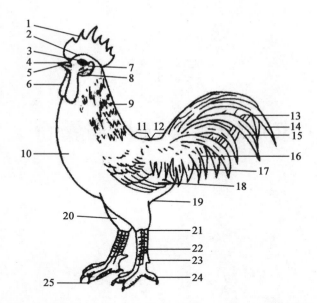

1.冠　2.头颈　3.眼　4.鼻孔　5.喙　6.肉髯　7.耳孔　8.耳叶　9.颈和颈羽　10.胸　11.背　12.腰　13.主尾羽　14.大镰羽　15.小镰羽　16.覆尾羽　17.鞍羽　18.翼羽　19.腹　20.胫　21.飞节　22.距　23.趾　24.距　25.爪

图 2-1-1　鸡体外貌部位名称

的冠色鲜红、温暖、滋润；停产母鸡的冠色淡，手触有冰凉感，外表皱缩。产蛋母鸡的冠越红，越丰满的，产蛋能力越高。

喙是表皮衍生的角质化产物，是啄食与自卫器官，喙的颜色因品种而异，一般与胫部的颜色一致。健壮高产鸡的喙应短粗，稍微弯曲，寡产鸡的喙细长而弯曲。

鼻为家禽的外呼吸器官，位于上喙末端的两侧。健康鸡鼻孔潮润、洁净，患呼吸系统疾病的鸡鼻孔有鼻液或黏着饲料粉末。

鸡脸一般为红色，健康鸡脸色红润无皱纹，老弱病鸡脸色苍白而有皱纹。蛋用鸡脸清秀，肉用鸡脸丰满。

眼位于脸中央，健康鸡眼大有神而且反应灵敏，向外突出，眼睑单薄，虹彩的颜色因品种而异，非健康鸡两眼紧闭或畏光。

耳叶位于耳孔下侧，呈椭圆形或圆形，有皱纹，常见的有红、白两种。

肉髯是颌下下垂的皮肤衍生物，左右组成一对，大小对称，其色泽和健康的关系与冠同。

胡为脸颊两侧羽毛，须为颌下的羽毛。

2.颈部

因品种不同颈部长短不同，鸡颈由 12～14 节颈椎组成。蛋用型鸡颈较细长，肉用型鸡颈较粗短。颈部羽毛具有第二性征，母鸡颈羽端部圆钝，公鸡颈羽端尖形，像梳齿一样，称为梳羽。

3.体躯

由胸、腹、尾三部分构成，与性别、生产性能、健康状况有密切关系。胸部是心脏与肺所在的位置,应宽、深、发达,即表示体质强健。腹部容纳消化器官和生殖器官,应有较大的腹部容积。特别是产蛋母鸡,腹部容积要大。腹部容积常采用以胸骨末端到耻骨末端之间距离和两耻骨末端之间的距离来表示。这两个距离愈大,表示正在产蛋期或产蛋能力强。尾部应端正而不下垂。家禽腰部亦叫鞍部,母鸡鞍部羽毛短而圆钝,公鸡鞍部羽毛长呈尖形,像蓑衣一样披在鞍部,特叫蓑羽。尾部羽毛分主尾羽和覆尾羽两种,主尾羽公、母鸡都一样,从中央一对起分两侧对称数去,共有 7 对,公鸡的覆尾羽发达,状如镰刀形,覆第一对主尾羽的覆尾羽叫大镰羽,其余相对较小的叫小镰羽。梳羽、蓑羽、镰羽都是第二性征性状。

4.四肢

鸟类适应飞翔,前肢融合形成翼,又称翅膀。翼的状态可反映禽的健康状况。正常的鸡翅膀应紧扣身体,下垂是体弱多病的表现。鸟类后肢骨骼较长,其股骨包入体内,胫骨肌肉发达,外形称为大腿。足趾骨细长,外形常被称为胫部。胫部鳞片为皮肤衍生物,年幼时鳞柔软,成年后角质化,年龄越大,鳞片越硬,甚至向外侧突起。因此可以从胫部鳞片软硬程度和鳞片是否突起来判断鸡的年龄大小。胫部因品种不同而有不同的色泽。鸡一般有 4 个脚趾,乌鸡为 5 个。公鸡在腿内侧有距,距随年龄的增长而增大,故可根据距的长短来鉴别公鸡的年龄。

翼羽两翼外侧的长硬羽毛,是用于飞翔和快速行走时用于平衡躯体的羽毛。翼羽中央有一较短的羽毛称为轴羽,由轴羽向外侧数,有 10 根羽毛称为主翼羽,向内侧数,一般有 11 根羽毛称为副翼羽。每一根主翼羽上覆盖着一根短羽,称覆主翼羽,每一根副翼羽上,也覆盖一根短羽,称为覆副翼羽。初生雏如只有覆主翼羽而无主翼羽,或覆主翼羽较主翼羽长,或者两者等长,或主翼羽较覆主翼羽微长在 2 mm 以内,这种初生雏由绒羽更换为幼时生长速度慢,称为慢羽。如果初生雏的主翼羽毛长过覆主翼羽并在 2 mm 以上,其绒羽更换为幼羽生长速度很快,称为快羽。慢羽和快羽是一对伴性性状,可以用作自别雌雄使用。成年鸡的羽毛每年要更换一次,母鸡更换羽毛时要停产,主翼羽脱落早迟和更换速度,可以估计换羽开始时间,因而可以鉴定产蛋能力。

(二)鸭的外貌特征

1.头部

鸭头部无冠、肉髯和耳叶。喙长宽而扁平(俗称扁嘴),喙的内侧有锯齿,以利于觅食和排水过滤食物。上喙尖端有一坚硬的豆状突起,称为喙豆。

2.颈部

鸭无嗉囊,食道成袋状,称食道膨大部。肉用型鸭颈粗,蛋用型鸭颈细。

3.体躯

蛋鸭体型较小,体躯较细长,胸挺突前躯提起,后躯发达;肉鸭体躯深宽而下垂,背长而直,似船形,前躯稍稍提起,肌肉发达。公鸭体型较大,背阔肩宽,胸深,身体呈长方形;母鸭体型比公鸭小,身长颈细,羽毛紧密,胸宽深,臀部近似方形。

4.尾部

鸭的尾短,尾羽不发达,成年公鸭的覆尾羽有 2~4 根向上卷曲,特称雄性羽,据此可鉴别鸭的性别。尾脂腺发达,分泌油脂,鸭用喙舔刮油脂以涂擦羽毛,使羽毛入水而不易沾湿。

5.翅部

鸭覆翼羽较长,有些品种在副翼羽有较光亮的青绿色羽毛,称为镜羽。

6.腿部

鸭腿短,稍偏后躯,脚除第一趾外,其余趾间有蹼(图 2-1-2)。

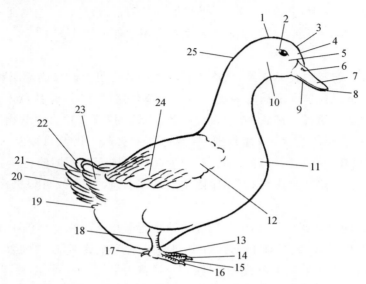

1.头　2.眼　3.前额　4.面部　5.颊部　6.鼻孔　7.喙　8.喙豆　9.下腭　10.耳　11.胸部
12.主翼羽　13.内趾　14.中趾　15.蹼　16.外趾　17.后趾　18.跖　19.下尾羽
20.尾羽　21.上尾羽　22.性羽　23.尾羽　24.副翼羽　25.颈部

图 2-1-2　鸭体外貌部位名称

(三)鹅的外貌特征

1.头部

分颅部和面部。颅部位于眼眶背侧,分为头前区(头瘤区)、头顶区和头后区;面部位于眼眶下方及前方,分上颌区(上喙区)、下颌区(下喙区)、眼区、眶下区、颊区、耳区、咽袋区(即下颌下垂的皮肤褶)。

头部多数品种在头部前额长有肉瘤,母的较小,公的较大;喙形扁阔,较鸭喙稍短,喙前端略弯曲,呈铲状,质地坚硬;有些在咽喉部位长有咽袋。狮头鹅的头顶上有肉瘤向前倾,两颊各有显著突出的肉瘤,如雄狮的头冠。

2.颈部

分颈背区、颈腹区、颈侧区。鹅颈比鸭颈长,其长度因品种而不同。中国鹅颈细长,弯长如弓,能挺伸,颈背微曲。国外其他鹅的品种,颈较粗短。皮肤的皱褶形成肉袋,称为咽袋。

3.躯干部

分背区、腹区、左肋区和右肋区。背区位于躯干背侧,上为背线,下为通过髋关节与背线的平行线,前为肩关节,后为髂尾沟(综荐骨与尾椎之间);腹区位于躯干的腹侧,分胸骨区和软腹区。胸骨区以龙骨为基础,软腹区位于胸骨区后方,此区除耻骨末端突入此区外,无其他骨骼;肋区以肋骨为基础。前部被翼覆盖,后部被后肢覆盖。

4.尾部

分尾背区和尾腹区。

5.翼部

分为肩区、臂区、前臂区、掌指区、翼前区和翼后区。前四区均以相应骨为基础。翼前区是臂区与前臂区前缘之间的三角形区,其内有皮肤褶称前翼膜。翼后区是前臂区和掌指区后缘之间的三角形区,其间有后翼膜,膜缘长着初级和次级飞羽。

6.腿部

分为股区、小腿区、蹠区和趾区。在趾区各趾之间长有特殊皮肤褶称蹼(图 2-1-3)。

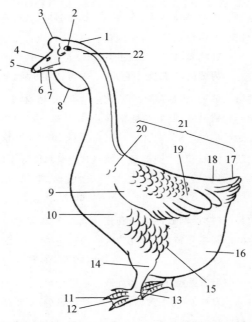

1.头　2.眼　3.肉瘤　4.鼻孔　5.喙豆　6.喙　7.下腭　8.肉垂　9.翼　10.胸部
11.趾　12.蹼　13.跖　14.跗关节　15.腿　16.腹部　17.尾羽　18.覆尾羽
19.翼羽　20.肩部　21.背部　22.耳

图 2-1-3　鹅体外貌部位名称

二、家禽品种

家禽品种是人类在一定的自然生态和社会经济条件下,在家禽种内通过选择、选配和培育等手段选育出来的具有一定生物学、经济学特性和种用价值,能满足人类的一定需求,具有一定数量的家禽类群。

(一)鸡的品种

1.标准品种

标准品种是指有目的和有计划的系统选育,按育种组织制定的标准鉴定承认的,并列入标准品种志的品种。它强调血缘和外形特征的一致性,对体重、冠形、耳叶颜色、肤色、胫色和蛋壳色泽等都有要求。这种国际公认的标准品种分类法把家禽品种分为类、型、品种和品变种四级。

当今世界上 300 余个鸡的标准品种中,对现代养鸡业做出突出贡献的主要有原产于意大利的单冠白色来航鸡,原产于美国的单冠洛岛红鸡、新汉夏鸡、横斑洛克鸡、白洛克鸡,原产于澳洲的澳洲黑鸡,原产于英国的白科尼什鸡和我国的丝羽乌骨鸡、狼山鸡、九斤鸡。这些鸡种中,除单冠白色来航鸡属蛋用型、白科尼什鸡属肉用型外,其他均居蛋肉兼用型鸡(表 2-1-1)。

表 2-1-1　国内外部分鸡的标准品种

品种	类型	原产地	外貌特征	生产性能
单冠白色来航鸡	蛋用	意大利	体型小而清秀,全身羽毛白色而紧贴,单冠鲜红膨大,喙、胫和皮肤均为黄色,耳叶为白色	体重较轻,成年公鸡体重 2.0～2.5 kg,母鸡 1.75～2 kg。5 月龄时可达性成熟,一般为 5～5.5 月龄开产,年产蛋 200～250 枚,高产的可达 300 枚,平均蛋重 54～60 g
洛岛红鸡	兼用	美国的洛得岛州	单冠,羽毛为深红色,尾羽黑色,中型体重,背宽平长	成年公鸡体重为 3.5～3.8 kg,母鸡为 2.2～3.0 kg,性成熟期平均约 180 日龄,年产蛋量 160～170 枚,蛋重 60～65 g,蛋壳褐色
新汉夏鸡	兼用	美国的新汉夏州	背部较短,羽毛颜色略浅	成年公鸡体重 3.0～3.5 kg,母鸡 2.5～3.0 kg。性成熟期 180 日龄左右,年产蛋量 180～200 枚,蛋重 56～60 g,蛋壳褐色
白洛克鸡	兼用	美国的普利茅斯洛克州	白羽,单冠,喙、胫和皮肤均为黄色,耳叶为红色	成年公鸡体重 4.0～4.5 kg,母鸡 3.0～3.5 kg,年产蛋 120～140 枚,高的可达 180 枚,蛋重 60 g 左右,蛋壳浅褐色
白科尼什鸡	肉用	英国	鸡为豆冠,喙、胫和皮肤为黄色,羽毛为白色	成年公鸡 4.5～5.0 kg,母鸡 3.5～4.0 kg,但产蛋量少,年产蛋 120 枚左右,蛋重 54～57 g
丝羽乌骨鸡	兼用	江西、广东、福建	紫冠、缨头、绿耳、丝羽、胡须、五爪、毛脚、乌皮、乌骨和乌肉	成年公鸡体重 1.25～1.50 kg,母鸡 1～1.25 kg,180 日龄左右开产,年产蛋 80～120 枚,蛋重 40～42 g,蛋壳浅褐色

2.地方品种

我国具有悠久的家禽饲养历史,由于不同的自然生态环境和经济发展状况,形成了丰富的鸡品种资源。我国是家禽地方品种最多的国家,《中国家禽品种志》共收录地方品种 52 个。其中,鸡 27 个,分为蛋用型、肉用型、兼用型、药用型、观赏型和其他共六型(表 2-1-2);鸭 12 个,分为蛋用型、肉用型、兼用型三型;鹅 13 个,全为肉用型。

3.现代品种(配套系)

现代鸡种指经过配合力测定筛选出的最佳杂交组合的配套系或专门化的商品品系的杂种禽,不能复制。按经济用途分为蛋用品种和肉用品种。

(1)蛋用鸡。现代蛋鸡一般分为白壳蛋鸡、褐壳蛋鸡和粉壳蛋鸡三种类型。

表 2-1-2　我国部分优良地方品种鸡生产性能一览表

品种	类型	原产地	外貌特征	生产性能
仙居鸡	蛋用	浙江仙居	体型轻巧紧凑,羽毛紧贴体躯,黄色居多,背部平直。喙、胫、皮肤黄色	成年体重公鸡 1.44 kg,母鸡 1.25 kg,开产日龄 150 d 左右,年产蛋量 180～220 枚,平均蛋重 42 g,蛋壳褐色
寿光鸡	兼用	山东寿光	体躯高大,体长,胸深丰满,胫高而粗,体躯近似方形,以黑羽(闪绿光)、黑腿、黑嘴"三黑"著称,皮肤白色	成年体重公鸡 2.9～3.6 kg,母鸡 2.3～3.3 kg,开产日龄 5～9 个月,年产蛋量 120～150 枚,平均蛋重 65 g,蛋壳深褐色
庄河鸡	兼用	辽宁庄河	体高颈长,胸深背长,羽色多为麻黄色,尾羽黑色,喙、胫黄色	成年体重公鸡 3.2 kg,母鸡 2.3 kg,开产日龄 210 d 左右,年产蛋量 160 枚,平均蛋重约 62 g,蛋壳褐色
固始鸡	兼用	河南	体躯中等,体型紧凑,头部清秀、匀称,喙短青黄色,眼大略外突,单冠为多,脸冠、肉髯、耳叶均红色。羽毛丰满,公鸡呈深红色、黄色,母鸡以黄色、麻黄色为主,佛手尾或直尾,胫蹠青色,皮肤白色	成年体重公鸡 2.5 kg,母鸡 1.8 kg,开产日龄 205 d,年产蛋量 141 枚,蛋形偏圆,蛋壳质量好,平均蛋重 52 g,蛋壳褐色
萧山鸡	兼用	浙江	体躯偏大近似方形,头部中等,单冠、耳叶、肉髯均红色。公鸡体格健壮,昂头翘尾,羽毛紧密,红色、黄色;母鸡体格较小,羽毛黄色或麻黄色,喙胫黄色	成年体重公鸡 2.76 kg,母鸡 1.94 kg,开产日龄 170 d 左右,年产蛋 120 枚,蛋黄颜色深,蛋品质好,平均蛋重 56 g,蛋壳褐色

白壳蛋鸡:全部来源于单冠白来航品变种,通过培育不同的纯系来生产两系、三系或四系杂交的商品蛋鸡。一般利用伴性快慢羽基因在商品代实现雏鸡自别雌雄。如海兰白 W36、罗曼白、京白 1 号、大午京白 904、大午京白 938 等。

褐壳蛋鸡:特别重视利用伴性羽色基因来实现雏鸡自别雌雄。最主要的配套模式是以洛岛红为父系,洛岛白或白洛克等带伴性银色基因的品种作母系。利用横斑基因自别雌雄时,则以洛岛红或其他非横斑羽型品种作父系,以横斑洛克为母系作配套,生产商品代褐壳蛋鸡。如海兰褐、罗曼褐、伊莎褐、海赛克斯褐、尼克、京红 1 号等。

粉壳蛋鸡:利用轻型白来航鸡与中型褐色蛋鸡杂交产生的鸡种,因此,利用现代白壳蛋鸡(表 2-1-3)和褐壳蛋鸡(表 2-1-4)的标准品种一般都可用于粉壳蛋鸡。目前主要采用的是以洛岛红型鸡作为父系,与白来航型母系杂交,并利用伴性快慢羽基因自别雌雄。如海兰灰、京粉 1 号、京粉 2 号、农大 3 号、农大 5 号、大午金凤等。

(2)肉用鸡。一般分为白羽快大型肉鸡和黄羽优质肉鸡。

白羽快大型肉鸡是目前世界上肉鸡生产的主要类型。其父系无一例外都采用科尼什鸡,也结合了少量其他品种的血缘。母系最主要为白洛克,在早期还结合了横斑洛克和新汉夏等品种的血缘。目前根据生产目的又开发出适合西方肉鸡生产的常规系肉鸡和适用于分割的高产肉系肉鸡。如爱拔益加(AA)、罗斯 308、科宝 500、哈伯德等。

表 2-1-3 部分白壳商品代蛋鸡的主要生产性能

品种	50%产蛋周龄	达产蛋高峰周龄	72周龄入舍鸡产蛋量/枚	平均蛋重/g	料蛋比
罗曼白 LSL	22	25～26	290	62	2.35
迪卡白	21	24	293	61.7	2.27
海兰白 W36	23	29	274	63	2.2
海赛克斯白	22～23	25～26	284	60.7	2.34
巴布考克 B380	23	28	274.6	64.6	2.45
尼克白	25	28～29	260	58	2.57

表 2-1-4 部分褐壳商品代蛋鸡的主要生产性能

品种	50%产蛋周龄	达产蛋高峰周龄	72周龄入舍鸡产蛋量/枚	平均蛋重/g	料蛋比
海兰褐	22	29	298	63.1	2.3
罗曼褐	22	26～34	295	64	2.45
迪卡褐	23	26	292	63.7	2.36
伊莎褐	23	27	289	62	2.45
海赛克斯褐	22～23	27～28	283	63.2	2.39

黄羽优质肉鸡主要集中在我国南方。目前我国的优质肉鸡可分为三类:特优质型、高档优质型和优质普通型。成功的例子包括广东的清远麻鸡和江西的崇仁麻鸡、白耳黄鸡等。这一类型的配套组合目前尚未建成,而常常以经选育纯化的单一品系不经配套组合直接用于商品肉鸡生产。高档优质型以中小型的石岐杂鸡选育而成的纯系为配套组合的母系,以经选育提纯后的地方品种作父系进行配套。优质普通型最为普及以中型石岐杂鸡为素材培育而成的纯系为父本,以引进的快大型肉鸡为母本,三系杂交配套而成,其商品代一般含有 75% 的地方品种和 25% 的快大型肉鸡血统,生长速度快,同时也保留了地方品种的主要外貌特征。目前,通过国家审定的黄羽肉鸡新品种和配套系超过 60 个。

(二)鸭的品种

人类按照一定的经济目的,经过长期驯化和选择培育成三种用途的品种,即肉用型、蛋用型和兼用型三种类型。

1. 肉用型鸭品种

体型大,体躯宽厚,肌肉丰满,肉质鲜美,性情温顺,行动迟钝。早期生长快,容易肥育。

(1)北京鸭。世界著名的优良肉用鸭标准品种。具有生长发育快、育肥性能好的特点,是闻名中外"北京烤鸭"的制作原料。原产于北京西郊玉泉山一带,现已遍布世界各地。体型硕大丰满,挺拔美观。头较大,颈粗、中等长。体躯长方,背宽平,胸部丰满,胸骨长而直,尾短而上翘,公鸭有 4 根卷起的性羽。产蛋母鸭因输卵管发达而腹部丰满,显得后躯大于前躯,腿短粗,蹼宽厚。全身羽毛丰满,羽色纯白并带有奶油光泽;喙、胫、蹼橙黄色或橘红色;虹彩蓝灰色。开产日龄为 150～180 d。母本品系年平均产蛋可达 240 枚,平均蛋重约 90 g,蛋壳白色。父本品系的公鸭体重 4.0～4.5 kg,母鸭 3.5～4.0 kg;母本品系公母鸭体重稍轻一些。

(2)樱桃谷鸭。樱桃谷鸭是由英国樱桃谷公司引进北京鸭和埃里斯伯里鸭为亲本杂交育成,是世界著名的瘦肉型鸭。具有生长快、瘦肉率高、净肉率高和饲料转化率高,以及抗病力强等优点。樱桃谷鸭羽毛洁白,头大、额宽、鼻脊较高,喙橙黄色,颈平而粗短。体型较大,成年体重公鸭 4.0～4.5 kg,母鸭 3.5～4.0 kg。父母代群母鸭性成熟期 26 周龄,年平均产蛋 210～220 枚。

(3)狄高鸭。狄高鸭是澳大利亚狄高公司引入北京鸭选育而成的大型配套系肉鸭。具有生长快、早熟易肥、体型硕大、屠宰率高等特点。该品种性喜干爽,能在陆地上交配,适用于丘陵地区旱地圈养或网养。狄高鸭的外形与北京鸭相近似,雏鸭红羽黄色,脱换幼羽后,羽毛白色。头大稍长,颈粗,背长阔,胸宽,体躯稍长,胸肌丰满,尾稍翘起,性羽 2～4 根;喙黄色,胫、蹼橘红色。年产蛋量 200～230 枚,平均蛋重 88 g,蛋壳白色。

2.蛋用型鸭品种

体型较小,体躯细长,羽毛紧密,行动灵活,性成熟早,产蛋量多,但蛋型小,肉质稍差。比较有代表性的有金定鸭、绍兴鸭、康贝尔鸭等。

(1)金定鸭。它是我国优良的高产蛋用鸭,因原产于福建省龙海县紫泥乡金定村而得名,对滩涂环境有良好适应性。鸭体型小,体躯狭长。母鸭全身羽毛赤褐色,带麻雀斑,翼部有墨绿色镜羽,喙古铜色,胫、蹼橘红色,爪黑色。公鸭的喙黄绿色,胫、蹼橘红色,头颈羽毛墨绿色,背部灰褐色,腹部羽毛呈细芦斑纹。产蛋期长,高产鸭在换羽期间和冬季可持续产蛋而不休产,年产蛋量 260～280 枚,蛋重平均 73.3 g,蛋壳青色。母鸭开产日龄在 120 d 左右,成年公鸭体重 1.76 kg,母鸭 1.73 kg。

(2)绍兴鸭。又称绍兴麻鸭、浙江麻鸭,是我国著名的高产蛋鸭品种,因产于浙江绍兴、萧山、诸暨而得名。绍兴鸭根据毛色可分为红毛绿翼绍兴鸭和带圈白翼绍兴鸭两种类型。带圈白翼梢颈中间有 2～4 cm 宽的白色羽圈,主翼羽白色,腹中下部羽毛浅白色,鸭全身为浅褐色麻雀毛,喙、胫、蹼橘红色,爪白色,虹彩淡蓝色,皮肤黄色,公鸭除颈圈、主翼羽、腹中下部白色特征与母鸭相同外,全身羽毛深褐色,颈上部及尾部性羽均为墨绿色,有光泽。红毛绿翼梢无"三白"特征,有镰羽,母鸭全身为深褐色麻雀羽毛无麻点,喙、蹼呈黄褐色或青褐色,黑爪,黄皮肤,虹彩赭石色;公鸭头至颈部羽毛和镜羽及性羽呈墨绿色。有光泽,喙、胫、蹼橘红色。带圈白翼梢急躁好动,觅食力强,适宜放牧;红毛绿翼梢体型略小,性情温顺,更适于圈养。未经选育的绍兴鸭年产蛋量 250 枚左右,经选育后为 280～300 枚,高产者可达 300 枚以上,平均蛋重 66 g 左右。壳色:带圈白翼绍兴鸭以白色为主,红毛绿翼绍兴鸭以青色为主。带圈白翼绍兴公鸭成年体重公鸭 1.40 kg,母鸭 1.30 kg;红毛绿翼绍兴公鸭成年体重公鸭 1.30 kg,母鸭 1.25 kg。

(3)康贝尔鸭。原产于英国,是世界著名的蛋鸭品种。由英国的康贝尔氏用印度跑鸭与当地鸭杂交,其杂交种再与鲁昂鸭及野鸭杂交,于 1901 年育成。康贝尔鸭有 3 个变种:黑色康贝尔鸭、白色康贝尔鸭和咔叽·康贝尔鸭。我国引进的是咔叽·康贝尔鸭,体躯宽而深,紧凑结实,背平直而宽,头较小,颈中等长略粗,胸深而丰满,腹部发育良好不下垂,两翼紧附体躯,腿健壮而长度适中,骨细,瘦肉多,脂肪少,肉质细嫩多汁,并具有野鸭肉香味。成年体重母鸭为 2.0~2.3 kg,公鸭为 2.3~2.5 kg。产蛋性能好,开产日龄 120~135 d,蛋重 70 g 左右,蛋壳白色。

3. 蛋肉兼用型鸭品种

(1)高邮鸭。它是较大型的蛋肉兼用型麻鸭品种。主要产于江苏省高邮、宝应、兴化等县。该品种觅食能力强,善潜水,适于放牧。背阔肩宽胸深,体躯长方形。公鸭头和颈上部羽毛深绿色,有光泽;背、腰、胸部均为褐色芦花羽。母鸭全身羽毛褐色,有黑色细小斑点,如麻雀羽。开产日龄为 110~140 d,年产蛋 140~160 枚,高产群可达 180 枚,平均蛋重 76 g。成年体重平均 2.6~2.7 kg。放牧条件下 70 日龄体重达 1.5 kg 左右,在较好的饲养条件下 70 日龄体重可达 1.8~2.0 kg。

(2)建昌鸭。它是麻鸭类型中肉用性能较好的品种,以生产大肥肝而闻名。主要产于四川省凉山彝族自治州的安宁河谷地带的西昌、德昌、冕宁、米易和会理等县市。西昌古称建昌,因而得名建昌鸭。由于当地素有腌制板鸭、填取肥肝和食用鸭油的习惯,因而促进了建昌鸭肉用性能及肥肝性能的提高。该鸭体躯宽深,头颈大。公鸭头上和颈上部羽毛墨绿色而有光泽,颈下部有白色环状羽带;尾羽黑色。母鸭羽毛以浅麻色和深麻色为主,浅麻雀羽居多,占 65%~70%;除麻雀羽色外,约有 15% 的白胸黑鸭,这种类型的公、母鸭羽色相同,全身黑色,颈下部至前胸的羽毛白色。母鸭开产日龄为 150~180 d,年产蛋 150 枚左右。蛋重 72~73 g,蛋壳有青、白两种,青壳占 60%~70%。成年体重公鸭 2.2~2.6 kg,母鸭 2.0~2.1 kg。

(三)鹅的品种

养鹅的目的主要是根据人们需要获得多而好的鹅肉、蛋、肥肝、羽绒等鹅产品,根据鹅的体重大小分大型、中型、小型三类。小型品种鹅的公鹅体重为 3.7~5.0 kg,母鹅 3.1~4.0 kg,如我国的太湖鹅、乌鬃鹅、永康灰鹅、豁眼鹅、籽鹅等。中型品种鹅的公鹅体重为 5.1~6.5 kg,母鹅 4.4~5.5 kg,如我国的浙东白鹅、皖西白鹅、溆浦鹅、四川白鹅、雁鹅、伊犁鹅等,德国的莱茵鹅等。大型品种鹅的公鹅体重为 10~12 kg,母鹅 6~10 kg,如我国的狮头鹅、法国的图鲁兹鹅等。

1. 小型鹅种

(1)太湖鹅。原产于江苏、浙江两省沿太湖地区,现分布于江苏省大部、浙江省杭嘉湖地区、上海郊县,在东北、河北、湖南等地均有分布。体型小,体态高昂优美,羽毛紧密,结构紧凑。肉瘤发达,公鹅比母鹅更突出明显;颈细长,呈弓形,无咽袋;全身羽毛洁白;喙、胫、蹼均呈橘红色。成年公鹅体重 4.0~4.5 kg,母鹅 3.0~3.5 kg。在放牧条件下,70 日龄体重 2.32 kg,半净膛屠宰率 78.64%,全净膛屠宰率 64.05%。母鹅性成熟早,约 160 日龄开产,群体中约有 10% 的个体有就巢性。年产蛋量平均 60 枚以上,蛋重 135.3 g,蛋壳白色。

(2)籽鹅。集中产区为黑龙江省绥化和松花江地区,其中以肇东、肇源、肇州等县最多,黑龙江省各地均有分布。吉林省农安县一带也有籽鹅分布。籽鹅因产蛋多而得名,是世界上少有的产蛋量高的鹅种。籽鹅全身羽毛白色,一般有顶心毛,肉瘤较小。体型轻小,紧凑,略呈长圆形。有咽袋,但较小。喙、胫、蹼皆为橙黄色,虹彩灰色。成年体重公鹅约 4.5 kg,母鹅约 3.5 kg。70 日龄仔鹅半净膛屠宰率 78.02%～80.19%,全净膛屠宰率 69.47%～71.30%。母鹅开产日龄为 180～210 d。年产蛋量达 100 枚以上。平均蛋重 131.3 g,蛋壳白色。种蛋受精率 85%以上,受精蛋孵化率 90%左右。

(3)豁眼鹅。又称豁鹅,因两眼睑均有明显豁口而得名。原产于山东莱阳地区,因集中产区地处五龙河流域,故曾名五龙鹅。历史上曾有大批山东移民迁居东北,带去这个鹅种。因此,在吉林通化地区叫这种鹅为疤拉眼鹅。在辽宁省昌图地区,称这种鹅为昌图鹅。豁眼鹅分布遍及东北三省。《中国家禽品种志》根据异名同种统一原则,统称为豁眼鹅。耐寒性能强,冬季在−30 ℃无防寒设施条件下还能产蛋;产羽绒较多,含绒量高。体型较小,体质细致紧凑,羽毛白色。眼呈三角形,两上眼睑均有明显豁口,为该品种独有的特征。头较小,颈细稍长。喙、胫、蹼均为橘黄色,成年鹅有橘黄色肉瘤。公鹅成年体重 3.72～4.44 kg,母鹅 3.12～3.82 kg。上市仔鹅半净膛屠宰率 78.3%～81.2%,全净膛屠宰率为 70.3%～72.6%。公母鹅一般在 7～8 月龄配种或产蛋。在放牧为主的条件下,年平均产蛋 80 枚左右。蛋重 120～130 g,壳白色。种蛋受精率 85%左右,受精蛋孵化率 80%～85%。

2. 中型鹅种

(1)皖西白鹅。原产于安徽西部丘陵山区和河南省固始一带,主要分布于皖西的霍邱、寿县、六安、肥西、舒城、长丰等县以及河南的固始等县。体型中等,颈细长呈弓形,胸部丰满,背宽平,全身羽毛白色。头顶有光滑的橘黄色肉瘤,公鹅体躯略长,母鹅呈蛋圆形;喙橘黄色,胫、蹼橘红色。少数个体头顶部有球形羽束(即顶心毛)。成年公鹅体重 5.5～6.5 kg,母鹅 5～6 kg。在一般放牧条件下,60 日龄仔鹅体重 3.0～3.5 kg,90 日龄可达 4.5 kg。8 月龄放牧饲养和不催肥的鹅,半净膛和全净膛屠宰率分别为 79.0%和 72.8%。母鹅 180 d 左右开产,产蛋期多集中在 1 月和 4 月,母鹅就巢性很强,绝大多数母鹅有就巢性,年产蛋 25 枚左右。无就巢性的母鹅年产蛋约 50 枚。平均蛋重 142 g,蛋壳白色。

(2)雁鹅。中国灰色鹅品种的典型。雁鹅产于安徽省西部的六安地区,主要分布于霍邱、寿县、六安、舒城、肥西等县。现在安徽的宣城、郎溪、广德一带和江苏西南的丘陵地区成了雁鹅新的饲养中心,通常称为"灰色四季鹅"。雁鹅体型较大,体质结实,全身羽毛紧贴。头部圆形略方,额上部有黑色肉瘤,质地柔软,呈桃形或半球形向上方突出;喙黑色、扁阔;胫、蹼多数为橘黄色,个别有黑斑,爪黑色;颈细长,胸深广,背宽平,有腹褶。成年鹅羽毛呈灰褐色或深褐色,颈的背侧有一条明显的灰褐色羽带,体躯的羽毛从前向后由深渐浅,至腹部成为灰白色或白色;背、翼、肩及腿部羽毛皆为灰褐色羽镶白边的镶边羽,排列整齐。肉瘤的边缘和喙的基部大部分有半圈白羽。成年公鹅体重 5.5～6.0 kg,母鹅 4.7～5.2 kg。70 日龄上市的肉用仔鹅体重 3.5～4.0 kg;半净膛屠宰率为 84%,全净膛屠宰率为 72%左右。公鹅 150 日龄达到性成熟。雁鹅的性行为有明显的季节性。成年公鹅在 5 月下旬性行为明显下降,6 月中旬至 8 月底基本没有求偶交配表现。母鹅在繁殖季节求偶交配,其他季节一般不接受交配。母鹅控制在 210～240 日龄开产。年产蛋量 25～35 枚。平均蛋重 150 g,蛋壳白色。

（3）朗德鹅。原产于法国西南部的朗德省。当地原来的朗德鹅一直在与附近的图卢兹鹅、玛瑟布鹅相互杂交，进行鹅肥肝的商品生产。经过长期的选育，逐渐形成了世界闻名的肥肝专用种——朗德鹅。朗德鹅体型中等偏大。毛色以灰褐色为主，也有白色和灰白杂色的朗德鹅。灰褐色的朗德鹅，在颈背部接近黑色，而在胸腹部毛色较浅呈银灰色。匈牙利饲养的朗德鹅以白色的居多。鹅喙橘黄色，胫、蹼为肉色。成年公鹅体重 7～8 kg，母鹅 6～7 kg。仔鹅 56 日龄体重可达 4.5 kg 左右。肉用仔鹅经填肥后活重达到 10～11 kg，肥肝重量达 700～800 g。每年拔毛 2 次，可获毛绒 350～450 g。母鹅性成熟期 180 日龄，一般在 2～6 月产蛋，平均年产蛋量 35～40 枚。

（4）莱茵鹅。原产于德国莱茵州，以其产蛋量高，繁殖力强而著称，广泛分布于欧洲各国。我国从 1989 年从法国引进了莱茵鹅。莱茵鹅体型中等偏小。头上无肉瘤，颈粗短。初生雏鹅背面羽毛为灰褐色，从 2～6 周龄，逐渐转为白色，成年时全身羽毛洁白。喙、胫、蹼均呈橘黄色。成年公鹅 5～6 kg，母鹅 4.5～5 kg。肉用仔鹅 8 周龄活重 4.2～4.3 kg。种鹅性成熟较早，母鹅年产蛋量 50～60 枚，蛋重 150～190 g。莱茵鹅的肥肝性能较差，但繁殖性能高，生长速度快，可作为配套杂交的母本。

3. 大型鹅种

（1）狮头鹅。我国优良的大型鹅种，也是世界上三大鹅种之一。原产于广东省饶平县，主要产区在澄海区和汕头等地。狮头鹅与亚洲和欧洲大多数鹅种不同，具有独特的体型外貌。体躯硕大，呈方形，头大颈粗短。头部黑色肉瘤发达，向前突出，覆盖于喙上；两颊有对称的肉瘤 1～2 对；成年公鹅和两岁母鹅的头部肉瘤特征更加明显；颌下咽袋发达，一直延伸到颈部，形成"狮形头"，故得名狮头鹅。眼皮凸出，多呈黄色，虹彩褐色；胫、蹼为橙红色，有黑斑。羽毛颜色大部似雁鹅，即全身背面羽毛、前胸羽毛和翼羽均为棕褐色，由头顶沿颈的背面形成鬃状的深褐色羽毛带，体侧、翼、尾羽有浅色镶边，腹部灰白或白色。成年公鹅体重 10～12 kg，最大可达 19 kg；母鹅体重 9～10 kg，最大 13 kg。肉用仔鹅在 40～70 日龄增重最快，70～90 日龄未经填肥的仔鹅平均体重为 5.84 kg，半净膛屠宰率为 82.9%，全净膛屠宰率为 72.3%。肥肝平均重为 538 g，最大肥肝重 1 400 g，肝料比 1∶40。母鹅开产日龄 160～180 d，产区习惯把开产期控制在 220～250 日龄。产蛋季节为每年的 9 月至翌年的 4 月。全年产蛋量 25～35 枚，一般每年产 3 窝蛋，少数母鹅可产蛋 4 窝，母鹅就巢性强。蛋重 105～255 g，蛋壳白色。

（2）埃姆登鹅。它为世界驰名的古老鹅种之一，长期以来西欧就饲养这一白色鹅。原产于德国西部的埃姆登城附近。是由意大利白鹅与德国及荷兰北部的白鹅杂交选育而成的。该鹅在英国和北美地区饲养较多，我国台湾省已引种，肥育性能好，用于生产优质鹅油及肉。埃姆登鹅全身羽毛白色。初生雏鹅羽毛为黄色，但在背部及头部带有一些灰色绒毛。在换羽前，一般可根据绒羽的颜色来鉴别公母，公雏鹅绒毛上的灰色部分比母雏鹅浅些。仔鹅像大部分欧洲白鹅一样，羽毛里常会出现有色羽毛，但到成年时会全部脱换成白色羽。体型大，头大呈椭圆形，喙粗短，颈长稍曲，背宽阔，体长，胸部丰满，腹部有一双腹褶下垂；喙、胫、蹼呈橘红色，虹彩蓝色。成年鹅体重公鹅 9～15 kg，母鹅 8～10 kg。60 日龄体重 3.5 kg，母鹅 300 日龄左右开产，就巢性强，年产蛋量 20～30 枚，蛋重 160～200 g。

任务二　家禽繁育

家禽繁育方法包括自然交配和人工授精。

一、自然交配

自然交配亦称本交,即利用家禽本身正常的性行为来繁衍后代。

(一)配偶比例及种禽利用年限

1. 配偶比例

公母比例是否合适直接影响家禽的繁殖效率,公母比例过大,每只公禽配种负担过重,导致精液品质下降,并可能造成部分母禽漏配。反之,公母比例过小,公禽之间会产生争斗,干扰交配,也会降低受精率。家禽公母适宜的配种比例见表2-1-5。

表 2-1-5　家禽公母适宜的配种比例

品种	公母配比	品种	公母配比
蛋鸡	1∶(10～15)	肉鸭	1∶(8～10)
肉鸡	1∶(8～10)	鹅	1∶(4～6)
蛋鸭	1∶(15～20)		

公禽放入母禽群中后48 h即可采集种蛋,但要获得高受精率种蛋需5～7 d。

2. 种禽利用年限

家禽的繁殖性能与年龄有直接关系,种禽的利用年限因种类和禽场的性质而不同。鸡鸭属于性成熟后第一个生物学产蛋年的产蛋量和受精率最高,因此一般只利用1个繁殖年度。鹅的生长期较长,性成熟较晚,产蛋母鹅可利用5～6年。

(二)家禽的配种方法

1. 大群配种

在较大的母禽群中放入一定比例的公禽,与母禽随机交配。禽群的大小,应根据家禽的种类、品种及禽舍的大小而定。如鸡根据具体情况为100～1 000只,当年的鸡群公母配比可大些,但最大不能超过1∶15,否则影响种蛋受精率。

2. 小群配种

又称单间配种,即在一小群母禽中放入一只公禽与其配种。要求有小间配种舍,自闭产蛋箱,公母禽均佩戴脚号,群的大小根据品种的差异而定,一般为10～15只。

二、人工授精

家禽(以鸡为例)的人工授精不仅扩大了公母配比,提高受精率,而且采用人工的方式克服了公鸡的择偶与配种困难,提高公鸡的利用率,扩大基因库,同时由于操作简单,便于清洁等优点,使鸡的人工授精技术随着笼式养鸡的普及和发展得以广泛推广。

(一)采精前的准备

1.种公鸡的准备

选择健康、体质外貌良好、雄性特征强的公鸡采精。在使用前3～4周内单笼饲养。采精训练前剪掉泄殖腔周围的羽毛。每日或隔日、定时、定人按摩训练采精。一般训练3～5次即可采出精液。每次采精前3～4 h停料,以防粪、尿污染。

2.器具的准备

严格消毒采精用的采精杯、集精杯、输精管或连续输精器,用蒸馏水冲洗晾干后放入干燥箱,干燥处理备用。每次输精后洗净,再用蒸馏水冲洗2～3次。

3.人员准备

采精和输精操作人员进入鸡舍前做好常规的消毒工作。

(二)采精

1.采精方法

采用两人合作按摩法采精。一人操作、一人当助手。助手从笼中抓出公鸡,左手抓住双翅,右手抓住双脚,人坐在小方凳上,并把鸡的双脚交叉夹在操作者双腿里,使鸡头向左背朝上。采精者左手掌心向下,紧贴公鸡腰背,向尾部做轻快而有节奏的按摩。同时右手接过助手递来的采精杯,用中指和无名指夹住,杯口朝外,以免按摩时公鸡排粪污染。拇指与其余四指分开跨放在公鸡的泄殖腔两下侧腹部柔软部,做腹部按摩。当左手从公鸡背部向尾部按摩,公鸡出现泄殖腔外翻或呈交尾动作时,用按摩背部的左手掌迅速将尾羽压向背部,并将拇指与食指分开放于泄殖腔上方,做挤压准备。同时用右手在鸡腹部进行轻而快的抖动按摩,当泄殖腔外翻,露出勃起的阴茎时,左手拇指与食指立刻捏住泄殖腔外缘,轻轻压挤,当出现排精反应时,夹着采精杯的右手迅速翻转,将采精杯放在泄殖腔下边,将精液收入采精杯内。如此重复2～3次即完成一只公鸡的采精。

公鸡的正常精液为乳白色,每只公鸡每次可采精液0.4～1.2 mL。采精的次数因鸡龄不同而异,一般青年公鸡开始采精的第1月可隔日采精1次,随鸡龄增大可1周内采精5 d,休息2 d。

2.采精时应注意的事项

(1)采精前要停食,以防吃得过饱,采精时排粪污染精液品质。

(2)采精人员应相对固定,因为各人的手法轻重是不同的,引起性反射的程度也不一样,从而造成采精量差异较大;同时,有的公鸡反应很快,稍一按摩就射精,人员不固定,对每只公鸡的情况不熟悉,容易使精液损失。

(3)每只公鸡最好使用一只采精杯。

(4)每只公鸡1～2 d采1次精,且要1次采集成功。

(5)定期对公鸡的精液进行品质检查。

(6)采下的精液应放入5～15 ℃的温度条件下保存。精液最好在30 min内用完,否则可引起精液品质下降。

3.精液品质评定

(1)精液的颜色。鸡正常的精液颜色为乳白色,浓稠如牛奶。若颜色不一致或混有血、粪、尿等,或透明,都不是正常的精液,不可输精。

(2)射精量。射精量的多少与鸡的品种、年龄、生理状况、饲养管理等条件有关,同时也与公鸡的使用制度和采精者的熟练程度有关。每只公鸡的射精量一般为 0.20～0.50 mL。

(3)精液的浓度。一般把鸡精液浓度分为浓、中、稀 3 种,在显微镜下观察视野中精子的数量,一次射精的平均浓度为 30.4 亿/mL。

(4)精子活力。精子活力对种蛋的受精率影响很大,只有活力高的精子才能进入母鸡输卵管,到达漏斗部与卵子受精,精子的活力也是在显微镜下观察,用精液中直线摆动前进的精子的百分比来衡量。

(5)精液的 pH。采精过程中,有异物落入其中是精液 pH 变化的主要原因。正常的精液 pH 通常为 7.1～7.6。精液 pH 的变化影响精子的活力,从而也影响种蛋的受精率。

(三)输精技术

1.输精方法

一种方法,翻肛人员打开笼门,将鸡抓出,用左手大拇指与食指、小指和无名指分别夹住母鸡的两大腿,掌心紧贴鸡胸骨末端,将手直立,使母鸡背部紧贴自己的胸部,鸡头朝下,泄殖腔向上。然后,右手拇指和其余四指呈八字形横跨在泄殖腔两侧柔软部,轻轻向下压使泄殖腔外翻,阴道口在泄殖腔左上方,输精人员输精即可。

另一种方法,翻肛人员用右手抓住鸡的双腿,稍向上提,将鸡提到笼门口,左手大拇指和其余四指自然分开,紧贴泄殖腔向腹部方向轻轻一压,使位于泄殖腔左侧的输卵管口外翻,输精人员立即输精。

2.输精操作的技术要点

(1)翻肛人员在向腹部方向施压时,一定要着力于腹部左侧,因输卵管开口在泄殖腔左侧上方,而右侧为直肠开口,用力相反,则可能引起母鸡排粪造成污染。

(2)翻肛用力不能太大,以防止输卵管内的蛋被压破,从而引起输卵管炎和腹膜炎。

(3)输精部位要准确,翻肛时输卵管口没有外露,被肛门括约肌盖住时,不要急于输精,而应用输精器轻轻拨一下,露出输卵管口,找准位置再输,否则会影响受精率。

(4)无论使用何种输精器,都必须对准输卵管口中央,垂直插入。不能将输精器斜插,否则,不但不能输进精液,而且容易损伤输卵管壁,造成出血引起炎症。

(5)翻肛人员要与输精人员密切配合,当输精人员将输精器插入输卵管内时,翻肛人员应立即解除对腹部的压力,使精液全部输入并利用输卵管的回缩力将精液引入输卵管深部。

3.输精的部位和深度

阴道输精可分为浅部输精(2～3 cm)、中部输精(4～5 cm)、深部输精(6～8 cm)。一般应采用浅部阴道输精,而在母鸡产蛋下降,精液品质较差的情况下,可采用中部阴道输精(鸭、鹅浅部输精为 5～7 cm)。

4.输精量和输精次数

轻型品种每次输精量应为 0.025 mL,中型品种为 0.025～0.03 mL。产蛋中、后期的输精量应稍大一些,约为 0.05 mL。每隔 4～5 d 输精 1 次,夏季输精间隔不变,但输精量可以加大 1 倍。

5.输精时间

子宫内有未产的硬壳蛋,将会影响精子在输卵管内的存活和运行。一般输精时间:鸡

15:00 后;鸭、鹅一般清晨产蛋,输精时间 10:00 以后为宜。

6.输精注意事项

(1)输精时应尽量使精液不产生气泡。

(2)最好用稀释液稀释,用连续输精器输精,可减少污染。

(3)第一次输精,输精量加倍或连续两次输精。

(4)输精时停止压迫母鸡腹部,以免精液外流。

(5)每输一只母鸡应换一个输精胶头。

(6)当环境温度低于 20 ℃时,最好采用保温集精杯集精,保温杯中灌注 32 ℃的温水。

复习思考题

1.蛋鸡地方品种、标准品种有何特点?现代蛋鸡品种分哪几类?各有何特点?

2.说出当地饲养商用现代蛋鸡品种的主要生产性能、外貌特征和优缺点。

3.现代肉鸡品种有何特点?现代肉鸡品种分哪几类?各有何特点?

4.怎样提高种禽的人工授精率?

技能训练九　鸡的人工授精

【目的要求】

通过实验初步掌握鸡人工授精的方法,为今后养鸡生产中广泛应用人工授精技术打好基础。

【材料和用具】

种公鸡、母鸡若干只、保温杯、小试管、胶塞、采精杯、刻度试管、水温计、试管架、玻璃吸管、注射器、药棉、纱布、毛巾、胶用手套、生理盐水、显微镜等。所有器具应严格消毒烘干,以防止病菌的感染。

【内容和方法】

1.采精

两人合作按摩法采精。

2.输精

两人合作输精。

3.人工授精测定项目

(1)精液的颜色。

(2)射精量。

(3)精液的浓度。

(4)精子活力。

(5)精液的 pH。

(6)种禽受精率。

二维码 2-1-1
种母鸡的人工输精

【实训报告】

结合操作与鸡场技术人员、授精人员座谈,探讨人工授精的重要性,操作技术要点,应注意的事项。写出实习实训体会。

家禽场建设与生产设备选择

【知识目标】
1.了解家禽场的选址与规划。
2.了解各类禽舍的构造特点。
3.掌握家禽的环境调控措施。
4.了解家禽场常用设备的种类及功能。

【技能目标】
1.能够初步设计中小型家禽场。
2.能对家禽生产的环境进行调控。
3.能选择和使用家禽场常用设备。

任务一 家禽场的选址与规划

家禽场场址的选择是否适当,规划是否合理,直接影响到投产后场区小气候,经营效益及环境保护状况的好坏。为了创造适宜的生产环境条件,利于经营管理及长远发展,必须对家禽场进行合理的选址和规划。

一、场址选择

家禽场场址选择要在符合国家关于《基本农田保护条例》和《环境保护法》的基础上,考虑禽场生产对周围环境的要求,要尽量避免禽场产生的气味,污物对周围环境的影响。所以在场址选定前,要做好自然条件和社会经济条件的调查。

(一)自然条件

1.地势地形

家禽场应选在地势较高、干燥平坦及排水良好的场地,要避开低洼潮湿地,远离沼泽地。场地要向阳背风,以保持场区小气候温热状况的相对稳定,减少冬春季风雪的侵袭。场址至少高出当地历史洪水水位线以上,其地下水位应在 2 m 以下,这样可以避免洪水的威胁和减少因土壤毛细管水位上升而造成地面潮湿。如地势低洼或地面潮湿,病原微生物与寄生虫容易滋生,机具设备易于腐蚀,甚至导致各种疾病的不断发生。

平原地区宜在地势较高、平坦而有一定坡度的地方,以便排水、防止积水和泥泞。地面坡度以 1‰～3‰ 较为理想。山区宜选择向阳坡地,但总坡度不超过 25‰,建筑区坡度应在 2.5‰ 以内。场地地形宜开阔整齐,避免边角过多和过于狭长,否则会影响建筑物合理布局,使场区的卫生防疫和生产联系不便,场地也不能得到充分利用。

2.土壤土质

家禽场的土壤以沙壤和壤土较为理想,但在一定地区内,受客观条件的限制,选择理想的土壤并不容易,应着重考虑土壤的卫生条件、化学和生物学特性。家禽场选择时要求过去未被致病细菌、病毒和寄生虫所污染,透气性和透水性良好,以便保证地面干燥。对于采用机械化装备的禽场还要求土壤压缩性小而均匀,以承担建筑物和将来使用机械的重量。

3.水源水质

家禽场要有良好的水质和充足的水源,同时便于取用和进行防护。水量能满足场内人禽饮用和其他生产、生活用水的需要,且在干燥或冻结时期也能满足场内全部用水需要。水质要清洁,不含细菌、寄生虫卵及矿物毒物。在选择地下水作水源时,要调查是否因水质不良而出现过某些地方性疾病。

4.气候因素

建筑规划、布局和设计,禽舍朝向、防寒与遮阳设施的设置以及家禽场防暑、防寒日程安排等都与气候状况有明显的关系。因此规划家禽场时,可以参照各地民用建筑设计规范和标准,同时收集拟建地区与建筑设计有关及影响家禽场小气候的气候气象资料和常年气象变化、灾害性天气情况等,如平均气温,绝对最高气温、最低气温,土壤冻结深度,降水量与积雪深度,最大风力,常年主导风向、风向频率,日照情况等。

(二)社会条件

1.卫生防疫要求

场址选择应遵守社会公共卫生准则,其污物、污水不得成为周围社会环境的污染源。同时为防止家禽场受到周围环境的污染,选址时应避开居民点的污水排出口,也不能将场址选在屠宰场、禽产品加工厂、化工厂、制革厂等容易产生环境污染企业的下风向处、污水流经处、货物运输道路必经处或附近。按照畜牧场建设标准,要求距离铁路、高速公路、交通干线不小于 1 000 m,距离一般道路不小于 500 m。

以下地区或地段也不适合建场:规定的自然保护区、生活饮用水水源保护区、风景旅游区;受洪水或山洪威胁及有泥石流、滑坡等自然灾害多发地带;自然环境污染严重的地区。

2.交通运输

家禽场应交通方便,以便于饲料、粪便、产品的运输,场址尽可能接近饲料产地和加工地,靠近产品销售地,以减少运输费用,降低成本。

3.电力供应

家禽一些生产环节如孵化、育雏、机械通风等都离不开电,因此,家禽场生产、生活用电都要求有可靠的供电条件。通常,建设畜牧场要求有Ⅱ级供电电源。如果电源不足应自备发电机,以保证场内供电的稳定可靠,使生活、生产正常运行。

4.土地征用需要

必须遵守珍惜和合理利用土地的原则,不得占用基本农田,尽量利用荒地和劣地建场。大型家禽企业分期建设时,场址选择应一次完成,分期征地。征用土地可按场区总平面设计图计算实际占地面积。

二维码 2-2-1
肉鸡养殖场
场址规划

二、场区规划

合理的家禽场规划既能满足生产过程的延续性,建立最佳的生产联系,又有利于生产管理和防疫,提高劳动生产效率。

(一)家禽场场区规划

家禽场按建筑设施用途分为生活区、管理区、生产区、隔离区。分区规划的总体原则是以人为先、污为后,根据卫生防疫、工作方便需求,结合场地地势和当地全年主风向,从上风向到下风向顺序安排以上各区。

1.生活区的功能与要求

生活区包括职工宿舍、食堂、文化娱乐室、活动或运动场地等。此区应设在全场的上风向和地势较高地段,避免生产区臭气与粪水污染,并便于与外界联系。

2.管理区的功能与要求

管理区包括行政和技术办公室、饲料加工及料库、车库、杂品库、更衣消毒和洗澡间、配电房、水塔等,是担负家禽场经营管理和对外联系的场区,应设在与外界联系方便的位置。管理区、生产区应严格分开并相隔一定距离,至少保持 $100\sim200$ m 以上的距离。管理区与生产区间还要设大门、消毒池和消毒室,外来人员不得进入生产区。

3.生产区的功能与要求

生产区是禽场布局中的主体,应慎重对待。为保证防疫安全,无论是综合性养禽场还是专业性养禽场,禽舍的布局应根据主风方向与地势,按孵化室、幼雏舍、中雏舍、后备禽舍、成禽舍顺序设置。

孵化室与场外联系较多,宜建在场前区入口处的附近。大型禽场可单设孵化场,设在整个养禽场专用道路的入口处;小型禽场也应在孵化室周围设围墙或隔离绿化带。

综合性禽场,种禽群和商品禽群应分区饲养,种禽区应放在防疫上的最优位置,并设沟、渠、墙或绿化带等隔离障与其他区域分隔开。育雏区与成禽区应隔一定的距离防止交叉感染。因种雏与商品雏培育目的不同,必须分群饲养,以保证禽群的质量。

4.隔离区的功能与要求

隔离区包括病死禽隔离、剖检、化验、处理等房舍和设施,粪便污水处理及贮存设施等,是卫生防疫和环境保护工作的重点,其隔离应更严格,与外界接触要有专门的道路相通。病禽隔离舍及处理病死禽的尸坑或焚尸炉等设施,应距禽舍 300 m 以上,周围应有天然的或人工的隔离屏障,设单独的通路与出入口;贮粪场与禽舍间距不小于 100 m,要设在对外出口附近的污道尽头,既便于禽粪由禽舍运出,又便于运到田间施用(图 2-2-1)。

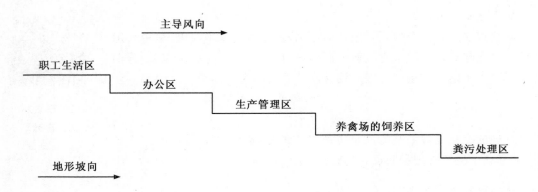

图 2-2-1　家禽场按地势、风向分区规划示意图

(二)禽场的公共卫生设施

二维码 2-2-2
肉鸡场消毒
设施与粪便清理

1. 消毒设施

禽场的大门口应设置消毒池,以便对进场的车辆和人员进行消毒。生活管理区进入生产区的通道处设置消毒池、紫外线灯照射、喷雾等立体消毒设施。每栋禽舍的门口也应设置消毒池,用浸过消毒液的脚垫放在池内,供进出人员消毒鞋底。

2. 禽场道路

生产区的道路应设置净道和污道,两者不能相互交叉,其走向为孵化室、育雏室、育成舍、成年禽舍,利于卫生防疫。净道专门是生产联系、运送饲料和产品使用,污道为运送粪便污物、病死禽使用。场前区与隔离区应分别设与场外相通的道路。

场内道路材料可根据实际情况选用柏油、混凝土、砖、石或焦渣等均可。道路宽度根据用途和车宽决定,路面的坡度为 1‰～3‰。场外的道路不能与生产区的道路直接相通。

3. 禽场排水

一般可在道路一侧或两侧设排水沟,沟壁、沟底可砌砖石,也可将土夯实做成梯形或三角形断面。排水沟最深处不应超过 30 cm,沟底应有 1‰～2‰ 的坡度,上口宽 30～60 cm。隔离区要有单独的下水道将污水排至场外的污水处理池。

4. 禽场绿化

绿化能改善场区的小气候和舍内环境,有利于提高生产率。进行禽场规划时,注意在不影响场区通风和禽舍的自然通风效果的条件下,必须规划出绿化地,其中包括防风林、隔离林、行道绿化、遮阳绿化、绿地等。

有的集约化种禽场为了确保卫生防疫安全有效,场区内不种树,以防病原微生物通过鸟粪等杂物在场内传播,场区内除道路及建筑物之外全部铺种草坪,这也可起到调节场区内小气候、净化环境的作用。

任务二　家禽舍的设计与建造

一、禽舍的类型

(一)鸡舍的类型

1.开放式鸡舍

它指舍内与外部直接相通,可利用光、热、风等自然能源,建筑投资低,但易受外界不良气候的影响,需要投入较多的人工进行调节,有以下3种形式。

(1)棚式。它又称全开放式鸡舍,即四周无墙壁,用网、篱笆或塑料编织物与外部隔开,由立柱或砖条支撑房顶。这种鸡舍采用自然光照、自然通风为主,辅以人工光照、机械通风。虽然投资成本低,但防暑、防雨、防风效果差,适于炎热地区或北方夏季使用,低温季节需封闭保温。

(2)半开放式。前墙和后墙上部敞开,一般敞开 1/2～2/3,敞开的面积取决于气候条件。这种鸡舍结合了全开放式和密闭鸡舍的优点,鸡舍除了安装透明的窗户之外,还安装了湿垫风机降温系统。在春秋季节窗户可以打开,进行自然通风和自然光照;夏季使用湿垫降温,加大通风量,冬季减少通风量到最低需要量水平,以利于鸡舍保温。

(3)有窗式。四周用围墙封闭,南北两侧墙上设窗户。在气候温和的季节里依靠自然通风;气候恶劣时则关闭南北两侧大窗,开启一侧山墙的进风口,并开动另一侧山墙上的风机进行纵向通风。该种鸡舍既能充分利用阳光和自然通风,又能在恶劣的气候条件下实现人工调控室内环境,能较好地满足鸡生长发育的需要。

2.密闭式鸡舍

一般无窗,屋顶与四壁保温良好,通过各种设备控制与调节作用,使舍内小气候适宜于鸡体生理特点的需要,减少了外界不利因素对鸡的影响。由于封闭鸡舍内的环境条件能够人为控制,可以使鸡舍的内部条件尽量维持在接近鸡的最适需要的水平,能够满足鸡的最佳生长,充分发挥鸡的生产性能。但建筑和设备投资高,对电的依赖性很大,饲养管理技术要求高,需要慎重考虑当地的条件而选用,一般适用于我国北方寒冷地区。

(二)水禽舍的类型

水禽舍分有窗可封闭式、开放式两种。

1.有窗可封闭式

同有窗可封闭式鸡舍相似,普通肉鸭的育肥多采用此类水禽舍。

2.开放式

由禽舍、陆上运动场、水上运动场组成。种鸭、蛋用鸭、优质肉鸭,肉鹅、种鹅多采用此类水禽舍。

二、禽舍的设计

(一)鸡舍的设计

1. 鸡舍的外部设计

(1)鸡舍的朝向。鸡舍朝向以坐北朝南最佳。在找不到朝南的合适场址时,朝东南或朝东的方向也可以考虑,但绝对不能在朝西或朝北的地段建造鸡舍。

(2)鸡舍的屋顶。屋顶既要有较好的保温隔热性能,还要承重、防水、防火、不透气、光滑、耐久、结构轻便、简单、造价低。在气温较高、雨量较多的地区,屋顶的坡度宜大些。屋顶两侧的下沿应留有适当的檐口,以便于遮阳挡雨。

(3)鸡舍的墙壁。墙壁是鸡舍的围护结构,要求防御外界风雨侵袭、隔热性良好,为舍内创造适宜的环境。外墙用水泥抹缝,内墙用水泥或白石灰盖面,以便防潮和利于冲刷。

(4)鸡舍的地面。鸡舍地面至少要高出舍外地 30 cm,表面坚固无缝隙,多采用混凝土铺平,易于洗刷消毒、保持干燥。为了有利于舍内清洗消毒时的排水,中间地面与两边地面之间应有一定的坡度。在地下水位高及比较潮湿的地区,应在地面下铺设防潮层。

(5)鸡舍的门窗。鸡舍的门宽应考虑所有设施和工作车辆都能顺利进出,一般单扇门高 2 m、宽 1 m;双扇门高 2 m、宽 1.6 m(每扇 2 m×0.8 m)。

鸡舍的窗户要考虑鸡舍的采光和通风,窗户与地面面积之比为 1∶(10~18)。网上或棚状地面养鸡,在南北墙的下部一般应留有通风窗,窗的尺寸为 30 cm×30 cm,并在内侧蒙以铁丝网和设有外开的小门,以防禽兽入侵和便于冬季关闭。开放式鸡舍的前窗应宽大,离地面可较低,以便于采光。后窗应小,约为前窗面积的 2/3,离地面可较高,以利夏季通风、冬季保温。

2. 鸡舍的内部设计

(1)鸡舍的布局。不同的饲养方式其笼具、通道的布局不同,各鸡舍应整齐平行排列,鸡舍与鸡舍之间留足采光、通风、消防、卫生防疫间距。一般情况下,鸡舍间的距离以不小于鸡舍高度的 3~5 倍即可满足要求。对于地面平养鸡舍,按鸡栏排列与过道的组合分为无过道式、单列单过道、双列单过道或双过道、三列二过道或四过道等布局方式。对于网上平养或笼养鸡舍,鸡栏和鸡笼的列数与地面平养鸡栏形式相同,只是需留有一定宽度的工作通道。

(2)鸡舍的长度。鸡舍的长度取决于整批转入鸡舍的鸡数、鸡舍的跨度、机械化的水平与设备质量。如大型机械化生产鸡舍应较长,过短则机械化效率低。按建筑规模,鸡舍长度一般为 66 m、90 m、120 m;中小型普通鸡舍为 36 m、48 m、54 m。

(3)鸡舍的跨度。即鸡舍的宽度,一般要根据屋顶的形式、饲养方式及鸡舍类型等决定。笼养鸡舍要根据鸡笼的排列数,并留有适宜的走道后,方可决定鸡舍的跨度,一般以 6~9 m 为宜;采用机械通风跨度可达 9~12 m。

(4)鸡舍的高度。鸡舍的高度应根据饲养方式、清粪方法、跨度与气候条件而定。跨度不大、平养、气候不太热的地区,鸡舍不必太高,一般从地面到屋檐口的高度为 2.5 m 左右;而跨度大、夏季气温高的地区,又是多层笼养,可增高到 3 m 左右。高床式鸡舍,其高度比一般鸡舍要高出 1.5~2.0 m,通常鸡舍中部高度不能低于 4.5 m。

(5)鸡舍的通道。通道的位置也与鸡舍的跨度大小有关。跨度小的平养鸡舍,常将通道设在北侧,其宽约 1 m;跨度大的鸡舍,可采用两走道,甚至是四走道。

(二)水禽舍的设计

随着水禽集约化养殖的进一步发展,水禽舍的建筑设计也不断地改善,但与鸡舍相比,结构相对简单,造价也低。水禽舍主要包括禽舍、陆上运动场、水上运动场,三者的比例一般为1:(1.5~2.0):(1.5~2.0)。

1.禽舍

根据饲养类型和功能的不同可分为育雏舍、育肥舍、种禽舍、孵化舍。

(1)育雏舍。育雏舍要求保温性能良好,干燥透气,以容纳500~1 000只水禽为宜。育雏舍长一般为40~50 m,舍宽为7~8 m,舍檐高2.0~2.5 m。窗与地面面积之比为1:(10~15),南窗离地面60~70 cm;北窗面积为南窗的1/3~1/2,离地面1 m左右。

(2)育肥舍。肥育期的水禽可直接养在地面上,但需每天清扫,常更换垫草,并保持舍内干燥。育肥舍也可设计栅架,分若干小栏,每小栏10~15 m²,可容纳中等体型育肥水禽70~90只。

(3)种禽舍。种禽舍要求防寒、隔热性能好,有天棚或隔热装置更好。每栋种禽舍以养400~500只种用水禽为宜。禽舍内分隔成5~6个小间,每小间饲养70~90只种禽。种禽舍必须设置陆上运动场和水上运动场。

(4)孵化舍。利用水禽进行自然孵化时,应设置专门的孵化舍。孵化舍要求环境安静,冬暖夏凉,空气流通。窗面积要适宜,使舍内光线较暗,这样有利于种禽安静孵化。

2.陆上运动场

陆上运动场是水禽休息和运动的场所。地面可以是砖、水泥、三合土铺成,坡度以20°~25°为宜。运动场面积的1/2部分应搭设凉棚或栽种葡萄等植物形成遮阳棚,以利于舍饲饲喂之用。

3.水上运动场

水上运动场供水禽洗浴和配种用。水上运动场可以利用天然沟塘、河流、湖泊,也可用人工浴池。人工浴池一般宽2.5~3.0 m,水深要求为0.8~1.0 m,用水泥砌成。水上运动场周围用1.0~1.2 m高的竹篱笆或用水泥、石头砌成围墙,以控制水禽的活动范围。水上运动场的排水口要有沉淀井,排水时可将泥沙、粪便等沉淀下来,避免堵塞排水道。

任务三　家禽环境调控

家禽的饲养环境可直接影响家禽的生长、发育、繁殖、产蛋、育肥和健康。通过人为控制家禽的饲养环境,尽可能满足家禽的最适需要,能充分发挥家禽的遗传潜力,降低疾病的发生频率,降低生产风险和成本。

一、禽舍的温热环境控制

(一)热量来源

禽舍内的热量主要来自家禽自身的产热量,产热量的大小和家禽的类型、饲料能量值、环境温度、相对湿度等有关。相同体重的肉鸡由于生长快比蛋鸡产热量高;体重较大的鸡单位体重产热量少;降低禽舍温度能增加家禽的散热量。天气寒冷时,家禽所产生的大部分热量保持在舍内能提高舍内温度;而夏季则需要通过通风将家禽产生的过多热量排出禽舍,以降低舍内温度。

(二)环境温度对家禽的影响

1.环境温度对家禽行为的影响

环境温度对家禽行为的影响主要表现在采食量、饮水量、水分排出量的变化。随温度的升高,家禽采食量减少、饮水量增加,产粪量减少,呼吸产出的水分增加,造成总的排出水量大幅度增加,而排出的水分过多时会增加禽舍的湿度,家禽感觉更热。温度较低时,家禽的采食量增加,饮水减少,总的排出水量大幅度减少,这时会导致饲料效率降低。

2.环境温度对家禽生长的影响

高温和低温都会对家禽的生长和饲料利用率产生影响。对生长家禽来讲,适宜温度范围为13~25 ℃,超出或低于这个温度范围时饲料转化率降低。如肉鸡在21 ℃时生产性能最高,温度过高导致鸡的生长迟缓,死亡率增加;温度过低导致饲料利用率下降。

3.环境温度对家禽产蛋的影响

鸡产蛋的适宜温度是13~23 ℃,气温过高或过低都会对产蛋产生影响。在较高环境温度下,如25 ℃以上,蛋重开始降低;27 ℃时,产蛋量、蛋重降低,蛋壳厚度迅速降低,同时死亡率增加;37.5 ℃时,产蛋量急剧下降;43 ℃以上,超过3 h鸡就会死亡。气温过低时,产蛋下降,但蛋重较大,蛋壳质量不受影响。

相对来说,低温对育成禽和产蛋禽的影响较小。成年家禽可以抵抗0 ℃以下的低温,但是饲料利用率降低。鸭和鹅对温度的敏感性要比鸡低,对低温和高温(只要有水)的耐受性均比鸡高。各种家禽不同的饲养阶段对舍内温度要求不同(表2-2-1)。

表 2-2-1　禽舍的温度要求　　　　　　　　　　　　　　℃

禽饲养阶段	最佳温度	最高温度	最低温度	备注
蛋鸡				
0~4周龄雏鸡(育雏伞)	22	27	10	育雏区温度33~35 ℃,第4周降至21 ℃
整室加热育雏	34	36	32	0~3日龄
育成鸡	18	27	10	
产蛋鸡	24~27	30	8	
肉鸡				
0~4周龄雏鸡	24	30	20	育雏区温度33~35 ℃,第4周降至21 ℃
4~8周龄生长鸡	20~25	30	10	
整室加热育雏	34	36	32	0~3日龄
成年种鸡	18	27	8	
鸭				
0~2周龄雏鸭	22	30	18	育雏区温度31~33 ℃,第4周降至21 ℃
4~8周龄生长鸭	22~25	32	8	
整室加热育雏	32	35	28	第1周
成年种鸭	18	30	6	

(三)空气湿度对家禽散热的影响

湿度对家禽的影响只有在高温或低温情况下才明显。高温时,家禽主要通过蒸发散热,如果湿度较大,会阻碍蒸发散热,造成高温应激。低温高湿环境时,鸡失热较多,采食量加大,饲料消耗增加,严寒时会降低生产性能。而低湿容易引起家禽尤其是雏禽的脱水反应。

(四)禽舍温度控制的方法

1.建筑设计上的保温隔热

屋顶和天棚结构严密,不透气。天棚选择隔热的合成材料如玻璃棉、聚氨酯板、聚苯乙烯泡沫塑料等。墙壁应选择导热系数较小的建筑材料,确定合理的隔热结构,并具有足够的厚度以加强防暑隔热。地面可选择温热性好的三合土或夯实土,对于冷、硬的水泥地面应铺设一定厚度的垫草,加强保温。屋面和外墙面采用白色或浅色,增加其反射太阳辐射的作用,减少太阳辐射热向舍内传入。

在寒冷地区,在受寒风侵袭的北侧、西侧墙应少设门、窗,并注意对北墙和西墙加强保温,以及在外门加门斗、设双层窗或临时加塑料薄膜、窗帘等,对加强禽舍冬季保温有重要作用。而炎热地区通过挂竹帘、植树和在窗口设置水平和垂直挡板等形式遮阳也是防暑降温的重要措施。

2.通风

通风对任何条件下的家禽都有益处,可以将污浊的空气和水汽排出,同时补充新鲜空气,而且一定的风速可以降低禽舍的温度。风速达到 0.5 m/s,禽舍可降温 1.7 ℃;风速达到 2.5 m/s,禽舍可降温 5.6 ℃。尤其夏季,通风有利于对流散热和蒸发散热。

3.防暑降温

家禽全身被覆羽毛,耐寒怕热,在生产中要做好防暑降温工作。

(1)喷雾降温。喷雾降温是一种比较经济的降温方法。主要是利用高压喷嘴将低温的水喷出的雾状细小水滴(直径小于 100 μm),大量吸收空气中的热量,使空气温度降低。水温越低,空气越干燥,降温效果越好。当舍内相对湿度小于 70% 时,采用喷雾降温,气温能够降低 3～4 ℃。当空气相对湿度大于 85% 时,喷雾降温效果并不显著,故在湿热天气和地区不宜使用。

(2)湿帘风机降温系统。湿帘风机降温系统是在密闭舍内将湿垫降温和纵向通风结合使用,能使舍温降低 5～7 ℃,在舍外气温高达 35 ℃时,舍内平均温度不超过 30 ℃。

(3)其他几种方法。通过搭凉棚、竹帘、棚架攀爬植物等形式进行遮阳;房舍外喷水或地面、屋顶洒水,也可降低舍内温度;通风口设置水槽,水槽中放入保水及不易腐败的纤维质材料,使进入舍内的空气冷却;通过栽树、种植牧草和饲料作物绿化措施,降低场区的环境温度。

4.禽舍的供暖

(1)集中供暖。用一个集中热源如锅炉、沼气、地热、太阳能等,将热水、蒸汽、热风通过管道输送到禽舍的散热装置。根据国家环保要求,供暖应采用电、油、天然气或压缩秸秆颗粒进行。采用热水采暖时散热器布置应尽可能使舍内温度分布均匀,同时考虑到缩短管路长度,一般布置在窗下或喂饲通道上。热风采暖通常要求送风孔直径为 20～50 mm,孔距为 1.0～2.0 m,送风管内的风速为 2～10 m/s。热空气从侧向送风孔向舍内送风,可使家禽活动区温度和气流比较均匀,且气流速度不致太大。为使舍内温度更加均匀,风管上的风孔应沿热风流动方向由疏而密布置。

(2)局部采暖。主要用于雏禽保温,常用的有红外线灯、电热保温伞或电热育雏笼等对局部区域实施供暖。

5.饲养管理措施调控舍内温度

冬季铺设垫草也可以改善冷硬地面的温热状况,而且可在禽体周围形成温暖的小气候,是在寒冷地区常用的另一种简便易行的防寒措施。冬季适当增加舍内家禽的饲养密度,等于增加热源,也是一项行之有效的辅助性防寒保温措施;夏季降低饲养密度,同时提供足够的饮水器和凉的饮水,也是简单实用的降温方法。

二、禽舍的湿度控制

(一)湿度对家禽的影响

高温或低温时,湿度高于80%,会对家禽产生不良影响,造成抵抗力下降,发病率上升。空气湿度高,病原微生物和寄生虫大量繁殖,使相应的疾病发生流行。

湿度过低(小于40%),家禽羽毛生长不良,诱发啄癖,雏禽易于脱水。同时皮肤和呼吸道黏膜发生干裂,减弱皮肤和黏膜对微生物的防御能力。

(二)湿度的控制

家禽适宜的湿度为60%~65%,但在环境温度适宜的情况下,湿度在40%~72%范围内也能适应。

在养禽生产中,除育雏前期可能会出现舍内相对湿度不足外,多数情况是相对湿度偏高。增加空气湿度的措施:对鸡舍的整个空间进行喷雾,冬季可在取暖设备上设置水盘等容器,由水汽自由蒸发。降低舍内湿度时:防止饮水器漏水,坚持勤换污湿的垫草,保持垫草的清洁干燥,经常保持鸡舍适宜的通风换气量,及时清除地面积水、舍内粪便及地面污物。采用一次性清粪的鸡舍,要保证贮粪室(池)的干燥。

三、禽舍空气质量的控制

(一)禽舍内的有害气体

1.有害气体的种类及危害

禽舍内受到密集家禽的呼吸、排泄物和生产过程中有机物的分解,有害气体成分比舍外空气复杂,且数量较大。主要的有害气体包括氨气和硫化氢,其次是二氧化碳、甲烷、一氧化碳、粪臭素等。这些气体对家禽的健康和生产性能均有负面影响,而且有害气体浓度的增加会相对降低氧气的含量。因此,禽舍内各种气体的含量有一个允许范围值(表2-2-2)。

(1)氨气。禽舍中的氨气主要由粪便、饲料等含氮有机物分解产生。氨气能刺激黏膜,引起黏膜充血水肿,气管、支气管病变,甚至肺水肿、肺出血。低浓度氨气长期作用于家禽,可导致其抵抗力降低,发病率和死亡率升高,采食量、日增重、繁殖能力下降。高浓度的氨可使接触的局部发生碱性化学灼伤,组织坏死,亦可引起中枢神经麻痹、中毒性肝病和心肌损伤等明显病理反应和症状。

表 2-2-2　禽舍内各种气体的致死含量和最大允许含量　　　　　　　　　%

气体	致死含量	最大允许含量
二氧化碳	>30	<1
甲烷	>5	<5
硫化氢	>0.05	<0.004
氨	>0.05	<0.002 5
氧	<6	

（2）硫化氢。家禽采食含硫的高蛋白饲料，当其消化机能紊乱时，可由肠道排出大量硫化氢，含硫化物的粪积存腐败也可分解产生硫化氢。硫化氢主要刺激黏膜，引起结膜炎、鼻炎、气管炎，咽喉灼伤，甚至肺水肿。长期处于低浓度硫化氢环境中，畜禽的体质变弱，抵抗力下降，增重缓慢。

（3）二氧化碳。二氧化碳本身无毒性，它的危害主要是引起家禽缺氧。家禽长期处在缺氧的环境中，表现精神萎靡，食欲减退，生产力降低，抗病能力减弱。

（4）一氧化碳。冬季在禽舍内生火取暖时，燃料不能完全燃烧便会产生大量的一氧化碳等有害气体，特别是在夜间，可能产生一氧化碳中毒。

2. 消除有害气体的措施

（1）合理的建筑设计。禽舍建筑时做到保温、隔热、防潮。舍内应是水泥地面，以利于清扫和消毒。同时加强绿化工作，以净化禽舍周围的小气候。

（2）清除有害气体源。合理设计清粪排水系统，及时清理粪尿，最大限度地缩短粪尿在禽舍内的积蓄时间，是降低舍内有害气体浓度的基本方法。用垫料平养时，垫料不可潮湿，潮湿的垫料应及时换掉。

（3）抑制有害气体产生。优化日粮结构，按照鸡营养需求配制全价日粮，避免日粮中营养物质缺乏或过剩，特别要注意日粮中蛋白水平不宜过高，否则会造成蛋白质消化不全而排出过多的氮。同时可在饲料中添加一些添加剂如生物制剂、酶制剂、中草药除臭剂等，对降低禽舍中有害气体的含量也有很好的效果。

（4）搞好通风换气。做好禽舍内的通风换气工作，保持禽舍干燥、清洁、卫生，特别是冬季，既要做好防寒保温，又要注意禽舍的通风换气。

（5）吸附有害气体。在禽舍内放置具有吸附作用的物质如沸石、丝兰提取物、木炭、活性炭、生石灰等吸附空气中的有害气体，均可不同程度地消除舍中的有害气体。

（二）通风换气

通风换气是调节禽舍空气环境状况最主要、最常用的手段。禽舍通风主要有自然通风、机械通风和混合通风 3 种。

1. 自然通风

自然通风是依靠风压和热压进行的舍内外空气交换。自然通风分为无管道自然通风系统和有管道自然通风系统 2 种。

无管道自然通风系统是无专门进气管和排气管，依靠门窗进行的通风换气，适用于在温暖地区和寒冷地区的温暖季节使用。在无管道自然通风系统中,靠近地面的纵墙上设置地窗,可增加热压通风量,有风时可在地面可形成"穿堂风",这有利于夏季防暑。如果设置地窗仍不能满足夏季通风要求,可在屋顶设置天窗或通风屋脊,以增加热压通风。

有管道自然通风系统是设置有专门的进气管和排气管,通过专门管道的调节进行通风换气,适用于寒冷地区或温暖地区的寒冷季节使用。

2.机械通风

依靠机械动力强制进行舍内外空气的交换。机械通风主要有负压通风、正压通风、联合通风3种形式。

(1)负压通风。负压通风是用风机抽出舍内污浊空气,舍内空气变得稀薄,压力小于舍外,新鲜空气自然流入舍内形成气体交换。负压通风设备简单、投资少、管理费用低。根据风机安装的位置,负压通风可分为以下2种。

屋顶排风式:风机安装于屋顶,将舍内的污浊空气、灰尘从屋顶上部排出,新鲜空气由侧墙风管或风口自然进入。这种通风方式适用于温暖和较热地区、跨度在12～18 m以内的禽舍或2～3排多层笼鸡舍使用。

侧壁排风形式:风机安装在一侧纵墙上,进气口设置在另一侧纵墙上,适于跨度在12 m以内的禽舍。

(2)正压通风。正压通风是通过风机将舍外新鲜空气强制送入舍内,使舍内压力增高,舍内污浊空气经风口或风管自然排走,实现气体交换。其优点在于可对进入的空气进行预处理,从而有效的保证舍内的适宜温湿状况和清洁的空气环境,但其系统比较复杂、投资和管理费用大。根据风机安装位置,正压通风分为以下2种。

屋顶送风:屋顶安装风机送风,舍内污浊气体经由两侧壁风口排出。这种通风方式,适用于多风或气候极冷或极热地区。

侧壁送风:分一侧送风或两侧送风。前者为穿堂风形式,适用于炎热地区和10 m内小跨度的家禽舍。而两侧壁送风适于大跨度家禽舍。

(3)联合通风。同时采用机械送风和机械排风的通风方式。在大型封闭家禽舍,尤其是在无窗封闭舍,单靠机械排风或机械送风往往达不到通风换气的目的,故需采用联合式机械通风。联合通风效率要比单纯的正压通风或负压通风好。

3.混合通风

混合通风是一种新的节能型通风模式,它通过自然通风和机械通风的相互转换或同时使用这两种通风模式来实现。

4.通风换气量的确定

通风换气量的确定主要根据禽舍内产生的二氧化碳、水汽和热能计算。现在主要是根据通风换气参数来确定通风换气量,其计算公式为:

$$L = K \cdot M$$

式中:L 为禽舍的通风换气量;K 为通风参数;M 为家禽数目。

在确定了通风量以后,必须计算禽舍的换气次数。禽舍换气次数是指在1 h内换入新鲜空气的体积与禽舍容积之比。通常情况下,禽舍冬季换气每小时应保持2～4次,除炎热季节外,一般不应多于5次。

四、禽舍的采光与照明

(一)光照对家禽的影响

光照不仅影响家禽的饮水、采食、活动,而且对其繁殖有决定性的刺激作用,即对家禽的性成熟、排卵和产蛋均有影响。

1. 光照对雏禽和肉禽的作用

对于雏禽和肉禽,光照的作用主要是使它们能熟悉周围环境,进行正常的饮水和采食。为了增加肉禽的采食时间,提高增重速度,通常采用每天 23 h 光照 1 h 黑暗的光照制度或间歇光照制度。

2. 光照对育成禽的作用

对于育成禽,通过合理光照,控制家禽的性成熟时间。在 12～26 周龄期间,日光照时间长于 10 h,或处于每日光照时间逐渐延长的环境中,会促使生殖器官发育、性成熟提早。相反,若光照时间短于 10 h 或处于每日光照时间逐渐缩短的情况下,则会推迟性成熟期。

3. 光照对产蛋禽的作用

对于产蛋家禽,每天给予的光照刺激时间为 14～16 h,才能促使家禽正常排卵和产蛋,并且获得足够的采食、饮水、活动和休息时间,提高生产效率。

4. 光照对公禽的作用

通过合理光照,控制公禽的体重,适时性成熟。20 周龄后,每天 15 h 左右的光照,有利于精子的生产,增加精液量。

(二)光照强度

禽舍的光照强度要根据鸡的视觉和生理需要而定,过强过弱均会带来不良的后果。强度小时,影响采食和饮水,起不到刺激作用,影响产蛋量。强度过大,不仅浪费电能,而且家禽会表现烦躁,活动量增加,能耗增多,斗殴和啄癖也较多。不同类型的鸡需要的光照强度如表 2-2-3 所列,其他家禽的光照强度也可参照执行。

表 2-2-3　鸡对光照强度的需求

类型	年龄	光能/(W/m²)	光照强度/lx		
			最佳	最大	最小
雏鸡	1～7 日龄	4～5	20		10
育雏育成鸡	2～20 周龄	2	5	10	2
产蛋鸡	20 周龄以上	3～4	7.5	20	5
肉种鸡	30 周龄以上	5～6	30	30	10

(三)光照颜色

不同的光照颜色对鸡的行为和生产性能有不同的影响。在蓝光、绿光或黄光下,鸡增重较快,成熟较早,产蛋量较少,蛋重略大,饲料利用率略低,公鸡交配能力增强,啄癖极少。在红、橙、黄光下鸡的视觉较好,在红光下趋于安静,啄癖极少,成熟期略迟,产蛋量稍有增加,蛋的受精率较低。总的来说,没有任何一种单色光能满足鸡生产的各种要求,目前在生产中多采用节能灯、LED 灯作为补充光源。

(四)光照管理

1. 光照管理制度

(1)育雏期前一周或转群后几天,可以保持较长时间的光照,使家禽尽快熟悉环境,然后光照时间逐渐减少到最低水平。

(2)育成期光照时间应保持恒定或逐渐减少,切勿增加,以免造成母禽早熟。

(3)产蛋期光照时间逐渐增加到 16~17 h 后保持恒定,不可减少。

2. 光照制度

(1)渐减法。雏禽出壳后 3 d 内,每天 23 h 光照,从第 4 天为 19 h,然后减少每周的光照时数 20 min,直至 18 周。此后每周延长 20 min,达到 16~17 h 后恒定。

(2)恒定法。育成期内每天的光照时数恒定不变,产蛋期逐渐延长光照时数,达到 16~17 h 后恒定。

(3)间歇式光照。间歇光照就是把光照期分成明(L)、暗(D)相间的几段,如肉鸡每天的连续光照改为 2 h 光照 2 h 黑暗,每天循环 6 次。也可将每个小时分为照明(如 15 min)和黑暗(如 45 min)两部分,反复循环。间歇式光照可以节约电能,而且对鸡的生产性能无不利影响,所以渐受欢迎,但此方法只能在密闭禽舍中才能实施。

3. 实行人工光照应注意的问题

(1)为使禽舍内的光照强度均匀,应适当降低每个灯的瓦数,而增加舍内的总装灯数。一般灯的高度为 2.0~2.4 m,灯距 3 m;两排以上灯具,应交错排列;靠墙的灯同墙的距离应为灯间距的一半;如为笼养,灯具一般设置在两列笼间的走道上方。

(2)光照时间的控制采用微电脑时控开关,也可人工定时开关灯;光照强度的控制一般采用调压变压器,也可通过更换灯泡瓦数大小进行控制。

(3)产蛋期间应逐渐增加光照时间,尤其在开始时最多不能超过 1 h,以免突然增加长光照而导致脱肛。

(4)开放式鸡舍需人工补充光照时,将人工补光的时间分早、晚各补充一半为宜。

五、禽舍的噪声

禽场噪声主要来源有舍外的交通噪声、工业噪声,禽舍内主要是机械如风机、喂料机、除粪机的运转和家禽自身鸣叫产生的噪声。

噪声能使家禽受惊,神经紧张,严重的噪声刺激,则产生应激反应,导致体内环境失衡,诱发多种疾病,生产性能严重下降,甚至死亡。对肉禽来说,噪声会降低其生长速度;对蛋禽来讲,噪声使其产蛋量下降,软壳蛋、血斑蛋和褐壳蛋中浅色蛋比率增加。鸡对 90~100 dB 短期噪声可以逐渐适应。130 dB 噪声使鸡的体重下降,甚至死亡,但轻音乐能使产蛋鸡安静,利于生产性能的提高。

为了减少噪声的发生和影响,在建禽场时应选好场址,远离交通干线,远离工厂生产区。场内的规划要合理,还可利用地形做隔声屏障,降低噪声。禽舍内进行机械化生产时,对设备的设计、选型和安装应尽量选用噪声最小者。

任务四　家禽生产设备选择

一、饲养设备

(一)鸡笼

1. 育雏笼

(1)层叠式电热育雏笼。由加热笼、保温笼、活动笼 3 部分组成,各部分之间是独立结构,可以单独使用,也可自由组合。加热笼每层顶部装有加热管或远红外加热板,笼内温度由控制仪自动控温。保温笼是从加热笼到活动笼的过渡区,无加热源。雏禽活动笼是幼禽自由活动的场所。

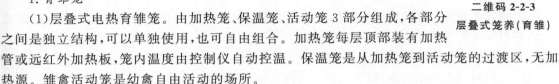

二维码 2-2-3
层叠式笼养(育雏)

(2)层叠式育雏笼。它指无加热装置的普通育雏笼,常用的是 4～5 层。整个笼组用镀锌铁丝网片制成,由笼架固定支撑,每层笼间隙 50～70 mm,设承粪板,笼高 330 mm。此种育雏笼结构紧凑、占地面积小、饲养密度大,适用于整室加温的鸡舍。

2. 育成笼

从结构上分为半阶梯式和层叠式两大类,有 3 层、4 层和 5 层之分。根据育成鸡的品种与体型,每只鸡占用底网面积在 340～400 cm²。

3. 蛋鸡笼

蛋鸡笼由笼架、笼体和护蛋板组成。笼架由横梁和斜撑组成,一般用厚 2.0～2.5 mm 的角钢或槽钢制成。笼体由冷拔钢丝经点焊成片,然后镀锌再拼装而成,包括顶网、底网、前网、后网、隔网和笼门等。笼底网要有一定坡度,一般为 6°～10°,伸出笼外 12～16 cm 形成集蛋槽。笼体的规格,一般前高 40～45 cm,深度为 45 cm 左右,每个小笼养鸡 3～5 只。蛋鸡笼大多是全阶梯或半阶梯的组合方式。近年来,规模化蛋鸡养殖层叠式鸡笼发展

二维码 2-2-4
笼养蛋鸡舍

迅速,H 型层叠式鸡笼逐步取代传统 A 型阶梯式鸡笼,主要有 3、4、5、6、8 层,甚至 10 层都有,常见的有 3、4、5、8 层。

(1)全阶梯式。全阶梯式蛋鸡笼上下层之间无重叠部分,各层的鸡粪可直接落入粪沟。各层笼敞开面积大,通风好,光照均匀。但这种方式饲养密度较低,为 10～12 只/m²。我国目前采用最多的组合形式是蛋鸡三层全阶梯鸡笼和种鸡两层全阶梯人工授精种鸡笼。

(2)半阶梯式。半阶梯鸡笼上下层之间部分重叠,上下层重叠部分有挡粪板,按一定角度安装,粪便滑入粪坑。由于挡粪板的阻碍,通风效果比全阶梯式鸡笼稍差。

4. 种禽笼

种母鸡笼与蛋鸡笼养设备结构差不多,只是尺寸放大一些,但在笼门结构上做了改进,以方便抓鸡进行人工授精。种禽笼可分为蛋用种鸡笼和肉用种鸡笼,从配置方式上又可分为 2 层和 3 层。

(二)供料设备

机械喂料设备包括贮料塔、输料机、喂料机、饲槽四部分。

二维码 2-2-5
料塔及输料管道

1. 贮料塔

用于大、中型机械化鸡场,主要用作配合饲料的短期贮存。

2. 输料机

它是料塔和舍内喂料机的连接纽带,将料塔或储料间的饲料输送到舍内喂料机的料箱内。常用的有螺旋叶片式、螺旋弹簧式。

(1)螺旋叶片式。螺旋叶片式输料机在完成由舍外向舍内输料作业时,由于螺旋叶片不能弯成一定角度,故一般由两台螺旋叶片式输料机组成,一台倾斜输料机将饲料送入水平输料机和料斗内,再由水平输料机将饲料输送到喂料机各料箱中。

(2)螺旋弹簧式。螺旋弹簧式输料机由电机驱动皮带轮带动空心弹簧在输料管内高速旋转,将饲料传送入鸡舍,通过落料管依次落入喂料机的料箱中。当最后一个料箱落满料时,该料箱上的料位器弹起切断电源,使输料机停止输料的作用。反之,当最后料箱中的饲料下降到某一位置时,料位器则接通电源,输料机又重新开始工作。

二维码 2-2-6
笼养喂料

3. 喂料机

喂料机是用来向饲槽分送饲料。常用的喂饲设备有螺旋弹簧式、索盘式、链板式和轨道车式4种。

(1)螺旋弹簧式喂料机。螺旋弹簧式喂料机属于直线型喂料设备,由料箱、输料管以及盘筒形饲槽组成。工作时,饲料由舍外的贮料塔运入料箱,然后由螺旋弹簧将饲料沿着管道推送,依次向套接在输料管道出口下方的饲槽装料,最后一个食盘中的料位器会自动控制电机停止转动,停止输料。当饲料被采食后,食盘料位降到料位器启动装置时电机又开始转动,螺旋弹簧又将饲料依次推送到每个食盘。

螺旋弹簧式喂料机一般只用于平养鸡舍,优点是机构简单,便于自动化操作和防止饲料被污染。

(2)索盘式喂料机。由料斗、驱动机构、索盘、输料管、转角轮和盘筒式饲槽组成。工作时由驱动机构带动索盘,索盘通过料斗时将饲料带出,再由传动装置驱动沿输料管送入盘筒式饲槽。

索盘式喂饲机饲料在封闭的管道中运送,清洁卫生,不浪费饲料;工作平稳无声,不惊扰鸡群;可进行水平、垂直与倾斜输送;运送距离可达 300～500 m。

(3)链板式喂料机。它由料箱、驱动机构、链板、长饲槽、转角轮、饲料清洁筛、饲槽支架等组成。当驱动机构带动链板沿饲槽和料斗构成的环路移动时,铲形斜面就将料斗内的饲料推送到整个长饲槽。按喂料机链片运行速度又分为高速链板式喂料机(18～24 m/min)和低速链板式喂料机(7～13 m/min)两种。

(4)轨道车式喂料机。用于多层笼养鸡舍,是一种骑跨在鸡笼上的喂料车,沿鸡笼上或旁边的轨道缓慢行走,将料箱中的饲料分送至各层食槽中,根据料箱的配置形式可分为顶料箱式和跨笼料箱式。

4. 饲槽

在小规模或机械化程度不高的禽场,目前采用人工喂料。常用的喂料容器有料槽、料盘、料筒。

(三)供水设备

饮水器主要有以下几种。

1. 槽式饮水器

水槽深度 50～60 mm，上口宽 50 mm，一般安装于鸡笼食槽上方，是由镀锌板、搪瓷或塑料制成的"V"形和"U"形槽，每 2 m 一根由接头连接而成。水槽一头通入长流动水，使整条水槽内保持一定水位供鸡只饮用，另一头流入管道将水排出鸡舍。

2. 真空式饮水器

真空式饮水器由水筒和盘两部分组成，多为塑料制品。水筒装满水后反扣过来与水盘固定。筒内的水由筒下部壁上的小孔流入饮水器盘的环形槽内，并能保持一定的水位。真空式饮水器主要用于平养鸡舍，应根据鸡只大小选择大、中、小型饮水器。

3. 乳头式饮水器

乳头式饮水器由乳头、水管、减压阀或水箱组成。该设备用毛细管原理，使阀杆底部经常保持挂有一滴水，当鸡啄水滴时便触动阀杆顶开阀门，水便自动流出供其饮用。平时则靠供水系统对阀体顶部的压力，使阀体紧压在阀座上防止漏水。

4. 吊塔式饮水器

吊塔式又称普拉松饮水器，由饮水盘，活动支架，弹簧，封水垫及安在活动支架上的主水管，进水管等组成。靠盘内水的重量来启闭供水阀门，即当盘内无水时，阀门打开，当盘内水达到一定量时，阀门关闭。主要用于平养鸡舍，用绳索吊在离地面一定高度的位置。

二、环境控制设备

(一)通风降温控湿设备

1. 风机

禽舍的通风换气设备。一般分为轴流式和离心式两种。禽舍一般使用大直径、节能、低噪声、低转速的轴流式风机。它主要由外壳、叶片和电机组成，叶片直接安装在电机的转轴上。

2. 湿帘—风机降温系统

湿帘—风机降温系统由湿帘(或湿垫)、风机、循环水路与控制装置组成。该系统是利用蒸发降温原理，将湿帘安装在一端山墙或侧墙上作为进气口，风机则装在另一端山墙或侧墙上作为排风口。当风机向外抽风时，舍内产生负压，使舍外空气在流经多孔湿帘表面时热量散失，进入室内的空气温度降低。具有设备简单，成本低廉，降温效果好，运行经济等特点，比较适合高温干燥地区。

3. 喷雾降温系统

常用的喷雾降温系统主要由水箱、水泵、过滤器、喷头、管路及控制装置组成，用高压水泵通过喷头将水喷成直径小于 100 μm 雾滴，雾滴在空气中迅速汽化而吸收舍内热量使舍温降低。该系统设备简单，效果显著，但易导致舍内湿度提高。

(二)保温设备

1. 保温伞

保温伞供热是平面育雏常用的方法，有电热式和燃气式两类。

(1)电热式。常用的电热式保温伞主要用红外线管(板)或电热管作加温元件，伞内温度由电子控温器控制，可将伞下距地面 5 cm 处的温度控制在 26～35 ℃，温度调节方便。

（2）燃气式。主要由辐射器和保温反射罩组成。可燃气体在辐射器处燃烧产生热量，通过保温反射罩内表面的红外线涂层向下反射远红外线，以达到提高伞下温度的目的。由于燃气式保温伞使用的是气体燃料，所以育雏室内应有良好的通风条件，以防由于不完全燃烧产生一氧化碳而使雏鸡中毒。

2.热风炉

热风炉有卧式和立式两种，是供暖系统中的主要设备，主要由热风炉、送风风机、风机支架、电控箱、连接弯管、有孔风管等组成。它以空气为介质，采用燃煤板式换热装置，送风升温快，热风出口温度为 80～120 ℃，热效率达 70% 以上，比锅炉供热成本降低 50% 左右，使用方便、安全，是目前推广使用的一种采暖设备。

3.火炉

火炉以煤为燃料，投资少，操作简单易行，是小规模养鸡常用的供暖设备。但使用火炉时要注意防止火灾，防止煤气中毒。目前因环保要求，烧煤供暖逐渐被取缔。

（三）采光设备

1.人工光照设备

包括白炽灯、荧光灯、节能灯、LED 灯，现多用节能灯、LED 灯。

2.照度计

照度计是一种能测量光照度的仪器。

3.光照控制器

基本功能是自动启闭禽舍照明灯，即利用定时器的多个时间段自编程序功能，实现精确控制舍内光照时间。

（四）清粪设备

1.输送带式清粪机

适用于层叠式笼养鸡舍清粪，主要由电机和链传动装置，主、被动辊、承粪带等组成。承粪带安装在每层鸡笼下面，启动时由电机、减速器通过链条带动各层的主动辊运转，将禽粪输送到一端，被端部设置的刮粪板刮落，从而完成清粪工作。

二维码 2-2-7
层叠式笼养传输
带自动清粪

2.螺旋弹簧横向清粪机

横向清粪机是机械清粪的配套设备。当纵向清粪机将鸡粪清理到鸡舍一端时，再由横向清粪机将刮出的鸡粪输送到舍外。作业时清粪螺旋直接放入粪槽内，不用加中间支承，输送混有鸡毛的黏稠鸡粪也不会堵塞。

3.刮板式清粪机

用于网上平养和笼养，安置在鸡笼下的粪沟内，刮板略小于粪沟宽度。每开动一次，刮板做一次往返移动，刮板向前移动时将鸡粪刮到鸡舍一端的横向粪沟内，返回时，刮板上抬空行。横向粪沟内的鸡粪由螺旋清粪机排至舍外。

（五）禽粪处理设备

禽粪的处理方法很多，养禽场根据自身需要选择不同的处理设备，如发酵、快速干燥、太阳能温室发酵干燥、微波处理、热喷膨化等。

三、卫生防疫设备

(一)多功能清洗机

具有冲洗和喷雾消毒两种用途,使用 220 V 电源作动力,适用于禽舍、孵化室地面冲洗和设备洗涤消毒,该产品进水管可接到水龙头上,水流量大压力高,配上高压喷枪,比常规手工冲洗快而洁净,还具有体积小、耐腐蚀、使用方便等优点。

(二)禽舍固定管道喷雾消毒设备

它是一种用机械代替人工喷雾的设备,主要由泵组、药液箱、输液管、喷头组件和固定架等构成。采用固定式机械喷雾消毒设备,只需 2~3 min 即可完成整个禽舍消毒工作,药液喷洒均匀。此设备在夏季与通风设备配合使用,还可降低舍内温度 3~4 ℃,配上高压喷枪还可作清洗机使用。

(三)火焰消毒器

火焰消毒器利用高温火焰对禽舍设备及建筑物表面进行消毒,杀菌率可达 97%。一般用药物消毒后,再用火焰消毒器消毒,可达到禽场防疫的要求,而且消毒后的设备和物体表面干燥。

火焰消毒器所用的燃料为煤油,也可用农用柴油,严禁使用汽油或其他轻质易燃易爆燃料。同时火焰消毒器不可用于易燃物品的消毒,使用过程中要做好防火工作。

四、其他设备

(一)集蛋设备

现在机械化多层笼养蛋鸡舍,常采用自动集蛋装置。

二维码 2-2-8
机械集蛋

1. 平置式集蛋装置

主要由集蛋输送带和集蛋车组成。笼前的集蛋槽上装有输送带,由集蛋车分别带动。集蛋车装在集蛋间的地面双轨上,工作时,推到需要集蛋的输送带处,将车上的动力输出轴插入输送带的驱动轮,开动电机使输送带转动,送出的蛋均滚入集蛋车的盘内,再由手工装箱或转送到整理车间。

2. 层叠式集蛋装置

主要由集蛋输送带、拨蛋器、鸡蛋升降器 3 部分构成。工作时,输送带、拨蛋器和升降器同时向不同方向运转。输送带传来的蛋由拨蛋器把蛋拨入升降器的盛蛋栏内,升降器向下缓慢转动又将蛋送入集蛋台或送入通往整理车间的输送带上。

(二)填饲设备

填饲设备是水禽肥育的专用机械,主要有螺旋推动式填饲机和压力泵式填饲机。

1. 螺旋推动式填饲机

螺旋推动式填饲机是利用小型电机带动螺旋推运器,推运填饲物料经填饲管填入鸭鹅食管。该填饲机适用于填饲整粒玉米,劳动效率高。

2.压力泵式填饲机

压力泵式填饲机是利用电机带动压力泵,使饲料通过填饲管进入鸭鹅食管。压力泵式填饲机的填饲管是采用尼龙和橡胶制成的软管,适用于填饲糊状饲料,同时不易造成咽喉和食管损伤。

(三)人工智能设备

1.计算机

随着计算机各类软件的开发,将生产中各种数据及时输入计算机内,经处理后可以迅速作出各类生产报表,并结合相关技术和经济参数制订出生产计划或财务计划,及时地为各类管理人员提供丰富而准确的生产信息,作为辅助管理和决策的智能工具。

2.禽舍环境控制系统

环境控制系统主要由环境控制器、计算机终端、远程控制中心 3 个部分组成。例如,EI-3000 型环境控制器,采用微电脑原理将温度、湿度、纵横向风机、变频风机、小窗(侧窗)、湿帘、水量、光照、静压、氨气、家禽体重、喂料、公禽供料、母禽供料、电子称重和斗式称重(主要是称饲料重量)等饲养工艺参数关联起来统一控制;并将强弱电分开。多点采集温湿度以达到禽舍内温度均匀,以满足禽舍内控温控湿稳定、合理,通风充分合理,自动定时光照,准确可靠,并可控制不同方式的加热器(如电加热器、燃气加热器等)。具有记忆、查询以往历史温度、湿度、通风、光照时间、家禽体重和历史报警信息、密码保护等多种十分实用的功能,并具有可供用户随意组合预留选配系统。除自动控制系统以外还设有手动控制系统,以确保饲养过程的安全。

3.视频监控系统

视频监控系统是将摄像头安装在禽舍内部,将视频信号传到计算机终端,可在计算机终端实时浏览禽舍内的生产状况,保存记录,并自动响应实时远程监控中心指令,向上传视频信号历史记录,向下控制摄像头等。

复习思考题

1.选择禽场场址有哪些基本要求?

2.如何对鸡场进行合理的布局与规划?

3.简述开放式禽舍和封闭式禽舍的特点和优缺点。

4.简述禽舍环境控制的主要途径和方法。

5.养鸡场常用的设备和用具有哪些?

项目三

家 禽 孵 化

【知识目标】
1. 了解种蛋的形成过程,掌握种蛋的管理方法。
2. 掌握家禽胚胎正常发育所需的条件。
3. 了解孵化设备的类型和特点,掌握孵化器的结构和操作要点。
4. 了解家禽胚胎发育的规律,掌握孵化技术操作要点及初生雏鸡的处理方法。

【技能目标】
1. 能对种蛋进行科学的管理。
2. 能正确掌握家禽孵化的基本操作技术。
3. 能正确进行胚胎发育的检查分析。
4. 能进行孵化效果分析。

任务一 种蛋管理

一、蛋的形成与构造

(一)蛋的形成

蛋是在母禽的输卵管里形成的。母禽性成熟后,卵巢上成熟卵泡破裂排出的卵子立即被输卵管喇叭部接纳(完全接纳需要 13 min),并在此受精。通过喇叭部还需 18 min,之后进入膨大部,在此卵黄被包上一层层的蛋白(约需 3 h)。然后靠膨大部的蠕动作用进入峡部,在此形成内外壳膜(约 74 min),然后进入子宫。子宫液进入蛋内,蛋重成倍增加,壳膜鼓起形成蛋形。随后在外壳膜上沉积钙质形成蛋壳。蛋在离开子宫前有色蛋的色(卟啉)也分泌并覆盖于蛋壳上,蛋上的胶护膜也形成(在子宫内停留 18~20 h)。卵在子宫内已形成完整的蛋,到达阴道部只等待产出(约停留 0.5 h),在神经和激素的作用下将蛋产出。

(二)蛋的构造

蛋的构造见图 2-3-1。

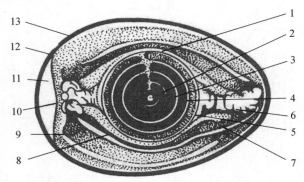

1.胚盘 2.蛋黄心 3.黄蛋黄 4.白蛋黄 5.蛋黄膜 6.系带 7.内稀蛋白 8.浓蛋白
9.外稀蛋白 10.内壳膜 11.气室 12.外壳膜 13.蛋壳

图 2-3-1 蛋的构造

二、种蛋的选择与保存

(一)种蛋的选择

种蛋的要求:首先种蛋应来源于生产性能高、无经种蛋传播的疾病、受精率高、饲喂营养全面的饲料、管理良好的种禽群;蛋的品质好,新鲜,蛋表面清洁,未被粪便和垫料等污染;大小适中,不过大或过小,一般认为,鸡蛋在 50～65 g,国际市场鸡蛋以 58 g 为标准,鸭蛋、火鸡蛋 80～100 g;鹅蛋 160～200 g,形状符合品种标准;但不同品种间是有差异的。蛋壳质地致密均匀,壳厚适中(鸡蛋 0.27～0.37 mm,鸭蛋 0.35～0.40 mm,鹅蛋 0.40～0.50 mm);壳色符合本品种标准,无裂纹,无畸形。

选择方法如下。

(1)感官法。对种蛋的一些外观指标可采用肉眼观察;裂纹蛋和破损蛋可通过轻轻碰撞发出的破裂音,将其剔除。

(2)透视法。对蛋的蛋壳结构、气室的大小、位置、血斑、肉斑等情况,采用照蛋的方法透视检查。

(3)抽验剖视法。抽验剖视种蛋,测其哈氏单位、蛋壳厚度、蛋黄指数等指标,以进一步判断蛋的内部品质。此法多在孵化率异常时进行。

(二)种蛋的保存

种蛋保存的时间:种蛋越新鲜,孵化率越高。一般以产后 3～5 d 为宜。如果需保存 1 周以上,最好每天翻蛋 1～2 次或小头朝上放置。

1.种蛋保存的温度

鸡胚发育的临界温度为 23.9 ℃,因此,保存时的温度不能超过此温度,当然也不能过低,蛋白的冰点是 0.45 ℃,低于此温度会使胚胎冻死。种蛋保存的适宜温度为 12～18 ℃。保存时间不超过 1 周采用上限温度,若时间较长则采用下限温度。

2.种蛋保存的湿度

一般以 75％～80％为宜。贮蛋库要通风良好,卫生干净,隔热性能好,不受阳光直射。

三、种蛋的运输与消毒

(一)种蛋的运输

1.装具

最好用特制的纸箱和蛋托。

2.运输

要求平稳、快速、安全可靠,种蛋破损少。

(二)种蛋的消毒

消毒次数和时间:种蛋消毒至少需要两次。第一次是在鸡舍捡蛋后立即进行,第二次是在种蛋入孵前进行。

1.熏蒸消毒

福尔马林、高锰酸钾(大型孵化厂常用),每立方米空间用福尔马林 30 mL、高锰酸钾 15 g。计算好用量后先将高锰酸钾放在陶瓷器皿内,再将所需的福尔马林溶液快速倒入。在温度为 20～26 ℃,相对湿度为 60％～65％的条件,密闭 30 min 即可。如果温度、湿度低则消毒效果较差,熏蒸后迅速打开门窗、通风孔,将气体排出,这种方法对外表清洁的蛋消毒效果较好,对那些外表黏有粪便或其他污垢的脏蛋效果不良。注意:高锰酸钾和福尔马林相遇会发生剧烈反应,一定要注意不要伤及眼睛和皮肤;对"冒汗"的蛋应先让水珠蒸发后再消毒。福尔马林挥发性强,要随用随取。

应用福尔马林熏蒸消毒种蛋要注意以下几点。

(1)福尔马林加入高锰酸钾后会产热,最好用陶瓷盆或玻璃容器盛药。

(2)加药的顺序是先将高锰酸钾放入瓷盆中,然后再加福尔马林,不能先后顺序颠倒。

(3)熏蒸消毒要严格控制用药剂量,以及消毒时间,因为对发育中的胚胎有影响。

(4)消毒产生的蒸气,应避免与皮肤接触,或者吸入体内。

2.浸泡消毒

多用高锰酸钾或新洁尔灭溶液,前者易使蛋壳氧化褪色变暗,不易照蛋。多用新洁尔灭浸泡,即用 5％的新洁尔灭原液加 50 倍清洁温水(40～43 ℃)配成 0.1％的消毒液,把种蛋放进去或把码好盘的种蛋带盘一起放入浸泡 5 min,即可装入机器孵化。

3.喷雾消毒

采用对胚胎发育无影响的消毒药,在种蛋码盘后采用喷雾器从种蛋的上方和下方分别喷雾,使蛋壳表面的消毒液保持湿润 5 min。

任务二　孵化管理

一、家禽的胚胎发育

(一)家禽的孵化期

受精蛋从入孵至出雏所需的天数即为孵化期。各种家禽有较固定的孵化期,见表 2-3-1。

表 2-3-1　各种家禽的孵化期　　　　　　　　　　　　　　　　　　　　　d

家禽种类	鸡	鸭	鹅	火鸡	鸽子	珠鸡	鹌鹑	瘤头鸭
孵化期	21	28	31	28	18	26	17～18	33～35

(二)家禽的胚胎发育

分为母体内(蛋的形成过程中)的胚胎发育和孵化期间胚胎的发育。

1.胚胎在蛋的形成过程中的发育

成熟的卵细胞从卵巢排出,进入输卵管并在输卵管喇叭部受精,受精卵进入峡部发生第一次卵裂,分裂至 8～16 个细胞。在 20 min 内又发生第二次卵裂。在进入子宫部后的 4 h 内,胚盘经 9 次分裂达 512 细胞期。当胚胎发育至原肠期,已分化形成内胚层和外胚层,之后蛋即产出体外,因环境温度降低而停止发育(胚胎发育的临界温度为 23.9 ℃)。剖视受精蛋,肉眼可见圆盘状的胚盘(未受精的蛋为云雾状的胚珠)。

2.胚胎在孵化过程中的发育

受精卵如果获得适宜的外界条件,胚将继续发育,很快在内外胚层中间形成第三个胚层:中胚层。以后继续发育,内、中、外三个胚层分别发育成新个体的所有组织和器官。

(1)胚胎发育分早期、中期、后期、出壳 4 个阶段。

①发育早期(鸡 1～4 d,鸭 1～5 d,鹅 1～6 d)。内部器官发育阶段。首先形成中胚层,再由三个胚层形成雏禽的各种组织和器官。

外胚层:形成皮肤、羽毛、喙、趾、眼、耳、神经系统以及口腔和泄殖腔的上皮等。

中胚层:形成肌肉、生殖系统、排泄器官、循环系统和结缔组织等。

内胚层:形成消化器官和呼吸器官的上皮及内分泌腺体等。

②发育中期(鸡 5～14 d,鸭 6～16 d,鹅 7～18 d)。外部器官发育阶段。脖颈伸长,翼、喙明显,四肢形成,腹部愈合,全身被覆绒羽、胫出现鳞片。

③发育后期(鸡 15～19 d,鸭 17～27 d,鹅 19～29 d)。禽胚生长阶段,胚胎逐渐长大,肺血管形成,卵黄中收入腹腔内,开始利用肺呼吸,在壳内鸣叫、啄壳。

④出壳(鸡 20～21 d,鸭 28 d,鹅 30～31 d)。雏禽长成,破壳而出。

家禽胚胎发育不同日龄的主要外形特征见表 2-3-2。

表 2-3-2 胚胎发育不同日龄的外形特征 d

特征	胚龄		
	鸡	鸭	鹅
出现血管	2	2	2
羊膜覆盖头部	2	2	3
开始眼的色素沉着	3	4	5
出现四肢原基	3	4	5
肉眼可明显看出尿囊	4	5	5
出现口腔	7	7	8
背出现绒毛	9	10	12
喙形成	10	11	12
尿囊在蛋的尖端合拢	10	13	14
眼睑达瞳孔	13	15	15
头覆盖绒毛	13	14	15
胚胎全身覆盖绒毛	14	15	18
眼睑合闭	15	18	22～25
蛋白基本用完	16～18	21	22～26
蛋黄开始吸入，开始睁眼	19	23	24～26
颈压迫气室	19	25	28
眼睁开	20	26	28
开始啄壳	19.5	25.5	27.5
蛋黄吸入，大批啄壳	19 d 18 h	25 d 18 h	27.5
开始出雏	20 d 至 20 d 6 h	26	28
大批出雏	20.5	26.5	28.5
出雏完结	20 d 18 h	27.5	30～31

(2)胎膜的形成及功能。家禽的胚胎发育是一个极其复杂的生理代谢过程,促使胚胎能正常生长发育的内在环境是胎膜,也称胚外膜,包括卵黄囊、羊膜、绒毛膜和尿囊膜4种。

①卵黄囊。它是形成最早的胚膜,在孵化第2天开始形成;以后逐渐向卵黄表层扩展,第4天卵黄囊血管包围1/3蛋黄;第6天,包围1/2;第9天,几乎覆盖整个蛋黄表面。孵化第19天,卵黄囊及剩余蛋黄绝大部分进入腹腔;第20天,完全进入腹腔;出壳时,约剩余5 g蛋黄;6～7日龄时被小肠吸收完毕,仅留一卵黄蒂(小突起)。卵黄囊表面分布很多血管汇成循环系统,通入胚体,供胚胎从卵黄中吸收营养;卵黄囊在孵化初期还有与外界进行气体交换的功能;其内壁还能形成原始的血细胞,因而又是胚胎的造血器官。

②羊膜。在孵化的第2天即覆盖胚胎的头部并逐渐包围胚胎全身;第4天在胚胎背上方合并(称羊膜脊)并包围整个胚胎,而后增大并充满液体(羊水),第5～6天羊水增多,第17天

开始减少,第 18~20 天降低至枯萎。羊膜腔内有羊水,胚胎在其中可受到保护;羊膜是有能伸缩的肌纤维构成,能产生有规律的收缩,促使胚胎运动,防止胚胎和羊膜粘连。

③绒毛膜(浆膜)。绒毛膜与羊膜同时形成,孵化前 6 天紧贴羊膜和蛋黄囊外面,其后由于尿囊发育而与尿囊外层结合形成尿囊绒毛膜。浆膜透明无血管,不易看到单独的浆膜。

④尿囊。孵化第 2 天末至第 3 天初开始生出,由后肠形成一个突起,第 4~10 天迅速生长,第 6 天达壳膜内表面,第 10~11 天包围整个胚胎内容物,并在蛋的小头合拢,以尿囊柄与肠连接。第 17 天尿囊液开始下降,第 19 天动静脉萎缩,第 20 天尿囊血液循环停止。出壳时,尿囊柄断裂,黄白色的排泄物和尿囊膜留在壳内壁上。尿囊在接触壳膜内表面继续发育的同时,与绒毛膜结合成尿囊绒毛膜。这种高度血管化的结合膜由尿囊动、静脉与胚胎循环相连接,其位置紧贴在多孔的壳膜下面,起到排出 CO_2,吸收外界 O_2 的作用,并吸收蛋壳的无机盐供给胚胎。尿囊还是胚胎蛋白质代谢产生废物的贮存场所。所以尿囊既是胎儿的营养和排泄器官,又是胎儿的呼吸器官。

孵化过程中胚胎的物质代谢变化主要取决于胎膜的发育,孵化前 2 天物质代谢极为简单,孵化 2 d 以后物质代谢逐渐增强。

二、孵化条件

家禽胚胎发育的外界条件即为孵化条件,包括温度、湿度、通风、翻蛋、凉蛋等。掌握孵化条件是获得理想孵化效果的关键所在。

(一)温度

温度是孵化的首要条件。孵化过程中温度是否得当,直接影响到孵化效果,只有在适当的温度下才能保证家禽胚胎正常发育。

1.胚胎发育的最适温度范围和孵化最适温度

家禽胚胎的发育对温度有一定的适应能力,在 35~40.5 ℃的较大范围内,都能孵出雏禽,但孵化率低,雏禽品质差。胚胎发育的适宜温度为 37~39 ℃。在孵化室温度为 22~26 ℃的前提下,鸡胚孵化的最适温度为 37.8 ℃,出雏时的温度为 37.3 ℃。

2.高温、低温对胚胎发育的影响

温度过高过低都对胚胎发育不利,严重时造成胚胎死亡。

(1)高温影响。一般情况下温度较高则胚胎发育快,孵化期缩短,胚胎死亡率增加,雏鸡质量下降。死亡率的高低,随温度增加的幅度及持续时间的长短而异,孵化温度超过 42 ℃经过 2~3 h 以后则造成胚胎死亡。

(2)低温影响。低温下胚胎的生长发育迟缓,孵化期延长,死亡率增加。如温度低于 24 ℃经 30 h 便全部死亡。较小偏离最适温度的高低限,对孵化 10 d 后的胚胎发育抑制作用要小些,因为此时胚蛋自温可起适当调节作用。

种蛋最适的孵化温度受多种因素的影响,如家禽种类、品种、蛋的大小、种蛋的贮存时间、蛋壳质量、孵化时的湿度、孵化室温度、孵化季节、胚胎发育的不同时期等,并且这些因素又相互影响,所以上述的最适温度是指平均温度。

(3)变温孵化与恒温孵化制度。在生产上有恒温孵化和变温孵化 2 种供温制度。恒温孵化是在孵化的过程中温度保持不变,出雏时温度略降(生产上多采取分批交错上蛋的方法进行恒温孵化)。变温孵化也称降温孵化,是指在孵化期随胚龄的增加逐渐降低孵化温度。鸡、鸭、鹅蛋的两种孵化供温制施温方案如表 2-3-3 所示。

表 2-3-3　鸡、鸭、鹅蛋的孵化温度　　　　　　　　　　　　　℃

禽种类型	室温	入孵机内温度					出雏机内温度
		恒温(分批)	变温(整批)				
		1~17 d	1~5 d	6~12 d	13~17 d		18~20.5 d
鸡	18.3	38.3	38.9	38.3	37.8		36.9 左右
	23.9	38.1	38.6	38.1	37.5		
	29.4	37.8	38.3	37.8	37.2		
	32.2~35	37.2	37.8	37.2	36.7		
		1~23 d	1~7 d	8~16 d	17~23 d		24~30.5 d
鹅	18.3	37.5	38.1	37.5	36.9		36.4 左右
	23.9	37.2	37.8	37.2	36.7		
	29.4	36.9	37.5	36.9	36.4		
	32.2~35	36.4	36.9	36.4	35.8		
		1~23 d	1~5 d	6~11 d	12~16 d	17~23 d	24~28 d
蛋鸭	23.9~29.4	38.1	38.6	38.1	37.8	37.5	37.2
	29.4~32.2	37.8	38.1	37.8	37.5	37.2	36.9
大型肉鸭	23.9~29.4	37.8	38.1	37.8	37.5	37.2	36.9
	29.4~32.2	37.5	37.8	37.5	37.2	36.9	36.7

(二)相对湿度

湿度对胚胎发育的影响不及温度重要,但适宜的湿度对胚胎发育是有益的:孵化初期能使胚胎受热良好,孵化后期有利于胚胎散热,出雏时有利于胚胎破壳。出雏时湿度与空气中的 CO_2 作用,使蛋壳的碳酸钙变成碳酸氢钙,壳变脆。所以在出雏前提高湿度是很重要的。

胚胎发育对环境相对湿度的适应范围比温度要宽些,一般为 40%～70%。入孵机内的湿度要求为 50%～60%,出雏机内的湿度则以 65%～75% 为宜。孵化室、出雏室的相对湿度为 75%。

高湿、低湿对胚胎发育的影响:湿度过低,蛋内水分蒸发过多,容易引起胚胎和壳膜粘连,引起雏鸡脱水;湿度过高,影响蛋内水分正常蒸发,雏腹大,脐部愈合不良。两者都会影响胚胎发育中的正常代谢,均对孵化率、雏的健壮有不利的影响。

孵化器内湿度的调节可通过放置水盘的多少、控制水温和水位的高低来实现。

(三)通风换气

1. 通风与胚胎的气体交换

胚胎在发育过程中除最初几天外,都必须不断地与外界进行气体交换,而且随着胚龄的增加而加强。尤其是孵化 19 d 后,胚胎开始用肺呼吸,其耗氧量更多。整个孵化期总耗氧量 $4.0\sim4.5$ L,排出 CO_2 $3\sim5$ L。

2.孵化器中 O_2 和 CO_2 含量对孵化率的影响

O_2 含量为 21% 时,孵化率最高,每减少 1%,孵化率下降 5%。新鲜空气含 O_2 21%,CO_2 0.03%~0.04%,这对于孵化是合适的。一般要求 O_2 含量不低于 20%,CO_2 含量 0.4%~0.5%,不能超过 1%。CO_2 超过 0.5%,孵化率下降,超过 1.5%,孵化率大幅度下降。只要孵化器通风设计合理,运转、操作正常,孵化室空气新鲜,一般 CO_2 不会过高,应注意不要通风过度。

3.通风与温度、湿度的关系

在孵化后期,通风还可以帮助驱散余热。孵化过程中,胚蛋周围空气中 O_2 的含量为 21%,换气、温度、湿度三者之间有密切关系。通风良好,温度低,湿度就小;通风不良,空气不流畅,湿度就大;通风过度,则温度和湿度都难以保证。

4.通风换气与胚胎散热的关系

孵化过程中,胚胎不断与外界进行热能交换。胚胎产热随胚龄的递增呈正比例增加,如表 2-3-4 所示。尤其是孵化后期,胚胎代谢更加旺盛,产热更多,如果热量散不出去,温度过高,将严重缺 O_2 阻碍胚胎的正常发育,甚至烧死。所以,孵化器的通风换气,不仅可以提供胚胎发育所需的 O_2、排出 CO_2,而且还有一个重要作用,即可使孵化器内的温度均匀,驱散余热。

表 2-3-4　孵化中胚蛋热能交换

项目	胚龄/d					壳打孔
	5	8	11	14	19	
产热/(J/h)	2.55	37.66	96.23	255.22	707.10	723.83
损失热/(J/h)	62.76	75.31	62.76	62.76	129.70	150.62
胚蛋温度/℃	37.9	37.9	38.0	38.8	40.1	40.1

注:孵化温度为 38 ℃,单位为每枚胚蛋热能。

5.通风换气的控制

孵化初期,可关闭进、排气孔,随胚龄的增加逐渐打开,至孵化后期全部打开,使通风换气量加大。

(四)翻蛋

1.翻蛋的生物学意义

翻蛋的主要目的在于改变胚胎方位,防止胚胎与壳膜粘连;另外,翻蛋可促进胚胎运动,保持胎位正常;还可使胚胎受热均匀。

2.翻蛋的次数及停止翻蛋的时间

一般每天翻蛋 6~8 次即可。机器孵化每 1~2 h 自动翻蛋一次,土法孵化可 4~6 h 翻一次。温度低时可适当增加翻蛋次数。前两周翻蛋更为重要,尤其是第 1 周。据试验,鸡胚孵化期间(1~18 d)不翻蛋,孵化率仅为 29%;第 1 周翻蛋,孵化率为 78%;第 1~14 天翻蛋,孵化率为 95%;第 1~18 天翻蛋,孵化率为 92%。机器孵化一般到第 18 天即停止翻蛋并进行移盘。

3.翻蛋的角度

鸡蛋以水平位置前俯后仰45°为宜,而鸭蛋以50°～55°为宜,鹅蛋以55°～60°为宜。翻蛋时注意动作要轻、慢、稳。

(五)凉蛋

1.适用范围

凉蛋是指孵化到一定时间,关闭电热甚至将孵化器门打开,让胚蛋温度下降的一种孵化操作程序。因胚胎发育到中后期,物质代谢产生大量热能,需要及时凉蛋。其目的是驱散孵化器内余热,防止胚胎"自烧至死",同时让胚蛋得到更多的新鲜空气。

鸭、鹅蛋含脂量高,物质代谢产热量多,必须进行凉蛋,否则,易引起胚胎"自烧至死"。孵化鸡蛋在夏季孵化的中后期,孵化器容量大的情况下可考虑进行凉蛋。若孵化器有冷却装置则不必凉蛋。

2.凉蛋的方法

凉蛋的方法依孵化器的类型、禽蛋的种类、孵化制度、胚龄、季节而定。鸡蛋在封门前、水禽蛋在合拢前采用不开机门、关闭电源、风扇转动的方法。以后采用打开机门、关闭电源、风扇转动甚至抽出孵化盘、喷冷水等措施。每天凉蛋的次数和每次凉蛋时间的长短视外界温度与胚龄而定,一般每天凉蛋1～3次,每次凉蛋15～30 min,以蛋温不低于30～32 ℃为限。

(六)影响孵化效果的其他因素

1.海拔与气压

海拔越高,气压越低,氧气含量越少,孵化时间长,孵化率低。据测定,海拔高度超过1 000 m,对孵化率有较大的影响。如增加氧气输入量,可以改善孵化效果。

2.孵化方式

一般情况下,机器孵化比土法孵化效果好;自动化程度高,控温、控湿精确的孵化比旧式电机的孵化效果好。整批装蛋的变温孵化与分批装蛋的恒温孵化相比较,其孵化率要高。

3.季节与孵化室环境

孵化室的适宜温度为22～26 ℃,因外界环境温度会直接影响到孵化器内的温度,故孵化的理想季节是春季(3～5月)、秋季(9～10月),夏冬季节孵化效果差些。同时夏季高温,种蛋品质较差;冬季低温,种鸡活力低,种蛋受冻,孵化率低。孵化器小气候受孵化室大气候的影响,所以要求孵化室通风良好,温湿度适中,清洁卫生,保温性能好。

4.禽种与品种

不同种类的家禽,其种蛋的孵化率是不同的,鸡蛋的孵化率高于鸭蛋、鹅蛋;不同经济用途的品种,其孵化率也有差异,蛋鸡的孵化率高于肉鸡,同一品种近交时孵化率下降,杂交时孵化率提高。

三、孵化前的准备

1.制订孵化计划

在孵化前,根据孵化和出雏能力、种蛋的数量以及雏禽的销售等具体情况,订出孵化计划,填入孵化工作日程计划表(表2-3-5)或孵化进程表(表2-3-6),非特殊情况不要随便变更计划,以便孵化工作顺利进行。

注意:订计划时,尽量把费力、费时的工作(如入孵、照蛋、移盘、出雏等)错开。一般每周入孵两批,工作效率较高。如采用分组作业(码盘、入孵、照蛋,移盘、出雏,雏鸡雌雄鉴别等作业组),可 2～3 d 入孵一批,孵化效果很好,工作效率更高。

表 2-3-5　孵化工作日程计划表

批次	入孵	照蛋	出雏器消毒	移盘	雏鸡消毒	出雏	出雏结束时间	雌雄鉴别	接种疫苗	接雏

表 2-3-6　孵化进程表

批次	2月1日	2 3 4	5	6	7 8 9	10 11 12 13	14 15 16 17 18	19 20 21	22
一	入孵			一照		二照		移盘	出雏
二									
三									

2.准备孵化用品

孵化前一周一切用品应准备齐全,包括:照蛋灯、温度计、消毒药品、防疫注射器材、记录表格(表 2-3-7)、电动机等。

表 2-3-7　孵化记录表

批次	上蛋日期	上蛋数	无精蛋			中死蛋			死胎	碎蛋	出雏			受精蛋数	受精率/%	受精蛋孵化率/%	入孵蛋孵化率/%
			一照	二照	合计	一照	二照	合计			健雏	弱雏	合计				

3.温度计的校正及试机运转

孵化器安装后或停用一段时间后,在投入使用前要认真校正、检验各机件的性能,尽量将隐患消灭在入孵前。

(1)温度计的校正。孵化用的温度计和水银电接点温度计要用标准温度计校正。

(2)机器检修及试机运转。在孵化前一周,进行孵化器试机和运转。先用手扳皮带轮,听风扇叶是否碰擦侧壁或孵化架,叶片螺丝是否松动。有涡轮蜗杆转动装置的孵化器,要检查涡轮上的限位螺栓的螺丝是否拧紧。手动翻蛋系统的孵化器,应手摇转动杆,观察蛋盘架前俯后仰角度是否为45°。上述检查,未发现异常后,即可接通电源,扳动电热开关,供温、供湿,然后分别接通或断开控温(控湿)、警铃等系统的触点,看接触是否严紧。接着调节控温(控湿)的水银电接点温度计至所需度数(如控温表 37.8 ℃,控湿表 32 ℃)。待达到所需温度、湿度,看是否能自动切断电源或水源,然后开机门并关闭电热开关,使孵化器降温。再关机门,开电热开关,反复测试数次。最后开警铃开关,将控温水银电接点温度计调至 39 ℃,报警水银电接点温度计调至 38.5 ℃,观察孵化器内温度超过 38.5 ℃时,报警器是否能自动报警。

经过上述检查均无异常,即可试机运转 1～2 d,一切正常方可正式入孵。

4.孵化室及孵化器的消毒

为了保证雏鸡不感染疾病,孵化室的地面、墙壁、天棚均应彻底清洗消毒。每批孵化前孵化机内必须清洗,并用福尔马林进行熏蒸消毒。

5.入孵前种蛋预热

入孵前预热种蛋,能使胚胎发育从静止状态中逐渐"苏醒"过来,减少孵化器里温度下降的幅度,除去蛋表凝水,以便入孵后能立刻消毒种蛋。

预热方法:入孵前,将种蛋在不低于 22～25 ℃环境中,放置 4～9 h 或 12～18 h。

6.码盘、消毒

(1)码盘。将种蛋码在孵化蛋盘上称码盘,国外采用真空吸蛋器码盘。在国内,因孵化器(孵化盘)类型颇多,规格不一,所以码盘还不能实现机械化。

(2)消毒。蛋通过泄殖腔产出时或蛋产入蛋窝、产蛋箱时,往往被粪便和环境污染,蛋表面附着许多微生物,并且这些微生物能在适宜的条件下大量迅速繁殖。种蛋受到污染不仅影响其自身的孵化,而且污染孵化设备,传播各种疾病。虽在鸡舍经过一次消毒,但在存放的过程中会被再次污染,为提高孵化率和减少疾病的传播,种蛋必须经过严格认真的消毒才能进行孵化。

四、孵化操作

1.入孵

一般整批孵化,每周入孵两批;分批孵化时,3～5 d 入孵一批,入孵时间在 16:00—17:00,这样可望白天大量出雏(视升至孵化温度的时间长短而定)。整批孵化时,将装有种蛋的孵化盘插入孵化架车推入孵化器中;若分批入孵,新蛋孵化盘与老蛋孵化盘应交错插放。这样新、老蛋可相互调温,使孵化器里的温度较均匀。交叉放置还能使孵化架重量平衡。为避免差错,同批种蛋用相同的颜色标记,或在孵化盘上注明。

2.温度的观察和调节

孵化器控温系统,在入孵前已经校正。检验并试机运转正常,一般不要随意变动。刚入孵时,开门入蛋引起热量散失以及种蛋和孵化盘吸热,因此孵化器里温度暂时降低,是正常的现象。待蛋温、盘温与孵化器里的温度相同时,孵化器温度就会恢复正常。每隔半小时通过观察窗里面的温度计观察一次温度,每 2 h 记录 1 次温度。有经验的孵化人员,还经常用手触摸胚蛋或将胚蛋放在眼皮上测温,必要时,还可照蛋,以了解胚胎发育情况和孵化给温是否合适。孵化温度是指孵化给温,在生产上又大多以"门表"所示温度为准。在生产实践中,存在着三种温度要加以区别。即孵化给温、胚蛋温度和门表温度。

上述三种温度是有差别的,只要孵化器设计合理,温差不大且孵化室内温度不过低,则门表所示温度可视为孵化给温,并定期测定胚蛋温度,以确定孵化时温度掌握得是否正确。如果孵化器各处温差太大,孵化室温度过低,观察窗仅一层玻璃,尤其是停电时,则门表温度绝不能代表孵化温度,此时要以测定胚蛋温度为主。

3.湿度的观察与调节

孵化器观察窗内挂干湿球温度计,每2 h观察记录1次,并换算出机内的相对湿度。要注意清洁包裹湿度计的棉纱,并加蒸馏水。

相对湿度的调节,是通过放置水盘多少、控制水温和水位高低或确定湿度计温度来实现的。湿度偏低时,可增加水盘扩大蒸发面积,提高水温和降低水位(水分蒸发快)加速蒸发速度。还可在孵化室地面洒水,改善环境湿度,必要时可用温水直接喷洒胚蛋。出雏时,要及时捞去水盘表面的绒毛。采用喷雾供湿的孵化器,要注意水质,水应经过滤或软化后使用,以免堵塞喷头。

4.翻蛋

1~2 h翻蛋1次。手动翻蛋要稳、轻、慢,自动翻蛋应先按动翻蛋开关的按钮,待翻到一侧45°自动停止后,再将翻蛋开关扳至"自动"位置,以后每2 h自动翻蛋1次。但遇切断电源时,要重复上述操作,这样自动翻蛋才能起作用。

5.通风量的调节

整批孵化的前3天(尤其是冬季),进出气孔可不打开,随着胚龄的增加逐渐打开进出气孔,出雏期间进出气孔全部打开。分批入孵,进出气孔可打开1/3~2/3。

6.照蛋

照蛋的目的是拣出无精蛋、死胚蛋,观察胚胎的发育情况。孵化过程中可照蛋2~3次,如果照2次,第一次在孵化的5~6 d,第二次在移盘前,即18~19 d(鸭25 d,鹅28 d)。如果照3次,除上述两次外,在10~11 d也进行一次照蛋,常常是抽检一部分。也有只进行一次照蛋的,即在移盘前进行。照蛋要稳、准、快,尽量缩短照蛋时间,有条件的可提高室温。照完一盘,用外侧蛋填满空隙,这样不易漏照。照蛋时发现胚蛋小头朝上应倒过来,抽放盘时,有意识地对角倒盘(即左上角与右下角孵化盘对调,右上角与左下角孵化盘对调)。从蛋车上取蛋盘和放蛋盘时动作要轻、慢,放盘时要牢固。照蛋完毕后再全部检查一遍,以免翻蛋时滑出。最后统计无精蛋、死胚蛋及破蛋数,登记入表,计算受精率。

二维码 2-3-1
种蛋孵化人工落盘

7.移盘

鸡胚孵至19 d(鸭25 d,鹅28 d),经过最后一次照蛋后,将胚蛋从入孵器的孵化盘移到出雏器的出雏盘的过程,称移盘或落盘。过去多在孵化第18天移盘。我们认为鸡蛋孵满19 d再移盘较为合适。具体掌握在约10%鸡胚"打嘴"时进行移盘。孵化18~19 d,正是鸡胚从尿囊绒毛膜呼吸转换为肺呼吸的生理变化最剧烈时期。此时,鸡胚气体代谢旺盛,是死亡高峰期。推迟移盘,鸡胚在入孵器的孵化盘中比在出雏器的出雏盘中,能得到更多的新鲜空气,且散热更好,有利鸡胚度过危险期,提高孵化效果。也可以在孵化16 d时移盘。移盘时,如有条件应提高室温,动作要轻、稳、快,尽量减少碰破胚蛋。最上层出雏盘加铁丝网罩,以防雏鸡窜出。目前国内多采用人工移盘("扣盘"),也有采用机器进行移盘的。

任务三 孵化效果的检查与分析

无论孵化成绩好坏,都应经常检查和分析孵化效果,以指导孵化工作和种鸡的饲养管理。

一、孵化效果的检查方法

通过照蛋、胚蛋失重的测定、出雏观察及死胚的病理剖检,并结合种蛋品质及孵化条件等综合分析,对孵化效果做出客观判断。并以此作为改善种鸡饲养管理、种蛋管理和调整孵化条件的依据,是提高孵化率的重要措施之一。

(一)照蛋

用照蛋灯透视胚胎发育情况,方法简便,效果好。一般在整个孵化期间进行1～3次。

二维码 2-3-2　照蛋

1. 时间安排及目的

除孵化期间进行1～3次照蛋之外,还可在3、4、17、18胚龄时进行抽检。这对不熟悉孵化器性能或孵化成绩不稳定的孵化场,更有必要。对孵化率高且稳定的孵化场,一般在整个孵化过程中,仅在第5～10天照蛋一次即可,孵化褐壳种蛋,可在第10～11天进行照蛋。采用我国传统孵化法,抽检次数可适当增加。

照蛋的主要目的是观察胚胎发育是否正常,并以此作为调整孵化条件的依据,同时结合观察,挑出无精蛋、死精蛋和死胚蛋。头照排除无精蛋和死精蛋,尤其是观察胚胎发育情况。抽验仅抽查孵化器中不同点的胚蛋发育情况。二照在移盘时进行,排除死胚蛋。一般头照和抽验作为调整孵化条件的参考,二照作为掌握移盘时间和控制出雏环境的参考。

2. 发育正常的胚蛋和各种异常胚蛋的识别

(1)发育正常的活胚蛋。剖视新鲜的受精蛋,可看到蛋黄上有一中心部位透明,周围浅暗色的圆形胚盘(有显著的明暗之分)。头照时,可明显看到黑色眼点,血管呈放射状,蛋色暗色(图2-3-2)。抽验时,尿囊绒毛膜"合拢"整个胚蛋除气室外全部布满血管。二照时,气室向一侧倾斜,有黑影闪动,胚蛋暗黑。

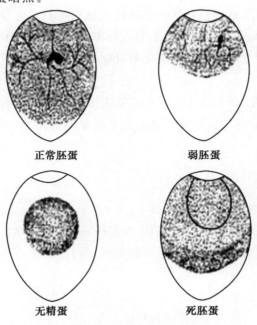

正常胚蛋　　　　　弱胚蛋

无精蛋　　　　　死胚蛋

图 2-3-2　头照时各种胚蛋

（2）无精蛋。俗称"白蛋"。剖视新鲜蛋时，可见一圆形透明度一致的胚珠。照蛋时，蛋色浅黄、发亮，看不到血管或胚胎。蛋黄影子隐约可见。头照时一般不散黄，以后散黄。

（3）死胚蛋。俗称"血蛋"。头照只见黑色的血环（或血点、血线、血弧）紧贴壳上，有时可见到死胚小黑点贴壳静止不动，蛋色浅白，蛋沉散。抽验时，看到很小的胚胎与蛋分（散）离，固定在蛋的一侧，色粉红、淡灰或黑暗，胚胎不动，见不到"闪毛"。

（4）弱胚蛋。头照胚体小，黑色眼点不明显，血管纤细，有的看不到胚体和黑眼点，仅仅看到气室下缘有一定数量的纤细血管。胚蛋色浅红。抽验时，胚蛋小头淡白（尿囊绒毛膜未合拢）。二照时，气室较正常胚蛋的小，且边缘不整齐，可看到红色血管。因胚蛋小头仍有少量蛋白，所以照蛋时，胚蛋小头浅白发亮。

（5）破蛋。照蛋时可见裂纹（呈树枝状亮痕）或破孔，有时气室跑到一侧。

（6）腐败蛋。整个胚蛋褐紫色，有恶臭味，有的蛋壳破裂，表面有很多粒状的黄黑色渗出物。

（二）胚蛋在孵化期间的失重

在孵化过程中由于蛋内水分蒸发，胚蛋逐渐减轻，其失重多少，随孵化器中的相对湿度、蛋重、蛋壳质量（蛋壳通透性）及胚胎发育阶段而异。

1. 胚蛋失重分布

孵化期间胚蛋的失重是不均匀的。孵化初期失重较小，第二周失重较大，而第 17～19 天胚蛋失重很多。第 1～19 天，胚蛋失重为 12%～14%。胚蛋在孵化期间的失重过多或过少均对孵化率和雏禽质量不利。我们可以根据失重情况，了解胚胎发育和孵化的温、湿度。

2. 胚蛋失重的测定方法

先称一个孵化盘的重量，然后将种蛋码在该孵化盘内再称其重量，减去孵化盘重量，得出入孵时总蛋重；以后定期称重，求出各期减重的百分率。上述方法比较烦琐，有经验的孵化人员，可以根据种蛋气室在孵化期间的大小变化及后期的气室形状，来了解孵化湿度和胚胎发育是否正常。

胚蛋在相同湿度下孵化，蛋的失重有时可能差别很大，而且无精蛋和受精蛋的失重无明显差别。所以不能用失重多少作为胚胎发育是否正常或影响孵化率的唯一标准，仅以此做参考指标。

（三）出雏期间的观察

1. 出雏时间及持续时间

孵化正常时，出雏时间较一致，有明显的出雏高峰，一般 21 d 全部出齐；孵化不正常时，无明显的出雏高峰，出雏持续时间长，到第 22 天仍有较多的胚蛋未破裂壳，这样，孵化效果肯定不理想，同时影响健雏率。

2. 对初生雏的观察

主要观察绒毛、脐部愈合状况、精神状态和体型等。

（1）健雏。绒毛干净有光泽，蛋黄吸收良好，腹部平坦、柔软。脐带部愈合良好、干燥，并被腹部绒毛覆盖。雏禽站立稳健而有力,叫声洪亮、清脆,对光和声音反应灵敏。体型匀称,大小适中,不干瘪或臃肿,胫、趾色素鲜浓。

(2)弱雏。绒毛污乱,脐带部潮湿带血污、愈合不良,蛋黄吸收不良,腹部大,有的甚至拖地。雏禽站立不稳,前后晃动,常两腿或一腿叉开,双眼时开时闭,缩脖,精神不振,显得疲乏,叫声无力或尖叫呈痛苦状。对光、声音反应迟钝,体型干瘪或臃肿,个体大小不一。

(3)残雏、畸形雏。弯喙或交叉喙。脐部开口并流血,蛋黄外露甚至拖地。脚和头部麻痹,瞎眼扭脖。雏体干瘪,绒毛稀短焦黄,有的甚至出现三条腿等。

(四)死雏、死胚的检查

1.外表观察

首先观察蛋黄吸收情况、脐部愈合状况。死胚要观察啄壳情况(是啄壳后死亡还是未啄壳,啄壳洞口有无黏液等),然后打开胚蛋,判断死亡时的胚龄。观察皮肤、内脏及胸腔、腹腔、卵黄囊、尿囊等有何病理变化,如充血、出血、水肿、畸形、雏体大小、绒毛生长情况等,初步判断死亡时间及其原因。对于啄壳前后死亡或不能出雏的活胚,还要观察胎位是否正常(正常胚胎是头颈部埋在右翼下)。

2.病理剖检

种蛋品质差或孵化条件不良时,死雏或死胚一般表现出病理变化。如维生素 B_2 缺乏时,出现脑膜水肿;维生素 D_3 缺乏时,出现皮肤浮肿;孵化温度短期强烈过热或孵化后半期长时间过热时,则出现充血、溢血等现象。因此,应定期抽查死雏和死胚,找出死亡的具体原因,以指导以后的生产工作。

3.微生物学检查

定期抽查死雏、死胚及胎粪、绒毛等,作微生物学检查。当种禽群中有疫情或种蛋来源较混杂或孵化效果不理想时尤应取样化验,以便确定疾病的性质及特点。

二、孵化效果的分析

(一)孵化效果的衡量指标

①受精率=(受精蛋数/入孵蛋数)×100%

②早期死胚率=(1～5 胚龄死胚数/受精蛋数)×100%

③受精蛋孵化率=(出雏数/受精蛋数)×100%

④入孵蛋孵化率=(出雏数/入孵蛋数)×100%

⑤健雏率=(健雏数/出雏数)×100%

⑥死胎率=(死胎蛋数/受精蛋数)×100%

注:出雏数包括健雏数、弱雏数、残雏数、死雏数。

(二)孵化效果的分析

1.胚胎死亡曲线的分析

无论是自然孵化还是人工孵化,是高孵化率鸡群还是低孵化率鸡群,胚胎死亡在整个孵化期间不是均匀分布的,而是存在两个死亡高峰:第一个死亡高峰出现在孵化前期,鸡胚在孵化的第3～5天;第二个死亡高峰出现在孵化后期,鸡胚孵化的第18天以后。一般来说,第一个高峰的死胚数占全部死胚数的15%,第二个高峰约占50%。但是,对高孵化率鸡群来说,鸡胚多死于第二高峰;而低孵化率鸡群,第一和第二高峰的死亡率大致相同。其他家禽在整个孵化期中胚胎死亡,也出现类似的两个高峰,鸭胚死亡高峰分别在孵化的第3～6天和第24～27天;火鸡分别在第3～5天和第25天;鹅胚分别在第2～4天和第26～30天。

2.胚胎死亡高峰的原因分析

胚胎死亡期的第一个死亡高峰正是胚胎生长迅速、形态变化显著时期,各种胚膜相继形成而作用尚未完善。胚胎对外界环境的变化是很敏感的,稍有不适,胚胎发育便有可能受阻,甚至造成死亡。第二个死亡高峰正是胚胎从尿囊绒毛膜呼吸过渡到肺呼吸时期。胚胎生理变化剧烈,需氧量剧增,其自温猛增,传染性胚胎病的威胁更突出。对孵化环境(尤其是O_2)要求高,如果通风换气、散热不好,必然有一部分本来就较弱的胚胎不能顺利破壳出雏。孵化期其他时间胚胎的死亡,主要是受胚胎生活力的强弱的影响。

3.孵化各期胚胎死亡的原因

(1)前期死亡(1～6 d)。种鸡的营养水平和健康状况不良,主要是缺乏维生素A和维生素B_2;种蛋贮存时间过长、保存温度过高或受冻,消毒熏蒸过度;孵化前期温度过高;种蛋运输时受剧烈振动。

(2)中期死亡(7～12 d)。种鸡的营养水平及健康状况不良如缺乏维生素B_2,胚胎死亡高峰在第10～13天;缺乏维生素D_3时出现水肿现象;种蛋消毒不好,孵化温度过高,通风不良;翻蛋不当等。

(3)后期死亡(13～18 d)。种鸡的营养水平差,如缺维生素B_{12},胚胎多死于16～18 d;胚胎如有明显充血现象,说明有一段时间高温;发育极度衰弱,是温度过高;气室小,说明湿度过高;小头打嘴,是通风不良或是小头向上入孵造成的。

(4)闷死壳内。出雏时温度、湿度过高,通风不良;胚胎软骨畸形,胎位异常;卵黄囊破裂,胫、腿麻痹软弱等。

(5)啄壳后死亡。若破壳处多黏液,是高温高湿;第20～21天通风不良;胚胎利用蛋白时高温,蛋白吸收不完全,尿囊合拢不良,卵黄未进入腹腔;移盘时温度骤降;种鸡健康状况不良,有致死基因;小头向上入孵;头两周未翻蛋;后2天高温低湿等。

(三)影响孵化效果因素的分析

影响孵化效果的因素很多,总体来说有内部因素和外部因素。内部因素是指种蛋的内部品质,而种蛋的内部品质又受种鸡饲养管理的影响;外部因素是指胚胎发育的孵化条件,即归结起来有3个方面因素:种鸡质量、种蛋管理和孵化条件。

任务四　初生雏禽的处理

一、捡雏与助产

(一)捡雏

在成批出雏后,每4 h左右捡雏1次,也可以出雏30%~40%时捡第1次,60%~70%时捡第2次,最后再捡1次并"扫盘"。"叠层出雏盘出雏法"在出雏75%~80%时,捡第1次雏。捡雏时动作要轻、快,尽量避免碰破胚蛋。前后开门的出雏器,不要同时打开,以免温度大幅度下降而推迟出雏。捡出绒毛已干的雏时,捡出蛋壳,以防蛋壳套在其他胚蛋上闷死雏鸡。大部分出雏后(第2次捡雏后),将已"打嘴"的胚蛋并盘集中,放在上层,以促进弱胚出雏。

(二)人工助产

对已啄壳但无力自行破壳的雏鸡进行人工出壳,称人工助产。鸡雏一般不需人工助产,而鸭雏、鹅雏人工助产率较高。一般在大批出雏后,将蛋壳膜已枯黄的胚蛋(说明该胚蛋蛋黄已进入腹腔,脐部已愈合,尿囊绒毛膜已完全干枯萎缩),轻轻剥离粘连处,把头、颈、翅拉出壳外,令其自行挣扎出壳。蛋壳膜湿润发白的胚蛋,不能进行人工助产,因其卵黄囊未完全进入腹腔或脐部未完全愈合,尿囊绒毛膜血管也未完全萎缩干枯,若强行助产,将会使尿囊绒毛膜血管破裂流血,造成雏鸡死亡或成为毫无价值的残弱雏。

二、清扫消毒

出雏完毕(鸡一般在第22胚龄的上半天),首先捡出死胎(毛蛋)和残、死雏,并分别登记入表,然后对出雏器、出雏室进行冲洗、清扫、消毒。

三、初生雏的处理

(一)初生雏的雌雄鉴别

1.翻肛鉴别法

根据雏鸡生殖突起的有无及组织形态上的差异来鉴别初生雏的雌雄的方法。翻肛鉴别法:左手握雏,将雏鸡颈部夹在无名指与中指之间,两脚夹在无名指与小指之间,先用左手拇指轻按雏鸡腹部让其排粪,然后将左手拇指靠近雏鸡腹侧,以右手拇指和食指拨动肛门,在灯光下观察生殖突起。注意固定雏鸡时不得用力压迫,如腹部压力过大则易损坏蛋黄囊。开张肛门必须完全彻底,否则不能将生殖突起全部露出(表2-3-8)。

二维码 **2-3-3**
雏鸡的雌雄鉴别

表 2-3-8　初生雏雌雄生殖突起的差异

生殖突起状态	公雏	母雏
体积大小	较大	较小
充实和鲜明程度	充实,轮廓鲜明	相反
周围组织陪衬程度	陪衬有力	无力,突起显示孤立
弹力	富弹力,受压迫不易变形	相反
光泽及紧张程度	表面紧张而有光泽	有柔软而透明之感,无光泽
血管发达程度	发达,受刺激易充血	相反

2.伴性性状鉴别法

根据伴性遗传的原理,用特定的品种或品系杂交,所生后代根据羽毛的生长速度或羽毛的颜色在初生时即可鉴别雌雄。

(1)羽速鉴别法。快慢羽鉴别:慢羽为显性(K),快羽为隐性(k),如图 2-3-3 所示。

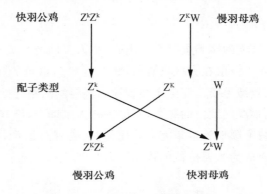

图 2-3-3　快慢羽雌雄鉴别原理

(2)羽色鉴别法。金银色羽鉴别:银色为显性(S),金色为隐性(s),如图 2-3-4 所示。

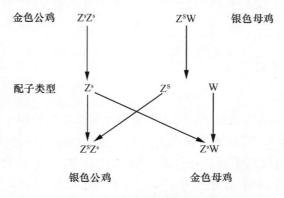

图 2-3-4　金银色羽雌雄鉴别原理

(二)初生雏的分级

1.分级的意义

将弱雏分出单独放置,到饲养场后可以单独培育,可以使雏鸡发育均匀,提高育雏成活率。初生雏鸡的分级标准如表2-3-9所列。

2.分级的方法

(1)健雏。精神活泼,绒毛匀整、干净,腹部柔软,卵黄吸收良好,脐部愈合完全,肛门附近无白屎,两脚站立有力,体重正常,胫趾色素鲜浓。

(2)弱雏。不活泼,两脚站立不稳,腹大,脐部愈合不良或带血,喙、胫色淡,体重过小。

表 2-3-9　初生雏鸡的分级标准

鉴别项目	强雏特征	弱雏特征
精神状态	活泼健壮,眼大有神	呆立嗜睡,眼小细长
腹部	大小适中,平坦柔软,表明卵黄吸收良好	腹部膨大,突出,表明卵黄吸收不良
脐部	愈合良好,有绒毛覆盖,无出血痕迹	愈合不良,大肚脐,潮湿或有出血痕
肛门	干净	污秽不洁,有黄白色稀便
绒毛	长短适中,整齐清洁,富有光泽	过短或过长,蓬乱玷污,缺乏光泽
两肢	两肢健壮,站得稳,行动敏捷	站立不稳,喜卧,行动蹒跚
感触	有膘,饱满,温暖,挣扎有力	瘦弱、松软、较凉,挣扎无力,似棉花团
鸣声	响亮清脆	微弱,嘶哑或尖叫不休
体重	符合品种要求	过大或过小
出壳时间	多在 20.5～21 d 间按时出壳	扫摊雏、人工助产或过早出的雏鸡

(三)初生雏的免疫及特殊处理

1.免疫

初生雏 24 h 内接种马立克氏病疫苗,每鸡用连续注射器将稀释后的疫苗在颈背中部皮下注射 0.2 mL。注射时捏住皮肤,确保针头插入皮下。稀释后的疫苗须在 0.5 h 内用完。

二维码 2-3-4
雏鸡皮下人工注射免疫

2.公鸡剪冠

操作时弯剪翘面向上,从前向后紧贴头顶皮肤,在冠基部剪去即可。

3.截趾

要将种用公雏的左、右脚内侧脚趾和后面的脚趾,用断趾器或烙铁,把趾甲根部的关节切去,并烧灼局部组织,使其不再生长。

(四)初生雏的暂存

初生雏在运输前要在存雏室内放置一段时间。要求存雏室的温度在 25～29 ℃,室内安静,空气新鲜。存放时间不宜过久,应尽快运到育雏室。

四、填写孵化记录表格

为使各项孵化工作顺利进行,以及准确统计孵化成绩,应及时、准确地计算填写孵化记录表格。

复习思考题

1. 机器孵化前应做好哪些准备工作?

2. 对孵化用的种蛋有哪些要求?

3. 提高孵化率的技术措施都有哪些?

4. 家禽胚胎正常发育需要什么样的环境条件?

5. 怎样衡量孵化成绩的好坏?

技能训练十　孵化机的构造及孵化操作

【目的要求】

1. 认识孵化器各部构造并熟悉其使用方法。

2. 实际参加各项孵化操作,熟悉机械孵化的基本管理技术。

【材料和用具】

入孵机、出雏机、控温仪、温度计、湿度计、体温计、标准温度计、标准湿度计、转数计、风速计、孵化室有关设备用具、记录表格、孵化规程。

【内容和方法】

1. 孵化机的构造和使用

按实物依序识别孵化机和出雏机的各部构造并熟练掌握其使用方法。

(1)主体结构

孵化器外壳、种蛋盘、孵化活动转翻架、出雏架。

(2)控温、控湿、报警和降温系统

控温系统、控湿系统、报警系统。

(3)机械传动系统

翻蛋传动系统、通风换气及均温系统。

2. 孵化的操作技术

根据孵化操作规程,在教师指导和工人师傅的帮助下,进行各项实际操作。

(1)选蛋

①首先将过大、过小的,形状不正的,壳薄或壳面粗糙的,有裂纹的蛋剔除。

②选出破壳蛋,每手握蛋三个,活动手指使其轻度冲撞,撞击时如有破裂声,则将破蛋取出。

③照验,初选后再用照蛋器检视,将遗漏的破蛋和壳面结构不良的剔除。

(2)码盘和消毒

①码盘,选蛋同时进行装盘。码盘时使蛋的钝端向上,装后清点蛋数,登记于孵化记录表中。

②消毒，种蛋码盘后即上架，在单独的消毒间内按每立方米容积置甲醛 30 mL，高锰酸钾 15 g 的比例熏蒸 20～30 min。熏蒸时关严门窗，室内温度保持 25～27 ℃，湿度 75％～80％，熏后排出气体。

（3）预热

入孵前 12 h 将蛋移至孵化室内，使之初步升温预热。

（4）入孵

①预热后按计划于下午 16：00—17：00 上架孵化，出雏时便于工作。

②天冷时，上蛋后打开孵化机的辅助加热开关，使加速升温，以免影响早孵胚的发育，待温度接近要求时即关闭辅助加热器。

（5）孵化条件

实习时按下列孵化条件进行操作。

①孵化室条件：温度 20～22 ℃，湿度 55％～60％，通风换气良好。

②孵化条件（表技训 2-3-1）。

表技训 2-3-1 孵化条件

孵化条件	孵化器	
	孵化机	出雏机
温度	37.8 ℃	37.2～37.5 ℃
湿度	55％左右	65％左右
通气孔	开 50％～70％	全开
翻蛋	每 2 h 一次	停止

（6）翻蛋

每 2 h 翻蛋一次，翻动宜轻稳，防止滑盘。出雏期停止翻蛋。每次翻蛋时，蛋盘应转动 90°。

（7）温、湿度的检查和调节

应经常检查孵化机和孵化室的温、湿度情况，观察机器的灵敏程度，遇有超温或降温时，应及时查明原因检修和调节。机内水盘每天加温水一次。

（8）孵化机的管理

孵化过程中应注意机件的运转，特别是电机和风扇的运转情形，注意有无发热和撞击声响的机件，定期检修加油。

（9）移蛋和出雏

①孵化 18 d 或 19 d 照检后将蛋移至出雏机中，同时增加水盘，改变孵化条件。

②孵化满 20 d 后，将出雏机玻璃门用黑布或黑纸遮掩，免得已出的雏鸡骚动。

③孵化满 20 d 后，每天隔 4～8 h 拣出雏鸡和蛋壳一次。

④出雏完毕，清洗出雏盘，消毒。

（10）熟悉孵化规程与记录表格

仔细阅览孵化室内的操作规程、孵化日程表、工作时间表，认真填写温度记录表和孵化记录表等。

【实训报告】

根据孵化器的使用方法阐述孵化操作过程。

技能训练十一　蛋的构造和品质鉴定

【目的要求】

熟悉蛋的基本构造,掌握蛋的品质鉴定方法。

【材料和用具】

新鲜鸡蛋、保存一周和一个月左右鸡蛋、煮熟的新鲜鸡蛋、鸭蛋、鹅蛋或火鸡蛋。照蛋器、蛋秤、粗天平、液体比重计、游标卡尺、蛋壳厚度测定仪或千分尺、放大镜、培养皿、搪瓷筒或玻璃缸(容量最好为 3~5 L)、小镊子、吸管、滤纸、乙醚或高锰酸钾、酒精棉、食盐(精盐)、玻璃棒、直尺、蛋壳强度测定仪、罗氏(Roche)比色扇。

【内容和方法】

1. 称蛋重

用蛋秤或粗天平称测各种家禽的蛋重。鸡蛋的重量在 40~70 g,鹅蛋在 120~200 g,鸭蛋和火鸡蛋重的变动范围均为 70~100 g。

2. 测量蛋形指数

蛋形由蛋的长径(纵径)和短径(横径)的比例即蛋形指数来表示,长径和短径用游标卡尺测量。蛋形指数通常是指长径与短径的比值,鸡蛋正常蛋形指数为 1.32~1.39,1.35 为标准形;鸭蛋正常蛋形指数为 1.20~1.58,标准形为 1.30。

3. 蛋的比重测定

蛋的比重不仅能反映蛋的新陈程度,也与蛋壳厚度有关。测定方法是:在 9 个大烧杯中配制 9 种不同浓度梯度的食盐溶液,食盐溶液的比重 1.068 为 0 级(每升水中加入食盐 103 g),比重每增加 0.004,级别也相应增加一级。加入盐后,要用玻璃棒搅拌或稍加温使盐完全溶解。各级溶液要用比重计校正,比重可能偏高或偏低,要适当加水或加盐来调整,分盛于搪瓷筒或玻璃缸内。每种溶液的比重依次相差 0.004。

测定时先将蛋浸入水中,然后依次从低比重到高比重食盐溶液中通过。当蛋悬浮在溶液中即表明其比重与该溶液的比重相等。蛋壳质量良好的蛋的比重在 1.080 以上。

4. 蛋的照检

用照蛋器检测蛋的构造和内部品质。可检视气室大小、蛋壳质地、蛋黄颜色深浅和系带的完整与否等。照检时要注意观察蛋壳组织及其致密程度。也要判断系带的完整性,如系带完整,蛋黄的阴影由于旋转鸡蛋而改变位置,但又能快回到原来位置;如系带断裂,则蛋黄在蛋壳下面晃动不停。

5. 蛋的剖检

目的在直接观察蛋的构造和进一步研究蛋的各部分重量的比例以及蛋黄和蛋白的品质等。

取种蛋和商品蛋各一枚,横放于水平位置 10 min,用镊子从蛋的上部敲开 1.2 cm 左右的小孔,比较胚盘和胚珠。受精蛋胚盘的直径 3~5 mm,并有稍透明的同心边缘结构,形如小盘。未受精蛋的胚珠较小,为一不透明的灰白色小点。

取一新鲜鸡蛋,称重后从一端打一小孔让蛋白流出。注意不要弄破蛋黄膜,称取蛋白的重量,再倒出蛋黄,分别称取蛋黄和蛋壳(包括碎片)的重量,计算各部分占蛋总重量的百分比例。为观察和统计蛋壳上的气孔及其数量,应将蛋壳膜剥下,用滤纸吸干蛋壳,并用乙醚或酒精棉去除油脂。在蛋壳内面滴上亚甲蓝或高锰酸钾溶液。经 15～20 min,蛋壳表面即显出许多小的蓝点或紫红点。在等待气孔染色时,可进一步观察蛋的内部构造和内容。为观察蛋黄的层次和蛋黄心,可用马尾或头发将去壳的熟鸡蛋沿长轴切开。蛋黄由于鸡体日夜新陈代谢的差异,形成深浅两层,深色层为黄蛋黄,浅色层为白蛋黄。观察蛋的内部构造和研究内容物结束之后,可借助于放大镜来统计蛋壳上的气孔数(锐端和钝端要分别统计)。

6.测定蛋壳厚度

用蛋壳厚度测定仪或千分尺分别测定蛋的锐端、钝端和中部三个部位的厚度,然后加以平均。蛋壳质量良好的蛋的平均厚度在 0.33 mm 以上。

7.蛋黄色泽

主要比较蛋黄色泽的深浅度。用罗氏(Roche)比色扇的 15 个蛋黄色泽等级比色,统计该批蛋各级色泽数量及所占的百分比。种蛋蛋黄色泽要鲜艳。

8.测量蛋壳强度

蛋壳强度是指蛋对碰撞和挤压的承受能力,为蛋壳致密坚固性的指标。用蛋壳强度测定仪测定,单位为 kg/cm^2。

9.蛋壳色泽

按白、浅褐、褐、深褐和青色表示。种蛋壳色应符合品种标准。

【实训报告】

1.绘图说明蛋的结构。

2.测定保存不同时间蛋的比重,并分析新鲜蛋和陈旧蛋的比重差异。

3.根据实习实训内容,说明蛋的品质评定项目及标准。

技能训练十二 家禽的胚胎发育观察

【目的要求】

掌握孵化生物学检查的一般方法及胚胎发育观察。

【材料和用具】

孵化各日龄的胚蛋、中死蛋、鸡胚发育图、孵化记录资料、照蛋器、镊子、剪刀、培养皿等。

【内容和方法】

1.照蛋

用照蛋器检视孵化第 5 天、第 10 天、第 17 天鸡胚的发育情形,比较各期无精蛋、死胚蛋、弱胚和正常胚的明显特征。

2.蛋重变化

鸡蛋在孵化过程中的正常减重率为:前 6 天 2.5％～4％,前 12 天 7％～9％,前 19 天 12％～14％,据此可判断胚胎发育是否正常。孵化时分 4 次称一盘胚(蛋的重量),算出平均每个蛋重的变化(只计活胚蛋)。

3.死胚的剖检

检查时注意胚胎的位置,尿囊和羊膜的状态,从外形特征(参见胚胎发育不同日龄的外部特征表)判定日龄,接着按皮肤、绒毛、头、颈、脚的顺序,观察胚胎外部形态,然后观察肠、胃、肝、心、肺、肾等内部器官的病理变化。注意有无充血、贫血、出血、水肿、肥大、萎缩、变性、畸形等,与孵化不良原因分析表对照,判定胚胎死亡原因。

4.啄壳、出壳及初生雏的观察

移蛋后开始观察破壳情况,满20 d后每6 h观察一次出壳,判断啄壳的时间是否集中、正常,并注意啄壳部位,以及有无粘连雏体或绒毛湿脏的现象。初生雏主要观察其活动和结实程度、体重大小、蛋黄吸收情况、绒毛色素、雏体整洁程度和毛的长短,还应注意有无畸形、眼疾、蛋黄外露、脐带开口流血、骨骼短而弯曲、脚和头麻痹等。

【实训报告】

1.绘图说明照蛋时不同胚龄胚胎的特征。

2.叙述鸡胚、鸭胚两次照蛋的时间、目的和特征。

技能训练十三　　初生雏鸡的处理

【目的要求】

掌握初生雏禽强弱分级、雌雄鉴别、免疫技术要领。

【材料和用具】

初生雏、台灯、7～10日龄蛋用雏鸡、幻灯片、刀片、断喙器、眼科剪刀、断趾器、电烙铁、药棉、纱布、毛巾、胶用手套、连续注射器等。所有器具应严格消毒烘干,以防止病菌的感染。

【内容和方法】

1.初生雏的雌雄鉴别

翻肛鉴别法;伴性性状鉴别法:①羽速鉴别法,②羽色和羽斑鉴别法。

2.初生雏的分级

(1)健雏。精神活泼,绒毛匀整、干净,腹部柔软,卵黄吸收良好,脐部愈合完全,肛门附近无白屎,两脚站立有力,体重正常,胫趾色素鲜浓。

(2)弱雏。不活泼,两脚站立不稳,腹大,脐部愈合不良或带血,喙、胫色淡,体重过小。

3.初生雏的免疫及特殊处理

免疫、剪冠、截趾。

4.初生雏的暂存

存雏室的温度在25～29 ℃,室内安静,空气新鲜。存放时间不宜过久,应尽快运到育雏室。

二维码 2-3-5
鸡的注射免疫

【实训报告】

1.绘图说明羽色、羽速的伴性遗传原理。

2.说明雏鸡分级、免疫及特殊处理的方法及注意事项。

蛋 鸡 生 产

【知识目标】

1.了解雏鸡、育成鸡和产蛋鸡的生理特点。

2.掌握雏鸡的培育技术。

3.掌握育成鸡的饲养管理技术。

4.掌握商品蛋鸡、蛋种鸡的饲养管理技术。

【技能目标】

1.能熟练地进行雏鸡的断喙操作。

2.会应用鸡的人工授精技术。

3.对不同阶段的蛋鸡能进行科学的饲养管理。

任务一　雏鸡的培育

在鸡一生的饲养管理中,幼雏阶段的饲养管理是产蛋鸡高产稳产最关键、最基础的工作,做好育雏前的准备又是育雏的良好开端。

一、培育阶段的划分与培育目标

(一)培育阶段的划分

蛋鸡饲养按其生理阶段分为三个时期,育雏期 0～6 周龄,育成期 7～18 周龄,产蛋期 19～72 周龄。

在现代蛋鸡生产中,蛋鸡养育阶段的划分,由传统的三段式转变为两段式,即将育雏期和育成前期合并,在育雏舍内进行;育成后期和产蛋期合并,在蛋鸡舍内完成;两段式是在一个养殖场内完成。如果两段式在不同养殖场完成,则为两点式养殖模式。在生产中由于各阶段的生理特点不同,在饲养管理上各具特点。

(二)育雏期培育目标

育雏期的主要技术目标如下。

1.保证雏鸡健康

雏鸡培育过程中要食欲正常,精神活泼,反应灵敏,羽毛紧凑而富有光泽,未发生传染病,特别是烈性传染病。

2.保证高的成活率

现代蛋鸡生产中,育雏的第一周死亡率不超过 0.5%,前三周不超过 1%,较高的水平是 0～6 周死亡率不超过 2%。

3.雏鸡生长发育正常,均匀度好

发育正常的雏鸡,骨骼良好,胸骨平直而结实,跖骨的发育良好,8 周龄跖长达 76～80 mm;肌肉发育良好,并且不带有多余的脂肪;体重符合标准,而且全群具有良好的均匀度。

二、雏鸡的生理特点

(一)生长发育迅速,代谢旺盛

雏鸡的生长发育极为迅速。蛋用雏 2 周龄体重约为初生时的 2 倍,6 周龄为 10 倍,8 周龄为 15 倍;肉仔鸡生长更快,相应为 4 倍、32 倍及 50 倍。以后随日龄增长而逐渐减慢生长速度。雏鸡代谢旺盛,心跳快,每分钟脉搏可达 250～350 次,刚出壳时可达 560 次/min,安静时的单位体重耗氧量与排出的二氧化碳量要比家畜高一倍以上。所以在饲养上要满足其营养需要,要喂以高能量、高蛋白的全价配合饲料;管理上既要保温更要注意不断地供给新鲜空气。

(二)雏鸡体温较低,体温调节机能不完善

初生雏的体温较成年鸡低 2～3 ℃,4 日龄开始慢慢上升,到 10 日龄时达到成年鸡体温,到 3 周龄左右,体温调节机能逐渐趋于完善,7～8 周龄以后才具有适应外界环境温度变化的能力。而刚出壳的幼雏体小娇嫩,身上没有丰满的羽毛覆盖,只有细小的绒毛,加之大脑调节机能不健全,尚缺乏体温调节的能力,所以很难适应外界大的温差变化。因此,育雏期尤其要注意保温防寒。

(三)雏鸡的胃容积小,消化能力弱

由于刚出壳的小幼雏的发育不健全,胃和相应的消化器官的容积小,使进食量和消化量都有限。肌胃研磨饲料能力低,消化腺中又不能产生足够的消化酶,这样使其消化能力差。因此,要注意喂给纤维含量低、易消化的饲料,并且要少喂勤添,以满足其生长快,代谢旺盛的需要。

(四)抗病能力差,敏感性强

雏鸡免疫机能较差,约 10 日龄才开始产生自身抗体,产生的抗体较少,出壳后母源抗体也日渐衰减,3 周龄左右母源抗体降至最低,故 10～21 日龄为危险期,所以雏鸡对各种疾病和不良环境的抵抗力弱。雏鸡的敏感性强,对饲料各种营养成分的缺乏或有毒物质的过量,都会产

生生长发育受阻及各种病理反应。所以,要做好疫苗接种和药物防病工作,搞好环境净化,保证饲料营养全面,投药均匀适量。

(五)胆小,缺乏自卫能力

雏鸡胆小,自卫能力差,各种惊吓和环境条件的突然改变,都会影响雏鸡的正常发育,特别是特殊声音、晃动的光影和异常颜色都会使雏鸡受惊。因此,育雏环境要安静,并有防止兽害设施。

(六)羽毛生长更新速度快

雏鸡的羽毛生长快,雏鸡 3 周龄时羽毛为体重的 4%,4 周龄时为 7%,以后大致不变。从出壳到 20 周龄,鸡要更换 4 次羽毛。羽毛中蛋白质含量高达 80%～82%,为肉、蛋 4～5 倍。因此,雏鸡日粮中蛋白质和含硫氨基酸的含量要足够,用以保证雏鸡羽毛的生长。

三、育雏方式

育雏按其占地面积、空间的不同以及给温方法的不同,其管理要点与技术也不同,大致分为地面育雏、网上育雏和笼上育雏 3 种方式。其中,前两种又称平面育雏,后一种称为立体育雏。

(一)平面育雏

地面育雏:要求舍内用水泥地面,便于冲洗消毒。育雏前彻底消毒,地面铺上 5 cm 左右的垫料,室内设有喂食器、饮水器及保暖设备。垫料可以是锯末、麦草、谷壳、稻草等,但要求干燥、卫生、柔软、无霉变。这种方式占地面积大,房舍利用率低,雏鸡与粪便接触,易发生鸡球虫、鸡白痢等病;并且管理不方便,雏鸡受惊后容易扎堆压死,只适于小规模暂无条件的鸡场采用。

网上育雏:把雏鸡饲养在离地 50～60 cm 高的铁丝网或特制的塑料网或竹网上,网眼大小一般不超过 1.2 cm×1.2 cm。网上育雏的优点是可节省垫料,同时减少了清除垫料的麻烦,节省劳力;增大饲养密度,提高鸡舍的利用率;鸡与粪便不直接接触,减少疾病发生;雏鸡不直接接触地面的寒湿气,降低了发病率,育雏率较高。但网上育雏造价较高,养在网上的雏鸡有些神经质,而且要加强通风,保持堆积的鸡粪干燥,减少有害气体的产生。

(二)立体育雏

立体育雏是将雏鸡饲养在分层的育雏笼内,一般育雏笼为 3～5 层,采用层叠式排列。鸡笼的四周可用毛竹、木条或铁丝等制作成栅栏,栅栏间隙以雏鸡可以伸出头为宜,饲槽和饮水器可放在栅栏外,有专门的可拆卸的铁丝笼门更好。笼底大多采用铁丝网或塑料网,鸡粪由网眼落下,收集在层与层之间的承粪板上,定时清除。饲槽和饮水器可排列在笼门外,雏鸡伸出头即可吃食、饮水。立体育雏器的优点是能经济利用单位面积的鸡舍和热能,提高饲养密度,便于实行机械化和自动化,提高劳动效率,同时鸡不与鸡粪接触减少了鸡群发病概率。缺点是投资较大,对环境及饲料营养的要求比较严格;鸡活动空间有限,体质较差,饲养管理不当时容易得营养缺乏症、笼养疲劳症、啄癖、神经质等各种疾病。

目前,养鸡业发达的国家和地区,90％以上蛋鸡都采用笼育,我国也广泛应用。

四、育雏前的准备

(一)制订育雏计划

根据各场的鸡舍建筑及设备条件、生产规模及工艺流程,制订一个较为缜密的年度进雏计划。具体拟订进雏数及雏鸡周转计划、饲料及物资供应计划、防疫计划、财务收支计划及育雏阶段应达到的技术经济指标等。进雏数一般由当年计划培育的新母鸡数来确定,在此基础上增加育雏育成期死亡数、淘汰数。

(二)选定饲养人员

育雏是一项艰苦而细致的工作,必须选用责任心强和事业心强的饲养人员。同时要求饲养人员具有一定的饲养专业知识,能不断吸收和应用新技术提高饲养和经营管理水平,确保雏鸡的正常发育。

(三)育雏舍及用具的准备和消毒

二维码 2-4-1
笼养雏鸡舍

1.育雏舍

育雏舍应做到保温良好,不透风,不漏雨,还要能够适当保持干燥,不过于光亮,布局合理,方便饲养人员的操作和防疫工作。育雏舍通风设备运转良好,所有通风口设置防兽害的铁网。舍内照明分布要合理,供电设备、供温系统要正常。对老育雏舍要进行检修,彻底打扫干净,准备消毒。

2.用具

育雏用具如料槽、饮水器的数量要足够,设计合理。如料槽必须采食方便,不浪费饲料,并且便于清洗消毒,料槽的高度也要合适,通常料槽上缘比鸡背高出约 2 cm。饮水器形式根据鸡的大小和饲养方式而定,应清洁、不漏水、便于清洗、不易污染等,饮水器要正好放在保温伞边缘之外的垫上,均匀分布,并使饮水器高度同雏鸡背部相平。

3.消毒

育雏舍及舍内所有的用具设备均要在雏鸡进舍前进行彻底的清洗和消毒。育雏室的墙壁、烟道等可用 3％火碱溶液消毒后,再用 10％的生石灰乳刷白。舍内及运动场可用 2％氢氧化钠溶液喷洒。料槽、饮水器等用具可用 1％～2％氢氧化钠溶液(金属用具除外)消毒,而后用清水冲洗后再在日光下晒干备用。笼育时要把笼具洗刷干净,用 3％来苏尔消毒后安装好。最后在所有育雏用具经清洗消毒放入育雏舍后,门窗全部封闭,每立方米空间采用 30 mL 福尔马林溶液,15 g 高锰酸钾溶液,熏蒸消毒(先加高锰酸钾,再加入福尔马林,室温 25～27 ℃,湿度 70％～75％),1～2 d 后打开门窗通风,换入新鲜空气后关闭待用。

(四)饲料、垫料及药品等的准备

按雏鸡的营养需要及生理特点,配合好新鲜的全价饲料,在进雏前 1～2 d 要进好料,以后要保证持续、稳定的供料。地面育雏时,提前 5 d 在地面上铺一层 5～6 cm 的垫料,厚度要均匀。事先准备好常用疫苗,如新城疫苗(冻干苗和油苗)、法氏囊中毒苗和弱毒苗、传支疫苗及

抗白痢药,球虫病和抗应激药物(如电解质液和多维)等,这要根据当地及场内疫病情况进行准备。此外,要准备好常规的环境消毒药物。

(五)预热试温

无论采用何种育雏方式,在育雏前2～3 d都要做好育雏舍和育雏器具的预热试温工作,使其达到标准要求,并检查能否恒温,以便及时调整。

二维码 2-4-2
垫料地面育雏

五、雏鸡的选择和运输

(一)雏鸡的选择

1.种鸡选择

要求种鸡产蛋量高,蛋重适宜,遗传性能稳定,符合品种特征,没有慢性呼吸道病、传染性支气管炎、新城疫、马立克氏病、白血病等疾病。疾病污染严重的地区,要求种鸡有较高的抗体水平,以使雏鸡得到较高的母源抗体。商品雏鸡应是正确配套种鸡的杂交后代。

2.孵化场选择

应从防疫制度严格,种蛋不被污染,出雏率高的孵化场购入苗鸡。同一批鸡,按期出壳的雏鸡质量较好,过早过迟出壳的质量较差。孵化场还应及时给雏鸡注射马立克氏病疫苗后,才转移到育雏室。

3.感官选择

一般通过"一看、二摸、三听"来选择。

一看,就是看雏鸡的精神状态。健雏一般活泼好动,眼大有神;绒毛长度适中、整齐、清洁、均匀而富有光泽;肛门干净,察看时频频闪动;腹部大小适中、平坦,脐部愈合良好,干燥,有绒毛覆盖,无血迹;喙、腿、趾、翅无残缺发育良好。弱雏一般缩头闭目,羽毛蓬乱不洁,腹大,松弛,脐口愈合不良、带血等。

二摸,就是摸雏鸡的膘情、体温。手握雏鸡感到温暖、有膘、体态匀称、有弹性、挣扎有力的就是健雏;手感较凉、瘦小、轻飘、挣扎无力的就是弱雏。

三听,就是听雏鸡的叫声。健雏叫声洪亮清脆;弱雏叫声微弱、嘶哑,或鸣叫不休,有气无力。

(二)雏鸡的运输

运雏人员必须具备一定的专业知识、运雏经验和较强的责任心。运输过程中解决好保温与通气的矛盾,防止顾此失彼。冬季运雏主要是防寒保温,防止受凉感冒,同时还要适当通气,不能包装过严。夏季运雏主要是通风防暑,应避开中午运输,以免发生中暑,最好在早晚凉爽时运输。运输时间应尽量缩短,防止中途延误,一般在出壳后8～12 h运到育雏舍最好。

六、雏鸡饲养

(一)饮水

雏鸡进入育雏室稍加休息后,要尽快先饮水后开食,以利于排出胎粪,促进体内剩余卵黄的吸收,增进食欲。第一次饮水称为初饮,在饮水中添加一些添加剂,可以增加营养摄入,调节体液电解质平衡、减轻应激、防治疾病等。第1周饮水可用温开水,水温30～35 ℃,第2周后改饮自来水或深井水。

饮水要始终保持充足、清洁,水温适宜。饮水器每天要洗刷1～2次,且数量要充足。每只雏鸡最好有2 cm的饮水位置,或每100只雏鸡至少需要2～3个4.5 L的真空饮水器,并保证均匀分布于鸡舍内。饮水器的大小及距地面的高度应随雏鸡日龄的增加而逐渐调整。

(二)开食

雏鸡第一次吃料称为开食。太早开食,雏鸡没有食欲;太迟开食,雏鸡体力消耗过大,影响生长速度和成活率。一般在出壳后24～36 h,或者在第一次饮水后1～2 h,有60%～70%的雏鸡有啄食表现时开食为宜。开食时使用浅平食槽或食盘,或直接将饲料撒于反光性强的已消毒的硬纸、塑料布上,当一只鸡开始啄食时,其他鸡也纷纷模仿,全群很快就能学会自动吃料。开食料要求新鲜,颗粒大小适中,营养丰富,易于啄食和消化,常用玉米碎粒、全价颗粒料、破碎料等,用水泡软后直接撒在干净的牛皮纸上或深色塑料布上,让鸡自由采食,经1～3 d后改喂配合日粮。大型养鸡场也有直接使用雏鸡配合料的。

(三)饲喂

饲喂时应少喂勤添,前2～3 d每次让雏鸡吃到八成饱即可,第一天喂2～3次,以后5～6次/d,从第2周龄起逐渐减少次数,到5～6周龄时4次/d,其中要确保夜间有1～2次。要有足够的槽位,确保所有雏鸡同时采食。从7～10 d起可在饲料中加1%～3%干净细砂,以后每周一次,可提高雏鸡的消化能力。

七、雏鸡管理

(一)育雏室内环境条件

给雏鸡提供舒适的温度、湿度和密度,保证新鲜的空气、合理的光照、卫生等适宜的环境条件,是提高雏鸡成活率,保证雏鸡正常生长发育的关键措施之一。

1.适宜的温度

适宜的温度是育雏成败的首要条件,必须严格掌握。

育雏温度包括育雏室和育雏器(伞)的温度两个部分。平育时,育雏器温度是指将温度计挂在育雏器(如保温伞)边缘或热源附近,距垫料5 cm处,相当于鸡背高的位置测得的温度;育雏室的温度是指将温度计挂在远离热源的墙上,离地1 m处测得的温度。笼育时,育雏器温度指笼内热源区离网底5 cm处的温度;育雏室的温度是指笼外离地1 m处的温度。由于育雏器的温度比育雏室的温度高,在整个育雏室内形成了一定的温差,一方面有利于空气的对流;另一方面雏鸡可以根据自身的需要选择适温地带。

育雏的温度因雏鸡品种、年龄及气候等的不同而有差异。一般地,育雏温度随鸡龄增大而逐渐降低,弱雏的养育温度应比健雏高些;小群饲养比大群饲养的要高一些;夜间比白天高些;阴雨天比晴天高些;肉用鸡比蛋用鸡要高些;室温低时育雏器的温度要比室温高时高一些。生产中可据实际情况,并结合雏鸡的状态作适当调整。育雏的适宜温度见表2-4-1。

表 2-4-1　育雏的适宜温度　　　　　　　　　　　℃

日龄	笼养		平养		
	中型鸡	轻型鸡	育雏器下		舍温
			中型鸡	轻型鸡	
1~3	32	29	35	32	26
4~7	31	28	32	31	24
8~14	30	27	30	29	21
15~21	27	24	27	27	21
22~28	24	21	24	24	21
29 以后	21	21	21	21	18

引自唐辉等《简明蛋鸡饲养手册》,中国农业大学出版社,2002 年。

　　温度计上的温度反映的只是一种参考依据,育雏温度是否得当,重要的是要会"看鸡施温",即通过观察雏鸡的表现正确地控制育雏的温度。温度适宜时,雏鸡在育雏室内均匀分布,活泼好动,采食、饮水都正常,羽毛光滑整齐,雏鸡安静,无奇异状态或不安的叫声;温度过高时,雏鸡远离热源,精神不振,展翅张口呼吸,饮水增加,采食下降,严重时表现出脱水现象,体质变弱,生长发育缓慢,还容易引发呼吸道疾病和啄癖等;温度过低时,雏鸡运动减少,靠近热源而打堆,羽毛蓬松,身体发抖,不时发出尖锐、短促的叫声,还容易导致雏鸡感冒,诱发鸡白痢。另外,育雏室内有贼风侵袭时,雏鸡亦有密集拥挤的现象,但鸡大多密集于远离贼风吹入方向的某一侧(图 2-4-1)。

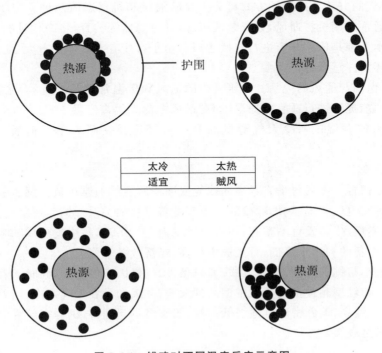

图 2-4-1　雏鸡对不同温度反应示意图

2.适宜的湿度

生产中一般使用干湿球温度计来测定育雏室的湿度,有经验的饲养员还可通过自身的感觉和观察雏鸡表现来判定湿度是否适宜。湿度适宜时,人进入育雏室有湿热感,不会鼻干口燥,雏鸡的脚爪润泽、细嫩,精神状态良好,鸡群振翅时基本无尘土飞扬。如果人进入育雏室感觉鼻干口燥、鸡群大量饮水,鸡群骚动时尘灰四起,这说明湿度偏低。反之,雏鸡羽毛黏湿,舍内用具、墙壁上有一层露珠,室内到处都感到湿漉漉的,说明湿度过高。

育雏初期必须注意室内水分的补充,使雏鸡室的相对湿度达到 70%~75%。因为初生雏鸡体内含水量高达 76%,而室内温度较高,空气的相对湿度往往太低,这会影响到雏鸡体内剩余卵黄的吸收,使绒毛发干且大量脱落,脚趾干枯;雏鸡可能因饮水过多而发生下痢,也可能因室内尘土飞扬易患呼吸道疾病。所以有条件的鸡场最好安装喷雾设备,也可以在火炉上放置水壶烧开水或定期向室内空间、地面喷雾等来提高湿度。

雏鸡 10 日龄以后,尽可能将育雏室的相对湿度控制在 55%~60%。因为 10 日龄后,雏鸡的采食量、饮水量、呼吸量、排泄量等都逐日增加,加上育雏的温度又逐周下降,很容易造成室内潮湿。南方多雨地区或梅雨季节育雏时,情况更严重。育雏室内低温高湿时,会加重低温对雏鸡的不良影响:雏鸡会因失热过多而受寒,易患各种呼吸道疾病,感冒性疾病;高温高湿条件下,雏鸡会感到闷热不适,而且高温、高湿还能促进病原性真菌、细菌和寄生虫的生长繁殖,易导致饲料和垫料的霉变,使雏鸡暴发曲霉菌病、球虫病等。

3.良好的通风

(1)育雏室内空气容易污浊。雏鸡新陈代谢旺盛,呼吸快,而且在现代化饲养时,数量多,密度大,呼出大量的二氧化碳。此外,雏鸡排出的粪便和所用垫料,在微生物、温度和水分的作用下发酵,产生大量的有害气体。

(2)通风换气的方法。通风的方式可分为自然通风和机械通风两种。密闭式鸡舍及笼养密度大的鸡舍通常采用机械通风,如安装风机、空气过滤器等装置,将净化过的空气引入舍内。开放式鸡舍基本上都是依靠开窗进行自然通风。由于有些有害气体比重大,地面附近浓度大,故自然通风时还要注意开地窗。

(3)处理好保温与通风的关系。育雏舍内的通风和保温常常是矛盾的,尤其是在冬季,生产上应在保温的前提下进行适宜的通风,如在通风之前先提高室温 1~2 ℃,待通风完毕后基本上降到了原来的舍温。寒冷天气通风的时间最好选择在晴天中午前后,气流速度不高于 0.2 m/s。

4.适宜的密度

饲养密度是指育雏室内每平方米地面或笼底面积所容纳的雏鸡数。饲养密度与育雏室内空气的质量、湿度、卫生状况、鸡群啄癖的产生等有着直接的关系。饲养密度过大,雏鸡吃食和饮水拥挤,饥饱不均,生长发育不整齐;而且育雏室内空气污浊,易引发疾病和啄癖。饲养密度过小时,房舍及设备的利用率降低,育雏成本提高,经济效益下降。

饲养密度大小与饲养品种、育雏方式、通风条件、气候因素等有关,同时随着鸡只周龄的增加需不断调整。如轻型品种密度要比中型品种大些;冬天和早春天气寒冷,饲养密度可适当高一些;夏秋季节气温高,饲养密度可适当低一些;弱雏经不起拥挤,饲养密度宜低些。不同育雏方式的适宜密度见表 2-4-2。

表 2-4-2　不同育雏方式的适宜密度　　　　　　　　　　　　　只/m²

周龄	地面平养	网上平养	笼养
0～2	20～25	25～30	60～75
3～4	15～20	20～25	40～50
5～6	12～15	15～20	25～35

注:笼养所指面积是笼底面积。

5.合理的光照

(1)光照对雏鸡的影响。一方面光照影响鸡的采食、饮水、运动和健康:合理的光照可以加强雏鸡的血液循环,加速新陈代谢,促进钙磷代谢和骨骼的发育,增强机体的免疫力,从而使雏鸡健康成长。另一方面光照影响性成熟,尤其是在育雏后期,若每天光照时间过长,小母鸡会出现过早开产的现象。

(2)育雏期的光照要求。刚出壳的幼雏视力弱,为了尽早让雏鸡熟悉周围环境,以便使雏鸡找到水源和饲料,育雏初期采用长时间较强光照。1 周龄后,雏鸡已能逐步适应生活环境,应避免强光,同时减少光照时间。总的来说,雏鸡及育成鸡光照时间宜短,不宜逐渐延长,光照强度宜弱;产蛋期光照时间宜长,不宜逐渐缩短,光照强度宜强。

(3)光照强度的调节。平养时灯泡瓦数一般按 2.7 W/m²,多层笼养顾及底层按 3.3 W/m² 计算。生产中可通过改变灯泡瓦数来调节,育雏初期用 40～60 W 灯泡,后改为 15～25 W 灯泡;也可通过控制开关数量,或调压办法调整光照强度。

(4)封闭式鸡舍光照方案。封闭式鸡舍完全采用人工光照,1 周龄内,光照强度为 10～20 lx,即 5 W/m²,光照时间为 23 h,1 h 黑暗,使雏鸡有黑暗的感觉,以免突然停电时鸡只"炸群"造成伤亡;2～20 周龄可将光照时间逐渐缩短到每日 8 h 左右,光照强度减至 5 lx,即 2～3 W/m²。在规定的关灯时间内,要杜绝漏光。

(5)开放式鸡舍光照方案。开放舍由于受自然光照的影响大,所以,要根据不同的出雏时间制订不同的光照方案。

①在我国 4 月 15 日至 9 月 1 日孵出的雏鸡,整个育雏育成期直接用自然光照,不需补充人工光照。

②每年 9 月 2 日到翌年 4 月 14 日孵出的雏鸡,在育雏育成期一般可采用增光后渐减法:查出本批雏鸡 20 周龄时的日照时间,再加上 5 h 作为育雏前 3 d 采用的光照时间,以后每周减少 15 min。也可使用恒定法:查出本批鸡 20 周龄时的自然光照时间,加上日出前有曙光的 0.5 h 和日落后有暮光的 0.5 h,并从出壳第 3 天起一直保持这一光照时间,恒定不变,自然光照不足部分用人工光照补充。

(二)育雏日常管理

1.加强日常观察

在雏鸡的管理上,日常细致的观察与看护是一项比较重要的工作。每天早晨,饲养员要注意观察雏鸡粪便的颜色和形状是否正常,以便于判定鸡群是否健康。饲养人员还要经常检查采食,饮水位置是否够用,饮食高度是否适宜,采食量和饮水量的变化等。同时还要经常观察雏鸡的精神状况和行为变化,检查鸡群中有无啄癖及异食现象,及时剔除鸡群中的病、弱雏等。

2.及时断喙

(1)断喙的目的。断喙的目的在于防止啄癖,尤其是在开放式鸡舍高密度饲养的雏鸡必须断喙,否则会造成啄趾、啄羽、啄肛等恶癖。此外断喙使鸡的喙尖钩去掉,可有效防止鸡只扒损饲料造成浪费。

(2)断喙的时间。目前,商品蛋鸡的断喙有两种模式,第一种是出雏后在孵化场统一进行红外线断喙,喙尖在雏鸡12~14日龄自行脱落,这种操作对雏鸡应激小,并且整齐一致,减轻了养殖场的劳动强度。第二种是人工机械断喙,多在雏鸡6~10日龄进行,这时鸡只个体小,操作简便,应激小,并能防止早期啄羽的发生。7~8周龄做适当的补充修剪。

(3)断喙的方法。断喙前要先确保断喙器能正常工作,准备好足够的刀片,每3 000只雏鸡换一次刀片。断喙器的工作温度按鸡的大小、喙的坚硬程度调整,6~10日龄的雏鸡刀片温度600~800 ℃较适宜。然后选择适宜的孔径进行断喙:6~10日龄雏鸡断喙孔径为4.4 mm,10日龄以后为4.8 mm。

断喙操作时左手抓住鸡腿部,右手拿鸡,将右手拇指放在鸡头顶上,食指放在咽下,稍施压力,使鸡缩舌,选择适当的孔径,在离鼻孔2 mm处断切,即断去上喙从喙尖至鼻孔的1/2,下喙断去1/3处。然后在灼热的刀片上烧灼2~3 s,以止血和破坏生长点,防止以后喙尖长出。

3.定期称重

为了掌握雏鸡的发育情况,应在每周相同时间随机抽测5%~10%的雏鸡体重,一般不少于100只,与本品种标准体重比较,如果有明显差别时,应及时修订饲养管理措施。

4.及时分群

为提高鸡群的整齐度,应按体重大小分群饲养。可结合断喙、疫苗接种及转群进行,分群时,将过小或过重的鸡挑出单独饲养,使体重小的尽快赶上中等体重的鸡;体重过大的,通过限制饲养,使体重降到标准体重,这样就可提高鸡群的整齐度。

5.卫生防疫

制订并严格执行育雏的卫生防疫制度。育雏前要制订卫生防疫制度,这些制度包括隔离要求、消毒要求、药物使用准则、疫苗接种要求、病死雏鸡处理规定等。

6.完备的记录

为了提高育雏工作的水平,每批次育雏都要认真记录,并进行系统分析。

任务二　育成鸡的培育

育成鸡通常是指7~18周龄的中雏和大雏。往往因为育成鸡较幼雏容易饲养,在管理上经常被忽视,实际上这仍然是非常重要的阶段,因此不能放松该阶段的饲养管理。

一、育成鸡的生理特点及培育目标

(一)育成鸡的生理特点

1.对环境具有良好的适应性

育成鸡的羽毛已经丰满,皮下脂肪的沉积增多,具有健全的体温调节能力。此外育成鸡的胸腺和法氏囊从出壳后逐渐增大,接近性成熟时达到最大,使育成鸡的抗病力逐渐增强。

2.消化机能提高

育成鸡的消化机能逐渐增强,消化道容积增大,各种消化腺的分泌增加,采食量增大,饲料转化率逐渐提高,对麸皮、草粉、树叶粉等饲料可以较好地利用,所以饲料中可适当增加粗纤维较高的饲料。

3.生长旺盛

育成鸡的骨骼和肌肉生长迅速,脂肪沉积与日俱增,是体重增长最多的时期。特别是育成后期,已具备较强的脂肪沉积能力,如果在开产前后小母鸡的卵巢和输卵管沉积脂肪过多,会影响母鸡卵子的产生和排出,从而导致产蛋率降低或停产。因此,这一阶段既要满足鸡生长发育的需要,又要防止鸡体过肥。

4.育成后期生殖系统发育快

育成鸡大约在12周龄后,性腺发育加快。一般育成鸡的性成熟要早于体成熟,而在体成熟前,育成鸡的生产性能并不好,因此,这一阶段通过控制光照和饲料,使性成熟与体成熟趋于一致。但在开产前2周左右应供给充足的营养,使母鸡有足够的营养贮备,使卵巢和输卵管的快速增长得以满足。

(二)育成鸡的培育目标

在鸡只达到性成熟并开始产蛋之前具有良好的体型,即适宜的骨骼结构与体重。理想的状况是:体重符合本品种或品系的要求;均匀度在80%以上;开产前体况结实,健康状况良好;适时性成熟。

二、育成鸡的饲养技术

(一)日粮过渡

当鸡群7周龄平均体重和胫长达标时,即将育雏料换为育成料。若达不到标准,则继续喂育雏料,达标时再换;若超过标准,则换料后保持原来的饲喂量,并限制以后每周饲料的增加量,直到恢复标准为止。

日粮的更换要逐渐进行,如用2/3的育雏料混合1/3的育成料喂2 d,再各混合1/2喂2 d,然后用1/3育雏料混合2/3育成料喂2~3 d,以后就全喂育成料。

(二)育成鸡的限制饲养

在育成期,为避免因采食过多,造成产蛋鸡体重过大或过肥,在此期间对日粮实行必要的数量限制或在能量、蛋白质质量上给予限制,这一饲喂技术称限制饲养。其目的是控制母鸡体重适时开产。

1.限制饲养的方法

(1)限量饲喂。即不限制采食时间,按正常采食量的80%~90%喂给,一般白壳蛋鸡90%,褐壳蛋鸡85%。采取这种办法,必须先掌握鸡的正常采食量,而且每天的喂料量应正确称量,比较麻烦。

(2)限时饲喂。分隔日限制饲喂和每周限制饲喂两种。

①隔日限制饲喂。把2 d的饲喂量集中在1 d喂完。给料日将饲料均匀地撒在料槽中,然

后停喂 1 d,停料日要供给充足的饮水,特别是高温天气不能断水。这种方法常用于体重超标较多的青年鸡。

②每周限制饲喂。即每周有 1~2 个停料日,如在周三和周日 2 d 停料,7 d 的饲料量安排在 5 d 内喂给。这种方法适用于蛋鸡育成鸡。

(3)限质饲喂。将日粮中某些营养成分降低,从而达到限饲的目的。如低能、低蛋白质和低赖氨酸日粮。

2.限饲时注意事项

限饲前要整理鸡群,进行断喙,清点鸡只数,淘汰病弱残鸡;提供充足的采食饮水位置,保证每只鸡有 8~12 cm 宽的采食位置、2 cm 宽的饮水位置;定期检测体重,每 1~2 周在固定时间随机抽取 5%~10% 的鸡只空腹称重;限饲必须与控制光照相结合,才能达到控制性成熟的效果;限饲鸡群发病或处于接种疫苗等应激状态,应恢复自由采食。

(三)调整采食、饮水位置

随着鸡龄的增加,要增大育成鸡的采食和饮水位置,并使料槽和水槽高度保持在鸡背水平上。每只鸡所需采食和饮水位置见表 2-4-3。

表 2-4-3　每只鸡所需的采食和饮水位置　　　　　　　　　　　　　　　　　　cm

周龄	采食位置		饮水位置
	干粉料	湿拌料	
7	6.0~7.5	7.5	2.0~2.5
8	6.0~7.5	7.5	2.2~5.0
9~12	7.5~10.0	10	2.2~5.0
13~18	9.0~10.0	12	2.5~5.0
19~20	12	13	2.5~5.0

三、育成鸡的管理

(一)转群

如果育雏和育成是在同一鸡舍完成,则不存在转群,只需调整饲养密度,并将较小较弱的鸡挑出来单独饲养,以保持鸡群的健壮整齐。如果育雏和育成在不同鸡舍饲养,则到 6~7 周龄需把雏鸡转到育成舍。转群时需做到以下几点。

1.准备好育成舍

鸡舍和设备必须进行彻底的清扫、冲洗和消毒,在熏蒸后密闭 3~5 d 再使用。

2.调整饲料和饮水

转群前后 2~3 d 内可以在饲料中添加多种维生素或饮服电解质水溶液;转群前 6 h 应停料;转群后,根据体重和骨骼发育情况逐渐更换饲料。

3.转群时组织有序

抓鸡、运鸡、放鸡的人员要合理安排。捉鸡时要抓两腿,不要捉颈捉翅,运鸡、放鸡时动作迅速,轻抓轻放,不能粗暴。

4.清理和选择鸡群

根据生长发育程度分群饲养,淘汰病弱残鸡,保证育成率。彻底清点鸡数,并适当调整饲养密度。

5.增加光照、调整温度

转群第1天应实施全天光照,使育成鸡能尽快熟悉新环境,尽量减少因转群而造成的应激反应,以后再按照育成期光照制度执行。同时育成舍的温度应与育雏舍温度相同,否则就要补充舍温,补至原来水平或者高1 ℃。

(二)脱温

育成鸡对外界温度变化的适应能力增强,应逐步停止给温,但降温应缓慢,一般要有1周的过渡时间。脱温期间饲养人员要注意观察鸡群,特别是夜间和阴雨天应严密观察,防止挤堆压死,保证脱温安全。育成鸡适宜的温度范围为15～25 ℃,湿度范围为55%～65%。

(三)光照管理

光照管理是控制性成熟的重要手段。育成鸡光照管理的总原则是:光照时间应由长变短,或者是保持恒定,但每天光照时间不应小于8 h,光照强度控制在5 lx为宜。

(四)通风管理

因为育成鸡生长快,新陈代谢旺盛,消耗的氧气和排出的二氧化碳多;而鸡粪分解产生大量的氨气和硫化氢气体;脱落的毛屑和空气中的粉尘都会在舍内积聚,若不注意通风,很容易导致空气质量恶化而影响鸡只的健康。所以育成舍要有良好的通风设施,以保证鸡舍内空气新鲜。随着季节的变换与育成鸡的生长,通风量要随之改变。

(五)饲养密度

密度过大,鸡群拥挤,采食不均,均匀度差;密度小,不经济,保温效果差。所以,育成期内要有合理的饲养密度。如表2-4-4所示。

表 2-4-4 　育成鸡的饲养密度　　　　　　　　　　　　　　　　　只/m²

蛋鸡类型	周龄	饲养方式		
		地面平养	网上平养	笼养
中型蛋鸡	7～12	7～8	9～10	32
	13～20	6～7	8～9	25
轻型蛋鸡	7～12	9～10	9～10	35
	13～20	8～9	8～9	28～30
矮小型蛋鸡	7～12	11～12	13～14	40
	13～20	10～11	11～12	35

(六)定期称重、测量体尺,控制均匀度

育成期体重可直接影响开产日龄、产蛋量、蛋重、蛋料比及产蛋高峰持续期。生产中从第6周开始,以后每1～2周称重一次。称重随机抽取的比例取决于鸡群大小,一般应占全群鸡数的5%,不应少于100只,小群也不应少于50只。抽测的鸡要有代表性并逐只称测,分别做好记录。

胫长是指跗骨上关节到第三趾与第四趾之间的垂直距离。鸡的胫长可表明鸡体骨骼发育程度,而体型指鸡骨骼系统的发育,骨骼宽大,意味着母鸡中后期产蛋的潜力大。饲养管理不当,易导致鸡的体型发育与骨骼发育失衡。

为了掌握雏鸡的生长发育情况,应定期随机抽测5%～10%的育成鸡体重和胫长,与本品种标准比较,如发现有较大差别时,应及时修订饲养管理措施,实行科学饲养。

体重均匀度测定通常按标准体重±10%范围内的鸡只数量占取样鸡只数量的百分率作为被测鸡群的群体均匀度。计算公式如下:

$$10\%体重均匀度 = \frac{平均体重\pm10\%范围内的鸡只数}{取样总鸡只数} \times 100\%$$

均匀度是育成鸡的一项非常重要的质量指标。均匀度与遗传有关,但主要受饲养管理水平的影响。性成熟时达到标准体重且均匀度好的鸡群,则开产整齐,产蛋高峰高而持久。

取样时要从鸡群中随机取样,鸡群越小取样比例越高,反之越低。如500只鸡群按10%取样,1 000～2 000只按5%取样,5 000～10 000只按2%取样。一般,蛋鸡群中10%体重均匀度应达80%。

任务三　产蛋鸡的饲养管理

产蛋鸡一般是指19～72周龄的鸡。产蛋鸡饲养的主要目标是提高产蛋量和蛋的品质,降低饲料消耗和死亡淘汰率。

一、产蛋鸡的生理特点与产蛋规律

(一)产蛋鸡的生理特点

1.开产后身体尚在发育

刚进入产蛋期的母鸡,虽然已性成熟,开始产蛋,但身体还没有发育完全,体重仍在继续增长,约达40周龄时生长发育基本停止,40周龄后体重增加多为脂肪蓄积。

2.产蛋鸡富于神经质

母鸡产蛋期间对于环境变化非常敏感,饲料变化,饲喂设备改换,环境温度、湿度、通风、光照、密度的改变,饲养人员和日常管理程序等的变换都会对产蛋造成不良影响。

3.换羽的特点

母鸡经1个产蛋期以后,便自然换羽(需3～4个月)。换羽期间因卵巢机能减退,雌激素分泌减少而停止产蛋。换羽后的鸡又开始产蛋,但产蛋率较第1个产蛋期降低10%～15%,

产蛋持续时间缩短。生产中对蛋鸡进行强制换羽以缩短换羽期。

4.不同周龄的产蛋鸡对营养物质的利用率不同

母鸡刚达性成熟时,成熟的卵巢释放雌激素,使母鸡的"贮钙"能力显著增强。随着开产到产蛋高峰时期,鸡对营养物质的消化吸收能力增强,采食量持续增加,而到产蛋后期,随产蛋率的降低,脂肪沉积能力增强。

(二)产蛋规律

1.产蛋规律

母鸡产蛋规律,就年龄来讲,第1年产蛋量最高,第2年和第3年每年递减15%～20%。在第1个产蛋年,性成熟以后产蛋量的增加是极为迅速的,5～6周后逐渐达到产蛋高峰,高峰期鸡群的产蛋率应在85%以上,产蛋高峰出现的早晚随饲养管理条件而定。54周龄后,产蛋率低于80%。产蛋后期产蛋率逐渐下降,直到不能产蛋为止。

2.产蛋曲线

每周的饲养日产蛋率作纵坐标,周龄作横坐标就形成了产蛋曲线。能直观地反映出鸡群的产蛋状态。

蛋鸡的产蛋曲线有3个特点。

(1)开产后迅速增加,曲线向高峰过渡所用时间短,在产蛋6～7周之内达90%以上,这就是产蛋高峰。产蛋高峰最早可在27～29周龄到达,至少持续8周以上。

(2)产蛋高峰过后,产蛋率呈直线平稳下降,一般每周下降不超过1%,到72周龄产蛋率仍可维持在65%～70%。

(3)在产蛋过程中如遇饲养管理不当或疾病等应激,使产蛋所受到的影响,产蛋率低于正常标准是不能完全补偿的。这种影响如发生在产蛋率上升过程中,则会造成严重后果。一般表现在产蛋下降,永远达不到正常产蛋高峰,而且在以后各周产蛋率还会依产蛋高峰低于标准高峰的百分比等比例下降。在产蛋下降阶段出现波折,损失小一些。

二、产蛋期饲喂技术

(一)产蛋鸡的阶段饲养

产蛋鸡阶段饲养是根据鸡的周龄和产蛋率,将产蛋期分为若干阶段,并根据环境温度等因素,喂以不同水平蛋白质、能量的饲粮。目前常采用的是三阶段饲养法即产蛋前期、中期、后期。

第一阶段即产蛋前期,自开产至40周龄,通常也指开产到产蛋率达80%以上这个时期。产蛋前期是产蛋的关键期。饲养技术要求:开产后喂给高能量、高蛋白质水平、富含矿物质和维生素的日粮,在满足自身体重增加的基础上使产蛋率迅速达到高峰,并维持较长时间。此阶段日粮可掌握每天每只鸡采食18～19 g粗蛋白质,能量水平12.63 MJ/kg左右。

第二阶段即产蛋中期,在40～60周龄,产蛋率在80%～70%期间。42周龄以后母鸡体重几乎不再增加,而且产蛋率开始下降。此时饲养应随着产蛋率的缓慢下降,蛋白质水平适当降低,粗蛋白质16～17 g/(d·只)。

第三阶段即产蛋后期,在60周龄以后,产蛋率在70%以下。粗蛋白质15～16 g/(d·只)。

(二)产蛋鸡的限制饲养

产蛋高峰过后两周开始实行限制饲喂。在产蛋高峰后,将每天饲料量减少2%,连续3~4 d,如果饲料减少后,没有使产蛋率下降很多,则继续使用这一给料量,并可使给料量再少一些。只要产蛋量下降正常,这一方法可以持续下去;如果下降幅度较大,就将给料量恢复到前一个水平。在正常情况下,限制饲喂的饲料减少量不能超过8%~9%。产蛋期实行限制饲养,即可以提高饲料转化率,降低成本,又可避免母鸡过肥而影响产蛋。

(三)产蛋鸡饲喂

产蛋鸡一般每天饲喂三次,这样既能够刺激鸡的食欲,又能使每次添加的饲料量不超过料槽的1/3,减少浪费。喂料时料槽中饲料应分布均匀,料槽要经常清扫,喂料时必须去除料槽中湿或脏的陈料,料槽中的料不得有霉变现象。

二维码 2-4-3
蛋鸡层叠式笼养

三、蛋鸡的饲养方式及饲养环境

(一)饲养方式

产蛋鸡的饲养方式有平养和笼养两种,其中平养又包括垫料地面平养、网上平养和网地混合平养;笼养可分为全阶梯式、半阶梯式和全重叠式笼养。不同饲养方式各有优缺点,一般平养对管理要求较低,投资少,但易感染经粪便传播的疾病;笼养对管理要求较高,但易发生笼养鸡的一些问题,如挫伤与骨折,并且投资大。规模蛋鸡场多采用笼养。

(二)饲养密度

蛋鸡的饲养密度与饲养方式密切相关,见表 2-4-5。

表 2-4-5　产蛋鸡的饲养密度　　　　　　　　　　　　　　　　　　　只/m²

蛋鸡类型	饲养方式			
	地面平养	网上平养	网地混合(60%网+40%地)	笼养
矮小型蛋鸡	8.1	14.0	9.4	32
轻型蛋鸡	6.2	10.8	7.2	26
中型蛋鸡	5.4	8.6	6.2	20

(三)温度

温度对鸡的生长、产蛋、蛋重、蛋壳品质、受精率与饲料效率都有明显的影响。蛋鸡的适宜的环境温度范围为13~28 ℃,最适温度范围为15~20 ℃。当舍温低于13 ℃时,会使产蛋量和饲料转化率降低。当舍温超过28 ℃时,鸡群会表现出明显的热应激反应,达到32 ℃时鸡群生理负担增大,产蛋率下降,蛋形变小,蛋壳变薄变脆,表面粗糙,因此夏季要做好防暑降温。

(四)湿度

产蛋鸡适宜的湿度为50%~70%,如果温度适宜,相对湿度低至40%或高至72%,对鸡无显著影响。舍内湿度低于40％，鸡羽毛零乱，皮肤干燥，空气中尘埃飞扬，会诱发呼吸道疾病。舍内湿度高于72％，鸡羽毛粘连，关节炎病也会增多。

(五)通风换气

鸡舍内通风的目的在于减少空气中有害气体、灰尘和微生物的含量，使舍内保持空气清新，供给鸡群充足的氧气，同时也能够调节鸡舍内的温度，降低湿度。

1. 通风量

鸡的体重越大，外界气温越高，通风量也越高，反之则低。具体根据鸡舍内外温差来调节通风量与气流的大小。气流速度：夏季不能低于0.5 m/s，冬季不能高于0.2 m/s。

2. 注意事项

进气口与排气口设置要合理，气流均匀而无贼风。进气口要能调节方位与大小，天冷时进入舍内的气流应由上而下，不能直接吹到鸡身上。

(六)恒定的光照

产蛋期的光照管理是一项十分重要的工作。产蛋期的光照强度以10 lx，光照时间以每天16 h为宜。如果光照时间过长，强度过强，鸡会兴奋不安，并会诱发啄癖，严重时会导致脱肛；光照时间过短，强度过弱，又达不到光照的目的。控制光照时应注意每天开关灯的时间要固定，不可轻易改动，如要延长，也应逐渐增加。开关灯时应渐亮或渐暗，突然亮或黑，易引起惊群。

四、蛋鸡的日常管理

根据光照制度的安排，在早晨开灯后观察鸡群的精神状态、采食情况、粪便情况。如发现精神委顿、羽毛不整、冠脚干瘪、粪便发绿(稀白或带血)，应及时挑出隔离饲养或淘汰。

饲喂全价质优的日粮；不喂霉败变质的饲料；喂料时要少给勤添；及时淘汰低产鸡和停产鸡。

供给水质良好的饮水，饮水器具要每天清洗。产蛋鸡的饮水量随气温的变化而变化，一般情况下每只鸡每天饮水量为200～300 mL。

每天捡蛋时间固定，捡蛋时轻拿轻放，剔除破蛋，抹干净脏蛋。每天打扫1次地面和周围环境。定期更换鸡舍门口的消毒药物。

对每天的生产情况和异常情况，详细记录如表2-4-6所示，以便分析。

表2-4-6　产蛋鸡舍鸡群生产情况一览表

鸡种＿＿＿＿＿＿　　　　第＿＿＿舍　　　　　　　　　饲养员＿＿＿＿＿＿＿　　＿＿＿年＿＿月

日期	周龄	日龄	当日存养		减少鸡数/只							产蛋数	破蛋数	耗料/kg	备注(温度、湿度、防疫等)
			公	母	病死	压死	兽害	啄肛	出售	其他	小计				

五、蛋鸡的生产性能指标

(一)生活力指标的计算

1. 雏鸡成活率(育雏率)

育雏期末成活雏鸡数占入舍雏鸡数的百分比。

2. 育成鸡成活率(育成率)

育成期末成活的育成鸡数占育雏期末入舍雏鸡数的百分比。

3. 母鸡存活率

入舍母鸡数减去死亡数和淘汰数后的存活数占入舍母鸡数的百分比。

(二)产蛋力指标的计算

1. 开产日龄

个体记录,以产第一枚蛋的日龄计算。群体记录,蛋鸡按全群日产蛋率达50%的日龄作为该鸡群的开产日龄。

2. 产蛋量

产蛋量是家禽的一个极为重要的经济性状。指母鸡在一定时间内的产蛋数量或一个鸡群在一定时间内平均产蛋数量。可用饲养日产蛋量和入舍母鸡产蛋量来表示。

(1)饲养日年产蛋量。全年总产蛋量与全年平均实有鸡数之比。

(2)入舍鸡年产蛋量。全年总产蛋量与入舍之日母鸡数之比。

这两种计算方法中的全年总产蛋量也可采用500日龄产蛋量来计算,即分别为饲养日500日龄产蛋量和入舍鸡500日龄产蛋量。

(3)产蛋率。指母鸡在统计时间内的产蛋百分比,生产中常用它了解鸡群的产蛋情况。有饲养日产蛋率和入舍母鸡产蛋率两种计算方法。

计算公式为:

$$饲养日产蛋率 = \frac{统计期内总产蛋数(枚)}{统计期内总饲养只日数} \times 100\%$$

$$入舍母鸡产蛋率 = \frac{统计期内总产蛋数(枚)}{入舍母鸡数 \times 统计日数} \times 100\%$$

3. 蛋重

家禽的产蛋性能不仅取决于产蛋数,还取决于蛋重的大小。因此,蛋重也是衡量家禽产蛋能力的一个重要指标。其计算方法有以下两种。

(1)平均蛋重。个体记录时,每月连续称3枚以上的蛋求平均值;群体记录时,每月连续称3 d总产蛋重求平均值。通常以300日龄时连测3 d的平均蛋重代表该品种蛋重。

(2)总蛋重。总蛋重(kg)=平均蛋重(g)×产蛋量÷1 000。

4. 蛋的品质

蛋的品质是现代养禽业中很重要的性状,测定蛋品质时,数量不少于50个,要求蛋越新鲜越好。

（1）蛋形指数。蛋的纵径与横径之比。鸡蛋的正常蛋形指数在 1.32～1.39,鸭蛋的正常蛋形指数为 1.30 左右。

（2）蛋壳强度。它指蛋壳耐压力的大小。一般蛋壳强度:鸡蛋 4.1 kg/cm²、鸭蛋 6 kg/cm²、鹅蛋 11 kg/cm²。

（3）蛋壳厚度。用蛋壳厚度测定仪测定,分别测量蛋的钝端(大头)、中部和锐端(小头)三个部位蛋壳的厚度,求其平均值。一般鸡蛋 0.350 mm、鸭蛋 0.383 mm、鹅蛋 0.535 mm。

（4）蛋的比重。可以从侧面反映蛋壳厚度,还可以表示蛋的新鲜程度。蛋的比重可用盐水漂浮法测定,最佳蛋的比重在 1.08 以上。

（5）哈氏单位。它是表示蛋白品质的一个指标,哈氏单位越高,则蛋白黏稠度越大,蛋白品质越好。一般新鲜蛋的哈氏单位为 80～90。

（6）蛋黄色泽。正常的新鲜蛋黄颜色是暗黄色或暗红色。色泽越浓品质越好。用罗氏比色法测定,按罗氏比色扇的 15 个蛋黄色泽等级比色。

（7）血斑和肉斑。蛋内血斑是排卵时微血管出血造成的,受遗传和饲养管理等因素的影响。肉斑是蛋内出现的苍白色或褐色斑点,多为变质的血液或黏膜上皮组织。

(三)饲料报酬的计算

常用产蛋期料蛋比来表示,即产蛋期消耗的饲料量除以总蛋重,也就是每产 1 kg 蛋所消耗的饲料量。

任务四　蛋种鸡的饲养管理

饲养种鸡的目的是尽可能多地获取受精率和孵化率高的合格种蛋,以便由每只母鸡提供更多的健康母雏。因此,在种鸡的饲养管理方面,重点应放在如何保持种鸡具有优良的种用体况和旺盛的繁殖力。

一、蛋用种鸡的饲养管理目标

(一)产蛋率和种蛋合格率高

产蛋率和种蛋合格率是衡量种母鸡繁殖的重要指标,主要取决于种鸡的遗传基础和饲养管理水平 ,一般来讲种蛋合格率应大于 90％。

(二)种蛋受精率高

种鸡群饲养管理正常,种公鸡健康无病,性欲旺盛,精液品质好,种蛋的受精率不能低于 90％。

(三)种鸡死淘率低

种鸡生产成本高,要尽可能做好种鸡保健,降低死淘率。种鸡死淘率应控制在 8％以内。

(四)控制垂直传播疾病,提高健雏率

垂直传播是指种鸡感染疾病后,病原微生物进入种蛋,并在孵化过程中感染胚胎,使幼雏

先天性的感染相应疾病,如沙门氏菌、支原体、淋巴细胞性白血病和一些病毒性疾病。所以对种鸡群要进行检测和净化,控制垂直传播疾病,提高雏鸡质量。

二、后备鸡的饲养管理

蛋种鸡育雏期、育成期在饲养管理上与商品蛋鸡大同小异,有较大差异的是以下几方面。

(一)饲养方式与饲养密度

育雏育成期种鸡的饲养方式有地面平养、网上平养和笼养等不同方式,生产中多采用网上平养和笼养。种鸡的饲养密度比商品蛋鸡小。合适的饲养密度有利于种鸡的正常发育,也有利于提高种鸡的成活率和均匀度。随着日龄的增加,饲养密度逐步降低。

(二)分群管理

不同品系的鸡群在遗传特点、生理特点、发育指标等方面有一定差异,应该按品系分群进行管理。

(三)控制体重,限制饲养

种鸡在育成和达到性成熟时,更强调要有适宜的体重和良好的均匀度。因此蛋用种鸡在育成期参考所饲养鸡种的最新饲养管理手册,结合种鸡体重、胫长合理进行限制饲喂。

三、产蛋期种母鸡的饲养管理

(一)饲养方式与密度

产蛋期的蛋种鸡饲养方式有平养和笼养两种。饲养密度较商品蛋鸡小。产蛋期种蛋鸡的饲养密度见表 2-4-7。

表 2-4-7　蛋种鸡的饲养密度　　　　　　　　　　　　　　　只/m²

蛋鸡类型	饲养方式			
	地面平养	网上平养	网地混合(60％网＋40％地)	笼养
矮小型蛋鸡	7.6	12.6	8.5	29
轻型蛋鸡	5.8	9.8	6.5	23
中型蛋鸡	5.0	7.6	5.6	18

(二)转群

及时转群能让育成母鸡对产蛋舍有个认识和熟悉的过程,以减少脏蛋、破损蛋,以提高种蛋的合格率。由于种鸡比商品蛋鸡通常要推迟 1～2 周开产,所以,转群时间比商品鸡推后 1～2 周。

(三)控制开产日龄

种鸡开产过早,蛋重小,蛋形不规则,受精率低,早产易引起早衰,也会影响整个产蛋期种蛋的数量。种鸡开产过晚,非生产时间延长,经济效益降低。因此,必须在种鸡生长阶段通过控制光照、限制饲喂让其适时开产。

(四)加强免疫,净化疾病

种鸡场应对一些可以通过垂直传染方式进行传播的疾病做好检疫和净化工作。同时种鸡开产前,必须接种新城疫、传染性支气管炎和减蛋综合征三联苗以及传染性法氏囊炎疫苗,必要时还要接种传染性脑脊髓炎等疫苗。

此外,种鸡场在疾病控制上要始终贯彻"养重于防,防重于治"的原则,做好日常卫生防疫工作,谢绝参观,减少各种应激因素,控制鼠害,妥善处理死鸡和废弃物。

(五)种蛋管理

提供足够数量的产蛋箱,每 4 只母鸡提供 1 个产蛋箱,安置在舍内合适的位置。夜晚应关闭产蛋箱,减少脏蛋的发生。加强种蛋管理,每天至少集蛋 6 次,定时收集,缩短种蛋在舍内放置时间。集蛋后及时进行熏蒸消毒,然后转入蛋库存放。种蛋送入蛋库后应及时进行第二次消毒,以免增加污染机会。

提高种蛋合格率及受精率,除了实行正确的饲养,严格控制体重和精细管理外,还可采取以下措施:正确使用人工光照,促使母鸡多产蛋;及时淘汰低产鸡和停产鸡;做好鸡群疾病防治工作,确保鸡群健康;减少应激;减少种蛋的污染;选择优良的种公鸡;适当增加公鸡比例,适时更换老龄公鸡,必要时可采用人工授精技术。

四、种公鸡的饲养管理

(一)种公鸡的选择

1. 第一次选择

在 6～8 周龄时,选留个体发育良好,冠髯大而鲜红者;淘汰外貌有缺陷的,体重过轻和雌雄鉴别误差的。选留比例为,笼养公母 1∶10,自然交配公母 1∶8。

2. 第二次选择

一般在 17～18 周龄时,选留体重、外貌符合标准,体格健壮,发育好的公鸡。用于人工授精公鸡,还要求性反射功能良好。人工授精公母选留比例为 1∶(15～20),自然交配公母比例为 1∶9。

3. 第三次选择

在 21～22 周龄进行。自然配种的公鸡此时已经配种 2 周左右,淘汰配种时处于劣势的公鸡,如体质瘦弱、性活动少等症状的公鸡。人工授精的公鸡根据精液品质选择,选留精液颜色为乳白色、精液量多、精子密度大、活力强的公鸡。

(二)种公鸡的培育

1. 单笼饲养

在群养时公鸡会互相打斗、爬跨等,影响精液数量和品质,为了避免应激,繁殖期人工授精的公鸡应单笼饲养。

2．剪冠

由于种公鸡的冠较大，既影响视线，也影响种公鸡的活动、饮食和配种，还容易在打斗时受到损伤或受到机械设备的刮伤，所以种公鸡一般应在1日龄进行剪冠。剪冠可用手术剪，在贴近头部皮肤处将雏鸡的冠剪去，冠基剩余的越少越好。剪冠后用酒精或紫药水、碘酒进行消毒处理。

3．断喙

采用笼养方式时断喙要求与商品蛋鸡相同。采用自然交配繁殖方式，母鸡断喙要求与前面介绍的相同，但是公鸡上喙只能断去1/3，成年后上、下喙基本平齐。

4．断趾

在1日龄对公鸡断趾，目的在于防止自然交配时刺伤母鸡背部或人工授精时抓伤工作人员的手、臂。断趾时可使用断趾器或断喙器，将第一和第二趾从爪根处切去。

5．体重检查

为了保证繁殖期的公鸡具有良好的种用状况，应每月检查一次体重。凡体重低于或超过标准100 g以上的公鸡，应暂停采精或延长采精间隔，并另行单独饲养，以使公鸡尽快恢复体质。

6．温度和光照

成年公鸡在20～25 ℃环境条件下，可产生理想的精液品质。温度高于30 ℃或低于5 ℃时，公鸡的精液品质会受到影响。光照时间在12～14 h，公鸡可产生优质精液，少于9 h光照，精液品质明显下降。光照强度在10 lx即可。

7．公母混群

采用自然交配繁殖方式的种鸡群，在育成末期将公鸡先于母鸡7～10 d转入成年鸡舍。公母配比一般为1∶（12～13）。

复习思考题

1．为什么说育雏工作是养鸡的重点和难点？

2．育成鸡与产蛋鸡的限制饲养有何区别？

3．如何提高产蛋鸡的产蛋量？

4．如何提高种蛋的受精率？

5．结合当地实际，拟订产蛋鸡全程光照制度。

技能训练十四　雏鸡的断喙

【目的要求】

学会正确的断喙方法，熟练掌握断喙操作技术。

【材料和用具】

7～10日龄蛋用雏鸡、雏鸡笼、断喙器等。

【内容和方法】

1．方法步骤

(1)断喙器的检查。检查断喙器是否通电、刀片是否锋利等。

（2）接通电源。将断喙器预热至适宜温度。对于 7～10 日龄雏鸡,刀片温度在 650～700 ℃较适宜,即刀片呈暗桃红色。

（3）握雏方法。左手抓住鸡腿部,右手拿鸡,将右手拇指放在鸡头顶上,食指放在咽下,稍施压力,使鸡舌头回缩。

（4）断喙长度。选择适宜的孔径,上喙从喙尖至鼻孔的断去 1/2,下喙断去 1/3,上喙比下喙略短或上下喙平齐。

（5）烧灼止血。断喙后将喙在刀片上烙 2～3 s,能止血和防止感染。

二维码 2-4-4
雏鸡自动断喙、免疫

2.注意事项

（1）断喙的鸡群应是健康无病鸡群。

（2）断喙前后 2～3 d 内在每千克饲料中加入 2 mg 维生素 K,有利于凝血;在饮水中加 0.1%的维生素 C 及适量的抗生素,能减少应激。

（3）断喙时,选用合适的孔径,刀片的温度要适宜,操作要准确,注意切勿把舌尖切去。

（4）断喙后 2～3 d 内,料槽内饲料要加得满些,以利于雏鸡采食,防止鸡喙啄到槽底。断喙后不能断水。

（5）断喙应与接种疫苗、转群等错开进行,在炎热季节应选择在凉爽时间断喙。此外,抓鸡、运鸡及操作动作要轻,不能粗暴,避免多重应激。

（6）断喙器应保持清洁,定期消毒,以防断喙时交叉感染。

（7）断喙后要仔细观察鸡群,对流血不止的鸡只,要重新烧烙止血。

【实训报告】

叙述雏鸡断喙的方法及注意事项。

肉 鸡 生 产

任务一　快大型肉仔鸡生产

一、肉仔鸡的生产特点

1. 早期生长速度快、饲料利用率高

肉仔鸡出壳时的体重一般为 40 g 左右,2 周龄时可达 350～390 g,6 周龄达 2 000 g,8 周龄可达 2 500 g 以上,为出生重的 60 多倍。并且随着肉用仔鸡育种水平的提高,现代肉鸡继续表现出年遗传潜力的提高,即雄性肉仔鸡达到 2.5 kg 体重的时间每年减少约 1 d。由于生长速度快,使得肉仔鸡的饲料利用率很高。在一般的饲养管理条件下,饲料转化率可达 1.8∶1。目前,最先进的水平达到 42 日龄出栏,母鸡达 2.35 kg,公鸡达 2.65 kg,饲料转化率达 1.6∶1。

2. 适于高密度大群饲养

由于现代肉鸡生活力强,性情安静,具有良好的群居性,适于高密度大群饲养。一般厚垫料平养,出栏时可达 13 只/m²(体重 30 kg/m²)。

3. 产品性能整齐一致

肉用仔鸡生产,不仅要求生长速度快、饲料利用率高、成活率高,而且要求出栏体重、体格大小一致,这样才具有较高的商品率,否则会降低商品等级,也给屠宰带来不便。一般要求出

栏时 80％以上的鸡在平均体重±10％以内。

4.易发生营养代谢疾病

肉仔鸡由于早期肌肉生长速度快,而骨组织和心肺发育相对迟缓,因此易发生胸部囊肿、腹水症、腿部疾病、猝死等营养代谢病,对肉鸡业危害很大。

二、肉仔鸡的饲养方式

肉仔鸡的饲养方式主要有平面饲养和立体笼养。

(一)平面饲养

1.厚垫料地面平养

它是在地面上铺一定厚度的垫料。垫料要求干燥松软、吸水性强、不发霉、不污染。垫料的管理首先要求铺平,厚度在 5～10 cm。饲养过程中要经常松动垫料,把鸡粪落到垫料下面,防止鸡粪结块,并根据污染程度,及时铺上新的垫料,始终保持垫料干燥。

厚垫料饲养的优点是简便易行,设备投资少,胸囊肿的发生率低,残次品少。缺点是鸡直接接触地面,球虫病、大肠杆菌病发生概率大,药品及垫料费用大。

2.网上平养

将鸡饲养在离地 50～60 cm 的网床上。网床一般用金属网或竹夹板制成,上铺一层塑料网,以减少胸囊肿的发生。由于离地饲养,鸡不与粪便接触,可减少球虫病的发生。

(二)立体笼养

肉仔鸡立体笼养可提高饲养密度,减少球虫病的发生,便于公母分群饲养,提高劳动效率和鸡舍空间利用率,节省燃料费用。但一次性投入大,因笼底网硬,笼养鸡活动受限,鸡胸囊肿和腿病较为严重,商品合格率低。

三、肉仔鸡饲养阶段的划分

1.三段式

前期(0～21 d),中期(22～37 d),后期(38 d 至上市)。

2.二段式

前期 (0～21 d),后期(22 d 至上市)。

二维码 2-5-1
肉鸡笼养(前期)

四、肉仔鸡的饲养

(一)饮水

雏鸡的第一次饮水称为初饮,雏鸡运抵育雏舍后稍事休息后就应饮水。雏鸡能否及时饮到水是非常关键的。由于初生雏从较高温度的孵化器出来,又在出雏室停留及运输,体内丧失水分较多,故适时饮水可补充雏鸡生理所需水分,有助于促进雏鸡食欲,帮助饲料消化与吸收,促进粪便排出。初次饮水中应添加 3％～5％的糖,连饮 12～15 h,可显著降低 1 周龄内的死亡率。为预防疾病,饮水中可加入药物,连饮 3～5 d。在 1 周龄内要饮用温开水,以后饮自来水或井水,水温应和育雏室室温一致。饮水要清洁干净,饮水器要充足,并均匀分布在室内,饮水器距地面的高度应随鸡日龄的增长而调整,饮水器的边高与鸡背高度水平相同。肉仔鸡每1 000 只每天饮水量见表 2-5-1。

表 2-5-1　肉仔鸡每 1 000 只每天饮水量　　　　　　　　　　　　　　　　　　L

周龄	10 ℃	21 ℃	32 ℃
1	23	30	38
2	49	60	102
3	64	91	208
4	91	121	272
5	113	155	333
6	140	185	380
7	174	216	428
8	189	235	450

(二)开食

雏鸡饮水 2～3 h 后,开始喂料,雏鸡的第一次喂料称为开食。开食料应用全价碎粒料,均匀撒在饲料浅盘或深色塑料布上让鸡自由采食。3 日龄内,每天隔 2 h 喂一次,夜间停食 4～5 h。3 日龄后逐渐减少,但每天喂料应不少于 6 次。为防止鸡粪污染,饲料浅盘和塑料布应及时更换,冲洗干净晾干后再用。4～5 日龄逐渐换成料桶,一般每 30 只鸡一个,2 周龄前使用3～4 kg 的料桶,2 周龄后改用 7～10 kg 的料桶。为刺激鸡的食欲,增加采食量,每天应加料4 次,但每次加料不应超过料桶深度的 1/3,过多会被刨出造成浪费。料桶必须够用且分布均匀,保证鸡在 1.5 m 内能吃到料、饮到水。随着雏鸡日龄增长,应及时抬高料桶高度,保持与鸡背同高。

(三)肉仔鸡饲喂

肉仔鸡生长速度快,要求供给高能量高蛋白的饲料,日粮各种养分充足、齐全且比例平衡。由于肉仔鸡早期器官组织发育需要大量蛋白质,生长后期脂肪沉积能力增强。因此在日粮配合时,生长前期蛋白质水平高,能量稍低;后期蛋白质水平稍低,能量较高。

二维码 2-5-2
肉鸡饲料与日常喂养

1. 实行自由采食

从第 1 日开始一直到出栏,对肉仔鸡应实施充分饲喂,尽可能诱使肉鸡多吃料,实行自由采食。

2. 饲喂颗粒饲料

颗粒饲料进食营养全面、比例稳定,不会发生营养分离现象,鸡采食时不会出现挑食,饲料浪费少。同时颗粒饲料适口性好,体积小,比重大,肉鸡吃料多,增重快,饲料报酬好。据试验,饲喂颗粒饲料肉鸡每增加1 kg 体重比饲喂粉料少消耗 94 g 饲料,饲料转化率提高 3.1%。因此目前国内外普遍采用颗粒饲料饲喂肉仔鸡。但颗粒饲料加工费高,肉鸡腹水症发病率高于粉料,因此要注意前期适当限饲。

3.保证采食量

保证有足够的采食位置和采食时间;高温季节采取有效的降温措施,加强夜间饲喂;检查饲料品质,控制适口性差的饲料的使用量;采用颗粒饲料;在饲料中添加香味剂。肉仔鸡生长和耗料标准见表2-5-2。

表 2-5-2　肉仔鸡生长和耗料标准

周龄	体重/g			累计/g			耗料增重比		
	公鸡	母鸡	混养	公鸡	母鸡	混养	公鸡	母鸡	混养
1	180	170	175	154	146	149	1.10	1.10	1.10
2	456	424	440	484	458	471	1.20	1.23	1.22
3	839	751	795	1 032	939	986	1.43	1.47	1.45
4	1 325	1 175	1 250	1 829	1 669	1 750	1.64	1.72	1.68
5	1 890	1 650	1 770	2 911	2 606	2 761	1.91	1.98	1.94
6	2 536	2 174	2 355	4 337	3 804	4 074	2.21	2.29	2.24
7	3 181	2 699	2 940	5 949	5 236	5 586	2.50	2.73	2.58

4.逐渐换料

在更换饲料时要几天内完成,突然换料鸡不爱吃新料,形成换料应激,在饥饿状态下壮鸡啄羽,弱鸡发病,病鸡死亡。

5.减少饲料浪费

饲料要离地离墙存放,以防止霉变,不喂过期饲料。饲料要少加、勤加,加料达饲槽深度的2/3时浪费12%,到饲槽的1/3时仅浪费1.5%。加料次数多还有利于观察和引动鸡群,及时发现疾病和降低胸囊肿的发病率。饲槽的槽边要和鸡背同高或稍高于鸡背,并随鸡的生长不断加高。饲槽、水槽周围可只垫沙不垫草,便于鸡吃槽外的料也防止草湿发霉。

五、肉仔鸡的管理

(一)环境控制

环境条件的优劣直接影响肉仔鸡的成活率和生长速度。肉仔鸡对环境条件的要求比蛋用雏鸡更为严格,影响更为严重,应特别重视。

1.温度

雏鸡出生后体温调节能力差,必须提供适宜的环境温度。温度低可降低鸡的抵抗力和食欲,引起腹泻和生长阻滞。因此,保温是一切管理的基础,是肉仔鸡饲养成活率高低的关键,尤其在育雏第1周内。肉仔鸡1日龄时,舍内室温要求为27～29 ℃,育雏伞下温度为33～35 ℃。以后每周下降2～3 ℃直至18～20 ℃。肉仔鸡适宜温度见表2-5-3。

检查温度是否适宜主要通过测温和观察雏鸡表现。低温挤,靠近热源;高温喘,远离热源;鸡舒展开翅、腿,分散地趴卧就是适温。

温度控制应保持平稳,并随雏鸡日龄增长适时降温,切忌忽高忽低。并要根据季节、气候、雏鸡状况灵活掌握。

表 2-5-3　肉仔鸡适宜温度　　　　　　　℃

周龄	育雏方式		
	保温伞育雏		直接育雏
	保温伞温度	雏舍温度	
1～3 d	35～33	27～29	35～33
4～7 d	32～30	27	33～31
2 周	30～28	24	31～29
3 周	28～26	22	29～27
4 周	26～24	20	27～24
5 周以后	24～21	18	24～21

2. 湿度

湿度对雏鸡的健康和生长影响也较大,育雏第 1 周内保持 70% 的稍高湿度。因为此时雏鸡含水量大,舍内温度又高,湿度过低易造成雏鸡脱水,影响羽毛生长和卵黄吸收。以后要求保持在 50%～65%,以利于球虫病的预防。

育雏的头几天,由于室内温度较高,室内湿度往往偏低,应注意室内水分的补充,可在火炉上放水壶烧开水,或地面喷水来增加湿度。10 日龄后,由于雏鸡呼吸量和排粪量增大,应注意高湿的危害,管理中应避免饮水器漏水,勤换垫料,加强通风,使室内湿度控制在标准范围之内。

3. 光照

肉仔鸡的光照制度有两个特点:一是光照时间较长,目的是延长采食时间;二是光照强度小,弱光可降低鸡的兴奋性,使鸡保持安静的状态。

(1)光照方法。肉仔鸡的光照方法主要有 3 种,一是连续光照法,即在进雏后的头 2 d,每天光照 24 h,从第 3 天开始实行 23 h 光照,夜晚停止照明 1 h,以防鸡群停电发生的应激。此法的优点是雏鸡采食时间长,增重快,但耗电多,鸡腹水症、猝死、腿病多。二是短光照法,即第 1 周每天光照 24～23 h,第 2 周每天减少 2 h 光照至 16 h,第 3 周、第 4 周每天 16 h 光照,从第 5 周开始每天增加 2 h 光照至周末达到 23 h 光照,以后保持 23 h 光照至出栏。此法可控制鸡的前中期增重,减少猝死、腹水和腿病的发病率,最后进行"补偿生长",出栏体重不低却提高了成活率和饲料报酬。对于生长快,7 日龄体重达 175 g 的鸡可用此法。三是间歇光照法,在开放式鸡舍,白天采用自然光照,从第 2 周开始实行晚上间断照明,即喂料时开灯,喂完后关灯;在全密闭鸡舍,可实行 1～2 h 照明,2～4 h 黑暗的光照制度。此法不仅节约电费,还可促进肉鸡采食。但采用间歇光照,鸡群必须具备足够的采食、饮水槽位,保证肉仔鸡有足够的采食和饮水时间。

(2)光照强度。育雏初期,为便于雏鸡采食、饮水和熟悉环境,光照强度应强一些,以后逐渐降低,以防止鸡过分活动或发生啄癖。育雏头两周每平方米地面 2～3 W,两周后 0.75 W 即可。例如,头两周每 20 m² 地面安装 1 只 40～60 W 的灯泡,以后换上 15 W 灯泡。如鸡场有电阻器可调节光的照度,则 0～3 d 用 25 lx,4～14 d 用 10 lx,15 d 以后 5 lx。开放式鸡舍要考虑遮光,避免阳光直射和光照过强。

4.通风

肉仔鸡饲养密度大,生长速度快,代谢旺盛,因此加强舍内通风,保持舍内空气新鲜非常重要。通风的目的是排除舍内的氨气、硫化氢、二氧化碳等有害气体,空气中的尘埃和病原微生物,以及多余的水分和热量,导入新鲜空气。通风是鸡舍内环境的最重要的指标,良好的通风对于保持鸡体健康,生长速度是非常重要的。通风不良,空气污浊易发生呼吸道病和腹水症;地面湿臭易引起腹泻。肉仔鸡舍的氨气含量以不超过 15 mg/m^3(以人感觉不到明显臭气)为宜。

通风方法有自然通风和机械通风。自然通风靠窗户空气对流换气,多在温暖季节进行;机械通风效率高,可正压送风也可负压排风,便于进行纵向通风。要正确处理好通风和保温的关系,在保温的前提下加大通风。实际生产中,1～2 周龄以保温为主,3 周龄注意通风,4 周龄后加大通风。

5.密度

饲养密度对雏鸡的生长发育有着较大影响。密度过大,鸡的活动受到限制,空气污浊,湿度增加,导致鸡只生长缓慢,群体整齐度差,易感染疾病,死亡率升高。密度应根据禽舍的结构、通风条件、饲养方式及品种确定,现代生产中密度还要考虑单位鸡只所占有的空间量和鸡只所占有的采食位与饮水位。具体密度可参考表 2-5-4。生产中应注意密度大的危害,在鸡舍设备情况许可时尽量降低饲养密度,这有利于采食、饮水和肉鸡发育,提高体重的一致性。

表 2-5-4　肉仔鸡的饲养密度　　　　　　　　　　　　　　　　　　　　　只/m^2

周龄	育雏室(平面)	育肥鸡舍(平面)	立体笼饲密度	技术措施
0～2	40～25		60～50	强弱分群
3～5	20～18		42～34	公母分群
6～8	15～10	12～10	30～24	大小分群
出售前		体重合计 30 kg/m^2		

(二)肉仔鸡日常管理

(1)喂料。1～3 d,每隔 2 h 给料一次;4～21 d,每隔 3 h 给料一次;22 d,每隔 4 h 给料一次。要求:每次给料控制准量,使在规定的时间内刚好吃完,槽内脏物随时清理。

(2)喂水。每天洗涮饮水器两次,然后加满水。要求:1～7 d,用 20 ℃左右的温开水;8 d至出栏,用干净的井水或自来水;贮水缸、桶存水时间不超过 3 d。每 3 d 清洗一次贮水缸,每次饮水投药后要及时清洗干净,再加清水。

(3)每天上午 7:30 更换脚踏消毒液。

(4)定期在 16:00 清除网下鸡粪,尽量清理干净。

(5)每天仔细观察鸡群,至少上下午各一次。

(6)每天及时做好工作记录。

六、肉仔鸡饲养管理的其他要点

1."全进全出"饲养

"全进全出"饲养是指同一栋鸡舍或全场同一时间内只饲养同一日龄的肉用仔鸡,养成后又在同一时间出场。采用这种饲养制度,可在每批肉鸡出场后对鸡舍进行彻底的清扫、消毒,切断病原的循环感染,保证鸡群健康。

2.实行公母分群饲养制

公、母雏生理基础不同,因而对生活环境、营养条件的要求和反应也不同。饲养时应按公、母鸡的不同提供不同的环境条件、不同日粮的营养水平,并按公、母鸡分期出售,以提高饲养的效益。

3.加强早期饲喂、保证采食量

肉仔鸡生长速度快,相对生长强度大,前期生长稍有受阻则以后很难补偿,饲养时要让出壳的雏鸡早入舍、早饮水、早开食,并保证采食量,满足其生产发育的要求。

4.疫病防控

肉仔鸡饲养周期短,任何疫病的发生都可能影响最终的出栏体重,所以,肉仔鸡疫病防控尤为重要,应从环境、免疫和预防用药等多方面加强对其防控。

任务二　优质肉鸡生产

一、优质肉鸡生产概况

优质肉鸡一般是指以下两种类型的肉用鸡,一是肉质优良的地方鸡种或由其选育而成的鸡种,肉质色香味俱佳,以黄麻羽、黄肤、黄脚为佳,但繁殖力低,生长缓慢,饲料报酬差,这类鸡的生产成本高,生产量也很小;二是以肉质优良的地方鸡种为素材,与快大型肉鸡杂交培育的新品系,其中地方优质肉鸡的血缘一般占 50%～75%,其生长速度介于两亲本之间,经过选育羽色体型趋向一致,具有体型小,皮薄骨细,肌肉丰满,性成熟早等特点,这类肉鸡既保持了地方鸡的风味,又兼备较高的产肉性能,生产效益较高。我国传统的生活习惯和人们生活水平的提高是优质肉鸡生产的主要动力,优质肉鸡生产主要集中在我国南方。目前,我国南方市场优质肉鸡占肉鸡的 70%～80%;中国的港澳台地区占 90%以上;北方市场约占 20%,主要集中在北京、河南、山西等省(直辖市)。中国优质肉鸡的发展有由南方向北方不断推移的趋势。

二、优质肉鸡生长发育特点和阶段划分

(一)优质肉鸡生长发育特点

优质肉鸡生产类与快大型肉鸡比较,在生长发育方面表现有以下特点。

1.生长速度相对缓慢

优质肉鸡的生长速度介于蛋鸡品种和快大型肉鸡品种之间,有快速型、中速型及慢速型之分。如快速型优质肉鸡 6 周龄平均上市体重可达 1.3～1.5 kg,而慢速型优质肉鸡 90～120 d上市体重仅有 1.1～1.5 kg。

2.优质肉鸡对饲料的营养要求水平较低

在粗蛋白质 19%、能量 11.50 MJ/kg 的营养水平下,即能正常生长。

3.生长后期对脂肪的利用能力强

消费者要求优质肉鸡的肉质具有适度的脂肪含量,故生长后期应采用含脂肪的高能量饲料进行育肥。

4.羽毛生长丰满

羽毛生长与体重增加相互影响,一般情况,优质肉鸡至出栏时,羽毛几经脱换,特别是饲养期较长,出栏较晚的优质肉鸡,羽毛显得特别丰满。

5.性成熟早

我国南方某些地方品种鸡在 30 d 时已出现啼鸣,母鸡在 100 d 时就会开始产蛋;其他育成的优质肉鸡品种公鸡在 50～70 d 时冠髯已经红润,出现啼鸣现象。

(二)优质肉鸡饲养阶段的划分

根据优质肉鸡的生长发育规律及饲养管理特点,大致可划分为前期(育雏期,0～3 周龄)、中期(生长期,4 周至出栏前 2 周)和后期(肥育期,出栏前 2 周至出栏)。而供温时间的长短应视气候及环境条件而定。

三、优质肉鸡的饲养方式

优质肉鸡的饲养方式通常有地面平养、网上平养、笼养和放牧饲养 4 种方式。

(一)地面平养

地面平养对鸡舍的基础设备的要求较低,在舍内地面上铺 5～10 cm 厚的垫料,定期打扫更换即可;或在 5 cm 垫料的基础上,通过不断增加垫料解决垫料污染问题,一个饲养周期彻底更换一次垫料的厚垫料饲养方法。地面平养的优点是设备简单,成本低,胸囊肿及腿病发病率低。缺点是需要大量垫料,密度较小,房舍利用率偏低。

(二)网上平养

网上平养设备是在鸡舍内饲养区以木料或钢材做成离地面 40～60 cm 的支架,上面排以木制或竹制棚条,间距 8～12 cm,其上再铺一层弹性塑料网。这种饲养方式,鸡粪落入网下地面,减少了消化道疾病二次感染,尤其对球虫病的控制有显著效果。弹性塑料网上平养,胸囊肿的发生率可明显减少。网上平养的缺点是设备成本较高。

(三)笼养

笼养优质肉鸡近年来愈来愈广泛地得到应用。鸡笼的规格很多,大体可分为层叠式和阶梯式两种。笼养与平养相比,单位面积饲养量可增加 1 倍左右,有效地提高了鸡舍利用率;限制了鸡在笼内活动空间,采食量及争食现象减少,发育整齐,增重良好,育雏、育成率高,可提高饲料效率 5% ～10%,降低总成本 3%～7%;鸡体与粪便不接触,可有效地控制白痢和球虫病蔓延;不需要垫料,减少了垫料开支,降低了舍内粉尘浓度;转群和出栏时,抓鸡方便,鸡舍易于清扫。但笼养方式的缺点是一次性投资较大。

二维码 2-5-3
肉鸡笼养(后期)

(四)放牧饲养

育雏脱温后,4~6周龄的肉鸡在自然环境条件适宜时可采用放牧饲养。即让鸡群在自然环境中活动、觅食、人工补饲,夜间鸡群回鸡舍栖息的饲养方式。该方式一般是将鸡舍建在远离村庄的山丘或果园之中,鸡群能够自由活动、觅食,得到阳光照射和沙浴等,可采食虫草和砂砾、泥土中的微量元素等,有利于优质肉鸡的生长发育,鸡群活泼健康,肉质特别好,外观紧凑,羽毛光亮,也不易发生啄癖。

四、优质肉鸡的管理

(一)日常管理要点

1.光照

光照时间的长短及光照强度对优质肉鸡的生长发育和性成熟有很大影响,优质肉鸡的光照制度与肉用仔鸡有所不同,肉用仔鸡光照是为了延长采食时间,促进生长,而优质肉鸡还具有促进其性成熟,使其上市时冠大面红,性成熟提前的作用。光照太强影响休息和睡眠,并会引发啄羽、啄肛等恶癖;光线过弱不仅不利于饮水和采食,也不能促进其性成熟。合理的光照制度有助于提高优质肉鸡的生产性能。优质肉鸡光照方案见表2-5-5。

表2-5-5　优质肉鸡光照参考方案

项目	日龄/d						
	1~2	3~7	8~13	14~育肥前14	育肥前14~7	育肥前7~育肥	肥育期
光照时间/h	23~24	20	16	自然	16	20	23~24
光照强度/lx	60	40	30	光照	20	30	40

注:夜间光照建议采用间断性照明。保证在不影响肉鸡采食的前提下,节约能源使用,增强肉鸡对黑暗的适应能力。

2.温度

育雏温度不宜过高,太高会影响优质肉鸡的生长,降低鸡的抵抗力,因此要控制好育雏温度,适时脱温。一般采用1日龄舍温33~34 ℃,之后每天下降0.3~0.5 ℃,随鸡龄的增加而逐步调低至自然温度,同时应随时观察鸡的睡眠状态,及时调整。特别注意要解决好冬春季节保温与通风的矛盾,防止因通风不畅诱发腹水症及呼吸道疾病。

3.湿度

湿度对鸡的健康和生长影响也较大,湿度大易引发球虫病,太低雏鸡体内水分随呼吸而大量散发,影响雏鸡卵黄的吸收。一般以舍内相对湿度55%~65%为好。

4.通风

保持舍内空气新鲜和适当流通,是养好优质肉鸡的重要条件之一,所以通风要良好,防止因通风不畅诱发肉鸡腹水症等疾病。另外,要特别注意贼风对仔鸡的危害。

5.密度

密度对鸡的生长发育有着较大影响,密度过大,鸡的活动受到限制,鸡只生长缓慢,群体整齐度差,易感染疾病以及发生啄肛、啄羽等恶癖。密度过小,则浪费空间,养殖成本增加。平养育雏期30~40只/m²,舍内饲养生长期12~16只/m²。

6. 公母分群饲养

优质肉鸡的公鸡生长较快,体型偏大,争食能力强,而且好斗,对蛋白质、赖氨酸利用率高,饲养报酬高;母鸡则相反。因此通过公母分群饲养而采取不同的饲养管理措施,有利于提高增重、饲养效益及整齐度,从而实现较好的经济效益。

7. 加强免疫接种

某些优质肉鸡品种饲养周期与肉用仔鸡相比较长,除进行必要的肉鸡防疫外,应增加免疫内容,如马立克氏病、鸡痘等;其他免疫内容应根据发病特点给以考虑。此外,还要搞好隔离、卫生消毒工作。根据本地区疾病流行的特点,采取合适的方法进行有效的免疫监测,做好疫病防治工作。

二维码 2-5-4
鸡的免疫接种

8. 饲料营养调节

优质肉鸡的生长周期较长,在各期日粮中雏鸡应供给高蛋白质饲料,以提高成活率和促进早期生长。从中期开始要降低日粮的蛋白质含量,供给砂砾,提高饲料的消化率。生长后期,提高日粮能量水平,最好添加少量脂肪,以改善肉质、增加羽毛光泽和屠体的肥度。

9. 肉鸡肥育与屠体品质控制

优质肉鸡对屠体质量有较高要求,一是肥育期有适量脂肪沉积,增加肌间脂肪和皮下脂肪含量,提高鸡肉的香味和口感;二是上市前几周不要饲喂有不良气味的饲料原料;三是在饲料中添加含叶黄素的物质,使皮肤、胫、喙部产生深黄色,提高屠体外观质量。

10. 提高饲料转化率

生产中为保证肉质的品质,对饲料报酬重视不够,致使生产成本偏高。特别是饲养期长的地方鸡种饲料转化率更低,所以,尽量缩短饲养期,适时上市(地方肉鸡一般不超过 15 周龄,杂交肉鸡 10 周龄左右)。

(二)炎热季节的管理要点

优质商品肉鸡对热应激特别敏感,体温升高,体内酸碱平衡失调,血液指标异常,采食量下降,生产效率低下,饲料利用率降低,严重的还会导致死亡。生产中除了在肉鸡饲养管理方面采取一些降温和抗热应激措施外,可从饲料营养方面采取以下技术措施。

一是增加给料次数,改变喂料时间,减少因采食量下降而造成的损失;二是饮用低温水和添加补液盐类,调节鸡体内渗透压;三是短时间绝食,有利于减少鸡在热应激时的产热量,降低死亡率;四是在饮水中添加小苏打等,保持血液 CO_2 的含量,使血液 pH 趋于正常;五是调整日粮营养,在热应激条件下,重点考虑日粮的能量水平以及能量饲料原料,采用适中的能量水平日粮,并保持必需氨基酸的平衡;六是在肉鸡日粮、饮水中添加多维素,资料证明维生素 C 对缓解高温的热应激有一定作用。

(三)防止啄癖

优质肉鸡,活泼好动、喜欢追逐打斗,特别容易引起啄癖。啄癖的出现不仅会引起鸡的死亡,而且影响长大后商品鸡的外观,给生产者带来很大的经济损失,必须引起高度注意。

(四)减少优质肉鸡残次品的管理措施

养鸡场生产出良好品质的优质肉鸡后,若将其品质一直保持到消费者手中,需要在抓鸡、运输、加工过程中对胸部囊肿、挫伤、骨折、软腿等方面进行控制。减少优质肉鸡残次品要注意以下问题。

（1）避免垫料潮湿，增加通风，减少氨气，提供足够的饲养面积。

（2）抓鸡、运输、加工过程中操作要轻巧。

（3）抓鸡前1天不要惊扰鸡群。防止鸡群受惊后与食槽、饮水器相撞而引起碰伤。装运车辆最好在天黑后才能驶近鸡舍，防止白天车辆的响声惊动鸡群。

（4）强调抓鸡技术，捉鸡时要求务必稳、准、轻。抓鸡前，应移除地面的全部设备。抓鸡工人不要一手同时抓握太多鸡，一手握住的越多则鸡外伤发生的可能性越大。

（5）抓鸡时，鸡舍应使用暗淡灯光。

（6）搞好疾病控制，如传染性关节炎、马立克氏病等。

（7）合理调配饲料，加强饲喂管理。饲料中钙、磷缺乏或钙、磷比例不当，缺乏某些维生素、微量元素、饲料含氟超标，以及采食不均等均会造成产品质量下降。

任务三　快大型肉种鸡的饲养管理

一、肉种鸡饲养管理的难点

肉用种鸡同肉仔鸡一样，本身就具有生长速度快和饲料转化率高的特性。加上对光照刺激反应迟钝的特点，在生产上对其生产性能的提高带来困难，具体体现在以下几方面。

（一）体重的控制

在肉种鸡的生产中，要保持良好的繁殖性能，限制饲养贯穿于整个饲养期，如果不进行限制饲养或限制饲养失败，至开产时往往超重和体脂蓄积过多，使生殖机能受到严重抑制，大大降低其种用价值，种母鸡表现为产蛋量减少，种蛋的合格率和受精率低等；种公鸡则配种困难，腿趾疾患增多，较早失去配种能力，所以限制饲养技术是肉种鸡饲养的关键技术。然而在限制饲养过程中，由于管理、设备条件的限制和限饲技术的影响，往往出现以下两种情况严重影响肉种鸡的生产。

1. 鸡群的均匀度差

鸡群的均匀度差则个体发育不整齐，强壮的鸡抢食弱小鸡的日粮，结果强壮的鸡变得过肥，而弱小的鸡变得瘦弱，两者都不能发挥它们应有的产蛋性能。如果育成期鸡群体重均匀度差，则种鸡产蛋期产蛋率低，鸡的总产蛋数少，种蛋大小不齐，所孵雏鸡均匀度差，生产效益降低。

2. 体组织器官的发育不均衡

在肉种鸡生产上常采用体增重来衡量体组织器官的发育，要求在生长期每周应保持适宜的增重，以保证体组织器官的正常发育，避免忽高忽低。如果限饲不当，体增重或高或低，甚至出现负增重，那么该阶段体组织器官的发育就不正常，这将严重影响生产性能的发挥（特别是在骨骼和生殖器官的发育期）。生产实践表明，开产时母鸡体重虽然相同，但产蛋表现却不同，就是因为同一体重的个体，由于其体组织器官发育不均衡，使机体组成并不完全相同而造成的。

(二)性成熟的调节

肉种鸡实施光照的原则与蛋鸡相同,但具体采用的光照程序又有差别。肉种鸡神经类型不如蛋鸡活跃,对光照刺激敏感程度也不如蛋鸡高。为了提高肉种鸡对光照的刺激的敏感度,实施光照时应注意:生长期光照严格控制为短光照时间和低光照强度,有条件的最好采用遮黑式鸡舍;产蛋期的光照时间和强度要高于生长期,增加光照幅度要大,每次增加 $1 \sim 3$ h,光照强度不少于 30 lx。

二、肉种鸡饲养管理的关键技术

由以上肉用种鸡饲养管理的难点可知,肉用种鸡饲养的关键技术是在整个饲养期如何科学地运用限制饲养,保持每周适宜的增重,维持良好的繁殖体况。并结合人工光照措施,使肉种鸡性成熟和体成熟协调统一,保证肉种鸡持续地高产、稳产。

(一)肉种鸡育成期的限制饲养

1.限制饲养的目的

通过一定的饲喂方法,控制体重的增长,并与适宜的光照制度相结合,控制性成熟,使种母鸡达到适时开产,减少初产期的小蛋和产蛋后期大蛋数量;防止因采食过多而致鸡体过肥,减少产蛋期的死亡、淘汰率;提高种鸡的生活力、产蛋率和受精率;延长种鸡经济利用时期,提高种蛋和雏鸡的品质,节省饲料消耗,提高饲料效率,从而提高种鸡的经济效益,所以肉种鸡的限制饲养不只是在育雏、育成期,而是贯穿于整个饲养期。

2.限制饲养的方法

限制饲养主要有限质法和限量法两种方法。由于限质法不容易掌握鸡的采食量及营养摄入量,较难实施对肉种鸡进行严格限饲,目前多采用限量法,即通过限制喂料量达到体重控制目标。

关于饲料量的限制程度,主要取决于鸡体重的变化,一般要求肉用父母代母鸡到 20 周龄时体重大约 2 kg,24 周龄时,母鸡体重接近 2.4 kg,公鸡不超过 3.2 kg,体质结实强健,成活率在 $92\% \sim 94\%$ 为宜。大的种鸡公司均依实际情况制订自己鸡品系的不同周龄的适宜体重和喂料量,用户可每周称测鸡的体重,将称测结果与标准对照,以确定每周实际的喂料量。

3.饲喂程序

种鸡最理想的饲喂方法是每日饲喂。但是肉用种鸡必须对其饲料量进行适宜的限饲,不能任其自由采食。因为有时每日的料量太少,难以由整个喂料系统均匀供应,为尽可能减少鸡只彼此之间的竞争,维持体重和鸡群均匀度,结果只能选择限饲程序,累积足够的饲料,在"饲喂日"为种鸡提供均匀的料量。从每日饲喂转化成隔日喂料、"五、二限饲""四、三限饲""六、一限饲"等,最常见的选择饲喂程序如表 2-5-6 所示。近年来,四、三限饲越来越流行,主要原因在于该程序周料量增加的比较缓和。也有依肉种鸡生长期不同采用综合限饲方案,例如,$0 \sim 2$ 周龄自由采食,$3 \sim 4$ 周龄每日限饲,$5 \sim 9$ 周龄隔日限饲,$10 \sim 17$ 周龄"五、二限饲",$18 \sim 23$ 周龄"六、一限饲",24 周龄以后改为每日限饲。生产实践中具体采用什么饲喂程序,可参考育种公司提供的饲养管理手册,并根据鸡群的实践生长曲线和饲养条件灵活运用,使鸡群每周稳定而平衡生长,切不可教条地照搬。

表 2-5-6　常见的饲喂程序

饲喂程序	喂料日						
	周一	周二	周三	周四	周五	周六	周日
每日	√	√	√	√	√	√	√
隔日	√	×	√	×	√	×	√
"五、二限饲"	√	√	√	×	√	√	×
"四、三限饲"	√	√	×	√	×	√	×
"六、一限饲"	√	√	√	√	√	√	×

注:√代表喂料日,×代表限饲日。

4.体重控制与调整

(1)体重控制。为了获得肉种鸡良好的繁殖性能,限制饲养应贯穿于肉种鸡的整个饲养期,在肉种鸡限饲中必须符合以下四项要求:一是从育雏期到产蛋高峰期体重要稳定增长,即每周必须有一定幅度的增重,不能有不增重现象,一生中任何阶段不得有体重减轻现象;二是从育雏期到产蛋高峰,任何一周不得减少喂料量;三是在上述各限料方式中不能连续 2 d 停料,应把停料日间隔安排,最好每周最后一天为停料日,有利空腹称重;四是无论采用哪种限饲方式,喂料日的喂料量不能突破肉种鸡高峰期的给料量。

(2)体重标准曲线的修订。也叫体重曲线管理,先按各周龄标准体重数字画出曲线图,目的是依据体重标准曲线控制肉种鸡体重。为了不影响鸡的正常发育和性成熟,要求在 15 周龄后,体重的实际生长曲线与标准体重曲线保持平衡,直到性成熟。即在超过标准体重的情况下,以后仍保持体重继续增长,不可强行将超重部分通过减料降低体重,否则容易推迟鸡群开产。而在 15 周龄前发生体重控制不当时可调整增重幅度,应先画出新的体重曲线,按这种修正的体重曲线决定减少增料及限料方式,使以后各周增重速度改变,缓慢达到标准体重。如 6 周龄体重比标准低 50 g,首先依标准体重曲线,重新画出 6 周至性成熟的修正体重曲线,改变生长趋势向标准体重靠近。如果 15 周龄体重低于标准体重较多,切不要力求在短时间使体重赶上去,而应重做修正曲线,以 15~24 周龄标准体重连线进行修正。

5.调群控制均匀度

体重均匀度是衡量品种质量(种雏质量)及各阶段饲养管理成绩好坏的一个重要综合指标。鸡群体重均匀度指体重在鸡群平均体重±10%范围内的个体所占的比例。生产实践表明,以 70%的鸡只控制在标准体重范围内为基础,鸡群的均匀度每增减 3%,每只鸡平均年产蛋数相应增减 4 枚。1~8 周龄鸡群体重均匀度要求在 80%,最低 75%。9~15 周龄鸡群体重均匀度要求在 80%~85%。16~24 周龄鸡群体重均匀度要求 85%以上。

一般均匀度偏低时,应于第 6 周、第 12 周、第 18 周对鸡群逐只称重,按体重大、中、小分群饲喂,每群之间平时根据目测进行大中小对调,最好使调出与调入相等,保证每群鸡数不变,便于定量供料。18 周龄后不再集中调群,因为此时鸡只已处于性腺发育阶段,除产生应激影响外,还会打破给料量的连续性,不利于个体发育。

6.限制饲养时鸡群的管理

(1)限饲前应将体重过小和体格软弱的个体移出或淘汰。

(2)限饲应尽早开始。正常的饲养条件下,一般母鸡从第3周龄,公鸡从第6周龄开始;若按采食量计算,当母鸡每日自由采食量达到28 g,公鸡达48～58 g时即转入限饲期。公鸡开始限饲的时间晚,有利于体重和骨架发育。

(3)公母分群饲喂。雏鸡从1日龄开始公母鸡分栏或分舍饲养,分别控制限饲时间、喂料量和体重,提高公母鸡群的均匀度,便于实现各自的培育目标。

(4)称重与喂料量的确定。为了掌握鸡群的生长发育情况,确定下一周喂料量,从第3周龄开始每周一次随机抽样称重。在鸡舍的不同地方用捕捉围栏把抽样的鸡围起来,逐只称重。每次每群抽测5%～10%的鸡。

每日限饲应在早上空腹称重,隔日限饲、"五、二限饲"或"六、一限饲"应在停料日称重。如果安排停料日不在周日那天,可以提前或拖后1 d称重,计算体重时将称重结果或体重标准按每日增重比例减1 d或加1 d即可,以便与标准相对照。如果在喂料日称重,也可在下午进行。称重要准确无误,并将每周的称重结果记入鸡群饲养档案。

喂料量的确定。将鸡群平均体重与标准体重进行对比,若平均体重比标准体重高,则下一周少增料量或者维持上一周的给料量,但不可因为体重超过了标准,就减少给料量。如果周末体重比标准低,下一周的给料量应适当增加,但不宜大幅度加料。15周龄后体重的生长曲线要与标准体重曲线平行,直到性成熟。另外,在计算和称量饲料时,一定要准确清点鸡数,将一天的料量上午一次性投给,不得分几次喂给,以防强夺弱食造成体重两极分化。

(5)确保足够的料位和饲喂速度。限饲期由于投料量少,鸡采食时间短,如果料位不足或饲喂速度慢,往往由于鸡抢料而造成伤亡和鸡群的均匀度不达标。为此,利用链式食槽喂料,链板传送速度不低于18 m/min,最好用36 m/min高速喂料机,应在5 min左右将饲料输送到整个鸡舍,较长的鸡舍应加辅助料箱,开启后直到将饲料输完才停止转动。使用料桶喂料时,先将料桶提起投放等量饲料,喂料时快速放下让鸡同时吃料。

(6)注意鸡群健康。鸡群在应激状态下,如患病或接种疫苗时应临时恢复自由采食。

(二)人工控制光照

由于肉种鸡对光照反应的特殊性,为了协调鸡群性成熟和体成熟,开放式鸡舍可采用遮黑方式,即用黑色塑料膜或油毡纸把所有窗子封严,达到不透光、不漏光,处于完全黑暗状态。也可使用封闭性好的卷帘遮黑,需要光照时卷帘升起利用自然光线,可节约电费开支。遮黑式鸡舍实行的光照程序,即1～2日龄24 h光照,从3日龄开始每天减光1～2 h,至14日龄为9 h。3～19周龄保持每日8 h光照时间,照度为1～2 W/m²,19周末拆除遮黑装置增加光照时间和强度。在23周龄时光照可增到13.5 h,以后每周增加0.5 h,到28周龄时达到16 h,维持到产蛋结束。生产实践证明,开放式鸡舍采用遮黑措施是行之有效的,育成期大部分时间处于黑暗中,一旦给予增光刺激,其敏感性强,促进鸡群开产整齐。

如果在没有遮黑的开放鸡舍条件下饲养,采用如下的光照程序也可收到较好的效果,第一周内光照23 h,2～18周龄,按当地的最长自然光照时间补充人工照明,直至达到最长自然光照为止,而后停止人工照明。肉鸡19周龄到产蛋期的光照,依18周末的自然光照时间而定。

(1)如19周时自然光照少于10 h,则于19、20周每周各增加1 h,而后每周增加0.5 h,直到16 h为止,以后保持不变。

(2)如19周龄时自然光照在10～12 h,则于19周龄增加1 h,而后每周增加0.5 h,直到

16 h 为止，以后保持不变。

（3）如 19 周龄时自然光照达 12 h 或 12 h 以上时，则于 21 周龄增加 0.5 h，而后每周增加 0.5 h，直到 16 h 为止，以后保持不变。

（三）种公鸡的特殊管理

1. 育雏期

公鸡与母鸡要分开育雏，公鸡要剪冠、断趾，3～4 周龄前采用自由采食，充分生长，使体重为同龄母雏的 140%，腿胫长度达到标准。育雏结束进行第一次选种，每 100 只母雏留 15 只公雏，选种时应注重体型结构，选留那些腿胫较长的个体，而不能仅用体重作标准。

2. 育成期

育成期种公鸡采用隔日或"五、二限饲"方式，使其生长速度减慢，体重控制在母鸡体重的 130%，控制胸肌发育使其比重减少。采用全垫料平养和吊高料桶喂料，让公鸡在采食时充分活动，达到锻炼腿部和抬高龙骨前端的效果，能消除板条和平置料桶饲喂时，一部分公鸡龙骨没有抬起，体型似肉鸡状的缺点，还有利于在 20 周龄混群后更习惯使用专用料桶喂料。

种公鸡 20 周龄时进行配种前的选种，淘汰性别鉴定错误、腿病、趾爪不直、体格弱小等不合格公鸡，选留比例为母鸡的 11%～12%。

3. 配种期

（1）公鸡的性成熟。公鸡的生殖系统一般在 30 周龄才充分发育成熟，配种初期要保证鸡体生长，在 21～36 周龄这一段时间定期抽样称重，切不可使体重减轻。转入产蛋鸡舍时，公鸡应比母鸡提前 4～5 d 移入，让公鸡先熟悉环境和采食槽位。如果育雏、育成、产蛋使用同一鸡舍时，则必须在天黑后将公鸡均匀分布到母鸡群中，以减少啄斗发生。

（2）公母同栏分饲。公鸡与母鸡的营养需要量不同，在配种期公母混养同槽采食，对公鸡的喂料量和体重很难控制，特别是 27～28 周龄母鸡喂料量增多，公鸡采食过多料量很快超重过肥，易引起腿病和交配困难，应采用同栏分饲法单独供给公鸡料，维持良好的体况和生殖功能。

同栏分饲是指在混养时的公母分槽饲喂。分饲设备是在母鸡的料盘或链条上口装上格栅，间隙宽度调至 42～43 mm，使公鸡头部伸不进去，仅适于母鸡采食。一种是公鸡采食饲料的设备是专用料桶或料线，悬吊或提升至距地面 41～46 cm，此高度只有公鸡吃到饲料，限制母鸡采食；另一种是给公鸡穿鼻签，用一根 63 mm 长的塑料细棒，当公鸡 20～21 周龄时将鼻签穿过并嵌在鼻孔上，这一装置可防止公鸡偷吃母鸡料。公鸡饲槽应采食方便分布均匀，防止部分公鸡因采食量不足造成体质衰弱，或腿部疾病较多，使死亡淘汰率升高。

任务四　优质肉种鸡的饲养管理

优质肉鸡的种类较多，但其父母代种鸡饲养管理要点基本相同，可分为三阶段进行，即育雏期、育成期和产蛋期的饲养管理。

一、父母代种鸡生产性能

不同品种类型的优质肉鸡生产性能不同，同一品种的优质肉鸡由于其不同时期的选育程度不同,生产性能也有差异,具体应参看其最新的饲养管理指南。黄羽肉鸡父母代种鸡主要生产性能指标,如表 2-5-7 所列。

表 2-5-7　黄羽肉鸡父母代种鸡主要生产性能指标

项目	指标	项目	指标
开产体重/kg	2.0~2.1	平均种蛋合格率/%	97
开产周龄/5%产蛋率	24~25	种蛋平均受精率/%	92
产蛋高峰周龄	29~30	种蛋平均孵化率/%	85
产蛋高峰产蛋率/%	85~87	育雏育成期成活率/%	95
68 周龄入舍母鸡产蛋数/枚	175	产蛋期死亡率/%	8
68 周龄饲养日产蛋数/枚	180	育雏育成期耗料量/kg	10
68 周龄提供的雏鸡数/只	140~145	产蛋期耗料量/kg	42

二、父母代种鸡育雏期的饲养管理

1. 育雏期的管理目标

雏鸡的抗病力差、消化能力弱、对外界环境敏感、适应性差,在管理上要求精心细致。育雏期的管理目标:一是要保证高的育雏成活率,6 周龄成活率要达到 95% 以上;二是要保证鸡雏的正常生长发育,6 周龄体重必须达到 600 g;三是要保证较高的均匀度,各周龄的均匀度应达到 75% 以上。

2. 育雏期的管理

(1)育雏方式。采用平养、笼养均可,在平养时,建议采用网上(栅上)平养,这对保证鸡群健康、提高成活率有利。

(2)父系公雏剪冠、断趾。目的是区别父系公鸡与母本漏检公鸡,因为漏检公鸡体型较大,很容易被误留为种鸡。

(3)育雏温度。温度是育雏的首要条件,必须严格而正确的掌握。第一周育雏温度为 32~35 ℃,以后每周降低 2~3 ℃,至 6 周龄时达 18~20 ℃。

二维码 2-5-5
肉种鸡平养

(4)饲养密度。饲养密度与鸡群的生长发育、鸡舍环境、均匀度、鸡群健康密切相关。但是,饲养密度也不是一成不变的,应随鸡的饲养时期、饲养方式、鸡舍环境条件等而有所变化。适宜的饲养密度见表 2-5-8。

表 2-5-8　优质肉种鸡育雏、育成期的饲养密度　　　　　　　　　　　　　只/m²

周龄	地面平养	网上平养	立体笼养
1~6	10	12	45
7~12	6	7	26
13~20	5	6	25

注:其他未提及的管理措施和条件请参考快大型肉仔鸡生产部分。

3. 育雏期的饲养

育雏期自由采食,以促进其体况的充分发育,务必达到各周龄推荐的标准体重。

三、父母代种鸡育成期的限饲饲养

与快大型肉种鸡父母代种母鸡限饲不同,优质肉种鸡父母代的限制饲养一般采用每日限饲法,限制饲养时应注意以下3点。

1.限饲开始时间

优质肉种鸡与快大型肉种鸡相比,生长速度相对较慢,限饲一般在育雏结束后从第7周龄开始进行,此前自由采食,但应检测体重增长情况。

2.选择与淘汰

优质的选育程度并不高,所以在育雏结束时,结合转群,将毛色等体貌特征不符合该品种要求的个体以及生长发育不良、体重偏离标准体重较大的鸡只移出或淘汰,另外,这些鸡经不起强烈的限饲,即使存活下来,生产性能也较低,作为种鸡,不宜饲养。

3.及时断喙,控制体重和均匀度

适宜的时间断喙可预防啄癖的发生和防止饲料浪费,但如果断喙不好,上下喙长短不齐,可影响鸡的采食,造成鸡群的体重不达标和均匀度差,影响产蛋性能的发挥,所以饲养者应特别注意断喙。体重和均匀度控制与快大型肉鸡相同,各周龄的均匀度应在75%以上,越高越好。

四、父母代种鸡产蛋期的饲养管理

1.产蛋期的饲养方式

优质肉鸡父母代肉种鸡产蛋期可以平养或笼养。平养可以采用地面平养、两高一低的板条和垫料混养及板条(木或竹制)网养。其中以板条床面网养最为普遍,但优质肉鸡父母代种鸡笼养也能获得好的生产性能,且管理方便,因而建议有条件的鸡场采用笼养。

2.转群

育雏育成期结束后,在18～20周龄时应及时将鸡转入产蛋舍,转群时要注意减少鸡的应激,并且根据鸡的体重、体型和冠发育情况进行严格挑选。

3.光照管理

优质肉种鸡的光照在体重达到标准的情况下,一般从19周龄调整自然光照,协调性成熟与体成熟的一致。如果种鸡性成熟比预期的时间提前,即应减缓增加光照的时间,如种鸡体重已达标准而性成熟迟缓则加快增加光照时间。补光时间宜安排在早晚。如冬季天阴舍暗,日间也要适当补光,以保证光的质量和强度。产蛋期光的照度要求每平方米地面达2.7 W。

4.产蛋期的环境

种鸡舍环境的基本要求是:温度适宜,地面干燥,空气新鲜。鸡舍的适宜温度是13～23 ℃,夏季最好控制在30 ℃以下,冬季保持在10 ℃以上。

5.产蛋期的饲养管理要点

(1)预产期饲喂。从20～22周龄开始将生长料转换产蛋前期料(含钙量2%,其他营养成分与产蛋料完全相同)。

(2)在开产后的第3～4周(27～28周龄),喂料量应达到最高。

（3）产蛋高峰（30～31周龄）后的4～5周内，喂料量不要减少，因为虽然产蛋数减少，但蛋重仍在增加，故鸡对能量的实际需要量仍然保持与高峰期的需要量相仿。

（4）当鸡群产蛋率下降到70％时，应开始逐渐减少饲料量，以防母鸡超重。建议每次减少量每百只不超过500 g，以后产蛋率每减少4％～5％，就减一次喂料量。每次减料的同时，必须观察鸡群的反应，任何产蛋率的异常下降，都需恢复到原来的给料量。

五、父母代种公鸡的管理要点

1. 淘汰误鉴公鸡

将误鉴父本的母鸡和母本的公鸡淘汰。

2. 公母分饲

如公母混养，不利于公鸡的生长发育；配种期公鸡饲喂专用公鸡料，可保证公鸡适当的体况和旺盛的配种能力。

3. 严格选种

目前优质肉鸡的选育程度并不高，个体间差异较大。因此，在配种前应严格地对公鸡个体进行选择，选择健康、发育良好、体重达标、冠大而鲜红、体型为矩形、三黄特征明显的公鸡留种，并对入选公鸡的精液品质进行检查，选择精液量大、密度高、活力强、畸形率低的个体留种。

4. 公鸡留种比例

建议平养鸡每100只母鸡在育雏期、育成期和产蛋期配套的公鸡数分别为20只、16只、12～14只。笼养人工授精，每100只母鸡在育雏期、育成期和产蛋期配套的公鸡分别为14只、12只、8～10只。

复习思考题

1. 现代肉鸡的特点有哪些？

2. 肉用仔鸡的管理主要包括哪些内容？

3. 优质肉鸡饲养管理要点是什么？

4. 肉种鸡的饲养管理要点是什么？

技能训练十五　　鸡群体重均匀度的测定

【目的要求】

掌握鸡群体重抽测的方法，学会鸡群均匀度的计算方法。

【材料和用具】

校内外实习基地，育成鸡群，家禽称，计算器，围栏等。

【内容和方法】

1. 确定检测鸡只数

在进行均匀度测定时，称重鸡的数量平养时以全群的5％为宜，但不能少于50只；笼养时比例为10％。从4周龄起直到产蛋高峰前每周一次。

2.随机抽样

为使抽测鸡只具有代表性,应采用随机抽样的方法,对平养鸡抽样时,一般先把舍内的鸡徐徐驱赶,使舍内各区域鸡只均匀分布,然后再在鸡舍的任意地方随意用围栏围出大约需要的鸡数,并剔除伤残鸡;笼养鸡抽样时,应从不同层次的鸡笼抽样,每层笼的取样数量应该相等。

3.称重

每次称测体重的时间,必须在每周同一天相同时间进行,空腹称重,例如在周末早晨空腹时测定,测完体重再喂料。

4.均匀度的计算

均匀度是抽测鸡只中,体重处于标准体重值上下10%范围内的个体占所测鸡只总数的百分比。如标准体重未知,可用平均体重代替。

均匀度的计算公式:

$$10\%体重均匀度 = \frac{平均体重\pm10\%范围内的鸡只数}{取样总鸡只数} \times 100\%$$

例如,某鸡群规模为5 000只,10周龄时标准体重为760 g,标准体重±10%的体重范围为684~836 g。在鸡群中抽测100只,其中体重在684~836 g范围内的有82只,按称重基数的2%抽样结果表明,这群鸡均匀度为82%。

【实训报告】

每小组随机抽测50只鸡,将称重结果填入表技训2-5-1,并计算鸡群的均匀度。

表技训 2-5-1 鸡群均匀度测定统计表

品种			日龄			标准体重	
样本标准体重±10%范围							
鸡群规模			/只	称重数量			/只
称重记录							
m_1			m_2			m_3	
...			...			...	
在样本标准体重±10%范围内的鸡数				/只			
该鸡群的均匀度				/%			

技能训练十六　家禽屠宰测定及内脏器官观察

【目的要求】

学习家禽屠宰方法,掌握家禽屠宰率的计算;了解家禽内脏器官的结构特点以及公母禽生殖器官的差别。

【材料和用具】

公母鸡、解剖刀、剪刀、台秤、方瓷盘、大瓷盆等。

【内容和方法】

1. 宰前称重

鸡宰前禁食 12 h,鸭、鹅宰前禁食 6 h 后称活重即为宰前体重,以克为单位。

2. 放血

(1)颈外放血法。将鸡颈部宰杀部位的羽毛拔去,用刀切断血管和气管,放血致死。

(2)口腔内放血法。用左手握鸡头于手掌中,并以拇指和食指将鸡嘴顶开,右手握刀,刀面沿舌面平行伸入口腔左耳附近,随即翻转刀面使刀口向下,用力切断颈静脉和桥状静脉联合处,使血沿口腔向下流。此法屠体外表完整美观。

3. 拔羽

用湿拔法拔羽,水温控制在 70～80 ℃。拔羽后淋干水分称屠体重。

4. 开腹观察内脏

将屠体置于方瓷盘中,在胸骨与肛门之间横剪一刀,用剪刀将切口从腹部两侧沿椎肋与胸肋结合的关节向前将肋骨和胸肌剪开,然后稍用力把整个胸壁翻向头部,使胸腹腔内器官都显清楚。

首先观察各器官的位置,识别名称,然后用剪刀沿肛门背侧纵向剪开泄殖腔,观察输尿管、输精(卵)管在泄殖腔生殖道上的开口以及雄性交配器官的位置和形状。最后将输卵管移出,用剪刀剪开,观察输卵管的内部构造和特点。

5. 取出内脏并称重

在肛门下横剪约 3 cm 的口子,伸进手拉出鸡肠,再挖肌胃、心、肝、胆、脾等内脏(留肾和肺),并分别称重。

(1)半净膛重。屠体去除气管、食道、嗉囊、肠、脾、胰、胆和生殖器官、肌胃内容物以及角质膜后的重量。

(2)全净堂重。半净膛重减去心、肝、腺胃、肌胃、肺、腹脂和头脚(鸭、鹅、鸽、鹌鹑保留头脚)的重量。去头时,在第一颈椎骨与头部交界处连皮切开;去脚时,沿跗关节处切开。

(3)腿肌重。去腿骨、皮肤、皮下脂肪后的全部腿肌重量。

(4)胸肌重。沿着胸骨脊切开皮肤并向背部剥离,用刀切离附着于胸骨脊侧面的肌肉和肩胛部肌腱,即可将整块去皮的胸肌剥离;称重,得到两侧胸肌重。

6. 计算

①屠宰率＝(屠体重/宰前体重)×100%。

②半净膛率＝(半净膛重/宰前体重)×100%。

③全净膛率＝(全净膛重/宰前体重)×100%。

④腿肌率＝(两侧腿净肌肉重/全净膛重)×100%。

⑤胸肌率＝(两侧胸肌重/全净膛重)×100%。

【实训报告】

1.每小组屠宰 1~2 只鸡,将称重和计算结果填入表技训 2-5-2。

表技训 2-5-2　家禽屠宰测定记录表

鸡编号	宰前体重/g	屠体重/g	半净膛重/g	全净堂重/g	两侧腿净肌肉重/g	两侧胸肌重/g	屠宰率/%	半净膛率/%	全净膛率/%	腿肌率/%	胸肌率/%
1											
2											

2.通过解剖说明鸡的消化、呼吸、泌尿和生殖器官的组成及结构特点。

项目六

水 禽 生 产

【知识目标】
1. 掌握水禽的生产特点和饲养方式。
2. 掌握不同种类、不同生产方向水禽的饲养管理要点。

【技能目标】
1. 能应用蛋鸭的饲养管理技术、肉鸭的饲养管理技术、骡鸭的饲养管理技术、仔鹅的饲养管理技术、种鹅的饲养管理技术进行水禽生产。
2. 能够进行填肥技术和活体拔毛技术的操作。

我国是最早驯化和饲养水禽的国家之一,从出土的鸭形铜饰和家鹅的玉石雕像可以证实,我国劳动人民在 4 000 多年前就已开始驯化和饲养水禽。目前我国已发展成为世界上最大的水禽生产国,同时水禽产品的消费量也居世界之首。近年来,我国水禽生产已逐渐由分散零星饲养向集约化、专业化方式转变,由小农经济向现代化商品经济方式转变,由落后的传统饲养方式向科学的现代化饲养方式转变。

任务一　蛋　鸭　生　产

一、饲养方式

由于我国各地自然条件和经济条件以及鸭品种的差异,鸭的饲养方式有所不同。主要有放牧、全舍饲和半舍饲 3 种饲养方式。

1. 放牧

我国传统的饲养方式。由于鸭的合群性好,觅食能力强,能在陆上、水中觅食各种天然的动、植物性饲料。放牧饲养可以节约大量饲料,降低成本,同时使鸭群得到很好锻炼,增强鸭的体质。育成期蛋鸭、肉用麻鸭等常采用这种饲养方式。大型肉鸭及蛋鸭大规模生产时不宜采用放牧饲养的方式。

2. 全舍饲

整个饲养过程在鸭舍内进行。这种方式的优点是可以人为地控制饲养环境,受自然界因素制约较少,有利于科学养鸭,达到稳产高产的目的;由于集中饲养,便于向集约化生产过渡,同时可以增加饲养量,提高劳动效率;由于不外出放牧,减少寄生虫病和传染病感染的机会,从而提高成活率。此法饲养成本比其他方式高。雏鸭、大型肉鸭、蛋鸭大规模生产时一般采用这种方式。这种方式又可分为3种类型。

地面平养。在舍内地面铺上5～10 cm厚的松软垫料,将鸭直接饲养在垫料上。若垫料出现潮湿、板结,则加厚垫料。一般随鸭群的进出栏更换垫料,可节省清圈的劳动量。这种方式简单易行,投资少,寒冷季节还可因鸭粪发酵而有利于舍内增温。但这种管理方式需要大量垫料,房舍的利用率低,且舍内必须保证通风良好,否则垫料潮湿、空气污浊、氨气浓度上升,易诱发各种疾病。

网上平养。在舍内设置离地面60～90 cm高的金属网、塑料网或竹木栅条,将肉鸭饲养在网上,粪便由网眼或栅条的缝隙落到地面上,可采用机械清粪设备,也可人工清理。这种方式省去日常清圈的工序,避免或减少了由粪便传播疾病的机会,而且饲养密度比较大,房舍的利用率比地面平养增加1倍以上,提高了劳动生产率。这种方式一次性投资较大。

立体笼养。这种方式一般用于育雏,即将雏鸭饲养在特制的单层或多层笼内。笼养既有网上平养的优点,又比平养更能有效地利用房舍和热量。缺点是投资大。近年来,蛋鸭的立体笼养也在逐步兴起。

3. 半舍饲

鸭群饲养固定在鸭舍、陆上运动场和水上运动场,不外出放牧。吃食、饮水可设在舍内,也可设在舍外,一般不设饮水系统,饲养管理不如全舍饲那样严格。这种方式一般与养鱼的鱼塘结合在一起,形成一个良性循环。它是我国当前养鸭业采用的主要方式之一,尤其是种鸭大多采用这种饲养管理方式。

二维码 2-6-1
蛋鸭舍及运动场

二、雏鸭的培育

刚孵化出来的雏鸭,绒毛稀短,调节体温的能力差,常需要人工保温;其消化器官容积小,消化机能尚未健全,饲养雏鸭时要喂给容易消化的饲料,雏鸭的生长速度快,尤其是骨骼的相对生长更快,需要丰富而且全面的营养物质,才能满足其生长发育的要求;对外界环境的抵抗力差,易感染疾病,因此,育雏时要十分重视卫生防疫工作。

1. 做好育雏前的准备工作

育雏是一项艰苦而又细致的工作,是决定养鸭成败的关键。因此,在雏鸭运到之前要做好充分的准备。首先,要根据雏鸭数量准备好足够面积的房舍,足够数量的供温、供料、供水等设备。育雏舍的门窗、墙壁、通风孔及所有设备都应检修完好后彻底清洗消毒。如采用育雏笼或网上育雏,要仔细检查网底有无破损,铁丝接头不要露在平面上,以免茬口刺伤雏鸭。其次,要准备好足够数量的饲料和药品,地面饲养的还要准备足量干燥、清洁且松软的垫料,如刨花、木屑或切碎的稻草等。进雏鸭前一天要调试好加温设备,并将舍温提高到合适的温度,切忌等到雏鸭放进育雏室或育雏笼时才临时加温。

2. 雏鸭的选择

雏鸭品质的优劣是雏鸭养育成败的先决条件。因此要选养出壳时间正常、初生重符合本品种标准的健康雏鸭。健康的雏鸭活泼好动,眼大有神,反应灵敏,叫声洪亮,腹部柔软,大小适中,脐口干燥、愈合良好,绒毛整洁、毛色符合品种标准。凡是头颈歪斜、瞎眼、痴呆、站立不稳、反应迟钝、绒毛污秽、腹大坚硬、脐口收缩不好及有其他不符合品种要求的雏鸭均应剔除。

3. 适时"开水"和"开食"

雏鸭出壳后第一次饮水和喂食称为"开水"(也叫"潮水")和"开食"。原则上"开水"应在雏鸭出壳后12~24 h内进行,运输路途远的,待雏鸭到达育雏舍休息0.5 h左右立即供给复合维生素和葡萄糖水让其饮用。传统养鸭"开水"的方式是将雏鸭分装在竹篓里,慢慢将竹篓浸入水中,以浸没鸭爪为宜,让雏鸭在15 ℃的浅水中站5~10 min,雏鸭受水刺激,将会活跃起来,边饮水边活动,这样可促进新陈代谢和胎粪的排出。集约化养鸭"开水"多采用饮水器或浅水盘,直接让雏鸭饮用。饮水15~30 min后可给雏鸭"开食",即"开水"以后让雏鸭梳理一下羽毛,身上干燥一点后再"开食"。也有紧接"开水"之后就给雏鸭喂食的做法,这主要看气温高低、出壳迟早和雏鸭的精神状态而定。传统养鸭"开食"的饲料是使用煮制的夹生米饭,现在集约化养鸭大多直接采用全价颗粒饲料破碎后饲喂。

4. 做好保温工作

育雏舍内合适而平稳的温度环境是确保雏鸭成活和健康成长的关键。温度适宜时,雏鸭饮水、采食活动正常,行动灵活,反应敏捷,不打堆,休息时分布均匀,生长快。温度偏低时,雏鸭趋向热源,相互挤压打堆,易造成死伤和发生呼吸道疾病,生长速度也会受到影响。温度偏高时,雏鸭远离热源,渴欲增加,食欲降低,正常代谢受到影响,抗病力下降。通常1周龄雏鸭对温度的要求为32~30 ℃,以后每周降低2 ℃左右。育雏温度力求平稳,切忌忽高忽低。

5. 及时分群

刚出壳的雏鸭有大小、强弱之分,育雏时应及时分群饲养,每群雏鸭以300只左右为宜。一般情况下,分群后不再随便混合。饲养一段时间需要调整时,只将最大、最强和最小、最弱的雏鸭挑出,然后将各群的强大者合为一群,弱小者合为一群。

6. 下水训练,锻炼放牧

采取放牧或半舍饲方式饲养蛋鸭,一般5日龄后即可训练雏鸭下水活动。由于雏鸭全身的羽毛容易被水浸湿下沉,最初调教时,只能将鸭赶入浅水池或沟渠的边沿线处活动,嬉水片刻要及时上岸休息,并要有专人守护。10日龄后适当延长下水活动时间,并可选择较理想的放牧环境进行放牧调教,放牧的时间要由短到长,逐步锻炼。

7. 搞好清洁卫生

要经常保持育雏舍内环境卫生,所有喂料和饮水的用具都要保持清洁。粪便及脏污的垫草要及时清除,舍内要干燥通风,防止潮湿,保持饮水的卫生,以免引起消化道疾病。

三、育成期的饲养管理

蛋鸭自5周龄起至开产前的养育时期,称为育成期。育成期内鸭生长发育迅速,活动能力很强,贪吃贪睡,食性很广,需要及时补充各种营养物质;育成鸭神经敏感,合群性很强,可塑性较大,适于调教和培养良好的生活规律。

1. 育成鸭的舍饲饲养管理

从雏鸭舍转到育成鸭舍时,饲养管理方法应该逐渐转变,不要使转群前后的饲养管理方法和环境出现太大变化。重点要做好平稳脱温和从育雏饲料向育成饲料的逐步过渡工作。

育成期间的青年鸭,各器官系统进入旺盛的发育阶段,向健全和成熟方向发展。从生理上看,这个时期鸭的性腺开始活动,发育迅速。因此,在育成鸭的培育过程中,在保证其正常生长发育所需营养的前提下,应适当控制饲养,尤其注意日粮中的蛋白质水平不能太高,钙的含量也要适宜,防止性腺的过早发育,保证鸭体的均衡发展,防止超重、早产、早衰,力求使后备种鸭的体重和性成熟期达到最适化。育成期限制饲养时要定期称测体重,一般每周一次,称重时随机抽样,比例为 5%～7%。每次称重后,与制订的相应品种各阶段体重标准进行比较,以便及时调整饲喂次数和料量。

育成鸭的生殖器官发育迅速,对光照敏感,育成期要注意控制光照时间,防止过早性成熟。开放式鸭舍一般执行自然光照法,不再补充人工光照,密闭式鸭舍控制在 8～10 h。进入产蛋期后,要逐渐增加光照时间,达到规定值后必须保持稳定,切忌随意减少或打乱光照时间。育成期的鸭富神经质,性急胆小,因此在饲养过程中应尽量减少各种应激因素。此外,育成期间还要加强疫病的预防工作,鸭瘟、禽霍乱等传染病的预防免疫都要在开产以前完成。

2.育成鸭的群牧饲养管理

放牧养鸭是我国传统的养鸭方式,这种方法可充分利用鸭场周围丰富的自然资源,同时也满足了育成期蛋鸭食性广、觅食能力强、易于驯化的生理要求。

放牧养鸭首先要科学选择放牧场所。早春放浅水塘、小河流,让鸭觅食螺蛳、鱼虾、草根等水生生物。春耕开始后在耕翻的田内放牧,觅取田里的草籽、草根和蚯蚓、昆虫等天然动植物饲料。麦子收掉后水稻栽插之前,将鸭子放牧在麦田,充分觅食遗落的麦粒。稻田插秧后 2 周左右至水稻成熟之前,将鸭子放牧稻田,觅食害虫、杂草。待水稻收割后再放牧,可让鸭觅食落地稻粒和草籽。

育成鸭放牧之前还要进行采食训练和信号调教。放牧前要有意识地诱导鸭子采食稻谷、草种、螺蛳等。大群放牧必须使鸭子能听懂各种指令和信号,因此放牧前要用固定的信号和动作进行训练,使鸭群建立起听指挥的条件反射。

四、产蛋期的饲养管理

与育成时期相比,开产后的母鸭胆子逐渐大起来,敢接近陌生人,性情温顺,食量大、食欲好,勤于觅食。产蛋鸭代谢旺盛,对饲料要求高。在管理上,鸭舍内应保持环境安静,谢绝陌生人进出。放鸭、喂料、休息等都要有规律,如改变喂料次数、调整光照时间、大幅度更换饲料品种等,都会引起鸭群生理机能紊乱,造成减产或停产。

1.产蛋初期和前期的饲养管理

蛋鸭产蛋初期一般指从开产至 200 日龄左右,产蛋前期指 201～300 日龄。当母鸭适龄开产后,产蛋量逐日增加。日粮营养水平,特别是蛋白质含量要随产蛋率的增长而增加,并注意能量蛋白比的适度,促使鸭群尽快达到产蛋高峰,达到高峰期后要稳定饲料种类和营养水平,使鸭群的产蛋高峰期尽可能长久些。

此期内鸭群自由采食,每只蛋鸭每日约耗料 150 g。从育成期过渡到此期,光照时间要逐渐增加,达到产蛋高峰期时,自然光照加上人工光照时间应增加到 14～15 h。在此期内,要经常观察蛋重和产蛋率上升的趋势,如发现蛋重增加的势头慢,产蛋率高低徘徊,甚至出现下降的趋势,要从饲养管理上找出原因。每月应抽测空腹母鸭的体重,如超过此期标准体重的 5%以上,应检查原因,并调整饲喂量或日粮的营养水平。

2. 产蛋中期的饲养管理

蛋鸭产蛋中期一般指 301～400 日龄。此期内的鸭群因已进入高峰期产量并已持续100 多天,体力消耗较大,对环境条件的变化敏感,如不精心饲养管理,难以保持高峰产蛋率,甚至引起换羽停产。此期内的营养水平,尤其是日粮中蛋白质和钙的含量要在前期的基础上适当提高。光照时间稳定在 16～17 h。在日常管理中要注意观察蛋壳质量有无明显变化,产蛋时间是否集中,精神状态是否良好,洗浴后羽毛是否沾湿等,以便及时采取有效措施。

3. 产蛋后期的饲养管理

蛋鸭产蛋后期指 400～500 日龄。蛋鸭群经长期持续产蛋之后,产蛋率将会不断下降,此期内饲养管理的主要目标是尽量减缓鸭群产蛋率的下降。如果管理得当,此期内鸭群的平均产蛋率仍可保持 75%～80%。此期内应按鸭群的体重和产蛋率的变化调整日粮营养水平和给料量。如果鸭群体重增加,有过肥趋势时,应将日粮中的能量水平适当下降,或适当增加些青粗饲料,或控制采食量。如果鸭群产蛋率仍维持在 80% 左右,而体重有所下降,则应增加些动物性蛋白质的含量。如果产蛋率已下降到 60% 左右,已难以使其上升,无须加料,应予及早淘汰或进行强制换羽。

五、种鸭的饲养管理

饲养种鸭的目标与饲养商品蛋鸭一样,都要求获得较高的产蛋量,但饲养种鸭是要获得尽可能多的合格种蛋,而且要有较高的受精率,能孵化出品质优良的雏鸭。

1. 种公鸭的选择与饲养

留种公鸭需按种公鸭的标准进行严格的选择。公鸭必须符合相应的品种标准,生长发育良好,体格强壮,性器官发育健全,精液品质优良。育成期,公母鸭最好分群饲养,有放牧条件时,尽可能采用放牧为主的饲养方法,让其多活动、多锻炼。当公鸭性成熟,但还未到配种期时,尽量放旱地,少让其下水活动,以免形成恶癖。配种前 20 天,将公鸭放入母鸭群中,此时要多放水,少关饲,创造条件,引诱并促使其性欲旺盛。

2. 注意合适的公母配比

蛋用型麻鸭品种,体型小而灵活,性欲旺盛,配种性能很好。在早春和冬季,公母比例可采用 1:20,夏秋季,公母比例可提高到 1:(25～33)。大型肉用种鸭公母比例 1:5 左右,公鸭不能过少,但也不宜过多,否则会引起争配,反而使受精率下降。在育成期公母分群饲养的种公鸭群中,注意混入少量的母鸭,防止发生"同性恋"。饲养过程中,要观察公鸭的配种表现,经常检查种公鸭的生殖器官和精液品质,注意受精率的变化,发现伤残或其他不合格的公鸭,应及时淘汰,并补充新的公鸭。

3. 加强饲养管理,做好卫生防疫工作

饲养上,要按照种母鸭的产蛋率和体重的变化,及时提供必需的营养物质,注意保持必需氨基酸的平衡和维生素的供给,以提高种蛋的受精率和孵化率。管理上,要特别注意舍内垫草的干燥和清洁,每日早晨及时收集种蛋,不能让种蛋受潮或受污染。加强鸭舍的通风换气,保持鸭舍环境的安静。在气温良好的天气,放牧饲养的鸭群,应尽量早放鸭、迟收鸭,保证种鸭舍外的活动时间。种鸭场应谢绝外人参观,防止带入病原。认真做好场区的卫生消毒工作,按照种鸭的免疫程序,按时防疫。

任务二　肉　鸭　生　产

一、大型肉鸭的饲养管理

(一)商品肉鸭生产的特点

1.生长快,周期短,经济效益高

目前,用于集约化生产的肉鸭大多是配套系生产的杂交商品代鸭。其早期生长速度是所有家禽中最快的一种,8周龄活重可达3.2～3.5 kg,其体重的增长量为出壳重的60～70倍。

由于大型肉鸭的早期生长速度极快,生产周期短,可在较短的时间内上市,不但提高了鸭舍和设备的利用率,同时资金周转快,经济效益好,适合集约化生产。

2.体重大,出肉率高,肉质好

大型肉鸭的上市体重一般在3.0 kg以上,胸肌特别丰厚,出肉率高。据测定,8周龄上市的大型肉用鸭的胸腿肉可达600 g以上,占全净膛屠体重的25%以上,胸肌可达350 g以上。这种肉鸭肌间脂肪含量多,肉质细嫩可口。

3.性成熟早,繁殖率强,商品率高

肉鸭是繁殖率较高的水禽,大型肉鸭配套系母本开产日龄为26周龄左右,开产后40周内可获得合格种蛋180枚左右,可生产肉用仔鸭120～140只。以每只肉鸭上市活重3.0 kg计算,每只亲本母鸭年产仔鸭活重为360～420 kg,约为其亲本成年体重的100倍。

4.采用全进全出的生产流程

大型肉用鸭的生产采用全进全出的生产流程,可根据市场的需要,在最适屠宰日龄批量出售,以获得最佳经济效益。同时,建立配套屠宰、冷藏、加工和销售体系,以保证全进全出制的顺利实施。

(二)商品肉鸭的饲养管理技术

1.育雏期的饲养管理

0～3周龄是大型肉鸭的育雏期,习惯上把这段时期的肉鸭称为雏鸭。雏鸭的饲养是肉鸭生产的重要环节。刚出壳的雏鸭比较娇嫩,各种生理机能都不完善,还不能完全适应外部环境条件,而大型肉鸭的雏鸭生长又特别迅速,因此,必须从营养和饲养管理上采取措施,给予雏鸭周到细致的照顾,促使其平稳、顺利地过渡到以后的生长阶段,同时也为以后的生长奠定基础。

(1)进雏前的准备。育雏前首先要根据进雏数量准备好育雏人员、育雏舍和各种育雏设备,饲料、药品以及地面平养所需的垫料也要准备充足。接雏前1～2 d还要将育雏舍内的温度调整好,待温度上升到合适的范围并稳定后方可进雏。

(2)掌握好育雏温度。大型肉鸭是长期以来用舍饲方式饲养的鸭种,不像麻鸭那样比较容易适应环境温度的变化。因此,在育雏期间,特别是在出壳后第一周内要保持较高的环境温度。第1天的舍内温度通常保持在29～31 ℃,随日龄增长而逐渐降低,至20 d左右时,应把育雏温度降到与舍温相一致的水平。室温一般控制在18～21 ℃最好。

(3)控制好环境湿度。育雏前期,室内温度较高,水分蒸发快,育雏室内的相对湿度要高一些。如舍内空气湿度过低,雏鸭易出现脚趾干瘪、精神不振等轻度脱水症状,影响健康和生长。所以,1周龄以内,育雏室内的相对湿度应保持在 60%～70%,2 周龄起维持在 50%～60% 即可。环境低湿时,可通过放置湿垫或洒水等提高湿度;环境高湿时,可通过加强通风,勤换垫料、保持垫料的干燥等加以控制。

(4)提供新鲜的空气。雏鸭的饲养密度大,排泄物多,育雏舍内容易潮湿,积聚 NH_3 和 H_2S 等有害气体,影响雏鸭的生长发育。因此,育雏舍在保温的同时要注意通风,保持舍内空气清新。在舍外气温较低时,可将育雏舍内温度先提高 1～2 ℃,再打开窗户通风,以保证舍温的稳定。

(5)正确的光照和合理的密度。光照可以促进雏鸭的采食和运动,有利于雏鸭的健康生长。出壳后的前 3 天内采用 23～24 h 光照,以便于雏鸭熟悉环境,寻食和饮水。关灯 1 h 保持黑暗,目的在于使雏鸭能够适应突然停电的环境变化。光照的强度不要过高,通常在 10 lx 左右。4 日龄以后可不必昼夜开灯,白天利用自然光照,早晚开灯喂料,光照强度只要能保证雏鸭能看见采食即可。

育雏时,还要掌握好密度。密度过大,雏鸭活动不便,采食、饮水困难,空气污浊,不利于雏鸭生长;密度过小,则房舍利用率低,多消耗能源,不经济。因此,要根据品种、饲养管理方式、季节等的不同,确定合理的饲养密度。不同饲养方式雏鸭的饲养密度如表 2-6-1 所示。

表 2-6-1　雏鸭的饲养密度　　　　　　　　　　　　只/m²

周龄	地面平养	网上饲养	笼养
1	20～30	30～50	60～65
2	10～15	15～25	30～40
3	7～10	10～15	20～25

精心饲养:清洁而充足的饮水对肉鸭正常生长至关重要,雏鸭出壳 12～24 h 发现雏鸭东奔西走并有啄食行为时,要立即给雏鸭饮水、开食。"开水"的水中可加入 0.1% 的高锰酸钾或 5% 的葡萄糖;"开食"的饲料可直接使用小粒径或破碎的全价颗粒饲料,"开水"后,要保持清洁饮水不间断。"开食"后,最初几天,因为雏鸭的消化器官还没有经过饲料的刺激和锻炼,消化机能不健全,因而要少喂勤添,随吃随给。以后逐步过渡到定时定量。

2.肥育期的饲养管理

4 周龄至上市前的阶段为商品肉鸭的肥育期。在此时期雏鸭的骨骼和肌肉生长旺盛,消化机能已经健全,采食量大大增加,体重增加很快,在饲养管理上要抓住这一特点,使肉鸭迅速达到上市体重后出栏。

(1)平稳脱温。育雏期向肥育期过渡时,要逐渐打开门窗,使雏鸭逐步适应外界气温,遇到外界气温较低或气温变化不定时,可适当推迟脱温日龄。脱温期间,饲养员要加强对鸭群的观察,防止挤堆,保证脱温安全。

(2)及时更换饲料。从第 4 周起换用肉鸭肥育期的日粮,即适当降低蛋白质水平,使饲料成本相对降低。颗粒料的直径提高到 3～4 mm。

(3)及时分群。脱温后,应按体格强弱、体重大小分群饲养,对体质较差,体重偏轻的鸭,要补充营养,使它们在此期内迅速生长发育,保证出栏时的体重要求。肥育期如采用地面平养,其饲养密度分别为:4周龄7～8只/m²,5周龄6～7只/m²,6周龄5～6只/m²,7～8周龄4～5只/m²。

(4)及时上市。根据肉鸭的生长状况及市场价格选择合适的上市日龄,对提高肉鸭饲养的经济效益有较大的意义。大型肉鸭的生长发育较快,4周龄时体重即可达到1.75 kg左右。4～5周龄时,饲料报酬较高,个体又不太大,肉脂率也较低,适合市场的需要,但胸肉较少,鸭体含水率较高,瘦肉率较低。7周龄时肌肉丰满,且羽毛也基本长成,饲料转化率也高,若再继续饲养,则肉鸭偏重,绝对增重开始下降,饲料转化效率也降低。所以,一般选择7周龄上市。当然,如果是生产分割肉,则建议养至8周龄。

(5)正确运输。商品肉鸭行动迟缓,皮肉很嫩,容易损伤。在运输前2～3 h应停止喂料,让鸭充分饮水后装笼运输。装笼时应视气温高低确定装载密度,一般冬季和早春可多装些,炎热夏季少装些,以防闷热致死。

3. 肉鸭填饲

填饲是肉鸭的一种快速育肥方式,填肥鸭主要供制作烤鸭用。北京鸭经填肥制作烤鸭已有数百年历史。填饲是在中雏鸭养到4～5周龄、体重达1.75 kg以上时,进行人工强制喂饲大量高能饲料,使其在短期内快速增重和积聚脂肪。填肥期一般2周左右,填肥开始前,先将鸭子按公母、体重分群,以便于掌握填喂量。一般每天填喂3～4次,每次的时间间隔相等,前后期料各填喂一周左右。填喂时动作要轻,每次填喂后适当放水活动,清洁鸭体,帮助消化,促进羽毛生长。

二、半番鸭(骡鸭)生产

番鸭又称"瘤头鸭""麝香鸭""洋鸭",为著名的肉用型鸭。番鸭与普通家鸭之间进行的杂交,是不同属间的远缘杂交,所得的杂交后代具有较强的杂交优势,但一般没有生殖能力,故称为半番鸭(又称骡鸭)。半番鸭的主要特点是生长快,体重大,胸肌丰厚(胸肌占全净膛重的15%～16%),瘦肉率高,肉质细嫩,生活力强,耐粗放饲养,也适于填肥、生产优质肥肝。

1. 雏番鸭的饲养管理

雏番鸭是指4～5周龄内的小番鸭。雏番鸭的体温调节机能较弱,消化能力差,但生长极为迅速。育雏时必须根据这些特点采取合理的饲养管理措施。栖鸭属的雏番鸭与河鸭属的雏鸭在饲养管理技术上基本相似,但也有一些不同的要求。番鸭异性间差别较大,3周龄以后,公母体重距离拉大(达50%左右),公鸭性情粗暴,抢食强横,因此应对初生雏进行性别鉴定,公母分群饲养。为防止番鸭之间相互啄斗、交配时互相抓伤和减少饲料浪费,雏番鸭在第3周内要进行断趾和断喙。由于母番鸭具有低飞能力,留种母鸭在育雏阶段还需切去一侧翅尖。

2. 种番鸭的饲养管理

(1)育成期的饲养管理要点。从第5周至第24周为番鸭的育成期,这20周是饲养种番鸭的关键时期,育成期的好坏直接影响到种鸭的产蛋性能及种蛋的受精率。育成期的工作重点是限制饲养和控制光照,以控制种鸭的体重,防止过肥或过瘦,保持鸭群良好的均匀度和适时性成熟。

二维码2-6-2
育成番鸭的
舍外运动

(2)产蛋期的饲养管理要点。24周龄左右转群,转群时按种鸭的体型、体重、体尺标准进行选择,公母比例控制在1:(4～5),分群饲养,每200～300只为一群,饲养密度为每平方米3～4只。24周龄起,逐渐增加光照时间和光照强度,并将育成日粮转换为产蛋日粮,将限饲调整为每天喂饲,适当增加喂料量。

番鸭是晚熟的肉鸭品种,28 周龄左右才开产,整个产蛋期分 2 个产蛋阶段,第一阶段为 28～50 周龄,第二阶段为 64～84 周龄,在 2 个产蛋阶段之间有 13 周左右的换羽期(休产期)。成功的换羽是提高番鸭产蛋量的有效措施,当母鸭群产蛋率降低到 30％左右、蛋重减轻时,应实行人工强制换羽,以缩短换羽期。

抱窝是母番鸭的一种生理特性,在临床上表现为停止产蛋,生殖系统退化,骨盆闭合,在产蛋箱内滞留时间延长,占窝,采食减少,羽毛变样。易形成抱窝的原因主要有饲养密度过大,产蛋箱太少,光照分布不均匀或较弱,捡蛋不及时等。解除抱窝的办法是定期转换鸭舍,第一次换舍是在首批抱窝鸭出现的那一周(或之后),2 次换舍间隔时间平均为夏季 10～12 d、春秋季 16～18 d。换舍必须在傍晚进行,把产蛋箱打扫干净,重新垫料,清扫料盘。加强饲养管理,尽量消除引起抱窝的不利条件。

3. 半番鸭(骡鸭)生产

生产骡鸭的杂交分为正交(即公瘤头鸭与母家鸭)和反交(即公家鸭与母瘤头鸭)两种方式。我国普遍采用正交方式生产骡鸭,这样可充分利用番鸭优良的肉质性能和家鸭较高的繁殖性能,提高经济效益。而且用正交方式生产的骡鸭公母之间体重相差不大,12 周龄平均体重可达 3.5～4.0 kg,这对肉鸭生产来说是有利的。如果采用反交方式生产骡鸭,母瘤头鸭产蛋少,而且所生产的骡鸭公母体重相差较大,12 周龄公骡鸭体重可达 3.5～4.0 kg,而母骡鸭只有 2.0 kg。用反交方式生产骡鸭经济效益较低。

采用自然交配的公母比一般为 1∶4。公瘤头鸭应在 20 周龄前放入母家鸭群中,公母混群饲养,让彼此熟识,性成熟后方能顺利交配。自然交配受精率较低,一般在 50％～60％。由于公番鸭与母家鸭(尤其是麻鸭品种)体重相差较大,现多采用人工辅助交配或人工授精技术。采用人工授精时需要加强公番鸭的采精训练和诱情,每周授精两次效果较好。

任务三　鹅　生　产

一、饲养方式

鹅的饲养方式可分为舍饲、圈养和放牧 3 种饲养方式。肉用仔鹅 3 种方式均可选用。产蛋期种鹅以舍饲为主,放牧为辅。

舍饲多为地面垫料平养或网上平养,一般在集约化饲养时采用。整个饲养期可分为育雏(0～4 周龄)和育肥(5 周龄至上市)两个阶段。舍饲适合于规模批量生产,但生产成本相对较高,对饲养管理水平要求也高。

圈养是早期将雏鹅饲养在舍内保温,后期将鹅饲养在有棚舍的围栏内露天饲养。围栏内可以有水池,无水池也可以旱养。饲喂配合饲料或谷物饲料及青绿饲料,不进行放牧。这种方式也适合于规模化批量生产,投资比舍饲少,对饲养管理水平要求也没有舍饲高。

放牧饲养方式是以放牧为主,适当补饲精料。放牧饲养可灵活经营,并可充分利用天然饲料资源,节约生产成本,但饲养规模受到限制。从我国当前养鹅业的社会经济条件和技术水平看,采用放牧补饲方式,小群多批次生产肉用仔鹅更为可行。

二维码 2-6-3
地面平养鹅舍陆上
活动区和水上活动区

二、雏鹅的培育

雏鹅是指孵化出壳到 4 周龄或 1 月以内的鹅,又叫小鹅。雏鹅的培育是养鹅生产中的一个重要环节,是鹅饲养管理的基础,是种鹅饲养成败的关键。

1. **育雏前的准备**

(1)制订育雏计划。主要包括育雏时间的确立和育雏数量的确定等。育雏时间要根据当地的气候状况与饲料条件,市场的需要等因素综合确定,其中市场需要尤为重要。育雏数量的多少,应根据鹅场的具体情况而定,主要考虑鹅舍的多少、资金条件和生产技术与管理水平等。

(2)育雏舍与设备的准备。首先根据进雏数量计算育雏舍面积,准备育雏舍,并对舍内照明、通风、保温和加温设备进行检修。进雏前要对育雏舍彻底清扫、清洗与消毒。

(3)饲料、垫料、药品及育雏用品的准备。育雏前要准备好开食饲料,开食的精饲料要求不霉变、无污染、营养完善、颗粒大小适中、适口性好、易消化等。还要事先种一些鹅喜爱吃的青绿饲料,刈割切碎后供雏鹅食用。地面平养育雏时要准备好卫生、干燥、松软的垫料。育雏期间应准备的药品包括消毒剂、药物、疫苗和维生素、微量元素添加剂等。此外还要准备温度计、秤、记录表格以及清洁卫生用具等。

(4)预温。为了使雏鹅接入育雏舍后有一个良好的生活环境,在接雏前 1～2 d 启用加热设备,使舍温达到 28～30 ℃。地面平养育雏,在进雏前 3～5 d 在育雏区铺上一层厚约 5 cm 的垫料,厚薄要均匀。预热期间注意检查供热设备是否存在问题。

2. **育雏期的饲养管理**

(1)雏鹅的选择。雏鹅质量的好坏,直接影响雏鹅的生长发育和成活率。因此,生产上必须选择出壳时间正常、健壮的雏鹅饲养。健康的雏鹅体重大小符合品种要求,群体整齐,脐部收缩良好,绒毛洁净而富有光泽,腹部柔软,抓在手中挣扎有力、有弹性。

(2)雏鹅的饲养。雏鹅经选择后应尽快运送到目的地,并在育雏室稍事休息后进行"潮口"与"开食"。潮口的水要清洁卫生,首次饮水时间不能太长,以 3～5 min 为宜,潮口后即可喂料,开食的料可使用浸泡过的小米或破碎的颗粒饲料和切成丝状的幼嫩青饲料,随着雏鹅日龄的增长,逐步使用配合饲料,逐步增加青饲料的比例,满足供应清洁的饮水。雏鹅日粮的配制,应根据鹅的品种、日龄、当地饲料来源等条件综合考虑。

二维码 2-6-4　雏鹅潮口

二维码 2-6-5　雏鹅开食

(3)雏鹅的管理。雏鹅体质娇嫩,各种生理机能尚不健全,对外界环境的适应能力较差。因此,在育雏期必须加强管理,满足雏鹅生长发育所需的各种环境条件。

雏鹅的保温期一般为 2～3 周,第 1 周的温度控制在 30～28 ℃,之后每周下降 2～3 ℃。小规模育雏可采用传统的自温育雏方法,即将雏鹅置于有垫料的育雏器内,加盖麻袋、棉毯等物进行保温,并视气候的变化适当增减保温物,温度的控制全靠饲养人员的经验。自温育雏时,一定要掌握好适宜的密度,根据雏鹅动态,准确地控制保温物,注意调整好保温和通风的关系。大群饲养采用人工给温育雏,热源可采用红外灯、电热板、保温伞、热风炉等。给温育雏时,雏鹅生长快,饲料利用率高。适合批量生产,而且劳动效率较高。

雏鹅最怕潮湿和寒冷,低温潮湿时,雏鹅体热散发加快,容易引起感冒、下痢等疾病。因此,室内喂水时切勿外溢,及时清除潮湿垫料,保持育雏舍的清洁和干燥。

为了防止集堆,要根据出雏时间的迟早和雏鹅的强弱分群饲养,每群 100~150 只。掌握合理的饲养密度,一般第 1 周 12~20 只/m²,第 2 周 8~15 只/m²,第 3 周 5~10 只/m²,第 4 周 4~6 只/m²,饲养员要加强观察,及时赶堆分散,尤其在天气寒冷的夜晚更应注意。

适时放牧和放水,既可使雏鹅清洁羽毛,减少互啄癖,又可促进雏鹅体内新陈代谢,加快骨骼、肌肉和羽毛生长,并能提高雏鹅的适应性,增强抗病能力。但雏鹅的放牧和放水都不宜过早,放牧时间不宜过长。放牧前舍饲期长短应根据雏鹅体质、气候等因素而定。春末夏初,雏鹅养到 10 日龄左右,如天气晴朗、气候温和,可在中午进行放牧。夏季温度高,气候温暖,雏鹅养到 5~7 日龄就可在育雏室的附近草地上活动,让其自由采食青草。放水可以结合放牧进行。刚开始放牧的时间要短,约 1 h 即可,以后逐渐延长。

搞好育雏舍内外的环境卫生,可提高雏鹅的抗病力,保证鹅群的健康。育雏舍要制定严格的卫生防疫制度,切实做好雏鹅常见病的防治工作。

三、肉用仔鹅的育肥

1.肉用仔鹅的特点

肉用仔鹅是指雏鹅养到 10~12 周龄上市作肉用的仔鹅。雏鹅经过 1 月左右的舍饲育雏和放牧锻炼后,消化道容积增大,对饲料的消化吸收力和对外界环境的适应性及抵抗力都有所增强。这一阶段是骨骼、肌肉和羽毛生长最快的时期。此时,圈养鹅要加大青饲料的供给,放牧鹅群应加强放牧和补饲,尽可能满足仔鹅生长发育所需的各种营养物质,促进肉用仔鹅的快速生长,适时达到上市体重。

2.肉用仔鹅的育肥

肉鹅饲养到 60~70 日龄,圈养膘度好的即可上市出售,放牧饲养的仔鹅骨架大,胸肌不够丰满,屠宰率较低,尚需短期育肥后才能上市出售。按照饲养管理方式的不同,肥育期可分为放牧育肥、舍饲育肥和填饲育肥 3 种方式。

(1)放牧育肥是传统的育肥方法,适用于放牧条件较好的地方,主要利用收割后茬地残留的麦粒或稻田中散落谷粒进行肥育。放牧育肥必须充分掌握当地农作物的收割季节,事先联系好放牧的茬地,预先育雏,制订好放牧育雏的计划。一般可在 3 月下旬或 4 月上旬开始饲养雏鹅,这样可以在麦类茬地放牧一结束,仔鹅已育肥可上市。

(2)舍饲育肥生产效率较高,育肥的均匀度比较好,适用于放牧条件较差的地区或季节,最适于集约化批量饲养。舍饲育肥需饲喂配合饲料,也可喂给高能量的日粮,适当补充一部分蛋白质饲料。供给充足的饮水。在光线较暗的房舍内进行,减少外界环境因素对鹅的干扰,限制鹅的光照和运动,让鹅尽量多休息。

(3)填饲育肥可缩短肥育期,肥育效果好,但比较麻烦。此法是将配合日粮或以玉米为主的混合料加水拌湿,搓捏成 1~1.5 cm 粗、6 cm 长的条状食团,待阴干后填饲。填饲是一种强制性的饲喂方法,分手工填饲和机器填饲两种。手工填饲时,用左手握住鹅头,双膝夹住鹅身,左手的拇指和食指将鹅嘴撑开,右手持食团先在水中浸湿后用食指将其填入鹅的食管内。开始填饲时,每次填 3~4 个食团。每日 3 次,以后逐步增加到每次填 4~5 个食团,每日 4~5 次。填饲时要防止将饲料塞入鹅的气管内。机器填饲法速度快、效率高,更适用于大群仔鹅的肥育。填饲方法是用填饲机的导管将调制好的食团填入鹅的食道内,填饲的仔鹅应供给充足的饮水,或让其每日洗浴 1~2 次,有利于增进食欲,光亮羽毛。

四、肉鹅生产的特点

1. 鹅生产具有明显的季节性

鹅的繁殖具有季节性,绝大多数品种在气温升高、日照延长的 6~9 月间,卵黄生长和排卵都停止,接着卵巢萎缩,进入休产期,一直至秋末天气转凉时才开产,主要产蛋期在冬、春两季。因而肉用仔鹅生产具有明显的季节性,多集中在每年的上半年。

2. 鹅是节粮型家禽,生产成本低

鹅是最能利用青绿饲料的家禽。无论以舍饲或放牧方式饲养,其生产成本费用较低。

3. 鹅早期生长快,生产周期短

鹅的早期生长发育很快。4 周龄体重可达成年体重的 40%,鸡只能达到 15%。因此,肉用仔鹅生产具有投资少、收益快、效益高等优点。

4. 鹅产品用途广

鹅肉脂肪含量少(11.2% 左右),肉质细嫩,营养丰富;鹅绒富有弹性,吸水率低,隔热性强,质地柔软,是高级衣、被的填充料;鹅肥肝是一种高热能的食品,具有质地细嫩、营养丰富、风味独特等优点,是西方国家和地区食谱中的美味佳肴。

任务四　鸭、鹅肥肝与羽绒生产

一、鸭、鹅肥肝生产

肥肝包括鸭肥肝和鹅肥肝,它采用人工强制填饲,使鸭、鹅的肝脏在短期内大量积贮脂肪等营养物质,体积迅速增大,形成比普通肝重 5~6 倍,甚至十几倍的肥肝。

(一)品种选择

以体型大、颈粗短、后躯宽大的个体为最佳。国外用于生产鹅肥肝的主要品种有朗德鹅和匈牙利白鹅等;国内有溆浦鹅、狮头鹅和浙东白鹅及其杂交品种等。国内生产鸭肥肝的品种主要有北京鸭和建昌鸭。

(二)填饲肥肝的适宜周龄、体重和季节

一般大型仔鹅在 15~16 周龄,体重 4.5~5.0 kg;兼用型麻鸭在 12~14 周龄,体重 2.0~2.5 kg;肉用型仔鸭体重 3.0 kg 左右,但总的原则是要在骨骼基本长足,肌肉组织停止生长,即达到体成熟之后进行填饲效果才好。肥肝生产不宜在炎热的季节进行。填饲季节的最适宜温度为 10~15 ℃,20~25 ℃尚可进行,超过 25 ℃以上则很不适宜。相反,填饲家禽对低温的适应性较强。在 4 ℃气温条件下对肥肝生产无不良影响。

(三)预备饲养

从初生到 90 日龄左右为预备饲养期。尽量扩大食道和食道膨大部,为今后填肥时每次能多填饲料做好准备。准备填肥时期,由放牧饲养转为舍饲,这时喂给混合饲料,令其自由采食。2 周后鹅体开始上膘,即可强制填肥。

(四)强制填肥

1.开填时期

鹅长到 4 kg 左右即可开始填饲。填饲时间一般 2～4 周。鹅填饲期较长,鸭填饲期较短,具体长短视品种、消化能力、增重而定,特别是根据肥育成熟与否而定。

2.填料配制

填肥的饲料以黄玉米为佳,这样生产的肥肝呈纯黄色,商品价值高。配制方法:先将玉米倒入锅内,加水至水面超出玉米 4～5 cm,烧煮开后再煮 5～10 min,捞起晾干,趁热每千克玉米加食盐 10 g、植物油 20 g、禽用多种维生素 5 g 拌匀即可。

3.填饲方法

用人工填料的方法:将鹅夹在双膝间,头朝上,露出颈部,左手将鹅嘴掰开,右手抓料投放其口中,每日填饲 3～4 次。用填饲机填料的方法:由两人同时操作,助手固定鹅体,填饲人员的左手掰开鹅嘴,将鹅舌压向下腭,然后将鹅嘴移向机器,把事先涂上油的喂料小管小心地插入鹅的食道深部,直到饲料填到比喉头低 1～2 cm 时停止填喂。一般填饲 3 周即可,填肥期增重 50%～80%。

4.日常管理

填肥期内的饲养密度以每平方米 3～4 只、每小群 30 只左右为宜。最好能网养或圈舍饲养,只给适当运动不给下水游动。

(五)屠宰取肝

填肥后当鹅前胸下垂,行走困难,呼吸急促,眼睛下陷,羽毛蓬乱时,应及时屠宰。屠体开膛时,从泄殖腔到胸骨纵向切开(但不能损坏泄殖腔),取出内脏器官,小心地分离肝脏,摘除胆囊时注意不要把胆囊碰破,然后修复肝表面的脂肪。将取出的肥肝放在 1% 盐水中漂洗 10 min,捞出置于盘中,分等级,放入 −25～−18 ℃的冷库中保存。如销售鲜肥肝,则可直接用冰块进行包装上市。

二、羽绒生产

鹅鸭的身上、颈部、尾部、翅膀上的羽毛和腹部、背部的绒毛,经过加工处理及消毒灭菌可制成体轻松软、弹性好、保温、防寒能力强的羽绒和羽毛。

传统的收集方法有两种,一是湿拔法,二是活拔法。

(一)湿拔法

将宰杀后的鹅鸭放在 70 ℃左右的热水中浸烫 2～3 min,取出后拔毛。注意水温不要过高,浸烫不要过久,以免毛绒卷曲、收缩、色泽暗淡。也可以干拔,将鹅鸭宰杀后,趁体温尚未变冷之前抓紧拔毛,可保持原来的色泽与品质。收集起来的羽毛要及时清洗处理,否则易变色、发霉甚至腐烂。清洗方法:将收集的湿、干羽毛用温水洗一二次,除去灰尘、泥土和污物。然后薄薄地摊在席上,在阳光下晾晒干。为防止风吹,可覆盖黑布或纱布罩。晒干后用细布袋装好,扎紧口,放在通风干燥处保存,备用加工。用 60~70 ℃ 的肥皂水,加入少量纯碱进行清洗脱脂,洗后再用清水洗干净。注意水温不可过高,也不可过分搓拧,洗后及时晒干或烘干。将清洗脱脂的羽毛、羽绒装在细布袋内扎好口,放在蒸锅屉上,待水开后上笼,蒸 30~40 min 取出;第二天再用同样的方法蒸 1 次。将经过消毒灭菌的羽毛、羽绒,用细布袋装好,晒干。

(二)活拔法

活拔羽绒是在不影响产肉、产蛋性能的前提下,拔取鹅鸭活体的羽绒来提高经济效益的一项生产技术。

1.选择体型大的品种

体型越大,产毛越多,经济效益越高。如皖西白鹅、太湖鹅、大白鹅、豁眼鹅等都是较适宜的品种。

2.活拔前的准备工作

①采毛前 24 h,对鹅应停食不停水;②选择光线好,避风的地方作为拔毛场所;③拔毛前应使鸭鹅保持清洁,如不卫生应提前 3 h 将鹅体用水洗干净;④准备好一条围裙、一瓶红药水,经过消毒的普通针线,药棉和镊子;⑤准备好装鸭鹅毛的容器和包装用具。

3.拔毛

鹅胸部、腹部的毛可拔,颈部下端很小部分毛可拔,翅膀上的大毛可拔。鹅头部的毛、颈大部分毛、脚上的毛、翅膀外侧的毛不拔、尾部的大毛不拔、鹅体全身的血管毛不拔。

(1)拔胸部、腹部和背部的毛。拔胸部、腹部毛时,两只翅膀夹住鹅颈,人用腿夹住翅膀,一手捉住鹅腿,一手拔毛。一般情况下雏鹅长到 60 d 左右,胸部、腹部、背部、颈部下端、翅膀内侧的毛就可以拔。以后每 35 d 左右拔一次毛。第一次、第二次以顺拔为好。以后侧拔、顺拔都可。

(2)拔翅膀上的大毛。翅膀上的毛可分为三类:从翅膀尖端开始数,第一根第二根为"尖翎",是制作鹅毛扇的好材料;第三根至第九根或第三根至第十根大毛为"刀翎",是制作羽毛球的好材料,剩下的十根左右大毛为"鸟翎",是制作装饰品、工艺品的好材料。雏鹅长到 70 d,甚至更长的时间才第一次拔翅膀上的大毛。其次,拔鹅翅膀上的大毛,间隔期 90~100 d。由于大毛生长需要大量营养,经济价值也不高,所以,提倡一年只拔 1~2 次。

(3)拔毛后的饲喂管理。第一次和第二次拔毛后,大多数鹅会出现摇摇晃晃似醉非醉的样子,而且愿站不愿睡,不想进食,这是正常现象,2 d 即可好转。每次拔毛后,3 d 内不要让鹅下水、淋雨、暴晒,不要放置在阴湿的地方,以防鹅感冒。每只鹅需要加 3 d 的精饲料,每天 100~150 g,3 d 后不宜再加精料。

4.拔羽中易出现的问题及处理

(1)毛片难拔。遇到这种情况时,对能避开的毛片,可不拔,只拔绒朵,当毛片不好避开时,可将其剪断。剪毛片时 1 次只能剪去 1 根,用剪尖在毛片根部接近皮肤处剪断,注意不要伤及皮肤和剪断绒朵。

(2)脱肛。在活拔羽绒操作时,个别鸭可能会出现脱肛现象。遇此情况,一般不需任何处理,过 1～2 d 即能恢复正常,严重者可用 0.1% 的高锰酸钾溶液(37 ℃)冲洗肛门,同时进行人工按摩推进,使其尽快恢复原状。

(3)皮伤。在拔毛过程中,如果出血或小范围皮伤,用紫药水涂抹一下即可。如果伤口较大,则要手术缝合,并服用一定的药物,然后在舍内饲养一段时间后再放出舍外活动或放牧。如果遇到少许的毛绒根部带血肉,则要求拔羽时动作要稍慢些,每次拔毛的根数要少,要轻稳且有耐心地拔。如果遇到大部分毛绒都带有肉质,这表明鸭的营养不良,应停止活拔羽绒,待喂养一段时间后再拔。

复习思考题

1.水禽生产有哪些特点?

2.商品肉鸭的饲养管理技术措施有哪些?

3.父母代种鸭的饲养条件有哪些?

4.肉用仔鹅的育肥方式有哪些?

5.简述种鹅产蛋期的饲养管理要点。

单元三
牛 生 产

牛的品种选择

【知识目标】

1.根据生产性能掌握牛的品种分类。

2.了解各种牛的原产地、品种特征以及利用情况。

【技能目标】

能利用所学知识鉴别不同类型牛的品种。

任务一　乳用牛品种选择

一、荷斯坦牛

荷斯坦牛原称荷兰牛,因毛色呈黑白花片,故称黑白花牛。原产于荷兰西北部的西弗里生省,其后代分布到荷兰全国乃至法国北部以及德国的荷斯坦省。在荷兰和其他欧洲国家称之为弗里生牛。它是欧洲原牛的后裔,15世纪开始育种,以产奶量高而著名。黑白花牛风土驯化能力强,所以几乎遍布全球。由于各国对黑白花牛培育方向不同,分别育成了以美、加等国家为代表的乳用型和以荷兰、丹麦等西欧国家为代表的乳肉兼用型。并且经本国风土驯化后往往冠以本国的名称,如美国黑白花牛、加拿大黑白花牛、日本黑白花牛、中国黑白花牛等。

1.外貌特征

荷斯坦牛体格高大,结构匀称,皮薄骨细,皮下脂肪少,乳房特别庞大,乳静脉明显,后躯较前躯发达,侧望呈楔形,属典型的乳用型外貌。被毛细短,毛色呈黑白斑块,界线分明,额部有白星,腹下、四肢下部及尾帚为白色。成年体重:公牛900～1 200 kg,母牛650～750 kg。

2.生产性能

乳用型荷斯坦牛的产奶量居各奶牛品种之冠。1999年荷兰全国荷斯坦牛的平均产奶量达8 016 kg,乳脂率为4.4%;美国2000年登记的荷斯坦牛平均产奶量达9 777 kg,乳脂率为3.66%。

3.我国引入情况

我国陕西省陇县、广西壮族自治区合浦县以及西南(四川省、贵州省)等地引进荷斯坦牛改良本地黄牛,其后代在体型外貌、生长发育和产奶性能等方面均有较大的改进。目前我国各地均有分布。

二、娟姗牛

娟姗牛原产于英吉利海峡南端的娟姗岛(也称为哲尔济岛),其育成历史无从考证,有人认为是由法国的布里顿牛和诺曼底牛杂交繁育而成。

1.外貌特征

娟姗牛体型小,清秀,轮廓清晰。乳房发育匀称,形状美观,乳静脉粗大而弯曲。被毛细短而有光泽,毛色为深浅不同的褐色,以浅褐色为最多。鼻镜及舌为黑色,嘴、眼周围有浅色毛环,尾帚为黑色。成年体重:公牛 650~750 kg,母牛 340~450 kg。

2.生产性能

该牛的最大特点是乳质浓厚,单位体重产奶量高,乳脂肪球大,易于分离,乳脂黄色,适于制作黄油。2000 年美国登记娟姗牛平均产奶量 7 215 kg,乳脂率 4.61%。

3.我国引入情况

娟姗牛较耐热,印度、日本、新西兰、澳大利亚等国均有饲养。1949 年我国曾引进,主要饲养于南京等地。近年,广东又有少量引入,用于改善牛群的乳脂率和耐热性能。

三、爱尔夏牛

爱尔夏牛原产于英国爱尔夏郡。该品种牛最初属肉用,1750 年开始引用荷斯坦牛、更赛牛等乳用品种杂交改良,于 18 世纪末育成为乳用品种。

1.外貌特征

爱尔夏牛角细长,形状优美,角根部向外方凸出,逐向上弯,尖端稍向后弯,为蜡色,角尖呈黑色。体格中等,结构匀称,被毛为红白花,有些牛白色占优势。成年体重:公牛约 800 kg,母牛约 550 kg。

2.生产性能

爱尔夏牛产奶量一般低于荷斯坦牛,但高于娟姗牛和更赛牛。年平均产奶量为 5 448 kg,乳脂率为 3.9%。

3.我国引入情况

该品种以早熟、耐粗,适应性强为特点,先后出口到日本、美国、芬兰、澳大利亚、加拿大、新西兰等 30 多个国家和地区。我国广西、湖南曾有引进。

四、更赛牛

更赛牛原产于英国更赛岛。该岛距娟姗岛仅 35 km,故气候与娟姗岛相似,雨量充沛,牧草丰盛。

1.外貌特征

更赛牛头小,额狭,角较大,向上弯曲;被毛为浅黄或金黄色,也有浅褐个体;腹部、四肢下部和尾帚多为白色,额部常有白星,鼻镜为深黄或肉色。成年体重:公牛约 750 kg,母牛 500 kg。

2.生产性能

更赛牛平均产奶量为 6 659 kg,乳脂率为 4.49%。以高乳脂、高蛋白以及奶中较高的 β-胡萝卜素含量而著名。

3. 我国引入情况

我国 19 世纪末开始引入，1947 年又引入一批，主要饲养在华东、华北各大城市。

任务二　肉用牛品种选择

一、夏洛来牛

原产于法国的夏洛来省，最早为役用牛。从 18 世纪开始系统地选育肉用牛。1986 年法国的夏洛来牛已超过 300 万头。世界上很多国家和地区都引入夏洛来牛，作为肉牛生产的种牛。

1. 外貌特征

夏洛来牛毛色为乳白色或白色，皮肤及黏膜为浅红色。体格大，胸宽深，背直、腰宽、臀部大，大腿深而圆，骨骼粗壮。全身肌肉发达，常有"双肌"现象出现。成年公牛活重 1 100～1 200 kg。

2. 生产性能

夏洛来牛增重快，尤其早期生长阶段。夏洛来牛的平均屠宰率为 65%～68%，净肉率 54% 以上。肉质好，脂肪少而瘦肉多。母牛一个泌乳期产奶 2 000 kg，从而保证了犊牛生长发育的需要。

3. 我国引入情况

我国分别于 1964 年和 1974 年大批引入，1988 年又有小批量的引入。与我国本地黄牛杂交，杂种一代的初生重大，生长发育快、增重显著。

我国利用夏洛来牛与南阳黄牛杂交育成第一个肉牛品种——夏南牛。

二、利木赞牛

利木赞牛原产地为法国中部贫瘠的地区，分布在上维埃纳、克勒兹和科留兹等地。原为役肉兼用牛，从 1850 年开始培育，1900 年后向瘦肉多的肉用方向转化。利木赞牛是法国第二个重要肉牛品种。

1. 外貌特征

利木赞牛毛色为黄红色或红黄色，口鼻、眼圈周围、四肢内侧及尾帚毛色较浅（即称"三粉特征"）。体格比夏洛来牛轻、小，全身肌肉丰满，前肢肌肉发达，但不如典型肉牛品种那样方正。四肢较细。成年体重：公牛 950～1 200 kg，母牛 600～800 kg 。

2. 生产性能

利木赞牛初生重公犊为 36 kg，母犊为 35 kg，难产率较低；生长强度大，周岁体重可达 450 kg；较早熟，肉品质好，瘦肉多脂肪少、嫩度高、肉味好，在幼龄时就能形成一等牛肉。屠宰率 63% 以上，净肉率 52%，肉骨比为（12～14）∶1。

3. 我国引入情况

我国于 1974 年和 1976 年分批引入，近年又继续引入。山东省曹县用利木赞牛改良本地鲁西牛，取得良好的杂交效果。

三、海福特牛

海福特牛产于英国西部威尔士地区的海福特县以及毗邻的牛津县等地，是世界上最古老的早熟中小型肉牛品种。海福特牛原来是威尔士的地方土种牛,具有多种用途,后来才逐步向肉用方向发展。

1. 外貌特征

海福特牛分有角和无角两种。被毛为暗红色,并具有"六白"特征,即头、颈垂、鬐甲、腹下、四肢下部及尾帚为白色,皮肤为橙黄色。体型中等偏小,成年体重:公牛850~1 100 kg,母牛600~750 kg。

2. 生产性能

海福特牛初生重较小,公犊约为34 kg,母犊约为32 kg。早熟,育肥年龄早;增重快,产肉力强;肉质好,脂肪主要沉积于内脏,皮下结缔组织和肌肉间脂肪较少。屠宰率一般为60%~65%。海福特牛性成熟早,6月龄可出现性行为。

3. 我国引入情况

我国于1964年以后引入几批,现分布全国各地。海福特牛能够适应我国的自然条件,尤其是北方地区。海福特牛改良我国本地黄牛,海本杂种一代牛体型趋向于父本,体躯低矮。

四、安格斯牛

安格斯牛原产于英国苏格兰北部的阿伯丁和安格斯地区,其起源已不可考证。在英国,对安格斯的有计划育种工作始于18世纪,选育方向要求早熟、肉质好,屠宰率、饲料报酬和犊牛成活率高。

1. 外貌特征

安格斯牛体型小,为早熟体型。无角,头小额宽,头部清秀。被毛富有光泽而均匀,毛色为黑色;红色安格斯牛毛色暗红或橙红,犊牛被毛呈油亮红色。成年体重:公牛800~900 kg,母牛500~600 kg。

2. 生产性能

安格斯牛犊牛初生重小,为25~32 kg,红色安格斯牛为30 kg左右,红色牛的初生重低于黑色牛;母牛难产率低,犊牛成活率高。在粗放条件下饲养,屠宰率可达60%~65%。有"贵族牛肉"之称。

3. 我国引入情况

我国于20世纪70年代引入安格斯牛与地方黄牛杂交,因其初生重和体型均较小,被改良黄牛的初生重和成年体尺增加不明显,未受到足够的重视。

五、契安尼娜牛

契安尼娜牛分布于意大利中西部的契安尼娜山谷,是目前世界上体型最大的肉牛品种;与瘤牛有血缘关系,属含瘤牛血液的品种。

1. 外貌特征

契安尼娜牛色纯白,尾毛黑色。除腹部外,皮肤上均有黑斑。犊牛出生时,被毛为深褐色,60 d内逐渐变白。成年体重:公牛1 800 kg,母牛1 000 kg。

2. 生产性能

契安尼娜牛较早熟,平均日增重1.23 kg。肉质好,具大理石纹状结构。育肥性能接近夏洛来牛。有一定的役用性能。繁殖力强,很少难产。

3. 我国引入情况

南阳黄牛研究所从国外引进契安尼娜牛细管冷冻精液,开展契安尼娜牛与南阳牛杂交的探索性试验,效果较好。

六、夏南牛

夏南牛是我国自主培育的第一个肉牛品种。2007 年 6 月 29 日,农业部发布第 878 号公告,宣告夏南牛诞生,填补了中国肉牛品种空白。

夏南牛是以法国夏洛来牛为父本,以我国南阳牛为母本,通过杂交创新、横交固定和自群繁育三个阶段、开放式育种方法培育而成的肉用牛新品种。夏南牛含夏洛来牛血液 37.5%,含南阳牛血液 62.5%。夏南牛育成于河南省驻马店市泌阳县。

1. 外貌特征

夏南牛毛色纯正,以浅黄、米黄色居多。公牛头方正,额平直,成年公牛额部有卷毛;母牛头清秀,额平稍长。公牛角呈锥状,水平向两侧延伸;母牛角细圆,致密光滑,多向前倾。耳中等大小,鼻镜为肉色,颈粗壮、平直。成年牛结构匀称,体躯呈长方形,胸深而宽,肋圆,背腰平直,肌肉比较丰满,尻部长、宽、平、直。四肢粗壮,蹄质坚实,蹄壳多为肉色,尾细长。母牛乳房发育较好。

2. 生产性能

在农场饲养管理条件下,公、母牛平均初生重 38 kg 和 37 kg;12 月龄体重可达 350 kg,18 月龄体重 550 kg 以上;400 kg 以上的架子牛,在 100 d 的肥育期内,日增重可达 2 kg 以上;成年母牛体重约 600 kg,公牛体重约 900 kg,公牛最大体重可达 1 300 kg。初情期平均 432 d,最早 290 d;发情周期平均 20 d;初配时间平均 490 d;妊娠期平均 285 d;产后发情时间平均为 60 d;难产率 1.05%。

3. 推广情况

夏南牛性情温顺,耐粗饲、易管理,抗逆性较强。既适合农村散养,也适宜集约化饲养;既适应粗放、低水平饲养,也适应高营养水平的饲养条件;特别在高营养水平条件下,更能发挥其生产潜能。由于夏南牛生长发育快、饲养周期短、肉用性能好、产肉率高、耐粗饲、适应性强、经济效益高等特点,深受育肥牛场和广大农户的欢迎,现在主产区夏南牛存栏量已超过 60 万头。

目前,夏南牛已由河南省走向了全国 20 多个省(自治区、直辖市),已推广 100 多万头活体夏南牛、800 多万剂夏南牛冻精,总计不下 1 000 万头(剂)。

二维码 3-1-1
夏南牛(种公牛)

二维码 3-1-2
夏南牛(种母牛)

二维码 3-1-3
夏南牛培育与品种特征

任务三　兼用牛品种选择

一、西门塔尔牛

西门塔尔牛原产于瑞士西部的阿尔卑斯山区的河谷地带,主要产地是伯尔尼州的西门塔尔平原和萨能平原。在法国、德国、奥地利等国边邻地区也有分布。

1. 外貌特征

西门塔尔牛毛色多为黄白花或淡红白花,一般为白头,体躯常有白色胸带和鐮带,腹部、四肢下部、尾帚为白色。体格粗壮结实,乳房发育中等。

2. 生产性能

西门塔尔牛肌肉发达,产肉性能不亚于专门的肉牛品种。屠宰率可以达到65%;产奶性能比肉用品种高得多,泌乳期产奶量4 074 kg,乳脂率3.9%。

3. 我国引入情况

在1949年曾由俄国侨民引入我国东北,参与了三河牛的培育过程。我国1981年成立中国西门塔尔牛育种委员会。

二、丹麦红牛

丹麦红牛原产于丹麦,为乳肉兼用品种。由丹麦默恩岛、西兰岛和洛兰岛上所产的北斯勒准西牛,经过长期选育而成。在选育中,曾用与该牛生产性能、毛色、繁育环境等相似的安格斯牛和乳用短角牛进行导入杂交。

1. 外貌特征

丹麦红牛体格大,体躯深长,胸宽,胸骨向前突出,垂皮大。毛色为红色或深红色,公牛一般毛色较深;还能见到腹部和乳房部有白斑的个体;鼻镜为瓦灰色。成年体重:公牛1 000~1 300 kg,母牛650 kg。

2. 生产性能

丹麦红牛性成熟早,生长速度快,肉品质好。体质结实,抗结核病能力强、产肉性能好,屠宰率一般为54%。在我国饲养条件下,305 d产奶量5 400 kg,乳脂率4.21%。

3. 我国引入情况

1984年我国首次引入30多头,分别饲养于吉林省畜牧兽医研究所和西北农业大学。陕西省富平县,利用丹麦红牛改良秦川牛,其后代初生重、日增重多有明显提高。

三、短角牛

短角牛原产于英国的英格兰东北部梯姆斯河流域的几个郡。该地区气候温和,土壤肥沃,牧草茂盛,是良好的放牧地区。有不同的类型,即肉用型、乳用型和兼用型。尤以肉用型短角牛分布最广。

1. 外貌特征

短角牛分为有角和无角两种,角细短,呈蜡黄色,角尖黑。毛色多为深红色或酱红色,少数为红白沙毛或白毛。鼻镜为肉色。成年体重:公牛1 000 kg左右,母牛700 kg左右。

2. 生产性能

短角牛产奶量一般为2 800~3 500 kg,乳脂率为3.5%~4.2%,肉用性能好。肉用短角牛180日龄体重为220 kg。400日龄可以达410 kg。屠宰率为65%~68%。肌肉呈大理石纹状结构,肉质细嫩。

3. 我国引入情况

我国从1949年就开始多次引入兼用型短角牛,饲养在东北、内蒙古、河北等地,用乳肉兼用短角牛杂交改良蒙古牛和秦川牛,取得了显著的效果。

四、皮埃蒙特牛

皮埃蒙特牛原产于意大利北部的皮埃蒙特地区,包括都灵、米兰和克里英那等地。其育种历史可以追溯到几千年以前,该品种原来为役用牛,后来向乳肉兼用方向选育。在20世纪初,曾引进夏洛来牛杂交,因而含"双肌"基因。

1. 外貌特征

皮埃蒙特牛毛色为浅灰色或白色,鼻镜、眼圈、阴部、尾帚及蹄等部位为黑色,颈部颜色较重。公牛皮肤为灰色或浅红色;母牛皮肤为白色或浅红色,有时也表现为暗灰色或暗红色。犊牛刚出生时为白色或浅褐色。成年体重:公牛约850 kg,母牛约570 kg。

2. 生产性能

该牛为肉乳兼用品种。生长快,泌乳性能亦较高。屠宰率为67%~70%,净肉率为60%,瘦肉率为82.4%,属高瘦肉率肉牛。泌乳期平均产奶量3 500 kg,乳脂率为4.17%。虽然低于西门塔尔牛的产奶量,但高于夏洛来牛、利木赞牛的产奶量。

3. 我国引入情况

该品种与南阳牛杂交后,杂交一代公犊初生重平均为35 kg,母犊初生重平均为33.3 kg,杂种一代牛经244 d育肥后体重达到479 kg,日增重960 g,屠宰率为61.8%。皮埃蒙特牛改良本地黄牛,有利于提高高档肉部位的重量。

五、三河牛

我国培育的优良乳肉兼用品种,因产于内蒙古呼伦贝尔市大兴安岭西麓的额尔古纳市三河(根河、得耳布尔河、哈乌尔河)地区而得名,其次分布兴安盟、哲里木盟、锡林郭勒盟。

1. 外貌特征

三河牛毛色为红(黄)白花,花片分明,头白色或额部有白斑,四肢膝关节下、腹部下方及尾尖呈白色。有角,角稍向上、向前方弯曲,有少数牛角向上。成年公牛体重1 050 kg,母牛547.9 kg。

2. 生产性能

三河牛遗传性能稳定。乳用性能好。核心群体平均产奶量3 000 kg以上,种用母牛305 d最高产量7 702.5 kg。其产肉性能:2~3岁公牛屠宰率为50%~55%,净肉率为44%~48%。

六、中国草原红牛

中国草原红牛应用乳肉兼用短角牛与蒙古牛杂交选育而成。主要分布于吉林省白城地区、内蒙古的昭乌达盟和锡林郭勒盟、河北省张家口等高寒地区。1986年正式命名为中国草原红牛,并制订了国家标准。

1. 外貌特征

中国草原红牛大部分有角,角多伸向前外方,呈倒八字形、略向内弯曲。全身被毛为紫红色或红色,部分牛的腹下或乳房有小片白斑。体格中等大小,成年活重:公牛700~800 kg,母牛约450 kg。

2. 生产性能

该牛泌乳期约7个月,产奶量约2 000 kg。乳脂率为3.35%,且随着泌乳期的增加而逐渐下降。该品种牛产肉性能良好,屠宰率为 50.8%～58.2%,净肉率为 41%～49.5%。

七、新疆褐牛

主要产于新疆天山北麓西端的伊犁地区和准噶尔界山的塔城地区的牧区和半牧区。分布于全新疆的天山南北,主要有伊犁、塔城、阿勒泰、石河子、昌吉、乌鲁木齐、阿克苏等地。新疆褐牛是 1935 年以后,引用瑞士褐牛及含有该牛血统的阿拉塔乌牛对当地黄牛级进杂交而育成的。

1. 外貌特征

新疆褐牛有角,角尖稍直、呈深褐色,角大小适中、向侧前上方弯曲,呈半圆形。毛色呈褐色,深浅不一,额顶、角基、口轮的周围和背线为灰白色或黄白色,眼睑、鼻镜、尾尖、蹄呈深褐色。公、母牛成年平均体重分别为 951 kg 和 431 kg。

2. 生产性能

新疆褐牛产乳量 2 100～3 500 kg,乳脂率 4.03%～4.08%,乳干物质 13.45%。该牛产肉性能良好,在放牧条件下,体况中等,2 岁以上牛只屠宰率 50% 以上,净肉率 39%,育肥后净肉率则超过 40%。该牛适应性很好,在草场放牧可耐受严寒和酷暑环境,抗病力强。

任务四　中国黄牛品种选择

一、南阳牛

南阳牛原产于河南省南阳地区白河和唐河流域的广大平原地区,以南阳市郊、南阳、唐河、邓州、新野、镇平、社旗、方城和泌阳九个县市为主要产区,也分布许昌、周口、驻马店等地区。

1. 外貌特征

南阳牛体格高大,肌肉发达,结构紧凑,体质结实,肩部宽厚,腰背平直,肢势正直,蹄形圆大。公牛头部方正雄壮,颈短粗,肩峰隆起 8～9 cm,前躯发达;母牛头清秀,一般中躯发育良好。毛色多为黄、米黄、黄红、草白等色,其中黄色者占 68%。皮薄毛细。蹄壳以琥珀、蜡黄色较多。

2. 生产性能

该牛役用性能强,最大挽力为体重的 64.8%～74.0%,挽车速度 1.1～1.4 m/s。产肉性能好。在育肥期日增重为 600～900 g,屠宰率 53%～61%,净肉率 44%～52%。肌肉丰满,肉质细嫩,颜色鲜红,大理石纹明显,味道鲜美,熟肉率达 60.3%。母牛泌乳期 6～8 个月,产乳量 600～800 kg,乳脂率为 4.5%～7.5%。适应性强,耐粗饲。

二、蒙古牛

蒙古牛主要产地以兴安岭东、西两麓为主,东北、华北至西北各省均有蒙古牛的分布,具有耐热、耐寒、耐粗、抗病及体质粗糙的特点,因而素有"铁牛"之称。

1. 外貌特征

蒙古牛体格大小中等。躯体稍长,前躯比后躯发育好。头短、宽而粗重,颈部短而薄,颈垂小,鬐甲低平。胸部狭深,腹部圆大而紧吊,后躯短窄,荐骨高,尻部尖斜。四肢粗短,后腿肌肉不发达。毛色以黄褐色及黑色居多。按体格可划分为大、中、小三种类型。

2. 生产性能

蒙古牛具有肉、乳、役多种经济用途,但其生产水平都不很高。在良好的放牧条件下,肥育性能尚好。产奶量高于中原黄牛品种。役用性能强,能持久耐劳。双套阉牛,作业 8 h 可翻耕沙质土壤 0.67 hm^2。乌珠穆沁牛是蒙古牛中的一个优良类群,主要产于东乌旗和西乌旗,其中以乌拉盖河流域的牛群品质最好。

三、秦川牛

秦川牛是我国著名的优良地方黄牛品种之一,主要产于秦岭以北渭河流域的陕西关中平原,其中以咸阳、兴平、武功、乾县、礼泉、扶风和渭南七县市的牛最为著名,在河南省的西部、山西省的南部和甘肃省的庆阳地区也有分布。

1. 外貌特征

秦川牛属大型肉役兼用品种。体格高大,骨骼粗壮,肌肉丰满。前躯发育很好,后躯发育较弱。全身被毛细致有光泽,多为紫红色或红色,约占 89%,黄色者仅占 11% 左右。眼圈和鼻镜一般呈肉色,个别牛鼻镜呈黑色。角短,也呈肉色。公牛颈峰隆起,垂皮发达,鬐高而厚。母牛头部清秀。

2. 生产性能

秦川牛挽力大,行走快,役用性能强。平均最大挽力,公牛为 398 kg,母牛为 252 kg,双套牛每日可耕地 0.4～0.47 hm^2,秦川牛易于育肥。在中等营养水平下,18 月龄屠宰率 58.3%,净肉率 50.5%,眼肌面积 97 cm^2 左右,胴体重 282 kg。肉质细致,大理石纹明显,肉味鲜美。

四、鲁西牛

鲁西牛原产于山东省西部,黄河以南、运河以西一带,菏泽、济宁两地区为中心产区。在产地的四周,如鲁南地区、河南省东部、河北省南部、江苏省北部和安徽省北部也有分布。

1. 外貌特征

鲁西牛体躯高大,结构匀称,细致紧凑,肌肉发达。被毛从浅黄到棕红色都有,而以黄色居多,占 70% 以上。多数牛具有完全的"三粉"特征,即眼圈、嘴圈、腹下四肢内侧毛色较被毛色浅。毛细而软,皮薄而有弹性。

2. 生产性能

一般情况下,正常挽力为体重的 15%～20%。该牛是我国产肉性能较好的品种,1 周岁公、母牛平均体重 238 kg,2 周岁平均体重 328 kg。鲁西牛育肥性能好。平均日增重 610 g。一般屠宰率为 53%～55%,净肉率为 47% 左右。鲁西牛素以肉质优良著称,皮薄骨细,肉质细嫩,肌纤维间脂肪分布均匀,呈大理石纹。

五、延边牛

延边牛属寒、温带山区的役肉兼用品种。主要产于吉林省延边朝鲜族自治州的延吉、和龙、汪清、珲春及毗邻各县。

1. 外貌特征

延边牛体质结实,骨骼坚实,胸部深宽,被毛长而密,皮厚而有弹力。毛色多呈深浅不同的黄色。成年公、母牛体重约分别为 450 kg 和 350 kg。

2.生产性能

延边牛役用性能强,最大挽力公牛相当于体重的 84.4%,母牛 75%,适合于水田作业,善走山路。该牛有耐寒、耐粗、抗病力强的特性,是我国宝贵的耐寒黄牛品种之一。

任务五　其他牛品种选择

一、水牛

(一)摩拉水牛

摩拉水牛原产于印度雅么纳河西部地区,中心产区在哈里阿纳,而以罗塔克、果汉纳、汉西和希萨尔草原区的质量高。该品种几乎遍布印度西北部的大小城市和乡村,用以生产鲜奶和奶油。

1.外貌特征

摩拉水牛体格较我国水牛体格大。公牛颈粗短,母牛颈细长,无垂皮和肩峰。乳房发育良好,乳头粗长。被毛稀疏,毛色黝黑,尾帚白色,蹄壳黑色。我国繁育的摩拉水牛平均活重:成年公牛约 969 kg,成年母牛约 648 kg。

2.生产性能

该牛以其产奶性能高而著称。在原产地摩拉水牛一个泌乳期产奶量为 1 400～2 000 kg,乳脂率 7%,泌乳期可以长达 400 d。

3.利用情况

该牛引入我国后,能够适应南方的生态环境,对炎热气候的适应性超过了我国水牛,耐粗饲,采食量大,适应性好,抗病力较强;生长发育快,挽力大,持久性强。

(二)尼里-拉菲水牛

原产于巴基斯坦的旁遮普省中部的尼里河和拉菲河两岸,并因此而得名。尼里-拉菲水牛是该国良好的乳用水牛品种。我国于 1974 年从巴基斯坦引入,分别饲养在广西和湖北两地。

1.外貌特征

尼里-拉菲水牛外貌近似摩拉水牛,皮肤、被毛通常是黑色,棕色者常见。乳房发达,乳头特别粗大且长,乳静脉显露、弯曲。成年公、母牛体重约分别为 800 kg 和 600 kg。

2.生产性能

该牛以产奶量高而闻名。据 Abdul Wahid(1973)报道,305 d 泌乳期产奶量为 2 000～2 700 kg,乳脂率 6.9%。在原产地的农场饲养管理条件下,338 头尼里-拉菲水牛,300 d 的平均产奶量达 2 000 kg。

3.利用情况

该水牛引入我国后,表现出较好的适应性,能耐热、耐寒,在极端气温－15 ℃下也能安全越冬。

(三)中国水牛

中国水牛主要分布于淮河以南的水稻产区,其中四川、广东、广西、湖南、湖北及云南等地区的水牛数量较多。现存数量 2 000 余万头。

1. 外貌特征

中国水牛体格高大，骨骼粗壮，四肢粗短，各部发育匀称，结实紧凑，性情温驯。一般被毛呈黑色，颈部和胸前多有浅色颈纹和胸纹。

2. 生产性能

中国水牛以役用为主。水牛的挽力一般较黄牛大 50％左右。水牛的泌乳期一般为 7～8 个月，乳中的干物质含量在 22％左右。

3. 利用情况

我国在加强水牛的选择培育，提高其肉用和役用性能，通过与乳用型水牛杂交，培育我国的乳肉兼用型水牛新品种。

二、瘤牛

(一)婆罗门牛

婆罗门牛是美国育成的一个适应热带、亚热带和炎热干旱地带的肉用瘤牛品种，也是目前世界上利用最多、分布最广的一个瘤牛品种，除了美国 46 个州有分布外，在墨西哥、巴西、澳大利亚、马来西亚、菲律宾和泰国都有分布。

1. 外貌特征

婆罗门牛头部窄长，前额平或稍凸。多数公、母牛有角。角粗长，角质黑色。耳大下垂，瘤峰和垂皮发达、呈黑色。毛色以深浅不同的灰色和深浅不同的红色为主，但也有褐色或在垂皮带白斑的个体。

2. 生产性能

犊牛初生重较小，一般为 25～35 kg，母牛难产率低。犊牛 6 月龄体重可以达到 160～200 kg，经育肥屠宰率可以达到 60％～65％。婆罗门牛出肉率高，胴体品质好，肉质优于印度瘤牛。母牛泌乳性能好，护仔性能强。

3. 利用情况

婆罗门牛具有很强的适应性和抗病力，美国和澳大利亚等国曾利用该品种与主要的肉牛品种杂交，培育出一系列耐热、抗病的肉牛新品种，如圣格鲁迪斯、婆罗福特、夏婆罗、西婆罗、抗旱王、肉牛王等。

(二)辛地红牛

辛地红牛原产于巴基斯坦的辛地省，当地海拔为 900～1 200 m，由于山区较为闭塞，故一直保持纯繁。辛地红牛在印度和巴基斯坦饲养很普遍，该品种已被引入到亚洲、非洲和美洲的不少国家和地区。

1. 外貌特征

辛地红牛结构紧凑。公牛肩峰高耸，峰高可达 20 cm 左右，颈垂发达。被毛细短有光亮，毛色多为暗红色，亦有不同深浅的褐色，鼻镜、眼圈、肢端、尾稍多为黑色毛。一般成年公牛体重 450～550 kg，母牛 300～400 kg。

2. 生产性能

辛地红牛成年母牛泌乳期产奶量 1 560 kg，乳脂率 4.9％～5％；优良母牛可产奶 1 800～

2 500 kg。

3.利用情况

用辛地红牛与我国南方亚热带地区的本地牛杂交,杂种优势明显。杂种一代牛具有耐热、抗蜱、抗血原虫的特点,能够很好地适应热带、亚热带的生态环境和饲料条件。

三、牦牛

(一)西藏高山牦牛

西藏高山牦牛产于西藏自治区东部的高山草场,以嘉黎县的牦牛最佳。另外,在西藏南部山区海拔 4 000 m 以上的高寒湿润草场也有分布。总头数 250 多万头,占全自治区牦牛数的 70%。

1.外貌特征

牦牛体躯较大,结构紧凑,身长腿短,皮松而厚;头重额宽,面稍凹;大多数有角,角向外上方开张;眼圆有神。公、母牦牛均无垂皮。群体毛色较杂,全身黑色者占 60%,体黑、头或面部白色者占 30%左右。

2.生产性能

母牛产后第二个月开始榨乳,产乳高峰期为每年的七八两月的牧草旺盛期。6 月青草季节牦牛每次挤乳量约为 1 200 mL,枯草季节仅为 320 mL。屠宰率 55%,净肉率 46.8%。还可以产毛和绒。

3.利用情况

可与野牦牛杂交提高生产性能,但后代有野性、不易驯服、饲养管理困难。

(二)天祝白牦牛

天祝白牦牛产于甘肃省天祝藏族自治县,以西大滩、抓喜秀龙滩、永丰滩和阿沿沟草原为主要产地。

1.外貌特征

天祝白牦牛全身白毛。皮肤为粉红色,多数有黑色素沉着斑点。全身被毛厚密,额部毛长,往往覆盖眼睛,腹下和四肢下部毛很长。成年公、母牛体重分别为 264.1 kg 和 189.7 kg。

2.生产性能

天祝白牦牛具有多种经济用途,可以产毛、产奶和产肉。在放牧条件下,母牛泌乳期105~120 d,产奶量 400 kg,乳脂率 6.82%。2/3 以上的奶用于哺育犊牛。

3.利用情况

天祝白牦牛今后的选育方向是继续提高产奶和产肉性能,同时注意其毛产量和毛品质的选育。

复习思考题

1.我国从国外引进的乳用牛和肉用牛品种分别有哪些?

2.乳用牛和肉用牛在体型外貌和生产性能有何区别?

牛的良种繁育

任务一　母牛的发情与发情鉴定

一、母牛的发情

母牛的初情期因品种而异,一般小型品种牛达到初情期的年龄较大型牛为早。如奶牛品种第一次发情的年龄和体重是:娟姗牛年龄为 8 月龄,体重为 195 kg;更赛牛年龄为 11 月龄,体重为 197 kg;荷斯坦牛年龄为 11 月龄,体重为 273 kg。我国黄牛初情期年龄一般为 8～15 月龄。在气候温暖区比寒冷区初情期早。

发情是母牛性活动的表现。一般性成熟的母牛,每隔一定时期,卵巢内都有成熟的卵泡,由于成熟的卵泡分泌动情素到血液中去,动情素引起母牛发情。发情母牛外表兴奋,举动不安,尤其在舍内表现得更为明显。经常哞叫,目光锐利,感应刺激性提高,拉开后腿,频频排尿,食欲减退,反刍的时间减少或停止。在运动场或放牧时,常常爬跨其他牛,也接受其他牛爬跨。两者的区别是,被爬跨的牛如是发情,则站立不动,并举尾,如不是发情,则往往拱背逃走;发情牛爬跨其他牛时,阴门颤动并滴尿,具有公牛交配的动作;其他牛常嗅发情牛的阴唇,发情母牛的背腰和尻部有被爬跨所留下的泥土、唾液,有时被毛弄得蓬松不整。母牛发情生殖器官表现,外阴部肿大充血,在尾上端阴门附近,可以看到黏液分泌物的结痂,或有透明黏液从阴门流出。另外,发情强烈的母牛,体温略有升高(0.7～1 ℃)。奶牛,特别是高产母牛泌乳量略有下降。

母牛发情的特征是:牛的发情行为表现明显,黄牛比水牛更明显,在发情时会爬跨其他母牛及接受其他母牛爬跨,在发情后期往往由阴门排出血迹;发情持续期短,排卵快;排卵在交配欲结束后 12~14 h。

二、母牛的发情鉴定

在牛的繁殖过程中,发情鉴定是一个重要的技术环节。通过发情鉴定,可以尽快找出发情母牛,不至于失掉配种时机;可以确定最适宜的配种时间,减少配种次数,提高受胎率;可以判断母牛的发情阶段以及发情是否正常,以便确定配种适期或发现疾病及时治疗,从而达到提高母牛利用率的目的。

(一)外部观察法

外部观察法是对母牛进行发情鉴定最常用的一种方法。该方法主要是根据母牛的外部表现来判断其发情程度,确定配种时间。母牛发情时,往往表现不安,时常哞叫,食欲减退,尿频,甩尾,阴道流出透明的条状黏液,明显的黏附在尾上或臀部,最显著的特征是发情母牛爬跨其他母牛。当爬跨即将停止或停止不久阴门开始收缩时为配种(输精)适期。

(二)直肠检查法

直肠检查法是术者将手伸进母牛的直肠内,隔着直肠壁触摸检查卵巢上卵泡发育的情况,以便确定配种适期。直肠检查法是目前判断母牛发情比较准确而最常用的方法。

(三)阴道检查法

阴道检查法就是将开膣器插入母牛阴道,借助一定光源,观察阴道黏膜的色泽、黏液性状及子宫颈口开张情况,判断母牛发情程度的方法。此法常用于体格较大的母牛,但由于不能准确判断母牛的排卵时间,所以发情鉴定时很少应用,只作为一种辅助方法。

任务二　母牛的配种

母牛的初配年龄,应根据其具体生长发育情况,一般比性成熟晚一些,母牛配种年龄为1.5~2 岁;水牛为 2.5~3 岁。要求开始配种的体重为其成年体重的 70%,这样的体重在大型奶牛为 350~420 kg,我国黄牛为 150~250 kg。达到这样体重的年龄,饲养条件好的早熟品种为 14~16 月龄;饲养条件差的晚熟品种为 18~24 月龄。国际上奶牛品种初配体重:荷斯坦牛为 340 kg,更赛牛为 250 kg,娟姗牛为 228 kg。我国水牛初配年龄,一般控制在 3~4 岁,营养好、生长快的可提前到 2.0~2.5 岁。

母牛适时配种包括情期中的适时配种和产后第一次配种的适宜时间两个方面。这些配种时间选择合适与否,将直接或间接影响牛群的繁殖率、生产性能与产品数量以及个体牛的正常生长发育和健康。因此,掌握适时配种,是防止漏配,提高受胎率的重要技术措施。

一、母牛情期配种的适宜时间

确定发情母牛最适宜配种的时间。

1．排卵时间

母牛的排卵均发生在发情结束后。奶牛为结束后5~15 h排卵。大多数母牛排卵发生在夜间。

2．卵子保持受精能力的时间

卵子受精的地方在输卵管的1/3的壶腹部。卵子在输卵管可以存活12~24 h。牛的卵子保持受精能力的时间为6~12 h。

3．精子到达受精部位的时间

精子进入母牛生殖道后，仅需15 min左右就可到达输卵管的壶腹部。

4．精子在母牛生殖道中保持受精能力的时间

精子在母牛生殖道中保持受精能力的时间一般为30 h(24~48 h)。根据这些条件，母牛一般适宜配种时间是在发情开始后18~24 h配种，效果较好。在生产实践，准确预测发情开始或发情停止，是难以做到的。但是，发情高潮容易观察到，所以可根据发情高潮的出现，再等待6~8 h后输精，能获得较高的发情期受胎率。或者是上午被爬跨不动的母牛，下午逃避爬跨或表现不安，其阴道流出的黏液，可用手拉缩7~8次不断，直肠检查时，滤泡突出于卵巢表面，水泡感明显或有柔软感，此时配种最为合适。

二、产后第一次配种的适宜时间

实践证明，产后第一次配种的理想间隔，奶牛为60~90 d，肉牛为60~90 d或90~120 d。牛的自然交配是农村养牛常采用的一种配种方法。使用这种配种方法时注意以下事项。

1．要做好配种计划和安排

要有计划、按要求、有目的地进行。决不要乱交、混配；更不要放任自流，任公牛与母牛自由交配。

2．要选好配种方法

牛的自然交配，依其实施方式如下。

（1）自由交配。就是公牛和母牛常年混群，公牛任意与发情母牛交配。

（2）分群交配。就是在配种季节内，将1头或几头经过选择的公牛放入一定数量［在自然交配时公母比为1：（40~100）］的母牛群中，合群饲养，任其自由交配。

（3）围栏交配。就是平时将公牛与母牛隔开饲养，配种时在围栏内放入一头母牛与特定的公牛交配。

（4）人工辅助交配。就是公牛、母牛平时严格隔离饲养，在母牛发情的适当时期，选出合适的优良公牛，在人的控制下使其交配。交配后立即将公牛、母牛隔离。有时在配种架内或进行必要的帮助，完成交配过程。

实践证明，自由交配是一种不受人工控制的原始交配。采用这种方法，大都是公、母老幼混乱，长期下去，后代品质容易退化，因此必须改革。分群交配、围栏交配、人工辅助交配是比较科学的人工控制的自然交配。

3．要选好配种牛群和个体

牛的自然交配应配合选种选配，才会有效果。应选经济价值和种用价值高的牛群；要选健康、壮龄的个体公牛、母牛参与交配。为此应对参配公、母牛进行整群，应对其个体进行鉴定和检查。

4.注意配种效果的观察

也要做好配种实况的登记,做到观察准确;登记数据和资料要真实。

任务三　母牛的妊娠与诊断

母牛怀孕诊断方法有外部观察法、直肠检查法、阴道检查法、免疫学诊断法、黄体酮水平测定法。

一、外部观察法

母牛怀孕后,一般外部表现为周期发情停止,食欲增进,营养状况改善,毛色润泽,性情变得温顺,行动谨慎安稳,怀孕到 5 个月时,腹围增大,且腹壁向右侧突出;乳房增大,腹下水肿。怀孕到 6 个月后可以看到胎动。怀孕 7 个月后,隔着右侧的腹壁,可以触诊到胎儿。在胎儿胸壁紧贴母牛腹壁时,可以听到胎儿的心音。

二、直肠检查法

它是判断牛是否怀孕的最基本而可靠的方法。怀孕 30 d 的母牛,两侧子宫角已不对称,孕角较空角稍增大变粗,松柔,有液体波动的感觉,子宫壁变薄,用手指轻握孕角并由一端向另一端滑动时可感到胎膜囊由指间滑过。怀孕 60 d,时孕角比空角粗 2 倍;怀孕 90 d 时,孕角有的大如婴儿头,有的大如排球,有明显波动;怀孕 120 d 时,子宫已全部沉于腹腔,可以摸到胎儿。随着胎儿长大,可以摸到胎儿的头部、嘴、眼、眉弓、颅顶、臀部、尾巴及四肢的一部分。

三、阴道检查法

怀孕 3 周后,阴道黏膜苍白色,没有光泽,表面干燥,阴道收缩变紧,插入开膣器时感到有阻力。怀孕 1.5～2 个月,子宫颈口附近有黏稠黏液,3～4 个月后黏液量多,浓稠,灰白或灰黄,形如糨糊;6 个月后黏液变稀薄而透明。牛怀孕后这种黏液变化较为明显。

四、免疫学诊断法

妊娠母牛血液中透明质酸酶的含量比空怀母牛大为增多,用它作抗原,制成透明质酸酶抗血清。用透明质酸酶使绵羊红细胞致敏。将被检牛的血清稀释 5 万倍,取出 0.5 mL,加入抗透明质酸酶抗血清(其量须经滴定确定),然后加入两滴红细胞致敏,在 37 ℃下静置 60 min,然后观察结果。阳性者(怀孕)红细胞不凝集;阴性者(空怀)红细胞凝集。

五、黄体酮水平测定法

孕牛乳汁中黄体酮含量为 8.7 ng/mL;空怀牛为 1.3 ng/mL。

母牛怀孕后,要做好保胎工作,保证胎儿的正常发育和安全分娩,防止孕牛流产。造成怀孕母牛流产的生理因素主要有 3 方面:一是胎儿在妊娠中途死亡;二是子宫突然发生异常收缩;三是母体内生殖激素(助孕素)发生紊乱,母体变化,失去保胎能力等。

母牛妊娠两个月内,胚胎在子宫内呈游离状态,逐渐完成着床过程,胎儿由依靠子宫内膜分泌的子宫乳作为营养过渡到靠胎盘吸收母体的营养。这个时期如果怀孕母牛的饲养水平过低,尤其是饲料质量低劣时,子宫乳分泌不足,就会影响胚胎的发育,造成胚胎死亡;在妊娠后期的母牛,由于胎儿急速生长,母牛腹围增大,如饲养管理不当,极易造成母牛流产、早产。因此,母牛妊娠后应加强饲养管理,做到满足妊娠母牛的营养需要;合理管理,以防妊娠母牛流产。在营养物质中,以蛋白质、矿物质和维生素营养物质的满足尤为重要,特别是在冬季枯草期要注意补充优质干草、青贮饲料;怀孕母牛还要注意补喂含蛋白质、矿物质、维生素丰富的饲料。要防止喂发霉变质、酸度过大、冰冻的饲料。把好饲喂和饲料关是孕牛保胎、防止流产的重要措施。

孕牛管理要合理,运动要适当,严防惊吓、滑跌、挤撞、鞭打、顶架等。对于有些患习惯性流产的母牛,应摸清其流产规律,在流产前采取保胎措施,服用安胎中药或注射"黄体酮"等药物。群众也有护孕保胎"六不"经验,即:"一不混",不与其他牛混牧、混养;"二不打",不打冷鞭和头、腹部;"三不吃",不吃霜、冻、霉烂草;"四不饮",不饮冷水、冰水,出汗和饿肚不饮;"五不赶",刚吃饱饮足后、役重后、坏天气、路差、快到牛场都不急赶;"六不用",配种后、产犊前、产犊后、吃得过饱、过于饥饿、有病时不使用。

任务四　母牛的分娩与接产

一、怀孕母牛预产期的推算

为了做好牛场的生产安排和怀孕母牛的分娩前准备,在配种母牛经检查判定妊娠后,就应精确地推算怀孕母牛的预产期,以便编制产犊计划。怀孕母牛预产期的推算方法,有查表法和公式推算法等。

1. 查表法

查表法就是应用母牛的妊娠日历表,由表内的交配日期便可查得母牛的预产期。

2. 公式推算法

公式推算法就是按简单易行的公式来推算。现将公式推算法介绍如下,由于牛的妊娠期长短有品种间的差异,因而计算妊娠日期也有异,方法也不同。适用于乳用牛的公式推算法是,按 280 d 妊娠期计,将交配月份减 3,交配日加 6,即得预计的分娩日期。

适用于肉用牛的公式推算法是,按 282~283 d 妊娠期计,将交配月份加 9,交配日加 9,即得预计的分娩日期。

适用于水牛公式推算法是,按 313~315 d 妊娠期计算,可用交配月份减 2,交配日加 9 的方法。

二、怀孕母牛临产前的表现

牛的乳房变化较明显,产前半个月乳房开始膨大。在产前几天可挤出黏稠、淡黄和蜂蜜状的液体,当能挤出乳白色的初乳时,分娩可在 1~2 d 内发生。母牛在妊娠后期,阴唇逐渐肿胀、柔软,皱褶平展,在分娩前 1~2 d 从阴部流出呈透明的絮状物,垂于阴门外。分娩前 1~2 d,骨盆韧带已充分软化,尾根两侧肌肉明显塌陷。母牛临产前 4 周体温逐渐升高,在分娩前 7~8 d 高达 39~39.5 ℃,但至分娩前 12~15 h,体温又下降 0.4~1.2 ℃。在行动上表现为活动困难,起立不安,尾高举,食欲减少或停止。

三、分娩准备

在妊娠母牛产犊前,需制订好接产计划,积极认真地做好人员、产房、饲料、药品、用具以及临产母牛的分群等准备工作。

1. 人员准备

接犊保犊是一项繁重而细致的工作,必须根据分娩母牛头数,组织一定数量的工作认真细致的,具有接犊保犊经验的饲养员作为骨干投入这项工作。在母牛分娩前期应组织工人、技术人员等一起讨论以往的接犊经验,修订"接犊保犊操作规程"。参加工作的人员必须明确分工,接犊、护理、母牛饲养管理等各项工作都有专人负责。初次参加接犊的人员,事先应组织学习接犊的技术和有关的知识。安排好值班,适当分工,划清工作范围,密切配合,以免造成紊乱和顾此失彼现象。

2. 产房准备

产犊用的产房应因地制宜,因陋就简,逐步提高;产房要求阳光充足,通风良好,地面干燥,保持清洁。在产犊前结合产房维修清除积粪,舍内墙壁、地面及一切用具都要进行消毒。

3. 饲料、饲草准备

应在各个接犊点附近选出一定面积的优良草场,留供产后的母牛和犊牛放牧使用。母牛产前和产后若干日内,一般不出外放牧,进行舍饲,所以要准备足够的优质干草、青贮和精料,供母牛补饲用。

4. 药品、用具准备

必要的用具如料槽、水桶、消毒用具、肥皂、毛巾以及各种常用药品,都需事先准备。此外,还需准备各种必须记录的表格等。

5. 临产母牛准备

临近产期时,应根据配种记录和母牛乳房发育情况,分别组成临产母牛群,在分娩前1～2周转入产房。对临产前的母牛须精心护理。每天出牧时要慢走,出入圈时防止母牛拥挤,饮水时防止滑倒,以免引起流产。对临产的母牛,应消毒外阴部,最好用纱布绷带将尾巴缠上系于一侧。厩床上铺垫清洁柔软的干草。

母牛临产期要安排专人值班,看守,做好接产工作,要给临产母牛以清洁、干燥的垫草和安静的环境,一般胎膜水泡露出后10～20 min,母牛多卧下,要使母牛向左侧卧,以免胎儿受瘤胃压迫难以产出。胎儿的前蹄将胎膜顶破,羊水(胎水)要用桶接住,用其给产后母牛灌服3.5～4.0 kg,可预防胎衣不下。一般顺产是两前肢夹着头先出来,倘若发生难产,是姿势不正,应先将胎儿顺势推回子宫矫正胎位,不可硬拉。倒生时,当两后腿产出后,应及早拉出胎儿,防止胎儿进入产道后脐带被压在骨盆底上,使胎儿窒息死亡。母牛阵缩、努责微弱,应进行助产,用消毒过的产科绳缚住胎儿两前肢部,让助手拉住,助产者双手伸入产道,大拇指插入胎儿口角,然后捏住下颌,乘母牛努责时一起用力拉,用力方向应稍向母牛臀部后下方。当胎头通过阴门时,一人用双手捂住母牛阴唇及会阴,避免撑破,胎头拉出后,动作要缓慢,以免发生子宫内翻或脱出,当胎儿腹部通过阴门时,用手捂住胎儿脐孔部,防止脐带断在脐孔内,并延长断脐时间,使胎儿获得更多血液。

四、分娩期护理

舒适的分娩环境和正确的接生技术对母牛护理和犊牛健康极为重要。母牛分娩必须保持安静,并尽量使其自然分娩。一般从阵痛开始需 1～4 h,犊牛即可顺利产出。如发现异常,应请兽医助产。母牛分娩应使其左侧躺卧,以免胎儿受瘤胃压迫产出困难。母牛分娩后应尽早驱使其站起。母牛分娩后体力消耗很大,应使其安静休息,并饮喂温热麸皮盐钙汤 10～20 kg(麸皮 500 g,食盐 50 g,碳酸钙 50 g),以利母牛恢复体力和胎衣排出。

母牛分娩过程中,卫生状况与产后生殖道感染的发生关系极大。母牛分娩后必须把它的两肋、乳房、腹部、后躯和尾部等污脏部分,用温水洗净,用干净的纱布擦干,并把沾污的垫草和粪便清除出去,地面消毒后铺以厚的干垫草,母牛产后,一般 1～8 h 内胎衣排出。排出后,要及时消除并用来苏尔消毒水清洗外阴部,以防感染。

为了使母牛恶露排净和产后子宫早日恢复,还应喂饮热益母草红糖水(益母草粉 250 g,加水 1 500 g,煎成水剂后,加红糖 1 kg 和水 8 kg,饮时温度 40～50 ℃),每天 1 次,连服 2～3 次。犊牛产后一般 30～60 min 即可站起,并寻找乳头哺乳,所以这时母牛应开始挤乳。挤乳前挤乳员要用温水和肥皂洗手,另用一桶温水洗净乳房。用新挤出的初乳哺喂犊牛。母牛产后头几次挤乳,不可挤得过净,一般挤出量为估计量的 1/3。

母牛在分娩过程中是否发生难产、助产的情况、胎衣排出的时间、恶露排出情况以及分娩母牛的体况等,均应进行详细记录。

五、牛群的繁殖性能指标及计算

(一)牛群的繁殖性能指标

(1)受配率。在 80% 以上。

(2)产犊率。在 90% 以上,总受胎率在 95% 以上。

(3)个体受胎率。平均所需配种次数低于 1.6 次。

(4)产犊间隔。在 13 个月以下。

(5)有繁殖障碍的个体。不超过 10%。

(6)产后发情时间。牛群中 70% 以上个体产后 60 d 内开始出现发情。

(二)牛群繁殖性能的计算

(1)受配率＝受配母牛/适龄母牛×100%。

(2)受胎率＝一个情期内受胎母牛/一个情期受配母牛×100%。

(3)总受胎率＝年内总受孕母牛数/年内平均母牛数×100%。

(4)产犊率＝本年度出生犊牛总数/上年度末成年母牛头数×100%。

(5)每次受孕的配种次数＝总配种次数/受孕母牛数。

(6)平均产犊间隔＝总个体产犊间隔(d)/产犊母牛总数。

复习思考题

1.解释下列概念:

发情;性成熟;初配年龄;自然交配;妊娠;分娩。

2.母牛发情表现有哪些?

3.如何推算预产期?

4.简述妊娠母牛管理要点。

技能训练十七　母牛的发情鉴定

【目的要求】

掌握母牛发情鉴定方法以及母牛外部表现和内部变化的特征。

【材料和用具】

材料:1%煤酚皂、0.1%新洁尔灭溶液、75%的酒精棉球、凡士林润滑剂、pH 试纸、消毒纱布;发情母牛若干头、种公牛一头。

用具:一次性长筒手套若干双、牛用开膣器、试管、酸度计、显微镜、载玻片、绳索、保定六柱栏、反光镜或手电筒、酒精灯。

【内容和方法】

牛的发情期虽然短,但外部特征表现明显,因此奶牛的发情鉴定主要是外部观察法,也可用公牛试情法。阴道及分泌物的检查可与输精同时进行。对卵泡发育情况进行直肠检查,可以准确确定排卵时间。

1.直接观察法

发情开始后 12～18 h;接受其他牛爬跨,由烦躁转为安静;黏液量少,呈浑浊状或透明而浓稠。

2.直肠检查法

通过直肠检查触摸两侧卵巢上的卵泡发育情况来确定母牛是否发情,根据卵泡是否突出于卵巢表面及大小、弹性、波动性和排卵来判断是否发情及配种或输精的适期。发情初期卵巢有所增大,卵泡部分突出于卵巢表面其直径在 8 mm 以下,较硬;到卵泡成熟期,卵泡呈球突出于卵巢表面,其直径可达 10～24 mm,卵泡壁变薄,富有弹性,有一触即破之感。同时,触摸子宫角后子宫有收缩(紧张)感。卵巢上有直径在 1.5 cm 左右的卵泡,并有一触即破之感。

3.阴道检查法

阴道检查法是用阴道开膣器来观察阴道的黏膜、分泌物和子宫颈口的变化来判断发情与否。发情母牛外阴肿胀开始消失,子宫颈口呈大蒜瓣状、粉红或带紫褐、湿润、开张良好。

发情母牛阴道黏膜充血潮红,表面光滑湿润;子宫颈外口充血、松弛、柔软开张,排出大量透明的牵缕性黏液,如玻棒状(俗称吊线),不易折断。黏液最初稀薄,随着发情时间的推移,逐渐变稠,量也由少变多。到发情后期,量逐渐减少且黏性差,颜色不透明,有时含淡黄色细胞碎屑或微量血液。不发情的母牛阴道苍白、干燥,子宫颈口紧闭,无黏液流出。黏液的流动性取决于酸碱度,碱性越大越黏,乏情期的阴道黏液比发情期的碱性强,故黏性大。发情开始时,黏液碱性较低,故黏性最小;发情旺期,黏液碱性增高,故黏性最强,有牵缕性,可以拉长。母牛阴道壁上的黏液比取出的黏液略酸,如发情时的黏液,在阴道内测定时 pH 为 6.57,而取出在试管内测定时 pH 则为 7.45。子宫颈的黏液一般比阴道的稍微酸些。

发情母牛的子宫颈黏液如在载玻片上涂片、干燥后镜检,则出现羊齿植物状的结晶花纹。结晶呈花纹晶型,排列长而整齐,保持时间达数小时以上,其他杂物如上皮细胞、白细胞等很少。如果结晶结构较短,呈短金藻或星芒状,且保持时间较短,白细胞较多,这是发情末期的表现。

阴道检查操作时,根据现场条件,利用绳索、三角绊或六柱栏保定母牛,尾巴用绳拴于一侧。外阴部先用清水洗净后,再用1%煤酚皂或0.1%新洁尔灭溶液进行消毒,最后用消毒纱布或酒精棉球擦干。开膣器清洗擦干后,先用75%的酒精棉球内外消毒,然后用火焰烧灼消毒,涂上灭菌过的润滑剂。用左手拇指和食指(或中指)将阴唇分开,以右手持开膣器把柄,使闭合的开膣器和阴门相适应,斜向前上方插入阴门。当开膣器的前1/3进入阴门后,即改成水平方向插入阴道,同时旋转着打开开膣器,使其把柄向下,通过反光镜或手电筒光线检查阴道变化。应特别注意阴道黏膜的色泽及湿润程度,子宫颈部的颜色及形状,黏液的量、黏度和气味,以及子宫颈管是否开张和开张程度。检查完后稍微合拢开膣器,抽出。注意消毒要严格,操作要仔细,防止粗暴。

【实训报告】

根据学习和操作,总结母牛发情鉴定的方法。

技能训练十八　母牛的早期妊娠检查

【目的要求】

掌握母牛早期妊娠检查方法,并能用此方法检查早期妊娠母牛。

【材料和用具】

材料:己烯雌酚、7%碘酒溶液、5%硫酸铜溶液;已配种母牛(25~30 d)若干头。

用具:一次性长筒手套若干双、牛用开膣器、凡士林润滑剂、试管若干、长柄镊子、便携式兽用B超机。

【内容和方法】

1.阴道检查法

母牛配种后1个月进行检查,已妊娠的母牛,当开膣器插入阴道时,阻力明显,有干涩之感;阴道黏膜苍白,无光泽;子宫颈口偏向一侧,呈闭锁状态,为灰暗浓稠的黏液所封闭。

2.激素诊断法

母牛配种后25 d,用己烯雌酚10 mg,一次肌内注射。已妊娠者无发情表现;未妊娠者第2天便表现明显发情。因为妊娠黄体所分泌的黄体酮与雌激素作用相抵消,妊娠母牛注射雌激素不表现发情。

3.看"眼线"法

母牛配种后25 d,在瞳孔的正下方巩膜表面,有明显的纵向血管1~2条(个别也有3条的),呈直线状态,颜色深红,轮廓清晰,又没有任何发情表现,则为妊娠。但要注意与因病充血的区别。

4.7%碘酒法

首先收取配种30 d母牛鲜尿液10 mL,盛入试管中,然后滴入2.0 mL 7%碘酒溶液,充分混合5~6 min,在亮处观察试管中溶液的颜色,呈暗紫色为妊娠,不变色或稍带碘酒色为未妊娠。

5.直肠检查法

母牛配种后30 d检查,此时排卵侧卵巢体积增大到原来的1倍,同核桃大甚至鸡蛋大,质地较硬,证明有黄体存在,明显凸出于卵巢表面,而另一侧卵巢无变化;子宫角大于空角,增粗,质地松软,有波动感,触摸时无收缩反应,可判定为妊娠。

输精后 40～50 d 检查：母牛妊娠后第 1 个月内，胚胎在子宫内处于游离状态，以子宫黏膜分泌的子宫乳为营养而继续发育。由于胚胎与母体联系不紧密，当生存条件突然变化时，很容易造成流产。因此，即使第一次检查已经妊娠了，也有必要再检查一次。这次检查除卵巢有黄体存在外，子宫角的形态变化是判定的主要根据。如果两侧子宫角失去了对称，一侧子宫角变得粗短，柔软如水袋，触诊无收缩反应，可判定为妊娠。如果卵巢内虽有黄体，但子宫角饱满、肥厚，如香肠样，多为未妊娠，有病。卵巢内有持久黄体存在，从而抑制卵泡发育，结果表现既未妊娠，也不发情。

6.子宫颈黏液比重法

因未妊娠母牛子宫颈黏液比重小于妊娠母牛子宫颈黏液，所以可采用此法来判定。用长镊子取配种 30 d 的母牛少量子宫颈黏液放入试管中，而后加入 10 mL 5％硫酸铜溶液，如果黏液沉底则为妊娠；不沉底则为未妊娠。

7.B超检查

兽用 B 超诊断对奶牛早期的妊娠诊断有着重要的意义，可减少空怀，提高奶牛的繁殖力和生产力，增加经济效益减少损失。传统的奶牛妊娠诊断一般为直肠检查法，其准确性依个人的经验而异，主观性较强，初学者不易掌握，且在妊娠早期容易伤害胚胎，引起流产。

采用便携式兽用 B 超仪对奶牛进行早期妊娠诊断，操作方法简单，准确率高，既能直观地在屏幕上显示妊娠特征，又能缩短配种后的待检时间。空怀 B 超图像显示子宫体呈实质均质结构，轮廓清晰，内部呈均匀的等强度回声，子宫壁很薄。而妊娠奶牛的子宫壁增厚，配种后妊娠 12～14 d 子宫腔内出现不连续无反射小区，即为聚有液体的胚泡。以后胚泡逐渐增大，至妊娠 20 d 时，胚泡结构中出现短直线状的胚体。妊娠 22 d 时，可探测到胚体心跳。妊娠 22～30 d 时，胚体呈 C 形。妊娠 33～36 d，可清晰地显示出胚囊和胚斑图像。妊娠 33 d 时，胚囊实物 1 指大小，胚斑实物 1/3 指大小。声像图中子宫壁结构完整，边界清晰，胚囊液性暗区大而明显，液性暗区内不同的部位多见胚斑，胚斑为中低灰度回声，边界清晰。妊娠 30～40 d 时，B 超诊断的主要依据是声像图中见到胚囊或同时见到胚囊和胚斑。

【实训报告】

根据学习和操作，谈谈你对早期妊娠检查方法的认识和体会。

技能训练十九　　母牛的人工授精技术

【目的要求】

熟悉采精、输精的程序，掌握人工授精技术。

【材料和用具】

必要设备及用品见表技训 3-2-1。

表技训 3-2-1　配种站的必要设备及用品

必要设备及用品	数量
贮精设备	
液氮罐 10 L	1 个
液氮罐 30 L	1 个
冰箱	1 台
输精设备	
输精架	1 台
输精枪(管)、解冻缸(杯)、乳胶手套、围裙、胶靴等	若干
精液检查器具	
普通显微镜	1 台
载玻片、盖玻片、血球计数器、记数计等	若干
消毒设备	
干燥箱	1 台
消毒锅	1 台
电炉、酒精灯	若干
玻璃器皿	
注射器、试管、滴管、漏斗、玻璃瓶、玻璃棒、烧杯等	若干
必要的药品、化学试剂	
消毒用酒精、来苏儿、治疗不孕的药品、冲洗子宫的药品、配制颗粒冻精解冻液用的试剂等	若干
其他用品	
纱布、棉花、天平、药品橱、洗涤架、污物桶、长柄镊子、瓶刷、搪瓷盘、滤纸、毛巾、肥皂、卫生纸等	若干

【内容和方法】

　　人工授精就是利用相应器械,将采集或加工处理的精液注入母畜生殖器官内使其妊娠。在奶牛配种上,我国现在基本全面实现了人工授精。

(一)人工授精前的准备工作

1.输精器的准备

　　将金属输精器用 75% 酒精或放入高温干燥箱内消毒,输精器宜每头母牛准备一支或用一次性外套。

2.母牛的准备

　　将接受输精的母牛在六柱栏内保定好,尾巴固定于一侧,用 0.1% 新洁尔灭溶液清洗消毒外阴部。

二维码 3-2-1
种公牛采精、制精流程

3.输精人员的准备

输精员要身着工作服,指甲需剪短磨光,戴一次性直肠检查手套。

(二)冷冻精液的解冻

细管精液的解冻方法是从液氮中取出细管冻精后,将 0.25 mL 的细管冻精封口端朝上、棉塞端朝下,置于 35 ℃ 的水中,静置 20 s(或置于 40 ℃ 温水中,10～12 s)即可。

(三)精液品质检查

1.精子活力

检查精子活力用的显微镜载物台应保持 35～38 ℃ 温度。

2.精子活率

在显微镜视野下,呈直线前进运动的精子数占全部精子数的百分率来评定精子活率。100% 的精子呈直线运动者评为 1,90% 的精子呈直线运动者评为 0.9,依此类推。

(四)将塑料细管精液解冻后装入金属输精器

将输精器推杆向后退 10 cm 左右,插入塑料细管,有棉塞的一端插入输精器推杆上,深约 0.5 cm,将另一端聚乙烯醇封口剪去。

(五)输精

1.发情鉴定及健康检查

母牛需经发情鉴定及健康检查后才能给予输精。

2.外阴部清洗、消毒

母牛在输精前,外阴部应经清洗,以 1/3 000 新洁尔灭溶液或酒精棉球擦拭消毒,待干燥后,再用生理盐水棉球擦拭。

3.输精量及精子活力

发情母牛每次输入一头份解冻后冷冻精液。输精用精子活力应达 0.3 以上,输入的直线前进运动精子数,细管型冷冻精液为 1 000 万以上。

4.输精部位

采用直肠把握输精法将精液注入宫颈内口或子宫体部位。

5.配种记录

输精母牛须做好记录,各项记录必须按时、准确,并定期进行统计分析。

(六)妊娠检查

母牛输完精,接下来就是对怀孕母牛的妊娠检查了。妊娠检查主要是直肠检查,主要根据子宫角的变化情况,其次是根据触摸子宫中动脉来判断母牛是否妊娠。

正确的早期诊断可减少生产损失、确定妊娠期,计算预产期和安排干奶期。验胎有直肠检查和激素测定两种方法,通常只用直肠检查。受精后第 21～24 天,触摸到 2.5～3 cm 发育完整的黄体,表明 90% 已怀孕了;在受精后 60 d、第 180～210 天进行两回验胎,第一次确诊有胎,第二次确保有胎,准备干奶,第一次验胎时间在技术保证的前提下,可提早到输精后的 40～60 d 进行。

(七)繁殖记录与档案

奶牛繁殖工作之成败,是由每天的临场观察之效果所决定,观察牛只发情、过情、异常行为、子宫(阴道)分泌物状况,收集配种、验胎、流产等各种信息记在随身小笔记本上,随后输入电脑或档案卡或处置之程序,也是人工授精员的工作规范内容之一。

1.记录

每天应将笔记本内容按发情、配种及繁殖障碍分类等分别造册或输入电脑。

2.建档

每头奶牛在初情期之后,应建立该牛的档案(繁殖卡)。

3.繁殖卡内容

牛号、所在场、舍别、出生日期、父号、母号、发情日期、配种日期、与配公牛、验胎结果(预产日期)、复验结果、分娩或流产、早产日期、难/顺产,犊牛号和重大繁殖障碍记录等。繁殖卡上内容应在发生当月固定的日期填清。

【实训报告】

写出你对母牛人工授精技术操作的体会。

乳用牛生产

【知识目标】
1.熟悉奶牛生产的各个环节,了解奶牛外貌特征。
2.熟悉奶牛不同阶段饲养管理要点。

【技能目标】
1.能掌握奶牛生产的各个环节关键技术。
2.会对奶牛的外貌进行鉴定。

任务一　乳用牛体质外貌评定

一、体质外貌及其各部位特征

奶牛生产的目标是高产、稳产、健康、利用年限长,而研究奶牛体质外貌的目的,在于揭示外貌与生产性能和健康程度之间的关系,以便在奶牛生产上尽可能地选出高产、稳产、健康的牛只。实践证明,通过科学的外貌鉴别技术,鉴定出的体质外貌较好的牛,一般生产性能也较高。因此,各国在奶牛的育种工作中,除重视牛的产奶性能之外,也十分重视奶牛的体质外貌。

奶牛的整体特征为,全身清瘦,皮薄骨细,血管外露,棱角突出,被毛细短而有光泽,肌肉不甚发达,皮下脂肪沉积不多,胸腹宽深,中躯较长,后躯和乳房十分发达,从侧视、前视、背视均呈"楔形"或"三角形"(图 3-3-1)。

(一)头颈部

在体躯的最前端,它以鬐甲和肩端的连线与躯干分界,包括头部和颈部 2 部分。

1.头部

头部是以头骨为其解剖基础的体表部位,并以枕骨脊为界与颈部相连。头部有长短、宽窄、轻重、粗细之分,表现出明显的品种特征。

2.颈部

颈部是以 7 个颈椎为其解剖基础的体表部位。奶牛的颈宜薄、长而平直,两侧纵行皱褶

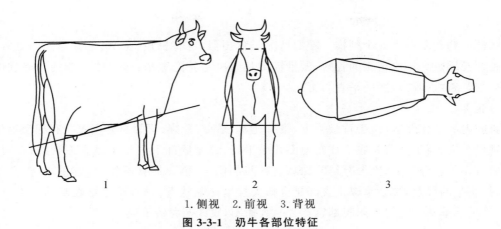

1.侧视　2.前视　3.背视

图 3-3-1　奶牛各部位特征

多。同时注意头与颈、颈与肩的连接要自然,结合处不宜有明显凹陷。

(二)前躯

前躯包括鬐甲、前肢和胸部 3 部分。

1.鬐甲

鬐甲是以第二至第六背椎棘突与肩胛软骨为其解剖基础的体鬐表部位,是连接颈、前肢和躯干的枢纽。甲有长短、窄宽、高低、尖和分岔之分。牛体营养欠佳,肌肉不发达,弱体质时会形成尖甲;背椎棘突发育不良、胸部两侧韧带松弛引起体躯下垂、胸部过度发育时都会形成岔鬐甲(双鬐甲)。奶牛鬐甲宜长平而较狭,多与背线呈水平状态。

2.前肢

前肢包括肩部、臂和下前肢 3 部分。

(1)肩部。肩部是以肩胛骨为其解剖基础的体表部位,它的形态取决于肩胛骨的长短、宽窄、着生状态以及附着肌肉的丰富程度。

(2)臂。臂以肱骨为其解剖基础的体表部位,有长短、肥瘦等不同类型。

(3)下前肢。包括前臂、前膝、前管、球节、系、蹄等部位。前臂应长短适中,肌肉发达,与地面垂直。前膝应整洁、正直、坚实、有力,无前屈后弓、内外弧等形态。前管应粗细适中,筋腱明显,血管显露。球节要强大,光整而结实有力。系要长短适中,粗壮有力。蹄要圆大,蹄质致密结实,内外蹄大小一致,蹄间隙紧密,并与地面呈 45°～50°的角。

3.胸部

胸部位于两前肢之间与腹部相连。胸部有深浅、宽窄、长短之分。由于胸腔的大小直接关系到心、肺的发育。因此,奶牛的胸部宜深而宽(胸深应占体高 1/2 以上),肋间宽、长而开张。

(三)中躯

中躯包括背部、腰部、腹部和肷 4 部分。

1.背部

背部是以最后七八个背椎为其解剖基础的体表部位。背有长和短、宽和窄、平和凹凸之分。奶牛背部宜长宽,平直。凹背和鲤鱼背均为严重缺陷。

2. 腰部

腰部的解剖基础是6个腰椎。腰的情况与背相似，也有长短、宽窄、平直与凹凸之分。腰椎体长短及间隙大小决定腰的长短；腰椎横突长短决定腰的宽窄；腰椎体结合的紧密程度，肌肉和韧带是否松弛决定腰的平直与否。

3. 腹部

腹腔内有消化器官，位于背腰下方，腹有充实、平直、卷腹、草腹。充实腹既有相当容量，又无下垂松弛之感；平直腹是腹下线与地面几乎平行，直至肷部下方亦不显紧缩状态；卷腹是在腹部后方显得过分紧缩、上吊，形如犬腹，这种腹的奶牛，消化器官不发达，容量小，食欲差，体质弱，是奶牛的严重缺陷；草腹是腹部显得膨大且呈松弛状态；垂腹是在草腹基础上不仅显松弛，而且呈下垂状态。奶牛的腹部宜宽、深、大而圆，腹线与背线平直。

4. 肷

肷位于肋骨后、腰椎横突之下和腰角之前的部位。肷有大小、充盈与凹陷、左右之分。饱食后左肷（草肷）丰满。饮水后右肷（水肷）丰满。

（四）后躯

后躯包括尻部、乳房、后肢、生殖器官和尾5部分。

1. 尻部

尻部（也称臀部）是以髋骨、荐骨及第一尾椎为其解剖基础的体表部位。尻分高低、长短、平斜、宽窄、方尖和屋脊尻等不同类型。

2. 乳房

乳房是母牛的泌乳器官，其形状、大小、质地对奶牛尤为重要。奶牛的乳房容积要大，前乳房向前延伸至腹部和腰角前缘，后乳房向股间的后上方充分延伸，附着良好，四乳区发育匀称，底线平坦，呈"浴盆状"，乳腺发达，柔软而有弹性。

3. 后肢

奶牛要有理想的后肢。后肢主要包括大腿、小腿、飞节和后管。大腿是以股骨为其解剖基础的体表部位。奶牛大腿宜宽而深，肌肉不多，以便容纳庞大的乳房。小腿是以胫骨为其解剖基础的体表部位。发育良好的小腿，要求长度适当，胫骨与股骨的角度为100°～130°，以保证后肢的步伐舒畅、灵活、有力。飞节是以跗关节为其解剖基础的体表部位。飞节有直飞、曲飞、正常飞之分。直飞节步幅小，伴随后踏；曲飞节伴随前踏和卧系，它们均会影响后肢耐力的发挥。奶牛的飞节角度以145°为宜。后管是介于飞节与球节之间，以跖骨（趾骨）为其解剖基础的体表部位。后管应长短适中，宽而薄，依飞节角度自然延伸至蹄。

4. 生殖器官

公牛的睾丸应发育良好，大小均匀、对称，附睾发育良好，包皮整洁、无缺陷。如有隐睾、单睾，则不能留作种用。母牛阴唇应发育良好，外形正常，阴户大而明显，以利于分娩。

5. 尾

尾位于躯干最末端，其与荐椎相连部分，称尾根；其末端的长毛，称尾帚。尾是用来维持机体运动中的平衡状态并兼有驱赶蚊虫等作用，尾根不宜过粗，附着不能过前，长短应符合品种要求。

二、体尺测量和体重估计

(一)体尺测量

用于奶牛体尺测量的器具主要有测杖、卷尺、圆形测定器、测角计等(图 3-3-2)。进行测量时,应使牛站在平坦的地面上。肢势端正,左右两侧的前后肢均须在同一直线上,从后面看后腿掩盖前腿,侧望左腿掩盖右腿,或右腿掩盖左腿。头应自然前伸,既不左右偏,也不高抬或下垂,枕骨应与鬐甲接近在一个水平线上。只有这样的姿势才能得到比较准确的体尺数值。测定部位的多少,依测定的目的而定。奶牛常用的测定项目有以下几种。

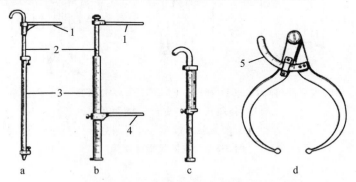

a,b,c.测杖　d.圆形测定器
1.固定端　2.滑动标尺　3.固定标尺　4.滑动端　5.读数标尺
图 3-3-2　常用体尺测量工具

(1)鬐甲高。鬐甲高又称体高,自鬐甲最高点垂直到地面的高度。用测杖量取。

(2)胸围。在肩胛骨后缘处作一垂线,用卷尺围绕一周测量,其松紧度以能插入食指和中指上下滑动为准。

(3)体斜长。从肩端至坐骨端的距离,用卷尺或测杖量取,但需注明所用测具。

(4)体直长。从肩端至坐骨端后缘垂直直线的水平距离。用测杖量取。

(5)背高。最后胸椎棘后缘垂直到地面的高度。用测杖量取。

(6)腰高。亦称十字部高,两腰角的中央(即十字部)垂直到地面的高度。用测杖量取。

(7)尻高。荐骨最高点垂直到地面的高度。用测杖量取。

(8)胸深。在肩胛骨后方,从鬐甲到胸骨的垂直距离。用测杖量取。

(9)胸宽。左右第六肋骨间的最大距离,即肩胛骨后缘胸部最宽处的宽度。用测杖或圆形测定器量取。

(10)臀端高。坐骨结节至地面的高度。用测杖量取。

(11)背长。从肩端垂直切线至最后胸椎棘突后缘的水平距离。用测杖量取。

(12)腰长。从最后胸椎棘突的后缘至腰角前缘切线的水平距离。用测杖量取。

(13)尻长。从腰角前缘至臀端后缘的直线距离。用测杖量取。

(14)腰角宽。又称后躯宽,左右两腰角最大宽度。用测杖或圆形测定器量取。

(15)髋宽。左右髋部(髋关节)的最大宽度。用测杖或圆形测定器量取。

(16)坐骨端宽。左右坐骨结节最外隆凸间宽度。用圆形测定器量取。

(17)管围。前肢胫部上 1/3 处的周径,一般在前管的最细处量取。用卷尺量取。

牛体尺指标测量见图 3-3-3。

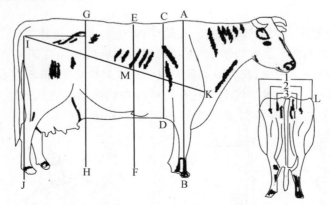

AB.鬐甲高(体高)　CD.胸围　EF.背高　GH.腰高　IJ.臀端高

IK.体斜长　IL.尻长　M.胸宽

1.后躯宽　2.髋宽　3.臀端宽

图 3-3-3　牛体尺指标测量

(二)体尺指数

所谓体尺指数是指奶牛体尺指标之间的数量关系,用于表达不同体躯部位相对发育程度,反映奶牛的体态特征及可能的生产性能。它的计算一般用某一常用体尺作基数,如体高与其他体尺之比,用百分率表示。奶牛常用的体尺指数的计算公式与含义如下。

(1)体长指数=体斜长/体高×100%,反映体格长度与高度的相对发育情况。

(2)胸宽指数=胸宽/胸深×100%,反映胸部宽、深的相对发育程度。

(3)髋胸指数=胸宽/腰角宽×100%,反映胸部对髋部的相对发育情况。

(4)体躯指数=胸围/体斜长×100%,反映体躯容量的相对发育情况。

(5)尻高指数=尻高/体高×100%,反映前后躯在高度方面的相对发育情况。

(6)尻宽指数=坐骨端宽/腰角宽×100%,反映尻部的发育情况。

(7)管围指数=管围/体高×100%,反映骨骼的相对发育情况。

(8)胸围指数=胸围/体高×100%,反映体躯的相对发育程度。

(9)肢长指数=(体高-胸深)/体高×100%,反映四肢长度的相对发育情况。

(三)体重

称量体重可准确了解奶牛的生长发育情况,检查饲养效果。同时体重也是科学配制日粮的依据,奶牛育种的重要指标。奶牛的测重方法主要有实测法和估测法 2 种。

1.实测法

一般应用平台式地秤,使奶牛站在上面,进行实测,这种方法最为准确。犊牛应每月测重一次,育成牛每 3 个月测重一次。每次称重均应在清晨空腹进行,而成年母牛应挤奶之后进行。为了使尽可能地减少称重误差,应连续两天在同一时间内进行,然后求其平均数作为该次的实测活重。

2.估测法

如若没有地秤,奶牛的体重也可根据体尺进行估计。各龄奶牛体重可采用以下公式进行估测。

(1)6~12月龄。体重(kg)=胸围^2(m)×体斜长(m)×98.7。

(2)16~18月龄。体重(kg)=胸围^2(m)×体斜长(m)×87.5。

(3)初产至成年。体重(kg)=胸围^2(m)×体斜长(m)×90。

三、年龄鉴别

根据产犊记录确定奶牛年龄是最为可靠的方法,但在缺乏记录情况下,可根据牙齿、角轮及外貌情况进行估测,其中以牙齿的鉴别较可靠。

(一)牙齿的种类、数目和排列方式

奶牛的牙齿分为乳齿和永久齿两类。最先出生的是乳齿,随着年龄的增长,逐渐被永久齿代替。乳齿有20枚,永久齿32枚。乳齿与永久齿在颜色、形态、排列、大小等方面均有明显的区别,见表3-3-1。

表3-3-1 乳齿和永久齿的区别

项目	乳齿	永久齿
颜色	洁白	齿根呈棕黄色,齿冠色白而微黄
排列	不整齐	整齐
大小	小而薄	大而厚
齿颈	明显	不明显
齿间空隙	有且大	无

牛无上门齿和犬齿,上门齿的位置被角质化的齿垫所替代。乳齿还缺乏后臼齿。奶牛的门齿有四对八枚,最中间的一对称钳齿,由钳齿向两侧依次为内中间齿、外中间齿和最边的一对隅齿。奶牛的齿式为:

$$乳齿=2\times\left[\frac{0(门齿)+0(犬齿)+3(前臼齿)+0(后臼齿)}{4(门齿)+0(犬齿)+3(前臼齿)+0(后臼齿)}\right]=20\text{枚}$$

$$永久齿=2\times\left[\frac{0(门齿)+0(犬齿)+3(前臼齿)+3(后臼齿)}{4(门齿)+0(犬齿)+3(前臼齿)+3(后臼齿)}\right]=32\text{枚}$$

(二)牙齿鉴别的依据和方法

通常是以门齿在发生、更换和磨损过程中所呈现的规律性变化为依据。犊牛出生时,第一对乳钳齿就已长成,此后3个月左右,其他3对乳门齿也陆续长齐,1.5岁左右,第一对乳钳齿开始脱换成永久齿,此后每年按序脱换一对乳门齿,永久齿则脱换,到4.5岁时,4对乳门齿全部换成永久齿,此时的奶牛俗称"齐口"。在奶牛的牙齿脱换过程中,新成长牙的牙面也同时开

始磨损,5 岁以后的年龄鉴别,主要依据门齿的磨损规律进行判断,见表 3-3-2。

由于奶牛所处的环境条件、饲养管理状况、营养水平以及畸形齿等的影响,牙齿常有不规则磨损。在进行年龄鉴别时,必须根据具体情况,结合年龄鉴别的其他方法,综合进行判断。

表 3-3-2　奶牛牙齿生长、磨损特征和鉴别方法

年龄	牙齿特征	俗称
3 月龄	乳门齿磨蚀不明显,乳隅齿已长齐	
6 月龄	乳钳齿和乳内中间齿已磨蚀,有时乳外中间齿和乳隅齿也开始磨蚀;乳钳齿的舌面已全部磨光,其他乳门齿也有显著的磨蚀	
12 月龄	乳钳齿已显著变短,开始动摇,乳内中间齿和乳外中间齿的舌面已磨光,乳隅齿的舌面也接近磨光	
1.5 岁	1 岁半以后,乳钳齿脱落,换生永久齿,2 岁左右,钳齿生长发育完全	"对牙"
2 岁	2 岁半左右,乳内中间齿脱落,换生永久齿,3 岁左右内中间齿生长发育完全	"四牙"
3 岁	3 岁左右,乳外中间齿脱落,换生永久齿,3.5 岁左右外中间齿生长发育完全	"六牙"
4 岁	4 岁左右,乳隅齿脱落,换生永久齿,4.5 岁左右 4 对门齿发育齐全,并开始磨蚀,但不显著	"齐牙"
5 岁	钳齿磨损面呈长方形或月牙形;外中间齿,尤其是隅齿的齿线,稍有现露,但不显著	"满口斑"
6 岁	钳齿齿峰开始变钝,齿磨损面呈三角形,但在后缘仍留下形似燕尾的小角,这时门齿的齿线和牙斑全部清晰可见	"双印"
7 岁	钳齿磨损面呈四边形或不等边形,燕尾消失,齿峰显著变钝,并平于齿面;内中间齿齿峰开始变钝,齿磨损面呈三角形,齿线明显	"八斑"或"四印"
8 岁	外中间齿磨损面呈月牙形,此时所有门齿牙斑明显,齿龈正常	
9 岁	钳齿出现齿星(珠),内、外中间齿的磨损面呈近四边形和三角形	"九出珠"
10 岁	内中间齿出现齿星,外中间齿和隅齿的磨损面呈近四边形和三角形	"二对珠"
11 岁	全部门齿变短,各齿间已有空隙	"三对珠"
12 岁	外中间齿出现齿星,隅齿的磨损面呈近四边形,齿间空隙增大隅齿出现齿星,齿间空隙继续增大	"十二满珠"

任务二　乳用牛的生产性能及评定

一、牛奶的化学组成及其营养价值

(一)牛奶的化学组成

据分析牛奶中的化学成分有 100 多种,但主要是由水分、脂肪、蛋白质、乳糖、盐类、维生素

和酶类等所组成,其中水分占 86%～89%,干物质占 11%～14%。牛奶中脂肪占 3%～5%,乳糖占 4.5%～5%,蛋白质占 2.7%～3.7%,无机盐占 0.6%～0.75%。各成分中变化最大的是乳脂肪,其次是乳蛋白质,其他成分则基本稳定。

1. 水分

乳中的水分大都呈游离状态存在,少量(2%～3%)以氢链与蛋白质及其他胶体亲水基结合,称为结合水。

2. 乳脂肪

乳脂肪是牛奶的重要成分之一,由于营养价值高,其含量常被用作衡量牛奶质量的依据。乳脂肪在乳中呈球状悬浮存在。脂肪球的大小直接影响乳品加工,这是因为大的脂肪球较易分离,在分离的过程中损失也小。脂肪球的大小与奶牛品种、个体、泌乳期、饲养等均有关系,但以品种的影响最大。

3. 蛋白质

牛奶中的蛋白质含量约为 3.4%,其中主要是酪蛋白,占 2.8%,其余为白蛋白 0.5% 和球蛋白 0.1%。白蛋白和球蛋白又统称为乳清蛋白质。另外牛奶中还含有一些含氮化合物。

酪蛋白在弱酸或皱胃酶的作用下很快发生凝固,干酪、酸乳及工业用干酪素即是根据这一原理制造的;白蛋白遇弱酸或皱胃酶不发生沉淀,但加热至 80 ℃时沉淀。它极易消化,这一点对初生犊牛特别重要。在初乳中白蛋白的含量可达 4%。

乳球蛋白虽然在常乳中仅含 0.1%,它的存在对加工无多大意义,但由于它是免疫抗体的携带者,所以对于初生犊牛具有重要的生理意义。

4. 乳糖

乳糖是哺乳动物乳中特有的一种糖类,在动物的其他器官中并不存在。牛乳中乳糖的含量约为 4.5%,一般变动不大。乳糖的营养作用是供应机体能量。乳糖的甜味仅是蔗糖的 1/6 左右,因此虽然牛乳中乳糖含量达 4.5%,但在感觉上仅有微甜味。所以在牛乳加工产品中不能依靠乳糖作为甜味来源,而需加其他甜味剂。

5. 矿物质

牛奶中含有初生犊牛所必需的一切矿物质,这些矿物质多以与有机酸和无机酸结合的形式存在,如钙、镁、钠、钾、铁盐等即是。此外,钙与酪蛋白结合的部分被认为是极易消化吸收的形式。乳中矿物质的总含量为 0.7%,在正常情况下乳中矿物质含量变化很小,如果在常乳中发现矿物质有明显变化,就能说明乳牛健康情况出现问题。

6. 其他成分

乳中除以上成分外,尚含有少量其他成分,如维生素、酶类、色素、免疫体、柠檬酸、磷脂与硬脂醇等。乳中的维生素种类比较全面,但其含量很不稳定,易受季节、温度、阳光、饲料及加工方法等影响,故依靠牛乳中的维生素作为婴儿营养上唯一维生素来源,不一定满足婴儿的全部需要,而需根据情况另加补充。乳中的色素如胡萝卜素、叶黄素,除具有营养价值外,还能使奶具有黄色。

奶中还存在一些气体,其数量由于多种原因变动很大,一般每升奶中含有 57～87 mL,在加热时乳中气体大部分挥发。

(二)牛奶的营养价值

牛奶是牛为哺育其犊牛由乳腺分泌的一种白色或稍带微黄色的液体,是供给人类营养的重要畜产品之一。由于其含有犊牛需要的全部营养物质,因此说它是犊牛初生时期最完善的食物。牛奶除具有很高的营养价值外,还在于奶中的蛋白质、脂肪及碳水化合物之间存在着一种能被有机体很好利用的比例关系。此外,奶中所含的矿物质和维生素也是初生犊牛营养需要的重要来源。

在奶的成分中,蛋白质在营养上具有极重要的意义。乳蛋白质的直接作用是参与蛋白质代谢,并在一定程度上作为能量来源。在混合日粮中,乳蛋白质的吸收率为96.0%。乳蛋白质的高度营养价值不仅由于其良好的可消化性,还在于它所含有的氨基酸成分,因为乳蛋白质包含了机体蛋白质结构所需要的全部氨基酸,因此,乳蛋白是一种全价蛋白质。

乳脂肪与其他食物脂肪最大不同点在于其中含有各种脂肪酸(约20种),其中除含有其他脂肪少有的低分子量挥发性脂肪酸外(约10%),还有大量的碳原子数低于16的不饱和脂肪酸。由于乳脂肪的熔点为25～30℃,低于人的体温,使其在肠道中呈有利于消化的液态,同时也因乳脂肪是以直径不到10 μm的细微球状存在而使其有较高的消化性。据测定,乳类脂肪的消化率为95%以上,而肉类脂肪不高于90%。乳脂肪在体内主要是供应机体热量,每克脂肪能供应机体热量38.91 kJ。乳脂肪除以上功能外,还是脂溶性维生素 A、维生素 D、维生素 E 和类脂(卵磷脂、固醇)的载体,因此它也参与复杂的生物化学过程。乳的碳水化合物中以乳糖为主,其主要功能是作为能量来源。每克乳糖含热量17.02 kJ,其消化率为98%。

牛奶作为一种完善的食品,乳中含有人体所需要的全部矿物质,除钙、磷、钠、镁、铁外,尚有在机体代谢中起重要作用的锌、铜、锰、钴、碘、砷等微量元素。

乳中含有维生素 A、维生素 D、维生素 E、维生素 B$_1$、维生素 B$_2$、维生素 C 等,其含量往往与牛的饲养和不同的加工过程有关,特别是维生素 A、B 族维生素、维生素 C 的含量变动范围较大。

二、奶牛生产性能的测定

1. 产乳量的测定与计算

最准确的方法是直接称重。然而绝大多数牛场多采用一种简单方法,每月测 3 d 的日产乳量,各次测定间隔 8～11 d。用下式估算全月的产乳量。

$$全月产乳量(kg)=(M_1×D_1)+(M_2×D_2)+(M_3×D_3)$$

式中:M_1、M_2、M_3 为测定日全天产乳量;D_1、D_2、D_3 为两次测定日间隔时间。

2. 个体产乳量的统计指标

305 d 产乳量是指自产犊后泌乳第 1 d 开始到 305 d 止的总产乳量。不足 305 d 者,按实际产乳量;超过 305 d 者,超过部分不计在内。305 d 标准乳量是根据实际产乳量经系数校正以后的乳量,产奶期不足 305 d 的校正系数见表 3-3-3,产奶期超过 305 d 的校正系数见表 3-3-4。

表 3-3-3　产奶期不足 305 d 的校正系数

胎次	产奶天数/d							
	240	250	260	270	280	290	300	305
第 1 胎	1.182	1.148	1.116	1.036	1.055	1.031	1.011	1.00
2～5 胎	1.165	1.133	1.103	1.077	1.052	1.031	1.011	1.00
6 胎以上	1.155	1.123	1.094	1.070	1.047	1.025	1.009	1.00

表 3-3-4　产奶期超过 305 d 的校正系数

胎次	产奶天数/d							
	305	310	320	330	340	350	360	370
第 1 胎	1.00	0.987	0.965	0.947	0.924	0.911	0.895	0.881
2～5 胎	1.00	0.988	0.970	0.952	0.936	0.925	0.911	0.904
6 胎以上	1.00	0.988	0.970	0.956	0.939	0.928	0.916	0.913

使用上述系数时采用 5 舍 6 进法,即产奶 265 d 采用 260 d 系数,266 d 采用 270 d 系数。

全泌乳期实际产乳量是指产犊后第 1d 开始到干奶为止的累计产乳量。

年度产乳量是指 1 月 1 日至本年度 12 月 31 日为止的全年产乳量(包括干乳阶段)。

终生产乳量其计算方法是将母牛各个胎次的产乳量相加即得。各个胎次产乳量应以全泌乳期实际产乳量为准计算。

3.群体产乳量的统计方法

为衡量牛群的管理水平,计算牛群的饲料转换率、产乳成本,通常计算全群成年母牛(应产牛)和泌乳母牛(实际产奶牛)的全年平均产乳量。其公式为:

成年母牛年平均产乳量(kg)＝全群年总产乳量/年平均饲养成年母牛头数

泌乳奶牛年平均产乳量(kg)＝全群年总产乳量/年平均饲养泌乳奶牛头数

4.乳脂率的测定与计算

常规的乳脂率测定方法,是在全泌乳期的 10 个泌乳月内,每月测定一次,将测得的数值分别乘以各该月的实际产乳量,然后将所得乘积累加,被总产乳量去除,即得平均乳脂率,用百分率表示,其计算公式为:

$$平均乳脂率 = \sum (F \times M) / \sum M$$

式中,$\sum$ 为累计的总和;F 为每次测定的乳脂率;M 为该次取样期的产乳量。

乳脂率测定工作量大,为简化手续,中国奶业协会提出 3 次测定法来计算其平均乳脂率,即在全泌乳期的第 2、第 5、第 8 泌乳月内各测定一次。

5.乳脂量和 4.0% 标准乳的计算

(1)乳脂量计算。产乳量乘以乳脂率即得乳脂量。

(2)4.0% 标准乳的计算。

$$4.0\%标准乳\ FCM = M \times (0.4 + 15F)$$

式中,M 为含脂率为 F 的乳量;F 为实际乳脂率。

6.饲料转化率的计算

饲料转换率＝泌乳期总产乳量(kg)/泌乳期饲喂各种饲料干物质总量(kg)

饲料转化率＝泌乳期实际饲喂各种饲料干物质总量(kg)/泌乳期总产乳量(kg)

7.排乳速度的测定

排乳速度是近 30 年来评定奶牛生产性能的重要指标之一。排乳速度快的母牛,有利于在挤乳厅集中挤乳。有些国家和地区对不同品种的母牛规定了排乳速度指标。如美国荷斯坦牛为 3.61 kg/min；德国荷斯坦成年母牛为 2.5 kg/min，初胎母牛为 2.2 kg/min；原西德西门塔尔牛二胎以上成年母牛为 2.08 kg/min，初胎母牛为 1.86 kg/min。据估计，排乳速度的遗传力为 0.5～0.6，但与挤奶条件有很大关系。测定方法很简便，可用弹簧秤悬挂在三脚架上以每 30 s 或每分钟排出的奶量（kg）为准。一般可结合产奶记录进行测定。

8. 前乳房指数的计算

在外貌鉴别时，一般都强调母牛乳房的 4 个乳区必须发育匀称。但凭肉眼判断乳区的对称程度，不及通过 4 个乳区奶量的实际测定精确可靠。根据瑞典用头数众多的几个奶牛品种的调查研究表明，左右乳房的奶量基本相等，亦即左右乳房的发育比较匀称；而前后乳区的奶量则差别较大，后乳区的奶量显著地多于前乳区，亦即前乳房发育不如后乳房。因此一般多用前乳房指数（亦称前后指数）表示乳房的对称程度。测定的方法是用有 4 个乳罐的挤奶机进行测定，4 个乳区的奶分别流入 4 个玻璃罐内，由自动记录的秤或罐上的容量刻度，可测得每个乳区的奶量，计算 2 个前乳区（即前乳房）所产的奶占全部奶量的百分率，即为前乳房指数。其计算公式是：

$$前乳房指数＝两个前乳区奶量/总奶量×100\%$$

一般地说，初胎母牛的前乳房指数大于 2 胎以上的成年母牛。如原西德荷斯坦牛初胎母牛前乳房指数为 44%，2 胎以上成年母牛为 43%；西门塔尔牛初胎母牛前乳房指数为 44.1%，2 胎以上成年母牛为 42.6%。此外，品种不同，前乳房指数也不一样。丹麦黑白花牛的前乳房指数为 43.5%，丹麦红牛为 44.4%，丹麦娟姗牛为 46.8%，瑞典红白花牛和黑白花牛的前乳房指数分别为 42.8% 和 39.1%。可见丹麦红牛、娟姗牛及瑞典红白花牛的前乳房发育比黑白花牛（荷斯坦牛）要匀称。据瑞典研究，奶牛前乳房指数的遗传力为 0.31～0.76，平均为 0.50。

9. 牛奶质量的鉴定

牛奶在处理和利用前要进行认真检查。常规检验项目包括感官鉴定和酸度测定。

（1）感官鉴定。它是牛奶检验的第一步。许多不合格的奶，都是在感官鉴定时初步检出的。当发现牛奶在感官上有异常情况时，即应判断可能存在的原因与进一步鉴定。对怀疑混有初乳的牛奶，可进行煮沸和酸度测定，在色泽较浓的情况下，如煮沸时有凝块或絮状物或者酸度偏高，即可认为掺有初乳。

患乳房炎奶牛的奶在成分上有很大变化。免疫球蛋白、血清球蛋白、氯及钠含量升高，非脂固体、酪蛋白、乳糖、钾及钙含量降低，pH 升高，细菌数、白细胞数及上皮细胞数也增多，甚至奶中混有血液。可用测定奶中乳糖数的方法鉴定乳房炎奶。简单的方法是"杯碟试验"，取疑是乳房炎的奶少许，置于黑色的碟内使其流动，仔细观察碟上有无细小蛋白点或黏稠絮状物，如出现即可认为是乳房炎奶。

掺水的奶比重小，可用比重计测定。如需进一步确定，可测定乳脂率，比重和乳脂率皆低者，可认为掺有水分。

（2）酸度测定。利用滴定法测定奶的酸度比较麻烦，另外在生产中往往只要牛奶不超过一定酸度即可使用，所以常用的指标是界限酸度。它是指在某一用途下作为原料奶的酸度要求的最高限度数值。例如，市场所售牛奶酸度一般要求不超过 20°T，制造炼乳的原料乳要求不超过 18°T。牛奶是否超过 20°T 的界限酸度测定方法如下。

①中和试验。在试管中加入 0.01 mol/L 氢氧化钠溶液 2 mL(要求界限酸度低于 18°T 时,可加 1.8 mL)或加入 0.02 mol/L 氢氧化钠 1 mL(如界限酸度为 18°T,则加 0.9 mL),加入酚酞指示剂 1 滴。检查时只需向试管中注入 1 mL 待检牛奶;充分混匀后,如呈红色即说明酸度在 20°T 以下,是酸度合格奶,如为白色则是超过 20°T 的不合格奶。

②酒精试验。在玻璃器皿中加入 1 mL 待检牛奶,然后加入等量的 68% 的酒精,充分混合后使其在器皿中流动,如在器皿底部出现白色颗粒或絮状物,即说明酸度已超过 20°T。

任务三　乳用牛的饲养管理

奶牛的营养需要是靠采食饲料取得的。饲料中含有奶牛所需要的营养物质,不同饲料所含的营养物质种类与数量有很大差别。要想满足奶牛对营养物质的需求,必须了解奶牛生物学特性和各类饲料特点的营养物质含量。

一、犊牛的饲养管理

犊牛是指从出生到 6 月龄这一阶段的小牛。奶牛在这一时期正处于生长发育最快的阶段,且各个器官发育尚不完善,犊牛饲养管理的好坏直接影响到成年后的生产性能。因此,要掌握犊牛的饲养管理关键技术,做好犊牛培育。

(一)犊牛的饲养要点

1.早喂初乳

母牛分娩后 5～7 d 内所产的牛奶叫初乳。初乳中含有比常乳更高的蛋白质、脂肪、维生素等营养成分,而且还含有大量的免疫球蛋白和溶菌酶,能杀灭和抑制病菌。因此,要尽量早让犊牛食入初乳。由于犊牛生后 4～6 h 对初乳中的免疫球蛋白吸收最强,在犊牛生后 1 h 左右喂给初乳,在 6～9 h 第二次饲喂,喂量为 2 kg。以后逐渐增加,持续 5～7 d,喂量一般不超过犊牛体重的 5%。

2.哺乳常乳

犊牛在出生 5～7 d 以后,应转入犊牛舍饲喂常乳,每天喂奶 3 次,总量控制 350～400 kg,奶温保持在 35～38 ℃。

3.及时补喂精饲料

犊牛出生 1 周后开始训练采食精饲料,以补充营养和促进胃肠发育。开始几天每天喂精料 10～20 g,以后再逐渐增加到 80～100 g。适应一段时间后,再饲喂"半干半湿料"。到 30 日龄每天喂量可达 200～300 g;60 日龄增加到 600～1 000 g/d。

4.喂给优质粗饲料

为促使肠胃尽早发育,在消化道功能完善前喂给粗饲料。犊牛出生 1 周后,在牛槽内可放少许优质青干草自由采食。2 周后,在食槽中放少量切碎的胡萝卜、南瓜等青绿多汁饲料让其采食,60 d 后可增加到 2 kg 以上。犊牛出生 20～30 d 就可在食槽撒少量青贮饲料。以后再逐渐增加,2 个月后每天可喂给 100～150 g;3 个月可喂到 1.5～2 kg;4～6 月龄增至 4～5 kg。

5.给犊牛饮水

犊牛出生 15 d 内饮水应为消毒饮水,并注意水温与奶温相同。15 d 后,改用洁净温水。

30 d后改用自来水。但应注意不要让犊牛饮冰水和不卫生的水。

6.早期断奶

发育健康的犊牛可在60日龄进行早期断奶,具体方法是,断奶前半个月左右,开始增加精料和粗料,减少牛奶喂量。每天喂奶次数由3次改为2次,临断奶时由2次改为1次,然后停喂牛奶。也可采用牛奶掺水的办法,逐渐减少奶量,最后改为全部供水。一般认为断奶时精饲料用量为每天1 kg左右。3月龄精料增加到1.5～2.0 kg,在这一期间可大量供给粗饲料。出生2个月前让其自由采食优质粗饲料,优质粗饲料以每天1.7 kg左右为宜;2个月后,可喂一般粗饲料,粗料控制在每天2 kg。

(二)犊牛管理要求

1.使新生犊牛呼吸畅通

犊牛出生后,首先要清除口鼻中的黏液。方法是,使犊牛头部低于身体其他部位,或倒提几秒钟使黏液流出,然后用干草搔挠犊牛鼻孔,刺激呼吸。

2.肚脐消毒

犊牛断脐后将残留在脐带内血液挤干后,用碘酒涂抹在脐带上,进行消毒,防止感染。

3.注意环境条件

新生犊牛最适外界温度为15 ℃。因此,注意保持犊牛床、牛舍保温、通风、干燥、卫生。

4.刷拭犊牛

每天对犊牛进行刷拭1～2次,以促进血液循环,保持皮肤清洁,减少寄生虫滋生。

5.运动和调教

犊牛出生1周后,可在笼内自由运动,10 d后可让其在运动场上短时间运动1～2次,每次半小时。随着日龄增加运动时间可适当增加。为了使犊牛养成良好的采食习惯,做到人牛亲和,饲养员应有意识接近、抚摸、刷拭。在接近时应注意从正面接近,不要粗鲁对待犊牛。

6.称重

在犊牛初生、3月龄、6月龄、12月龄和断奶时分别称量体重,做好记录,以便掌握犊牛的生长发育情况,调整日粮。

7.去角

在犊牛生后5～7 d时,进行去角,以减少奶牛格斗时造成流产,伤害人体和破坏设施。

二、育成牛的饲养管理

育成母牛对环境的适应能力已大大提高,亦无妊娠、产奶的负担,疾病较少,饲养管理相对比较容易。育成期饲养的主要目的是为以后的高产打下良好的基础,通过合理的饲养使母牛按时达到理想的体型、体重标准和性成熟,按时配种受胎。

1.育成母牛的饲养

(1)7～12月龄母牛的饲养。此期是达到生理上最高生长速度的时期,在初期瘤胃容积有限,单靠粗饲料并不能完全满足其快速生长的需要;较多地利用粗饲料,粗饲料供给量为其体重的1.2%～2.5%,以优质干草为好,亦可用青绿饲料或青贮饲料替代部分干草,但替代量不宜过多。在日粮中补充一定数量的精料,视牛的大小和粗饲料的质量而定,一般每日每头牛补充1.5～3 kg。

(2)13月龄至初配受胎母牛的饲养。此期母牛的消化器官已基本成熟;饲喂优质粗饲料基本上可满足其生长发育的营养需要,但粗饲料质量较差,应适当补充精料,精料给量以1~4 kg/(头·d)为宜,视粗饲料的质量而定。

2.育成母牛的管理

公、母牛分群饲养,7~12月龄牛和13月龄到初配的牛也应分群饲养。

(1)配种。母牛达16月龄,体重达350~380 kg时进行配种。

(2)充足饮水。因采食大量粗饲料,必须供应充足的饮水。

(3)刷拭。由于此期育成牛生长较快,为促进生长,亦可使牛性情温顺,易于管理。

(4)修蹄。育成母牛蹄质软,生长快,易磨损,应从10月龄开始于每年春秋两季各修蹄一次。

(5)户外运动。每日有一定时间的户外运动。

三、初孕牛的饲养管理

(一)初孕牛的饲养

1.特点

生长速度变缓和妊娠。

2.饲养

妊娠前期(5个月)胎儿与母体子宫绝对重量增长不大,以青粗饲料为主,视情况补充一定数量的精料。在妊娠的第6、第7、第8、第9个月,胎儿生长速度加快,见表3-3-5。所需营养增多,应提高饲养水平,提高精料给量,在保证胎儿生长发育的同时,使母牛适应高精料日粮,为产后泌乳时采食大量精料做好必要准备。但须避免母牛过肥,以免发生难产。

表3-3-5 母牛妊娠期各类饲料的参考供给量   kg

妊娠月	体重	精料量	粗料量	
			干草	青贮
4	402	2.5	2.5	15
5	426	2.5	2.5	17
6	450	4.5	3.0	10
7	477	4.5	3.0	11
8	507	4.5	5.5	5
9	537	4.5	6.0	5

(二)初孕牛的管理

1.加大运动量,以防止难产

防止驱赶运动,防止牛跑、跳、相互顶撞和在湿滑的路面行走,以免造成机械性流产。禁吃发霉变质食物,禁饮冰冻的水,避免长时间雨淋。加强母牛的刷拭,培养其温顺的习性。

2.清洗按摩乳房

从妊娠第5至第6个月开始到分娩前半个月为止,每日用温水清洗并按摩乳房一次,每次3~5 min,以促进乳腺发育。计算好预产期,产前2周转入产房。

四、泌乳母牛的饲养管理

(一)泌乳周期

母牛第一次产犊后便进入了成年母牛的行列,开始了正常的周而复始的生产周期,因为乳用母牛的主要生产性能是泌乳,所以它的生产周期是围绕着泌乳进行的,因而称泌乳周期;母牛的泌乳是一个繁殖性状,与配种、妊娠、产犊密切相关,并互相重叠,如图 3-3-4 所示。

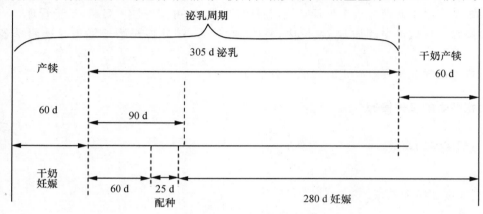

图 3-3-4 配种、妊娠、产犊、泌乳关系

1.泌乳阶段的划分

奶牛泌乳周期包括两个主要部分,泌乳期(约 305 d)和干奶期(约 60 d)。在泌乳期中,奶牛的产奶量并不是固定的,而是呈一定的规律性变化,采食量、体重也呈一定的规律性变化,为了能根据这些变化规律进行科学的饲养管理,将泌乳期划分为 3 个不同的阶段。

(1)泌乳早期。从产犊开始到第 10 周末。

(2)泌乳中期。从产后第 11 周到第 20 周末。

(3)泌乳后期。从产后第 21 周到干奶。

2.泌乳曲线

奶牛在从产犊到干奶的整个泌乳过程中,产奶量呈一定规律性的变化,以时间为横坐标,以产奶量为纵坐标,所得到的泌乳期奶牛产奶量随时间变化的曲线即为泌乳曲线,是反映奶牛泌乳情况既直观又方便的形式(图 3-3-5)。

3.产奶量、进食量和体重的变化规律

母牛产犊后产奶量迅速上升,至 6~10 周达到最高峰,以后逐渐下降,第 3 至第 6 泌乳月下降 2%~5%,以后直至干奶每月下降 7%~8%;母牛产犊后进食量逐渐上升,产后 6 个月达到最高峰,以后逐渐下降,干奶后下降速度加快,临产前达到最低点;母牛产犊后体重下降,产后 3 个月时体重下降停止,在产后 6~7 个月体重恢复到产犊后的水平,在产犊前达到体重的最高点。

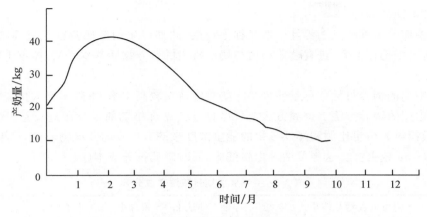

图 3-3-5 泌乳曲线

(二)泌乳期的饲养管理

1.泌乳期的饲养

(1)泌乳早期的饲养

①泌乳早期的生理特点。泌乳早期又称升乳期或泌乳盛期,此期母牛产奶量由低到高迅速上升,并达到高峰,是整个泌乳期中产奶量最高的阶段。此期母牛的消化能力和食欲处于恢复时期,采食量由低到高逐渐上升,但是上升的速度赶不上产奶量的上升速度,奶中分泌的营养物质高于进食的营养物质,母牛须动员体贮进行产奶,处于代谢负平衡,体重下降。

②泌乳早期的饲养目标。为尽快使母牛恢复消化机能和食欲,千方百计提高其采食量,缩小进食营养物质与乳中分泌的营养物质之间的差距。在提高母牛产奶量的同时,力争使母牛减重达到最小,避免由于过度减重所引发的酮病。把母牛减重控制在 0.5~0.6 kg/d,全期减重不超过 35~45 kg。

③泌乳早期的饲养方法。产后第 1 天按产前日粮饲喂,第 2 天开始每日每头牛增加 0.5~1.0 kg 精料,2~3 d 后每日每天增加 0.5~1.5 kg 精料,只要产奶量继续上升,精料给量就继续增加,直到产奶量不再上升为止。

④泌乳早期的饲养措施。多喂优质干草,最好在运动场中自由采食;青贮料水分不要过高,否则应限量;干草进食不足可导致瘤胃酸中毒和乳脂率下降;多喂精料,提高饲料能量浓度,必要时可在精料中加入保护性脂肪。日粮精粗比例可达 60:40 到 65:35;为防止高精料日粮可能造成瘤胃 pH 下降,可在日粮中加入适量的碳酸氢钠和氧化镁;增加饲喂次数,由一般的 3 次增加到 5~6 次;在日粮配合中增加非降解蛋白的比例。泌乳早期日粮营养成分,如表 3-3-6 所列。

表 3-3-6 泌乳早期日粮营养成分

日产奶/kg	干物质进食与体重比/%	产奶净能/(MJ/kg)	粗纤维/%	粗蛋白质/%	Ca/%	P/%
30	≥3.5	134~138	18~20	14~16	0.8~0.9	0.4~0.6
40	≥3.5	150~163	18~20	16~20	0.9~1.0	0.66~0.7

（2）泌乳中期的饲养

①泌乳中期的生理特点。泌乳中期又称平稳期,此期母牛的产奶量已经过高峰期并开始下降,而采食量则仍在上升,进食营养物质与奶中排出的营养物质基本平衡,体重不再下降,保持相对稳定。

②泌乳中期的饲养目标。尽量使母牛产奶量维持在较高水平,下降不要太快。

③泌乳中期的饲养方法。饲养方法上可尽量维持泌乳早期的干物质进食量,稍微有些下降,而以降低饲料的精粗比例和降低日粮的能量浓度来调节进食的营养物质量,日粮的精粗比例可降至 50∶50 或更低。这样可增进母牛健康,同时降低饲养成本(表 3-3-7)。

表 3-3-7　泌乳中期日粮营养成分

日产奶量 /kg	干物质进食量与体重比/%	产奶净能 /(MJ/kg)	粗纤维/%	粗蛋白质/%	Ca/%	P/%
30	2.5～3.5	109	17～20	12～14	0.8	0.6
40	3.0～3.5	138	17～20	13～15	0.8	0.6

（3）泌乳后期的饲养

①泌乳后期的生理特点。泌乳后期母牛的产奶量在泌乳中期的基础上继续下降,且下降速度加快,采食量达到高峰后开始下降,进食的营养物质超过奶中分泌的营养物质,代谢为正平衡,体重增加。

②泌乳后期的饲养目的。除阻止产奶量下降过快外,要保证胎儿正常发育,并使母牛有一定的营养物质储备,以备下一个泌乳早期使用,但不宜过肥,按时进行干奶,此期总增重为98 kg 左右,平均每日约增 0.635 kg。

③泌乳后期的饲养方法。此期在饲养上可进一步调低日粮的精粗比例,达(30∶70)～(40∶60)即可(表 3-3-8)。

表 3-3-8　泌乳后期日粮营养成分

采食量与体重比/%	产奶净能/(MJ/kg)	粗纤维/%	粗蛋白质/%	Ca/%	P/%
2.5～3.0	96～109	18～20	13～14	0.7～0.9	0.5～0.6

2. 泌乳期的管理

母牛产犊后应密切注意其子宫恢复情况,如发现炎症及时治疗,以免影响产后的发情与受胎。母牛在产犊 2 个月后如有正常发情即可配种,应密切观察发情情况,如发情不正常要及时处理。

母牛在泌乳早期要密切注意其对饲料的消化情况,因此时采食精料较多,易发生消化代谢疾病,尤要注意瘤胃弛缓、酸中毒、酮病、乳房炎和产后瘫痪的监控。

加强母牛的户外运动,加强刷拭,并给母牛提供一个良好的生活环境,冬季注意保温,夏季注意防暑和防蚊蝇。供给母牛足够量的清洁饮水。怀孕后期注意保胎,防止流产。

五、干奶母牛的饲养管理

(一)干奶的意义

母牛妊娠后期,胎儿生长速度加快,胎儿体重的一半以上是在妊娠最后 2 个月增长的,需要较多营养;随着妊娠后期胎儿的迅速增长,体积增大,占据腹腔,消化系统受压,消化能力降低;母牛经过 10 个月的泌乳期,各器官系统一直处于代谢的紧张状态,需要休息;母牛在泌乳早期会发生代谢的负平衡,体重下降,需要恢复,并为下一泌乳期进行一定的储备;在 10 个月的泌乳期后,母牛的乳腺细胞需要一定的时间进行修补与更新。

(二)干奶期长短

实践证明,干奶期以 50～70 d 为宜,平均为 60 d,过长过短都不好(表 3-3-9,表 3-3-10)。对于初产牛、老年牛、高产牛、体况较差的牛干奶期可适当延长一些(60～75 d);对于产奶量较低的牛、体况较好的牛干奶期可适当缩短(45～60 d)。

表 3-3-9　干奶期长短对母牛下一泌乳期产奶量的影响

干奶期天数/d	下一泌乳期产奶量/kg
30	2 558
66～90	3 078
90 以上	2 871

表 3-3-10　干奶期长短对犊牛初生重的影响

干奶期天数/d	犊牛初生重/kg
30	24.1
30～44	26.5
45～74	28.9

(三)干奶方法

1.逐渐干奶法

在预定干奶期的前 10～20 d,开始变更母牛饲料,减少青草、青贮、块根等青饲料及多汁饲料的喂量,多喂干草,并适当限制饮水,停止母牛的运动,停止用温水擦洗和按摩乳房,改变挤奶时间,减少挤奶次数,由每日三次改为每日两次,再由每日两次改为每日一次,由每日一次改为每两日一次,待日产奶量降至 4～5 kg 时停止挤奶,整个过程需 10～20 d。逐渐干奶法所用时间长,母牛处于不正常的饲养管理条件的时间长,会对胎儿的正常发育和母体健康产生一定的不良影响,但此法对于母牛的乳房较为安全,对技术要求较低,多用于高产奶牛。

2.快速干奶法

此法的原理及所采取的措施与逐渐干奶法基本相同,只是进程较快,当母牛日产奶量降至 8～10 kg 时即停止挤奶,整个过程需 4～7 d。快速干奶法所用时间短,对胎儿和母体本身影响小,但对母牛乳房的安全性较低,容易引起母牛乳房炎的发生,对干奶技术的要求较高,因而仅适用于中、低产量的母牛,对于高产母牛、有乳房炎病史的母牛不宜采用。最后一次挤奶,不论逐渐干奶法还是快速干奶法,每次挤奶都应把奶挤干净,特别是最后一次更应挤得非常彻底。然后用消毒液对乳头进行消毒,向乳头内注入青霉素软膏,最后用火棉胶将乳头封住,防止细菌由此侵入乳房引起乳房炎。

(四)异常情况的处理

在停止挤奶后的 3~4 d 内应密切注意干奶牛乳房的情况。在停止挤奶后,母牛的泌乳活动并未完全停止,因此乳房内还会聚集一定量的乳汁,使乳房出现肿胀现象,这是正常的,千万不要按摩乳房和挤奶,几天后乳房内乳汁会被吸收,肿胀萎缩,干奶即告成功。但如果乳房肿胀不消且变硬,发红,有痛感或出现滴奶现象,说明干奶失败,应把奶挤出,重新实施干奶措施进行干奶。

(五)干奶期的饲养

1. 干奶前期的饲养

干奶前期指从干奶之日起至泌乳活动完全停止,乳房恢复正常为止。此期的饲养目标是尽早使母牛停止泌乳活动,乳房恢复正常,饲养原则为在满足母牛营养需要的前提下不用青绿多汁的饲料和副料(啤酒糟、豆腐渣等),而以粗饲料为主,搭配一定精料。

2. 干奶后期的饲养

干奶后期是从母牛泌乳活动完全停止,乳房恢复正常开始到分娩。此期为完成干奶期饲养目标的主要阶段。饲养原则为母牛应有适当增重,使其在分娩前体况达到中等程度。日粮仍以粗饲料为主,搭配一定精料,精料给量视母牛体况而定,体瘦者多些,胖者少些。在分娩前 6 周开始增加精料给量,体况差的牛早些,体况好的牛晚些,每头牛每周酌情增加 0.5~1.5 kg,视母牛体况、食欲而定,其原则为使母牛日增重在 500~600 g。全干奶期增重 30~36 kg。

(六)干奶期的管理

加强户外运动以防止肢蹄病和难产,并可促进维生素 D 的合成,防止产后瘫痪的发生;避免剧烈运动以防止机械性流产;冬季饮水应在 10 ℃以上,不饮冰冻的水,不喂腐败发霉变质的饲料,以防止流产;母牛妊娠期皮肤代谢旺盛,易生皮垢,因而要加强刷拭,促进血液循环;加强干奶牛圈舍及运动场的环境卫生,有利于防止乳房炎的发生。

1. 围产前期的饲养管理

围产前期是指母牛临产前 15 d,预产期前 15 d 母牛应转入产房,进行产前检查,随时注意观察临产征候的出现,做好接产准备。临产前 2~3 d 日粮中适量加入麦麸以增加饲料的轻泻性,防止便秘。日粮中适当补充维生素 A、维生素 D、维生素 E 和微量元素,对产后子宫的恢复,提高产后配种受胎率,降低乳房炎发病率,提高产奶量具有良好作用。母牛临产前 1 周会发生乳房膨胀、水肿,如果情况严重应减少糟粕料的供给。

2. 围产后期的饲养管理

围产后期是指母牛产后 15 d 内的这段时间。母牛在分娩过程中体力消耗很大,损失大量水分,体力很差,因而分娩后的母牛应先喂给温热的麸皮盐水粥(麸皮 1~2 kg,食盐 0.1~

0.15 kg,碳酸钙 0.05~0.10 kg,水 15~20 kg),以补充水分,促进体力恢复和胎衣的排出,并给予优质干草让其自由采食。产后母牛消化机能较差,食欲不佳,因而产后第 1 天仍按产前日粮饲喂,从产后第 2 天起可根据母牛健康情况及食欲每日增加 0.5~1.5 kg 精料。注意饲料的适口性并控制青贮、块根、多汁料的供给。

注意母牛外阴部的消毒和环境的清洁。干燥,防止产褥疾病的发生。母牛产后应立即挤初乳饲喂犊牛,但由于母牛乳房水肿尚未恢复,体力较弱,第 1 天只挤出够犊牛吃的奶量即可,第 2 天挤出乳房内奶的 1/3,第 3 天挤出 1/2,从第 4 天起可全部挤完。每次挤奶前应对乳房进行热敷和轻度按摩。加强母牛产后的监护,尤为注意胎衣的排出与否及完整程度,以便及时处理。夏季注意产房的通风与降温,冬季注意产房的保温与换气。

复习思考题

1.奶牛外貌特征有哪些?

2.如何对奶牛进行体尺测量?

3.奶牛体重如何估计?

4.简述奶牛泌乳高峰期、泌乳中期、泌乳后期和干奶期饲养管理的要点。

5.怎样统计奶牛群体产奶量?

6.标准乳计算方法是什么?

7.如何计算饲料转化率?

8.犊牛的饲养管理要点有哪些?

9.简述育成牛培育关键技术。

10.对高产母牛如何进行饲养管理?

技能训练二十　牛体尺测量和体尺指数的计算

【目的要求】

掌握体尺使用方法,使用体尺测量牛的体高、体长及各种体型指数。

【材料和用具】

实训动物为奶牛(或肉牛、黄牛)1~3 头,用具为测杖、软尺、卷尺、圆形测定器等。

【内容和方法】

两人 1 组配合,测量时,应使牛站立在平坦的地上。肢势端正,左右两侧的前后肢均须在同一直线上,从后面看后腿掩盖前腿,侧望左腿掩盖右腿,或右腿掩盖左腿。头应自然前伸,即不左右偏,也不高抬或下垂,枕骨应与鬐甲接近在一个水平线上。奶牛常用测定项目如下。

(一)测量项目

(1)鬐甲高。它又称体高,自鬐甲最高点垂直到地面的高度。用测杖量取。

(2)胸围。在肩胛骨后缘处做一垂线,用卷尺围绕 1 周测量之,其松紧度以能插入食指和中指上下滑动为准。

(3)体斜长。从肩端到坐骨端的距离。用卷尺或测杖量取。

（4）体直长。从肩端至坐骨端后缘垂直线的水平距离。用测杖量取。

（5）背高。最后胸椎棘突后缘垂直到地面的高度。用测杖量取。

（6）腰高。亦称十字部高。两腰角的中央（即十字部）垂直到地面的高度。用测杖量取。

（7）尻高。荐骨最高点垂直到地面的高度。用测杖量取。

（8）胸深。在肩胛骨后方，从鬐甲到胸骨的垂直距离。用测杖量取。

（9）胸宽。左右第6肋骨间的最大距离，即肩胛骨后缘胸部最宽处的宽度。用测杖或圆形测定器量取。

（10）臀端高。坐骨结节至地面的高度。用测杖量取。

（11）背长。从肩端垂直切线至最后胸椎棘突后缘的水平距离。用测杖量取。

（12）腰长。从最后胸椎棘突的后缘至腰角前缘切线的水平距离。用测杖量取。

（13）尻长。从腰角前缘至臀端后缘的直线距离。用测杖量取。

（14）腰角宽。它又称后躯宽，左右两腰角最大宽度。用测杖或圆形测定器量取。

（15）髋宽。左右髋部（髋关节）的最大宽度。用测杖或圆形测定器量取。

（16）坐骨端宽。左右坐骨结节最外隆突间的宽度。用圆形测定器量取。

（17）管围。前肢胫部上1/3处的周径，一般在前管的最细处量取。用软尺量取。

（二）体尺指数计算

根据体尺测量数据按下列公式计算出相应的体尺指数。

（1）体长指数＝体斜长/体高×100％

（2）胸宽指数＝胸宽/胸深×100％

（3）髋胸指数＝胸宽/腰角宽×100％

（4）体躯指数＝胸围/体斜长×100％

（5）尻高指数＝尻高/体高×100％

（6）尻宽指数＝坐骨端宽/腰角宽×100％

（7）管围指数＝管围/体高×100％

（8）胸围指数＝胸围/体高×100％

（9）肢长指数＝（体高－胸深）/体高×100％

【实训报告】

记录各项目测定结果，根据测定的结果，按体尺指数计算公式计算出各项体尺指数。依据体尺指数评定被测定牛的优劣。

技能训练二十一　　牛体活重的测评技术

【目的要求】

掌握牛体活重的测评技术和测评方法。

【材料和用具】

实训动物为奶牛（或肉牛、黄牛）1～3头，用具为测杖、软尺。

【内容和方法】

用软尺测量牛的胸围、测杖测定牛的体直长或体斜长。为了减少测量误差,测量胸围时应注意,四肢站立方正,头向前;软尺在肩后紧贴毛皮测得最小胸围;最好在喂料饮水后 12 h 测量胸围。

(一)方法一

利用牛的胸围体尺估测牛体活重。方法规定,胸围 150 cm、活重 300 kg 作为基础。根据实际测得的胸围数据用下列计算公式。

(1)胸围小于 150 cm 时。牛体活重(kg)=300-(150-实测胸围数)×5。

(2)胸围大于 150 cm 时。牛体活重(kg)=300+(实测胸围数-150)×5。

(二)方法二

应用胸围及体长两个体尺数据进行估算,用以下几种计算方法。

(1)公式 1:牛体活重(kg)=胸围^2(m)×体直长(m)×87.5。

(2)公式 2:牛体活重(kg)=胸围^2(cm)×体斜长(cm)÷10 800。

(3)公式 3:牛体活重(kg)=胸围^2(m)×体直长(m)×100。

(4)公式 4:牛体活重(kg)=胸围^2(cm)×体斜长(cm)÷12 500。

【实训报告】

记录测定结果,根据测定的结果,利用方法一或方法二的公式计算出测定的牛体活重。

技能训练二十二　　牛的年龄鉴定

【目的要求】

掌握牙齿鉴定年龄技术,熟悉不同年龄牙齿的生长、排列方式。

【材料和用具】

实训动物为奶牛(或肉牛、黄牛)1~3 头,主要是依靠视觉观察判断。

【内容和方法】

根据牛上下门齿生长、发育,排列方式,磨损状态判断牛的年龄。

1.牛牙齿的数目和排列方式

成年牛的牙齿共有 32 枚,其中门齿 8 枚,臼齿 24 枚。门齿也称切齿,生于下颌的前方;上颌无门齿,仅有角质形成的齿垫。下颌长齐了有 4 对门齿,由中间向外依次称为钳齿、内中间齿、外中间齿和隅齿。

2.牛门齿的解剖构造

从牙齿的外形看,如图技训 3-3-1、图技训 3-3-2 所示,门齿分为齿冠(齿的露出部分)、齿根(埋藏在齿槽内)、齿颈(齿冠与齿根之间的部分)3 部分;从牙齿的纵断面看,门齿分釉质(珐琅质)、亚质、齿质(象牙质)和齿髓四部分。

齿髓是一种柔软的胶状组织,年轻时成一髓腔,到老年时则逐渐齿质化。它位于牙齿的中心,其中分布有血管和神经。釉质(珐琅质)包围在齿冠部分的齿质外面,色青白而清晰、光亮,是牙齿最坚固的部分。亚质在牙齿的最外层,大部分存在于齿龈部外面,使齿固定而附着在齿

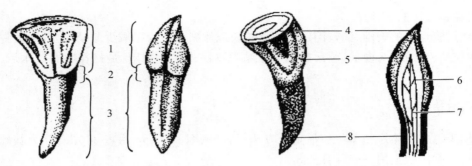

1.齿冠　2.齿颈　3.齿龈　4.齿的磨蚀面　5.琅质　6.象牙质　7.齿髓腔　8.齿根

图技训 3-3-1　牛牙齿的形态结构

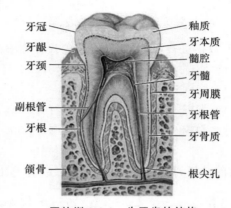

图技训 3-3-2　牛牙齿的结构

槽内,呈黄色。

3.乳齿和永久齿的区别

牛的牙齿,依其出生的先后次序,有乳齿与永久齿之分。最初出生的是乳齿,以后随着年龄的增长,由于磨损、脱落而换生永久齿。在鉴别牛的年龄时,必须将乳齿与永久齿加以区别。

4.门齿的出生、磨损和更换

一般犊牛在出生时就有 1 对乳门齿,有时是 3 对。生后 5～6 d 或半个月左右出生最后 1 对乳隅齿。3～4 月龄时,乳隅齿发育完全,全部门齿都已长齐而呈半圆形。

从 4～5 月龄开始,乳门齿齿面逐渐磨损,磨损的次序是由中央到两侧。磨损到一定程度时,乳门齿便开始脱落,换生永久齿。更换的顺序也是从门齿开始,最后及于隅齿,当门齿已更换齐全时,又逐渐磨损,最后脱落。所以由门齿的更换和磨损,就可以较准确地判断牛的年龄。前白齿虽也更换,但观察白齿比较困难,故在判断牛的年龄时,一般都不估计白齿的变化。现就成熟性中等的奶牛门齿更换和磨损的情况,简述其年龄的鉴别方法如下,见图技训 3-3-3。

4～5 月龄。乳门齿已全部长齐,钳齿和内中间乳齿稍微磨损。

6 月龄。外中间乳齿磨损,有时乳隅齿边缘也磨损。

6～9 月龄。乳门齿齿面继续磨损,磨损面扩大。

10～12 月龄。乳门齿齿冠整个舌面磨完。

14 月龄。内中间乳齿齿冠磨平。

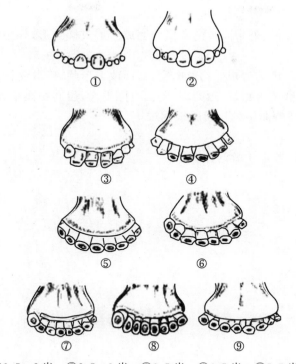

①1.5～2岁　②2.5～3岁　③3.5岁　④4.5岁　⑤5.5岁
⑥6.5岁　⑦8岁　⑧9岁　⑨11岁

图技训 3-3-3　牛齿随年龄的变化

15月龄至18月龄。乳门齿显著变短,乳钳齿开始动摇,外中间乳齿和乳隅齿舌面已磨平。

1.5～2岁。乳钳齿脱落,到2岁时在这里换生永久齿,俗称"对牙"。

2.5～3岁。内中间乳齿脱落,到3岁时换生永久齿,并充分发育,俗称"四牙"。

3～3.5岁。外中间乳齿脱落,到3岁6个月至3岁9个月时换生永久齿,俗称"六牙"。外中间乳齿的更换,距内中间乳齿更换的时间很近,故称为"四六并扎",这时,内中间齿舌面的珐琅质开始磨损。

4～4.5岁。乳隅齿脱落,到4.2～4.5岁时换生永久齿,但此时尚未充分发育。到4岁9个月时,隅齿长得同其他门齿一样齐。这时,全部门齿都已更换齐全,俗称"齐口"。此时外中间齿也已磨损。

5岁。隅齿前缘开始磨损,齿冠相继磨平。

6岁。隅齿磨损面扩大,钳齿和内中间齿磨损很深,舌面珐琅质磨去一半。

7岁。钳齿舌面的珐琅质几乎全部磨损。到7.5岁时,钳齿和内中间齿的磨损面近似长方形,仅后缘还留下一个燕尾小角。

8岁。钳齿的磨损面磨成近四方形,燕尾小角消失,有时出现齿星,而在外中间齿和隅齿的磨损面则磨成近长方形。

9岁。钳齿出现齿星,内、外中间齿的磨面都磨成近四方形。

10岁。内中间齿出现齿星,隅齿的珐琅质磨完。这时全部门齿变短,呈正方形,各齿间已有空隙。

11～12岁。钳齿和内、外中间齿的磨损面磨成圆形或椭圆形,外中间齿和隅齿出现齿星,齿间空隙增大。

13～15岁。全部门齿的珐琅质均已磨完,磨面改变形状,略微变长。齿星变成长圆形。

15～18岁。门齿磨至齿龈,齿冠磨完,磨面空隙更大,齿间距离很大,稀疏分开,门齿有活动和脱落现象。这时要判断牛的年龄就很困难了。

【实训报告】

请你谈谈对牛牙齿鉴定年龄的体会。

肉用牛生产

任务一　肉用牛的外貌及鉴定

一、肉用牛的外貌特征

从牛的整体来看,肉用牛的外貌特点是体躯低垂,皮薄骨细,全身肌肉丰满、疏松而匀称,细致疏松型表现明显。前视、侧视、上视和后视,均呈"矩形"。

前视:胸宽而深,鬐甲平广,肋骨十分弯曲,构成前视矩形。

侧视:颈短而宽,胸、尻深厚,前胸突出,股后平直,构成侧视矩形。

上视:鬐甲宽厚,背腰和尻部广阔,构成上视矩形。

后视:尻部平宽,两腿深厚,构成后视矩形。

正由于肉牛体型方整,在比例上前后躯较长而中躯较短,全身显得粗短紧凑。皮肤细薄而松软,皮下脂肪发达,尤其是早熟的肉牛多其背、腰、尻及大腿等部位的肌肉中,夹有丰富的脂肪而形成大理石纹状。被毛细密而富有光泽,呈现卷曲状态的,是优良肉用牛的特征。再从肉用牛的局部来看,与产肉性能最重要的有鬐甲、背腰、前胸和尻等部位,其中尤以尻部为最重要,是生产优质肉的主要部位。

鬐甲要求宽厚多肉,与背腰在一条直线上。前胸饱满,突出于两前肢之间。垂肉细软而不甚发达。肋骨比较直立而弯曲度大,肋间隙亦较窄。两肩与胸部结合良好,无凹陷痕迹,显得十分丰满多肉。

背、腰要求宽广,与鬐甲及尾根在一条直线上,显得十分平坦而多肉。沿脊椎两侧和背腰肌肉非常发达,常形成"复腰"。腰短而小,腰线平直、宽广而丰圆,短圆筒形状。

尻部应宽、长、平、直而富于肌肉,忌尖尻和斜尻。两腿宽而深厚,显得十分丰满。腰角丰圆,不可突出。坐骨端距离宽,厚实多肉多连接腰角、坐骨端宽与飞节 3 点,要构成丰满多肉的三角形。

肉用牛的体型外貌特点无论从侧面、上方、前方或后方观察,其体型均呈明显的矩形或圆筒状。肉牛可以用"五宽五厚"概括其外貌特点,额宽、颊厚、颈宽、垂厚,胸宽、肩厚,背宽、肋厚,尻宽、臀厚(图 3-4-1)。

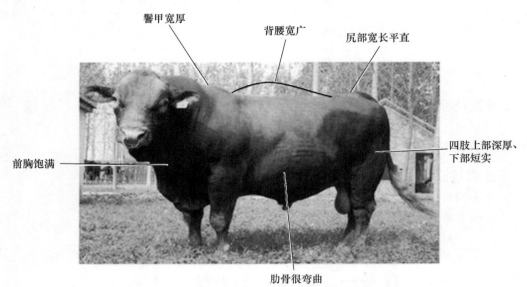

图 3-4-1　肉用牛外貌特征

二、肉用牛的外貌鉴定和体尺测量

肉用种牛的选择和市场上采购肥育牛,都需要进行肉牛的体型外貌鉴定。其方法包括肉眼鉴定、评分鉴定、测量鉴定和线性鉴定 4 种方法。其中以肉眼鉴定应用最广,测量鉴定和评分鉴定可作为辅助鉴定方法。线性鉴定是在前三者基础上综合其优点建立起来的最新方法,准确度较高。

(一)肉眼鉴定

它是通过眼看手摸,来判别肉牛产肉性能高低的鉴定方法。农村家畜交易市场上为购牛双方搭桥作价的"牛把式"就是利用这种方法。该法简便易行,不需任何设备,但要有丰富的经验,一般至少要经过 2～3 年的实践训练才能达到较准确的评估。市场上,肉牛肥育场、屠宰场采购肉牛供肥育或屠宰时,就有不少评估人员运用此方法对牛只的出肉率和脂肪含量进行评估,而且这种方法也用在对肉用种牛的选择上。

观察鉴定的具体做法是,让牛站在比较开阔的平地上,鉴定人员距牛 3～5 m,绕牛仔细观察 1 周,分析牛的整体结构是否平衡、各部位发育程度、结合状况以及相互间的比例大小,以得到一个总的印象。然后用手按或摸牛体,注意皮肤厚度、皮下脂肪的厚薄、肌肉弹性及结实程度。接着让牛走动,动态观察,注意身躯的平衡及行走情况,最后对牛做出判断,判定等级。

(二)评分鉴定

它是根据牛体各部位对产肉性能的相对重要性给予一定的分数,总分为100分。鉴定时鉴定人员通过肉眼观察,按照评分表中所列各项对照标准,对牛体各部位的肉用价值给予评分,然后将各部位评分累加,再校正规定的分数标准折合成相应等级。

鉴定时,人与牛保持10 m的距离,从前、侧、后等不同的角度,首先观察牛的体型,再令其走动,获取一个概括的认识,然后走近牛体,对各部位进行细致审查、分析、评出分数。表3-4-1给出了综合评定的标准,供鉴定时参考。

表3-4-1 牛综合评定的标准

性别	等级			
	特级	一级	二级	三级
公	85~100	80~85	75~80	70~75
母	80~100	75~80	70~75	65~70

(三)测量鉴定

它是借助仪器或小型设备,对牛体各部位进行客观的测量,边测量边记录。测量鉴定是牛育种上使用最广泛的方法。测量的主要工具包括卷尺、测杖、圆形测定器和磅秤等。这种方法要求牛站立姿势自然而正直,测量起始端点要准确,测量人员操作熟练而迅速。最主要的体尺测量包括以下几项。

(1)体重。早晨空腹时进行测定,连续称重2 d取平均数。

(2)体高。鬐甲最高点至地面的垂直高度。

(3)体斜长。由肩端前缘至尻尖的软尺距离。

(4)胸围。肩胛后角处体躯的垂直周径。

(5)胸宽。肩胛后缘胸部最宽处的宽度。

(6)腰角宽。两腰角外缘间的直线距离。

(7)尻长。由腰角前缘到坐骨端外缘的直线距离。

(8)髋宽。两髋关节外缘的直线距离。

(9)管围。左前肢胫部上1/3处(即最细处)的水平周径。

(四)线性鉴定

线性鉴定方法是借鉴乳用牛线性体型鉴定原理,以肉牛各部位两个生物学极端表现为高低分的外貌鉴定,并用统计遗传学原理进行计算的鉴定方法。它将对牛体的评定内容分为四部分。体型结构、肌肉度、细致度和乳房。每一部分将两种极端形态分别作为最高分和最低分。中间分为5个分数级别。如肌肉特别发达、发达、一般、瘦、贫乏,分别给以45、35、25、15和5分。各部位评分累加,得高分牛优于得低分牛。实践证明,该方法在肉牛改良中是既可靠又明了的选种方法。

任务二　肉用牛的生产性能及评定

牛肉是人们生活中的重要食品。从广义上说,凡牛体上能供人类食用的部分都可称为肉,但在商业上和肉类工业上一般对屠宰后去掉血、皮、头、蹄和内脏的部分称胴体,胴体再剔除内部骨骼即是肉,而把头、蹄、内脏称为"杂碎"或"下水"。

一、牛肉的形态学组成

在形态学上,肉是由肌肉组织、结缔组织、脂肪组织和骨骼组织所构成,其组成百分比大体是:肌肉组织 50％～60％,骨组织 15％～20％,脂肪组织 20％～30％,结缔组织 9％～11％。

1.肌肉组织

肌肉组织是肉的主要成分。肌肉组织包括横纹肌、平滑肌和心肌 3 种。从食品加工角度讲,肌肉组织主要指横纹肌,也即所谓的"瘦肉"部分,它是食用和加工的主要对象。

肌肉组织的基本单元是肌纤维,也称肌细胞。每条肌纤维的表面包被一层薄而纤细的肌膜,纤维内部含有肌浆,肌浆中含有肌红蛋白和大量平行排列成束的更小的纤维,称肌原纤维。许多肌纤维集合在一起称为肌束,由结缔组织膜包裹,这层膜称为内肌膜。许多肌肉束经结缔组织联成形状大小不同的肌肉,肌肉外面的膜称为外肌膜。这种肌束的结合,在横段面上呈颗粒状。颗粒大说明结缔组织发达,肌纤维粗糙,肉的质量差,不易烧煮。

2.脂肪组织

胴体中脂肪比例差异很大,少的仅有 2％,多者可达 40％。脂肪含量及贮积部位不同与肉质有一定关系。脂肪分布于皮下的称皮下脂肪,或称肥膘。脂肪贮存在肠系膜上的称花油。经肥育的牛,其脂肪大量贮积于肌肉束之间,肌肉横断面呈大理石花纹状,这种肉的肉质较好。

脂肪与肉的风味有很大关系,如肌肉中含有大量脂肪,则结缔组织失去弹性,使肌肉束容易分离,因而容易咀嚼。肌肉中有大量脂肪能防止水分蒸发,保持肉的柔软,增加肉的风味。

3.结缔组织

结缔组织是构成肌腱、筋膜、韧带和肌肉内外膜的主要成分。结缔组织分布在畜体各个部位,起到支持和连接各器官组织的作用,并使牛肉保持一定硬度、弹性和韧性。结缔组织的纤维是胶原纤维和弹性纤维,所构成的蛋白质属非全价蛋白,具有难溶、坚硬不易消化的特点。结缔组织的多少,随牛的年龄、肥瘦、性别而有差异,一般年龄小、较肥以及母畜的含量较低。

4.骨组织

骨组织是动物机体的支撑组织,由密质的表面层和海绵状的骨松质内层所构成。骨松质和骨内腔充满骨髓。红骨髓是造血组织,黄骨髓是脂肪。骨中含有大量钙、磷、镁等矿物质和脂肪、骨胶原等,是骨胶、骨油和骨粉的原料。

二、牛肉的化学组成及营养价值

牛肉主要由水分、蛋白质、脂肪与灰分所组成。不同肥度、不同年龄其成分有很大差异。一般幼龄牛肉的水分含量较大而脂肪含量较低。经肥育的牛,水分含量降低而脂肪含量提高,相对蛋白质含量也有所降低。

牛肉中的水分分布并不一致,一般在肌肉中水分含量为 72％～78％,在皮肤中为 60％～

70％,骨骼中仅为 12％～15％。

牛肉的蛋白质含量仅次于水,一般都在 20％以上。决定蛋白质营养价值的因素为其氨基酸组成,肉类蛋白质含有人类需要的全部氨基酸,属全价蛋白,因此肉类的蛋白质优于植物性蛋白质。

脂肪的性质随动物种类而异,主要是各种脂肪酸的含量不同。牛肉脂肪中含有大量的高级饱和脂肪酸,其熔点较高,因而较难消化。

三、影响产肉性能的因素

产肉性能是牛的重要经济性状,受遗传和环境两个方面的影响。

(一)品种

不同品种的牛,其产肉性能有很大的差别。肉用品种或肉乳兼用品种,产肉性能明显高于乳用或役用品种。夏洛来牛、利木赞牛、西门塔尔牛等著名品种,1.5 岁体重就可达 400～500 kg,而不少地方黄牛 3～4 岁才长到 350 kg 左右。

(二)性别和去势

阉牛易肥育,肉质细嫩,肌肉间夹有脂肪,肉色淡。平原地区品种一般早去势,最后体重和日增重比晚去势者高。

一般幼年公牛生长速度快于小母牛,也大于阉牛。到成年后,公牛的体重显著大于母牛。据试验,公牛平均日增重比阉牛高 15％,屠体的可食部分比阉牛高 3％～4％,故一些国家和地区主张公牛不去势,于 12～15 月龄屠宰,可降低饲养成本,又不会影响肉的风味。

1.年龄

最好的牛肉是肥育至 12 月龄的小牛肉。幼龄牛的肉肌纤维细,颜色较淡,肉质好,但水分多,脂肪少,香味不浓厚;成年牛的肉在肠系膜、网膜和肾脏附近可见到大量的脂肪,肉质好,味香,屠宰率也高;老龄牛的肉脂肪为黄白色,结缔组织多,肌纤维粗硬,肉质最差。我国地方品种牛成熟较晚,一般 1.5～2 岁间增重较快,故在 2 岁左右屠宰为宜。

2.肥育度

牛肉的产量和肉的品质受肥育度影响很大。肥牛产肉多,产脂肪也多,因此屠宰率也高。现在市场对胴体脂肪含量要求很严,超过一定量就不受欢迎。例如,市场对胴体脂肪要求为 15％,早熟品种在高营养水平饲养下,很容易在较轻体重和幼小年龄时达到这一要求,如果在低水平饲养下,就可增加一定体重而不影响其脂肪要求。晚熟品种在高营养水平饲养下增重大,也可以达到其脂肪要求,但不会超过太多;如改为低营养水平饲养,虽然仍在增重,但不易达到这个要求。

3.饲养管理

除品种因素外,饲养管理是影响牛的肉用性能的最重要因素。好的品种或个体,只有在良好的饲养管理条件下,才能具有较好的生产性能。反之,如果饲养管理不良,不仅体重下降,发育受阻,体型外貌也会发生很大变化,肌肉、脂肪等可食部分比例大大降低。有人试验,在不同饲养水平下 18 月龄阉牛活重相差 190 kg,其屠宰率、净肉率相差也大。由于肌肉中脂肪含量不同,瘦牛所产的肉,热量低,肉质也差。

4. 杂交

经济杂交是提高牛肉生产的重要手段。苏联进行了 100 多种的杂交组合试验,证明利用杂种优势是提高牛肉生产的有效方法。一般仅杂交优势一项就可多生产牛肉 15%～20%。在美国利用 2 个纯种杂交,也可提高产肉率 15%～20%。根据统计,我国各地利用本地黄牛与纯种肉用牛杂交,尽管各地饲养管理条件不同,但杂种牛的产肉率一般均能提高 20%～30%。这说明利用杂交优势的重要性。饲养条件越好,杂交优势表现得越明显。

四、肉用牛生产性能的测定

肉用牛的生长育肥性状指标主要包括体重、日增重、早熟性、肥育速度、产肉性能和育肥指数、饲料报酬、体尺性状及外貌评分等。体重的测定与计算,尤其是日增重是测定牛生长发育和肥育效果的重要指标,也是肥育速度的具体体现。断奶重是衡量犊牛生长速度的依据,也是测定母牛泌乳能力和母性的指标。测定体重时要定期测量各阶段的体重,常测的指标有初生重、断奶重、12 月龄重、18 月龄重、24 月龄重、肥育初始重、肥育末期重。称重一般应在早晨饲喂及饮水前进行,连续称 2 d 取其平均值。

(一)初生重

初生重是犊牛生后喂初乳前的活重。大型品种牛所产犊牛的初生重比中、小型品种大。除品种因素外,影响初生重的因素还有母牛年龄、体重、体况及妊娠期营养水平等。未达到体成熟就急于配种的母牛,所产犊牛的初生重较小。

(二)断奶重和断奶后体重

它是肉牛生产的重要指标之一,断奶重一般用校正断奶重,国外用 205 d。其公式为:

$$205 \text{ d 校正断奶重} = \frac{\text{断奶体重} - \text{初生重}}{\text{断奶日龄}} \times 205 + \text{初生重}$$

哺乳期日增重,即断奶前犊牛平均每天增重量。

$$\text{哺乳期日增重} = \frac{\text{断奶体重} - \text{初生重}}{\text{断奶日龄}}$$

(三)日增重和肥育速度

计算日增重首先要定期测定肉牛各生长阶段的体重,如 1 岁、1.5 岁或 2 岁等。肥育牛应重点测定肥育始重和肥育结束时体重。称重应在早饲前进行,连续测定 2 d 取平均值。计算平均日增重的公式为:

$$\text{平均日增重[kg/(头·d)]} = \frac{\text{总末重} - \text{初始总重}}{\text{试验天数} \times \text{试验牛数}} \tag{1}$$

$$\text{平均日增重[kg/(头·d)]} = \frac{\text{总末重} - (\text{初始总重} - \text{初始均重} \times \text{死淘头数})}{\text{试验天数} \times (\text{试验牛数} - \text{死淘头数})} \tag{2}$$

注:公式(1)为试验期间无死淘情况计算公式。

公式(2)为试验期间有死淘情况计算公式。

育肥指数的含义是指单位体高所承载的活重,标志着个体的育肥程度或品种的育肥的难易程度。数值越大说明育肥程度越好。育肥指数的计算公式为:

$$育肥指数 = \frac{体重(kg)}{体高(cm)}$$

(四)早熟性

它是指肉牛饲养达到成年体重和体躯时所需时间较短。具体表现为,早期生长发育快,达到性成熟和配种时体重的年龄早,繁殖第一胎的年龄早,肥育出栏年龄早。一般小型早熟品种较中型品种和欧洲大型品种的出栏时间要提前,达到配种要求体重的年龄也要早。

(五)生产性能

1.肥度评定

先用肉眼观察牛个体大小,体躯宽窄、深浅,腹部状态,肋骨长度与弯曲程度,以及肉垂、下肋、背、肋、腰、臀部、耳根、尾和阴囊等部位。宰前具体评膘标准见表3-4-2。

表 3-4-2 宰前具体评膘标准

等级	评定标准
特等	肋骨、脊骨和腰椎横突都不显现,腰角与臀端呈圆形,全身肌肉发达,肋丰满,腿肉充实,并向外突出和向下伸延
一等	肋骨、腰椎横突不显现,但腰角与臀端不圆,全身肌肉发达,肋骨丰满,腿肉充实,但不向外突出
二等	肋骨不很明显,尻部肌肉较多,腰椎横突不甚明显
三等	肋骨、脊骨明显可见,尻部如屋脊状,但不塌陷
四等	各部关节完全暴露,尻部塌陷

2.屠宰测定

为了测定肥育后的产肉性能,需要进行屠宰测定,其项目包括:

(1)宰前重。绝食24 h后临宰前的活重。

(2)宰后重。屠宰放血后的重量,它等于宰前重减去血重。

(3)血重。屠宰放出血的重量,它等于宰前重减去宰后重。

(4)胴体重。放血,去皮、头、尾、四肢下端、内脏(保留肾脏及其周围脂肪)的重量。

(5)净体重。屠体放血后,再除去胃肠及膀胱内容物的重量。

(6)骨重。胴体剔肉后的重量。

(7)净肉重。胴体剔骨后的全部肉重,但要求骨上留肉不超过2 kg。

(8)切块部位肉重。胴体按切块要求切块后各部位的重量。

(9)胴体脂肪重。分别称肾脂肪、盆腔脂肪、腹膜脂肪、胸膜脂肪的重量。

(10)非胴体脂肪重。分别称网膜脂肪、肠系膜脂肪、胸腔脂肪、生殖器官脂肪。

(11)眼肌面积。它是牛的第12与第13肋骨间的背最长肌横切面的面积。它是评定肉牛生产潜力和瘦肉率高低的重要指标。其传统测定方法是,在第12肋骨后缘处,将脊椎锯开,然后用利刃在第12至第13肋骨间切开,在第12肋骨后缘用硫酸纸将眼肌面积画出,用求积法求出面积。畜牧业发达国家或地区现多使用超声波仪器进行测定。

3.需要计算的项目

(1)屠宰率。屠宰率=胴体重/宰前重×100%。

(2)净肉率。净肉率=净肉重/宰前重×100%。

(3)胴体产肉率。胴体产肉率=胴体净肉重/胴体重×100%。

(4)肉骨比。肉骨比=胴体净肉重/胴体骨骼重。

(5)饲料报酬。它是肉牛的重要经济性状和育种指标,是根据饲养期内总增重、净肉重、饲料消耗量所计算的每千克增重和净肉的饲料消耗量。其计算公式为:

$$增重1\,kg\,体重消耗饲料干物质(kg)=\frac{饲养期内消耗饲料干物质总量(kg)}{饲养期内绝对增重量(kg)}$$

$$生产1\,kg\,净肉消耗饲料干物质(kg)=\frac{饲养期内消耗饲料干物质总量(kg)}{屠宰后的净肉量(kg)}$$

在生产成本中饲料消耗占比重最大,降低单位增重的饲料消耗量是肉牛肥育及育种的一项基本任务。

五、牛的屠宰与分割

(一)牛的屠宰前准备

1.待宰牛的饲养

牛从饲养场运到屠宰场后,首先须经兽医检验,并分群饲养。这是因为牛在运输过程中,因惊恐、紧张影响了正常生理功能,血液循环加快,体温升高,肌肉内毛细血管充血,易造成放血不全。此外,运输中由于疲劳,肌肉内乳酸增加,会造成屠宰后的牛肉易变质,故进场后至少让牛休息1 d以上才能屠宰。

2.宰前绝食

牛在屠宰前应有24 h断食,目的是避免消化代谢旺盛,肌肉内血管充血,造成放血不全。另外,胃内充满食物,宰杀时受压迫或倒悬,食物容易流出污染屠体。但绝食不断水,可以保证牛的正常生理活动,促进排便和放血完全,一般宰前12 h进行断水。

3.宰前清洗牛体

一般临宰前的牛要进行淋浴,使牛体清洁,避免尘土飞扬,污染牛肉和改善工人作业条件。

(二)牛的屠宰与分割

牛体大力强,屠宰前必须有适当的控制,以便操作,确保安全。屠宰方法有机械化大规模屠宰和手工屠宰两种,其步骤略有不同。

1.牛的击昏

规模较大的屠宰场多在放血前用电击的方法将牛击昏,然后放血。这种方法可减轻牛的痛苦,便于倒悬和放血完全。手工屠宰有时利用锤击,有一定的危险性。有的手工屠宰则是直接吊挂、放血。

2.牛的刺杀放血

放血的方法有切断血管放血和割颈放血两种方法。一是从胸骨前16～20 cm颈下中线处,向斜上方刺入胸膛 30～50 cm,刀尖偏向右方,切开牛的动脉、静脉血管。这种方法的优点是能保证血液卫生,可供医药和食用,缺点是放血时间较长,增加牛的痛苦;二是目前无论在机械化生产还是手工屠宰上更为常用,它是一次性在颈下喉部将血管、食管和气管全部切断,俗称"大抹脖",也是伊斯兰教常用的方法,其优点是放血快、痛苦和挣扎少,缺点是血液易被胃内容物污染。因此,必须在割颈后迅速进行食管打结,或用绳结扎食管。

3.牛的剥皮与劈半

牛的剥皮有机械和手工两种方法,在形式上又有倒悬和横倒剥皮。现介绍手工横倒剥皮方法:放血后将牛的尸体四蹄朝天,使牛头向左侧转,作为垫基,固定位置;先切开前、后蹄边沿皮,朝后剥开两只后腿皮肤,刀口直至肛门,相互连接;再剥开项颈、头面皮;从肛门、腹部至头下颌中间用刀划成一条直线,剥出左侧半边皮;最后,翻转牛身,剥去右侧半边皮;剥皮时应使皮上少带肌肉,在用刀时十分注意不伤皮张,以免降低皮的利用等级。

剥皮后的肉尸按次序即由第一、第二尾椎去掉牛尾,前肢从腕关节,后肢从跗关节去掉四肢末端、从枕骨与寰椎间去掉牛头,然后沿腹部中线将腹部切开取出内脏,保留肾脏和周围脂肪,此时的肉尸称为胴体。一般再进一步沿背部正中劈开,将胴体分成两半。劈半后把肉体上的毛、血、零星皮块、粪污等以及肉上的伤痕、斑点等修割干净,然后对整个牛体进行全面清洗。

六、胴体及肉质评定

胴体及肉质评定主要包括胴体重量、胴体外观、胴体切面、肌肉和脂肪色泽、嫩度、品味、熟度等。

(一)胴体重量等级

以 1.5 岁出栏牛为标准,净肉率为 37%～42%。

特等:净肉 147 kg(活重 350 kg,净肉率 42%)。

一等:净肉 120 kg(活重 350 kg,净肉率 40%)。

二等:净肉 97.5 kg(活重 250 kg,净肉率 39%)。

三等:净肉 81.4 kg(活重 220 kg,净肉率 37%)。

四等:活重 220 kg 以下,净肉率 37% 以下。

(二)胴体外观

包括胴体结构、肌肉厚度、皮下脂肪覆盖度与放血是否完全等项目。

1.胴体结构

观察胴体整体形状、外部轮廓、厚度、宽度和长度。一般按五级评定。除肉眼观察外,还可配合进行胴体测量,主要测量部位(图 3-4-2)如下。

(1)胴体长。从耻骨前缘到第 1 肋前缘的长度。

(2)胴体深。从第 7 胸椎突的体表至第 7 胸骨的垂直长度。

(3)胴体后腿围。股骨与胫腓骨连接处的水平围度。

(4)大腿肌肉厚。从大腿后侧体表至股骨体中点的垂直距离。

(5)背脂厚。第 5～6 胸椎处的背部皮下脂肪厚度。

(6)腰脂厚。切开第 12～13 肋,眼肌最宽处皮下脂肪厚度。

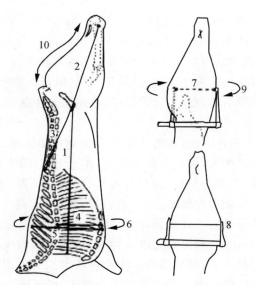

1.胴体长　2.后腿长　3.眼肌长　4.胸深　5.总胸深　6.半胸围
7.最小腿宽　8.最大腿宽　9.最大腿围　10.后腿围

图 3-4-2　胴体形态测定

（7）眼肌面积。第 12～13 肋间背最长肌的横切面积。

2.肌肉厚度

要求肩、背、腰、臀等部位肌肉丰满肥厚。

3.皮下脂肪覆盖度

要求脂肪分布均匀，厚度适宜，覆盖度大。一般覆盖 90％以上为一级，76％～89％为二级，60％～75％为三级，60％以下为四级。

4.放血充分无病变

胴体表面无伤痕、污染与缺陷。

（三）胴体分割

胴体的不同部位，肉的品质也不相同。其中以腰肉、臀肉、大腿肉等质量最好，胸肉、腹肉、小腿肉、肩肉次之，颈、腹部肉最差。

我国某肉类公司对牛胴体分割部位的划分见图 3-4-3 和图 3-4-4。

（四）胴体评定标准

与畜牧业发达国家和地区相比，我国肉牛业起步较晚，目前尚未制订出统一的行业标准。欧盟肉牛胴体评定标准较健全。

（1）评定包括肥度和结构两大部分。

肥度分 7 级，即 1（最瘦）、2、3、4L、4H、5L、5H（最肥）。

结构分 7 级，即 E（最好）、U^+、U、R、O、O^-、P（最差）。

（2）欧盟对肉牛胴体外观整体结构评定共分特、优、良、中、差 5 个等级。

特：整个外观特别丰满，肌肉发育特别好，后大腿及臀很圆满，背宽而很厚，与肩平，肩很圆。

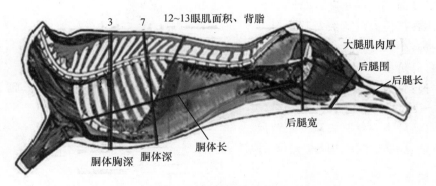

图 3-4-3 牛半胴体结构图

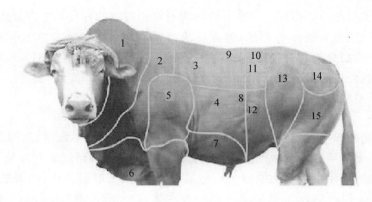

1.脖肉 2.颈部肉 3.上脑 4.带骨腹肉 5.肩肉 6.前胸肉 7.后胸肉 8.肥牛
9.眼肉 10.外脊 11.里脊 12.牛腩 13.和尚头 14.米龙 15.黄瓜条

图 3-4-4 牛肉分割图

优:整个外观丰满,肌肉发育良好,后大腿及臀部丰满,背宽而厚,肩圆。

良:整个外观平整,肌肉发育良好,后大腿及臀部发育良好,背部较厚,但肩部的宽度不够。

中:外观各部位发育中等,不够平整。

差:整个外观不平整或很不平整,肌肉发育差,后躯差,背窄可见骨,肩扁可见骨。

(3)欧盟对脂肪的覆盖度分为 5 个等级。

1 级:胴体表面几乎无脂肪。

2 级:脂肪覆盖少而薄,可见肌肉,胸腔内可见肋肌。

3 级:胴体表面大部分覆盖脂肪,胸腔内沉积脂肪少,仍可见肋肌。

4 级:胴体表面覆盖脂肪良好,臀部脂肪明显,胸腔脂肪有一定沉积。

5 级:整个胴体被脂肪覆盖,臀部完全被脂肪覆盖,胸腔脂肪沉积很多,胸腔内肋间肌肉处沉积脂肪。

(4)中国市场牛肉的切块分级(三等级)。

一等肉:背、腰、胸、臀、腿。

二等肉:肩部(上脑、肩胛骨)、肋条肉。

三等肉：颈肉、下腹、小腿、前臂。

(5)牛体各部位肉的等级及其价值。

高档牛肉：牛柳(里脊、腰大肌)、西冷(外脊、背最长肌)、眼肉(外脊前部)，占活重的5.3%~5.4%，价值45%。

优质牛肉：臀肉、大米龙(半膜肌)、小米龙(半腱肌)、膝圆(股四头肌)、腰肉、腱子肉，占活重的8.8%~10.9%，价值16.25%。

普通牛肉：脖肉、牛腩(腹肌肉)、臂肉。

其他价值：脂肪、牛皮、内脏、头、蹄、血液、粪、尿。

(五)肉质评定

1.肌肉和脂肪色泽

肉色是肉质鉴定的重要指标。日本有按牛肉鲜红到暗红的程度将牛肉分成几个等级的做法。优质牛肉肌肉颜色鲜红而有光泽，过深过淡均属不佳。脂肪要求白色而有光泽，质地较硬，有黏性为优。脂肪色暗稍有红色，表示放血不净，有明显血管痕迹的则为未放血的死牛肉。

脂肪除有白色外还有黄色的，这是由于青草肥育的结果，其坚实度也差。黄牛或娟姗牛的脂肪多为黄色，质量较差。

2.嫩度

牛肉的嫩度是检验牛肉质量的重要指标。一般来说，年幼的牛嫩度好，以后随年龄增长，嫩度逐渐变差，不易咀嚼。测量嫩度主要是测量肌纤维的粗细和结缔组织含量，所用仪器为嫩度仪，以对肉剪切时的阻力大小为原理。凡是柔嫩的肉，切下时阻力小，粗硬的肉阻力大。肉的剪切阻力在 2 kg 以内的评为很嫩，2~5 kg 评为嫩，5~7 kg 评为中等，7~9 kg 评为较粗硬，9~10 kg 评为粗硬，11 kg 以上评为很粗硬。

3.品味

取臀部深层肌肉 1 kg，切成 2 cm 小块，不加任何调料煮沸 70 min(肉水比为 1∶3)，品味其鲜嫩度、多汁性、味道和汤味。

4.熟肉率测定

在屠宰后 2 d 内进行。取腿部肌肉 1 kg，在沸水中煮 120 min，取出后立即称重，计算其生熟对比的百分率。

任务三　肉用牛的饲养管理

一、肉用牛的生产性能及评定

(一)生长发育的阶段性

肉牛生长发育过程通常划分为哺育期、幼年期、青年期和成年期。各个阶段的体重增长与体组织发育的特点不同。牛的产肉性能是受遗传基因决定、饲养管理条件制约，并在整个生长发育过程中逐步形成的。因此，要提高每头牛的产肉量，改善肉的品质，除了选择好品种和改善管理条件以外，还必须认识牛的生长发育规律。

牛的初生重大小与遗传基础有直接关系。在正常的饲养管理条件下,初生重量大的犊牛生长速度快、断奶重也大。一般肉牛在 8 月龄内生长速度最快,以后逐渐减慢,到了成年阶段(一般 3~4 岁)生长基本停止。

(二)生长发育的规律

各个阶段生长发育的不平衡性。

1.饲养水平的影响

饲养水平下降,牛的日增重也随之下降,同时也降低了肌肉、骨骼和脂肪的生长。特别在肥育后期,随着饲养水平的降低,脂肪的沉积数量大为减少。

2.性别的影响

当牛进入性成熟(8~10 月龄)以后,阉割可以使生长速度下降。有资料介绍,在牛体重增长处于 90~550 kg 期间,阉割以后减少了胴体中瘦肉和骨骼的生长速度,但却增加了脂肪在体内的沉积速度。尤其在较低的饲养水平下,脂肪组织的沉积程度阉牛远远高于公牛。

3.品种和类型的影响

不同品种和类型的牛体重增长的规律也不一样,如表 3-4-3 所示。

表 3-4-3　不同品种肉牛的生长比较

品种	头数	7 月龄活重/kg	13 月龄活重/kg	增重/kg	日增重/g	眼肌面积/cm²	NND/kg
西门塔尔牛	33	353	655	302	1 659	82.8	8.16
安格斯牛	11	266	551	285	1 562	74.1	8.55
海福特牛	11	319	602	283	1 555	71.4	8.21
短角牛	11	255	511	256	1 407	67.7	7.85
夏洛来牛	31	334	626	292	1 605	85.1	8.50
利木赞牛	31	289	555	266	1 466	86.2	7.79

注:NND 饲料单位,含增重净能 5.23 MJ。

(三)体型变化规律

初生犊牛,四肢骨骼发育早(60%)而中轴骨骼发育迟(40%),因此牛体高而狭窄,臀部高于鬐甲。到了断奶(6~7 月龄)前后,体躯长度增长加快,高度其次,而宽度和深度稍慢,因此牛体增长,但仍显狭窄,前、后躯高差消失。断奶至 14 或 15 月龄,高度和宽度生长变慢,牛体进一步加长、变宽。15~18 月龄以后,体躯继续向宽深发展,高度停止,长度变慢,体型变得愈益浑圆。

(四)胴体组织的变化规律

1.机体内化学成分的变化

随着动物生长和体重的增加,胴体中水分含量明显减少,蛋白质含量的变化趋势相同,只是幅度较小;胴体脂肪明显增加,灰分含量变化不大。

2.胴体组织的变化

总的特点是骨骼的发育以 7～8 月龄为中心,12 月龄以后逐渐变慢。内脏的发育也大致与此相同,只是 13 月龄以后其相对生长速度超过骨骼。肌肉从 8～16 月龄直线发育,以后逐渐减慢,12 月龄左右为其生长中心。脂肪则是从 12～16 月龄急剧生长,但主要指体脂肪。而肌间和肌内脂肪的沉积要等到 16 月龄以后才会加速。

胴体中各种脂肪的沉积顺序为皮下脂肪、肾脏脂肪、体腔脂肪和肌间脂肪。

(五)肉质的变化规律

1.肉的大理石纹(俗称五花肉)

8～12 月龄没有多大变化。但 12 月龄以后,肌肉中沉积脂肪的数量开始增加,到 18 月龄左右,大理石纹明显,五花肉形成。

2.肉色及其他

12 月龄以前,肉色很淡,显粉红色;16 月龄以上,肉色显红色;到了 18 月龄以后肉色变为深红色。肉的纹理,坚韧性、结实性以及脂肪的色泽等变化规律和肉色相同。

二、肉用牛育肥的生产体系

(一)草原肉牛生产体系

指肉牛生产的一切环节均在草原进行,即繁殖母牛在草原饲养,所产犊牛亦在草原饲养并一直饲养到出栏屠宰。基本采用放牧加补饲方式,其生产性能与草地的质量有极为重要的关系。一般来讲,该生产体系效率较低,牛只出栏晚,产肉量低,肉质也较差。

(二)农区肉牛生产体系

指农民饲养的母牛繁殖出犊牛后继续饲养,直到出栏屠宰(图 3-4-5)。这又可分为两种方式。

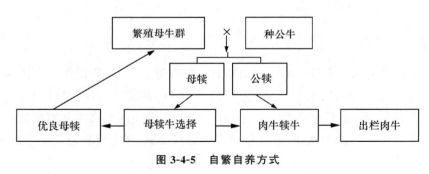

图 3-4-5　自繁自养方式

方式一。犊牛育肥直至出栏都在农民家中以半放牧半舍饲或基本全舍饲养的方式饲养(图 3-4-6)。

方式二。犊牛在农民家中饲养到一定体重后,集中到肥育场育肥后出栏屠宰,但肥育场也在当地(图 3-4-7)。此种方式较方式一为好。

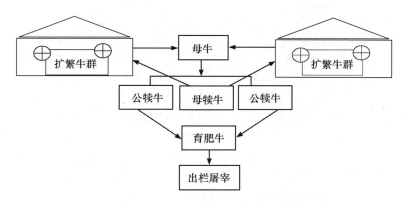

图 3-4-6　半放牧半舍饲或基本全舍饲养的方式

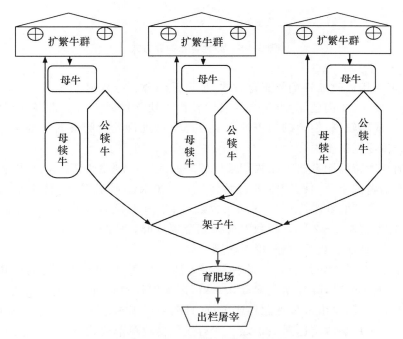

图 3-4-7　集中育肥饲养方式

(三)异地育肥生产体系

指草原地区生产的犊牛和农区生产的犊牛在当地饲养到架子牛阶段,采用某种方式将架子牛转移到另一地方的肉牛场集中肥育。集中肥育的肉牛场多在气候、饲养、销售条件较好的地区,生产效率较高(图 3-4-8)。

(四)肉用牛育肥的方式

1.乳犊持续肥育

指犊牛断奶后,立即转入肥育阶段进行肥育,一直到 12～18 月龄出栏,体重 400～500 kg。美国、加拿大和英国广泛应用。使用这种方法,日粮中的精料大约可占总营养物质的

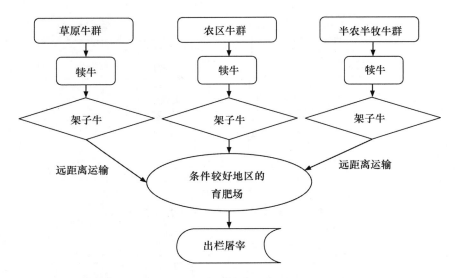

图 3-4-8　异地育肥饲养方式

50％以上。既可采用放牧加补饲的肥育方式,也可采用舍饲拴系肥育方式。

由于屠宰年龄小,牛肉色泽较淡(全乳或代乳粉中缺乏铁元素),柔嫩多汁,是高档营养食品。小牛肉生产成本较高,但肉的销售价格十分昂贵。进行乳犊肥育的关键是产品要有稳定的销路,否则会造成经济损失。

(1)放牧加补饲持续肥育法。在牧草条件较好的地区,犊牛断奶后,以放牧为主,根据草场情况,适当补充精料或干草,使其在 18 月龄体重达 400 kg。哺乳阶段,犊牛平均日增重达到0.9～1.0 kg。冬季日增重保持 0.4～0.6 kg,第二个夏季日增重在 0.9 kg,在枯草季节,对杂交牛每天每头补喂精料 1～2 kg。放牧时应做到合理分群,每群 50 头左右,分群轮放。放牧时要注意牛的休息和补盐。夏季防暑,狠抓秋膘。

(2)放牧-舍饲-放牧持续肥育法。此种肥育方法适用于 9～11 月出生的秋犊。犊牛出生后随母牛哺乳或人工哺乳,哺乳期日增重 0.6 kg,断奶时体重达到 70.0 kg。断奶后以喂粗饲料为主,进行冬季舍饲,自由采食青贮料或干草,日喂精料不超过 2.0 kg,平均日增重 0.9 kg。到 6 月龄体重达到 180 kg。然后在优良牧草地放牧(此时正值 4～10 月),要求平均日增重保持 0.8 kg。到 12 月龄可达到 325 kg。转入舍饲,自由采食青贮料或青干草,日喂精料 2～5 kg,平均日增重 0.9 kg,到 18 月龄体重达 490 kg。

二维码 3-4-1
育肥牛舍

(3)舍饲持续肥育法。采取舍饲持续肥育法首先制订生产计划,然后按阶段进行饲养。犊牛断奶后即进行持续肥育,犊牛的饲养取决于培育的强度和屠宰时的月龄,强度培育和 12～15 月龄屠宰时,需要提供较高的饲养水平,以使肥育牛的平均日增重在 1 kg 以上。按阶段饲养就是按肉牛的生理特点、生长发育规律及营养需要特征将整个肥育期分成 2～3 个阶段,分别采取相应的饲养管理措施。

2.架子牛肥育

犊牛断奶后采用中低水平饲养,使牛的骨架和消化器官得到较充分发育,至 14～20 月龄,体重达 250～300 kg 后进行肥育,用高水平饲养 4～6 个月,体重达 400～450 kg 屠宰。这种肥育方式可使牛在出生后一直在饲料条件较差的地区以粗饲料为主饲养相对较长时间,然后转到饲料条件较好的地区肥育,在加大体重的同时,增加体脂肪的沉积,改善肉质(图 3-4-9)。

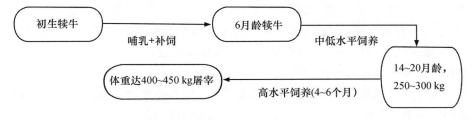

图 3-4-9　架子牛肥育

3.成年牛肥育

因各种原因而淘汰的乳用母牛、肉用母牛和役牛。一般年龄较大,肉质较粗,膘情差,屠宰率低,因而经济价值较低。如果在屠宰前用较高的营养水平进行 2～4 个月的肥育,不但可增加体重,还可改善肉质,大大提高其经济价值。这种淘汰牛在屠宰前所进行的肥育称成年牛肥育。

这类牛在肥育前应进行详细检查,认定其确有肥育价值才可肥育。如牛的年龄不能太大或不能患有严重影响肥育效果疾患,肥育时间亦不宜过长,否则会得不偿失。

(五)肉牛成年牛育肥技术

1.架子牛的选择

西门塔尔牛、夏洛来牛、海福特牛、利木赞牛等纯种肉牛与本地牛的杂交后代;年龄在 1.5～3 岁;被毛光泽,粗硬适度,皮肤柔润而富有弹性,眼盂饱满,目光明亮,举止活泼而富有生气;肉牛出生第一年增重最快,第二年仅为第一年增重的 70%,第三年是第二年的 50%。

持续肥育应购买断奶不久的杂交肉用牛,体重 150～200 kg;架子牛育肥应购买体重 300 kg 以上,未经育肥的当地黄牛公牛或杂交公牛;牛应健康无病,发育良好,体躯长,背腰平,后躯发育好,整体结构匀称,采食能力强,性情温驯;公牛最好,阉牛次之,不选母牛。

2.肥育前准备

(1)消毒地面、墙壁、门窗、食槽、用具。可根据情况选用消毒药液:3.0%～5.0%的煤酚皂液、10%～20%的漂白粉乳、2%～5%的烧碱溶液、10%草木灰水、0.05%～0.5%的过氧乙酸等。消毒一定时间后,应打开门窗通风,对用具应用清水冲洗,除去消毒药的气味。

(2)隔离观察。牛购进后应在隔离牛舍内进行隔离观察,时间 10～15 d。观察每头牛的精神状态,采食情况,粪尿情况,进行布氏杆菌病和结核病的检疫。发现问题应及时处理或治疗。

(3)驱虫。进场后,在过渡期要进行驱虫,服药前根据每头实际重量分别计算用药量,称量要准确。选用国家允许使用的驱虫药物。

丙硫苯咪唑是一种较新的广谱、高效驱虫药,它的特点是驱虫范围很广,且毒性很低。内服一次量,按每 1 kg 体重牛 10～20 mg。

(4)健胃。进场后第 7～14 d 对所有的牛进行健胃,每天一次,连服 2～3 d。健胃药可选用以下 4 类:①苦味健胃药。苦味健胃药主要用于大家畜的食欲不振、消化不良。常用的有龙胆(龙胆末、龙胆酊、复方龙胆酊)、马钱子酊和苦参等。②芳香性健胃药。芳香性健胃药属含挥发油的植物药。如陈皮(陈皮酊)、茴香(小茴香酊)、桂皮(桂皮酊)等。临床上常用作健胃祛风药,治疗慢性消化不良、积食和胃肠鼓气等。③辣味健胃药。辣味健胃药除含有挥发油外,还具有强烈辣味,因而作用较芳香性健胃药强。如干姜(姜酊)、辣椒(辣椒酊)和大蒜(大蒜酊)能刺激消化道黏膜,促进食欲,加强消化等,可用于消化不良、胃肠鼓气等。④盐类健胃药。常用的盐类健胃药有氯化钠、人工盐等。人工盐由干燥硫酸钠(44%)、碳酸氢钠(36%)、氯化钠(18%)和硫酸钾(2%)混合制成,具有健胃和缓泻双重功效,一次内服量为50~150 g。干酵母、大黄苏打片具有健胃和助消化的作用。

(5)编号与分群。观察期满的牛应转入育肥牛舍,转入前要进行分群、编号。分群主要依据年龄、品种和体重。年龄相差在2~4个月以内,体重相差不超过30.0 kg,相同品种的杂交牛分成一群。

(六)育肥牛的管理

(1)分群。按牛的品种、体重和膘情分群饲养,便于管理。

(2)饲喂。日喂两次,早晚各一次。精料限量,粗料自由采食。

(3)限制运动。限制在一定范围内活动。

(4)环境卫生。搞好环境卫生,避免蚊虫对牛的干扰和传染病的发生。

(5)气温。气温低于0 ℃时,应采取保温措施,高于27 ℃时,采取防暑措施,夏季温度高时,饲喂时间应避开高温时段。

(6)观察。每天观察牛是否正常,尤为注意牛只的消化系统的疾病。

(7)体重测定。定期称重,及时根据牛的生长及其他情况调整日粮,对不长的牛或增重太慢的牛及时淘汰。

(8)出栏。膘情达一定水平,增重速度减慢时应及早出栏。

(七)肉牛生产的条件

1.稳定的架子牛来源

架子牛的生产基地距育肥场的距离一般小于500 km,且交通比较便利。架子牛的生产基地可是草原地区,也可以是半农半牧区或农区,但生产体系必须是杂交为主;架子牛的收购价格必须在经济上保证育肥有利可图;架子牛生产基地必须是传染病的非疫区。

2.充足的饲草饲料资源

充足的牧草资源或农作物秸秆资源,充足的精饲料资源(玉米、饼粕类),一定的副产物饲料资源(糟渣类)。

3.稳定的销路

畅通的销售渠道和稳定的销售市场,相对稳定的销售价格。

4.合适的场地

场址交通方便,便于卫生防疫,不影响居民生活,北高南低,通风良好向阳处。四周设有排水系统。

5.可靠的技术和稳定的管理

可靠的技术保证,以养牛有关的大专院校或研究单位作技术依托单位,比较稳定的饲养管理人员。

复习思考题

1.简述肉用牛的外貌特征。
2.影响产肉性能的因素有哪些?
3.列举屠宰测定的方法。
4.简述不同地区胴体评定的标准。
5.肉牛生长发育的特点有哪些?

单元四
羊 生 产

羊的品种选择

【知识目标】

1.了解绵羊、山羊品种的分类方法。

2.掌握国内外优良绵羊、山羊品种的特征特性。

【技能目标】

1.能进行绵羊、山羊品种的分类。

2.能根据羊的体型外貌识别常见的绵羊、山羊品种。

任务一 绵羊品种选择

一、绵羊品种分类

全世界现有绵羊品种 600 多个。为了便于人们的研究和应用,需要对繁多的绵羊品种进行分类。通常根据绵羊主要产品及经济用途,将绵羊分为不同类型。

1.细毛羊

这类羊的共同特点是生产同质毛,毛纤维细度在 60 支以上,毛丛长度在 7 cm 以上。被毛全白、弯曲明显整齐、净毛率高。

根据生产毛、肉的主次不同,细毛羊又可分为以下 3 类。

(1)毛用细毛羊。如澳洲美利奴羊等。

(2)毛肉兼用细毛羊。如新疆细毛羊、高加索细毛羊等。

(3)肉毛兼用细毛羊。如德国肉用美利奴羊等。

2.半细毛羊

被毛为同质半细毛,毛纤维细度为 32～58 支。

根据生产毛、肉的主次不同,半细毛羊又可分为以下 2 类。

(1)毛肉兼用半细毛羊。如茨盖羊等。

(2)肉毛兼用半细毛羊。如边区莱斯特羊、考力代羊等。

3.粗毛羊

被毛为异质毛,即由粗毛、绒毛、两型毛及死毛等几种不同类型的毛纤维组成,因而被毛细度、长度及毛色不一致。如西藏羊、蒙古羊、哈萨克羊等。

4.肉用羊

肉用羊一般具有生长速度快、性成熟早、体重大、产肉性能好、繁殖力高、杂交效果好等特点。如杜泊羊等。

5.羔皮羊

羔皮羊是指专门生产羔皮的品种。其皮毛的毛卷、图案美观,经济价值高。如湖羊、卡拉库尔羊等。

6.裘皮羊

裘皮羊是以生产裘皮为主的品种。其毛穗美观洁白、光泽好,毛皮具有保暖、轻便、结实和不毡结等特点。如滩羊、罗曼诺夫羊等。

二、我国主要的绵羊品种

(一)新疆细毛羊

新疆细毛羊的育种工作开始于1934年,1954年育成于新疆巩乃斯种羊场,是我国育成的第一个细毛羊品种。

外貌特征:新疆细毛羊体质结实,结构匀称。公羊鼻梁隆起,母羊鼻梁呈直线或几乎呈直线。公羊大多有螺旋形角,母羊大部分无角或只有小角。公羊颈部有1~2个完全或不完全的横皱褶,母羊有1个横皱褶或发达的纵皱褶,体躯无皱褶,皮肤宽松。胸部宽深,背直而宽,腹线平直,体躯深长,后躯丰满。羊毛着生头部至两眼连线,前肢到腕关节,后肢到飞节或以下,腹毛着生良好,个别羊在眼圈、耳、唇部皮肤有小色斑。成年公羊平均体高75.3 cm,体长81.9 cm,体重93 kg;成年母羊体高65.9 cm,体长72.6 cm,体重48 kg。

生产性能:周岁公羊的剪毛量4.9 kg,最高17.0 kg;周岁母羊4.5 kg,最高12.9 kg;成年公羊11.57 kg,最高21.2 kg;成年母羊5.24 kg,最高12.9 kg。净毛率48.06%~51.53%。羊毛长度周岁公羊7.87 cm,周岁母羊7.7 cm;成年公羊9.4 cm,成年母羊7.2 cm。羊毛主体细度64支。屠宰率50%左右,经产母羊产羔率130%左右。

(二)中国美利奴羊

中国美利奴羊是1972—1985年由新疆巩乃斯种羊场、新疆紫泥泉种羊场、内蒙古嘎达苏种畜场和吉林查干花种畜场联合育成的,1985年经鉴定验收正式命名。

外貌特征:中国美利奴羊体质结实,体型呈长方形。头毛密而长,着生至两眼连线,外形似帽状,胸部宽深,背腰平直,尻部宽平,后躯丰满。公羊有螺旋形角,母羊无角。公羊颈部有1~2个横皱褶,母羊有发达的纵皱褶。公、母羊体躯均无明显的皱褶。全身被毛有明显的大、中弯曲,油汗含量适中,呈白色或乳白色。成年公羊体高72.5 cm,体长77.5 cm,体重91.8 kg;成年母羊体高66.1 cm,体长77.1 cm,体重43.1 kg。

生产性能:中国美利奴羊每年春季剪毛一次,成年公羊剪毛量16.0~18.0 kg,成年母羊6.4~7.2 kg。羊毛自然长度,成年公羊12.0~13.0 cm,成年母羊10.0~11.0 cm;羊毛细度以 64 支为主,净毛率在 50％以上。2.5 岁羯羊宰前重 51.9 kg,胴体重 22.94 kg,净肉重 18.04 kg,屠宰率 44.19％,净肉率 34.78％。产羔率 117％～128％。

(三)蒙古羊

蒙古羊原产于蒙古高原,是在我国分布最广的一个绵羊品种,除分布在内蒙古自治区外,东北、华北、西北均有分布,是我国三大粗毛羊品种之一。

外貌特征:蒙古羊一般表现为体质结实,骨骼健壮,背腰平直,胸深,肋骨不够开张,四肢细长而强健。头略显狭长,鼻梁隆起。公羊多有角,母羊多无角或有小角,耳大下垂,短脂尾。体躯被毛多为白色,头、颈与四肢多有黑色或褐色斑块。

生产性能:成年公羊体重 45～65 kg,成年母羊 33～55 kg;一年春秋共剪两次毛,成年公羊剪毛量 1.5～2.2 kg,成年母羊 0.8～1.5 kg。繁殖力不高,产羔率低,一般为 100％～105％,屠宰率 47％～52％。

蒙古羊具有生活力强、善游牧、耐旱、耐寒等特点,并具有较好的产肉脂性能。

(四)西藏羊

西藏羊又称藏羊,原产于青藏高原,主要分布在西藏、青海、四川、甘肃和贵州等省(自治区),其数量仅次于蒙古羊,在我国三大粗毛羊品种中居第二位。

由于藏羊分布面积很广,各地的海拔、生态条件差异大,在长期的自然和人工选择下,形成了一些各具特点的自然类群、主要有高原型(草地型)和山谷型两大类。

1. 高原型(草地型)藏羊

这一类型是藏羊的主体,数量最多。

外貌特征:高原型藏羊体质结实,体格高大,四肢较长,体躯近似方形。公、母羊均有角,公羊角长而粗壮,呈螺旋状向左右平伸,母羊角细而短,多数呈螺旋状向外上方斜伸。鼻梁隆起,耳大。前胸开阔,背腰平直,十字部稍高,紧贴臀部有扁锥形小尾。体躯被毛以白色为主,被毛异质,毛纤维长,两型毛含量高,光泽和弹性好,强度大,是织造地毯、提花毛毯等的上等原料。这一类型藏羊所产羊毛,即为著名的"西宁毛"。

生产性能:成年公羊体重 50 kg 左右,母羊 43 kg 左右;成年公羊剪毛量 1.3～1.7 kg,母羊 0.8～1.2 kg;净毛率 70％左右;体侧毛辫长度 20～30 cm。繁殖力不高,母羊每年产羔一只,双羔率极少,屠宰率 43.0％～47.5％。

2. 山谷型藏羊

山谷型藏羊主要分布在青海省南部地区、四川省阿坝州南部牧区及云南的部分地区。

外貌特征:山谷型藏羊体格较小,结构紧凑,体躯呈圆筒状,颈稍长,背腰平直。头呈三角形,公羊多有角,短小,向后上方弯曲,母羊多无角,四肢矫健有力,善爬山远牧。被毛主要有白色、黑色和花色。

生产性能:成年公羊体重 40 kg 左右,成年母羊 31 kg 左右,剪毛量一般为 0.8～1.5 kg。屠宰率约为 48％。

(五)哈萨克羊

哈萨克羊原产于新疆,主要分布于新疆的天山北麓、阿尔泰山南麓和塔城等地,甘肃、青海、新疆三省(自治区)交界处亦有少量分布,是我国三大粗毛羊品种之一。

外貌特征:哈萨克羊体质结实,公羊具有粗大的螺旋形角,母羊多数无角,鼻梁明显隆起,耳大下垂。背腰宽平,体躯浅,四肢高而粗壮结实。被毛异质,毛色极不一致,多为褐、灰、黑、白等杂色,全白者不多。脂肪沉积于尾根而形成肥大椭圆形脂臀,故称"肥臀羊"。

生产性能:成年公羊体重 60~70 kg,最高可达 95 kg;母羊 46~60 kg,最高可达 80 kg;成年公、母羊剪毛量分别为 2.63 kg 和 1.88 kg;净毛率 58%~69%;产羔率 102%。屠宰率 46%左右。

(六)小尾寒羊

小尾寒羊主要分布在山东省西南部,河南新乡、开封地区,河北南部、东部和东北部,安徽北部,江苏北部等,是我国著名的地方优良品种。

外貌特征:小尾寒羊体质结实,体躯高大,四肢较长。头颈较长,鼻梁隆起,耳大下垂,公羊有螺旋形角,母羊有小角或无角。前胸较深,背腰平直。毛色多为白色,少数在头部及四肢有黑褐色斑块。尾呈椭圆形,下端有纵沟,尾长至飞节以上。

生产性能:成年公、母羊体重分别为 94 kg 和 49 kg;剪毛量公、母羊分别为 3.5 kg 和 2.1 kg;净毛率 63%;毛长公、母羊分别为 13.3 cm 和 11.5 cm。小尾寒羊产肉性能好,3 月龄羔羊屠宰率 50.6%,净肉率 39.2%,周岁公羊的屠宰率和净肉率分别为 55.6%和 45.9%。小尾寒羊全年发情,性成熟早,母羊 5~6 月龄开始发情,公羊 7~8 月龄可配种。母羊一年两胎或两年三胎,每胎多产 2~3 羔,最多可产 7 羔,产羔率 270%左右。

(七)湖羊

湖羊原产于浙江、江苏的太湖流域。湖羊以生长发育快、成熟早、四季发情、多胎多产、所产羔皮花纹美观而著称,是我国特有的羔皮用绵羊品种,也是国内外少有的白色羔皮品种。

外貌特征:湖羊头形较长,鼻梁隆起,眼大突出,耳大下垂,公、母羊均无角,颈细长,胸狭窄,背平直,四肢纤细。短脂尾,尾大呈扁圆形,尾尖上翘。全身白色,少数个体的眼圈及四肢有黑色、褐色斑点。

生产性能:成年公羊体重 42~50 kg,剪毛量 2 kg;成年母羊体重 32~45 kg,剪毛量 1.2 kg。产肉性能一般,屠宰率 40%~50%。繁殖能力强,母性好,性成熟早,母羊四季发情,年产两胎或两年三胎,每胎产 2 羔以上,产羔率平均 230%。

(八)滩羊

滩羊原产于宁夏回族自治区中部,是我国独特的裘皮用绵羊品种。

外貌特征:滩羊体格中等大小,体质结实。公羊鼻梁隆起,有螺旋形大角向外伸展,母羊一般无角或有小角。背腰平直,体躯狭长,四肢较短,尾长下垂,尾根宽阔,尾尖细长呈"S"状弯曲或钩状弯曲,达飞节以下。被毛一般为白色,头部、眼周围和两颊多有褐色、黑色、黄色斑块或斑点,两耳、嘴端、四蹄上部也有类似的色斑,纯黑、纯白者极少。

生产性能:成年公羊体重 47.0 kg,剪毛量 1.6~2.6 kg;成年母羊体重 35.0 kg,剪毛量 0.7~2.0 kg;净毛率 65%左右。成年羯羊的屠宰率 45%,成年母羊 40%。产羔率 101%~103%。

三、国外主要的绵羊品种

(一)澳洲美利奴羊

澳洲美利奴羊原产于澳大利亚,是世界上著名的细毛羊品种。

外貌特征:澳洲美利奴羊体型近似长方形,腿短,体宽,背腰平直,后躯肌肉丰满;公羊颈部有 1～3 个发育完全或不完全的横皱褶,母羊有发达的纵皱褶。该品种羊被毛毛丛结构良好,毛密度大,细度均匀,油汗洁白,弯曲均匀整齐而明显,光泽良好。羊毛覆盖头部至两眼连线,前肢至腕关节或腕关节以下,后肢至飞节或飞节以下。

生产性能:不同类型澳洲美利奴羊生产性能如表 4-1-1 所示。

表 4-1-1　不同类型澳洲美利奴羊生产性能

类型	成年羊体重/kg		剪毛量/kg		羊毛细度 /支	羊毛长度 /cm	净毛率 /%
	公	母	公	母			
超细型	50～60	34～40	7～8	4～4.5	70 以上	7.0～8.7	65～70
细毛型	60～70	34～42	7.5～8	4.5～5	64～66	8.5	63～68
中毛型	70～90	40～44	8～12	5～6	60～64	9.0	62～65
强毛型	80～100	42～48	8～14	5～6.3	58～60	10.0	60～65

我国于 1972 年以来,先后多次引进澳洲美利奴羊,对提高和改进我国的细毛羊品质有显著效果。

(二)德国美利奴羊

德国美利奴羊原产于德国,属于肉毛兼用型细毛羊。

外貌特征:德国美利奴羊体格大,成熟早,胸宽深,背腰平直,肌肉丰满,后躯发育良好,公、母羊均无角,颈部及体躯均无皱褶,被毛白色长而弯曲明显。

生产性能:成年公羊体重 90～100 kg,成年母羊 60～65 kg;成年公羊剪毛量 10～11 kg,成年母羊 4.5～5.0 kg;毛长 7.5～10.0 cm,羊毛细度 60～64 支,净毛率 45%～52%。羔羊生长发育快,6 月龄体重达 40～45 kg,胴体重达 19～22 kg。繁殖力强,性早熟,12 月龄可初配,产羔率可达 140%～175%。

我国 1958 年曾有引入,分别饲养在甘肃、安徽、江苏、内蒙古、山东等省(自治区),该羊曾参与了内蒙古细毛羊新品种的育成。

(三)林肯羊

林肯羊原产于英国东部的林肯郡,1750 年开始用莱斯特公羊改良当地的旧型林肯羊,经过长期选种选配和培育,于 1862 年育成。

外貌特征:林肯羊体质结实,体躯高大,结构匀称。公、母羊均无角,头长颈短,前额有绺毛下垂;背腰平直,腰臀宽广,肋骨开张良好;四肢较短而端正,脸、耳及四肢为白色,但偶尔出现小黑点。

生产性能:成年公羊体重 73～93 kg,成年母羊 55～70 kg;成年公羊剪毛量 8～10 kg,成年母羊 5.5～6.5 kg；净毛率 60％～65％；毛被呈辫形结构，有大波形弯曲和明显的丝样光泽，毛长 17.5～20.0 cm，细度 36～40 支；产羔率 120％左右，4 月龄肥育羔羊胴体重公羔 22.0 kg，母羔 20.5 kg。

我国从 1966 年起先后从英国和澳大利亚引入，经过多年的饲养实践，在江苏、云南等地繁育效果比较好。

(四)考力代羊

考力代羊原产于新西兰，属肉毛兼用型半细毛羊品种。

外貌特征：考力代羊头宽而小，头毛覆盖额部。公、母羊均无角，颈短而宽，背腰宽平，肌肉丰满，后躯发育良好，四肢结实，长度中等。全身被毛及四肢毛覆盖良好，颈部无皱褶，体型似长方形。

生产性能：成年公羊体重 100～115 kg，成年母羊 65～80 kg；成年公羊剪毛量 10～12 kg，成年母羊 5～6 kg。毛长 12～14 cm，细度 50～56 支，净毛率 60％～65％。产羔率 110％～130％。考力代羊具有良好的早熟性，4 月龄羔羊体重可达 35～40 kg。

我国山东、贵州、陕西等地用引入的考力代羊改良当地粗毛羊，使羊毛品质大有改善，剪毛量明显提高。

(五)特克赛尔羊

特克赛尔羊原产于荷兰，具有肌肉发育良好，瘦肉多的特点。现在美国、澳大利亚、新西兰等有大量饲养，被用于肥羔生产。

外貌特征：特克赛尔羊公、母均无角，耳短，头及四肢无羊毛覆盖，仅有白色的发毛，头部宽短，鼻梁黑色。背腰平直，肋骨开张良好。

生产性能：羊毛细度 46～56 支，剪毛量 3.5～4.5 kg，毛长 10 cm 左右。羔羊生长发育快，4～5 月龄可达 40～50 kg，屠宰率 55％～60％。产羔率 150％～160％。该羊一般用于作肥羔生产的父系品种。

我国黑龙江、宁夏等省(自治区)已引进，效果良好。

(六)萨福克羊

萨福克羊原产于英国，于 1859 年培育而成。

外貌特征：萨福克羊体格较大，骨骼坚实，头长无角，耳长，胸宽，背腰和臀部长宽而平，肌肉丰满，后躯发育良好。脸和四肢为黑色，头与四肢无羊毛覆盖。

生产性能：成年公羊体重 113～159 kg，成年母羊 81～113 kg；成年公羊剪毛量 5～6 kg，成年母羊 2.5～3.6 kg。被毛白色，毛长 8.0～9.0 cm，细度 50～58 支。产羔率 130％～140％。4 月龄肥育公羔胴体重 24.2 kg，母羔为 19.7 kg。

我国新疆、宁夏已引进，适应性和杂交改良地方绵羊效果很好。

(七)无角陶赛特羊

无角陶赛特羊原产于澳大利亚和新西兰。

外貌特征：无角陶赛特羊光脸，羊毛覆盖至两眼连线。公、母羊均无角，体质结实，头短而宽,颈粗短,体躯长,胸宽深,背腰平直,体躯呈圆筒形,四肢粗短,后躯发育良好,全身被毛白色。该品种羊具有早熟,生长发育快,全年发情和耐热及适应干燥气候等特点。

生产性能:无角陶赛特成年公羊体重 90~110 kg,成年母羊 65~75 kg;剪毛量 2~3 kg,净毛率 60%左右,毛长 7.5~10 cm,羊毛细度 56~58 支。生长发育快,经过肥育的 4 月龄羔羊的胴体重公羔为 22.0 kg,母羔为 19.7 kg。早熟,全年发情配种产羔,产羔率 137%~175%。

我国用无角陶赛特公羊与小尾寒羊母羊杂交,6 月龄公羔胴体重为 24.20 kg,屠宰率达54.50%,净肉率达 43.10%,后腿肉和腰肉重占胴体重的 46.07%。

(八)茨盖羊

茨盖羊原产于苏联的乌克兰地区。

外貌特征:茨盖羊体质结实,体格大。公羊有螺旋形角,母羊无角或只有角痕。胸深,背腰较宽而平,成年羊皮肤无皱褶。毛被覆盖头部至眼线,前肢达腕关节,后肢达飞节。毛色纯白,少数个体在耳及四肢有褐色或黑色斑点。油汗呈乳白或乳黄色。

生产性能:茨盖羊成年公羊体重 80~90 kg,剪毛量 6.0~8.0 kg;成年母羊 50~55 kg,剪毛量 3.0~4.0 kg。毛长 8~9 cm,细度 46~56 支,净毛率 50%左右。屠宰率 50%~55%。产羔率 115%~120%,恋羔性强,泌乳性能好。

我国自 1950 年起从苏联引入,主要饲养在内蒙古、青海、甘肃、四川和西藏等省(自治区),多年饲养实践证明,茨盖羊对我国多种生态条件都表现出良好的适应性。

(九)杜泊羊

杜泊羊原产于南非,是以黑头波斯羊为母本,有角多赛特为父本培育而成的肉羊品种。于1950 年完成品种审定和命名。2001 年我国首次从澳大利亚引进。

外貌特征:杜泊羊根据其头颈的颜色,分为白头杜泊和黑头杜泊两种。这两种羊体躯和四肢皆为白色,头顶部平直、长度适中,额宽,鼻梁微隆,无角或有小角根,耳小而平直,既不短也不过宽。颈粗短,肩宽厚,背平直,肋骨拱圆,前胸丰满,后躯肌肉发达。四肢强健而长度适中,肢势端正。杜泊羊分长毛型和短毛型两个品系。长毛型羊生产地毯毛,较适应寒冷的气候条件;短毛型羊被毛较短(由发毛或绒毛组成),能较好地抗炎热和雨淋,在饲料蛋白质充足的情况下,杜泊羊不用剪毛,因为它的毛可以自由脱落。

适应性:耐粗饲、适应性强。适应于放牧或舍饲、半舍饲饲养。

(十)卡拉库尔羊

卡拉库尔羊原产于苏联中亚地区贫瘠的荒漠、半荒漠草原,是世界著名的羔皮品种。

外貌特征:卡拉库尔羊头稍长,鼻梁隆起,颈中等长,耳大下垂(少数为小耳),前额两角之间有卷曲的发毛。公羊多数有螺旋形的角,角尖稍向两边伸出,母羊多数无角。体躯较深,臀部倾斜,四肢结实,尾的基部较宽,尾尖呈"S"形弯曲并下垂至飞节。毛色以黑色为主,也有部分个体为灰色、彩色(苏尔色)和棕色等。被毛的颜色随年龄的增加而变化。

生产性能:成年公羊体重 60~90 kg,剪毛量 3.0~3.5 kg;成年母羊体重 45~70 kg,剪毛量 2.5~3.0 kg。产羔率 105%~110%。羔羊初生重公羊 4.5 kg,母羊 3.9 kg。出生 3 d 内

宰杀剥取羔皮,羔皮光泽正常或强丝光性,毛卷以平轴卷、鬣形卷为主,99%为黑色,极少数为灰色,价值很高,在国际市场上享有很高声誉,被称为"波斯羔皮"。

(十一)戴瑞羊

戴瑞羊是新西兰从德国东北部引入东弗里斯羊,经过风土驯化、培育而形成的当地优势品种,是以产奶为主、产肉为辅的优秀绵羊品种。

外貌特征:戴瑞羊为典型的乳肉兼用绵羊体型,骨骼较细但不弱,母羊性格温驯,公羊性格阳刚;全身被毛白色、偶有黑花色个体出现;头长而窄,鼻微隆,无角,眼大而明亮,耳长而平,公羊头大而宽;母羊颈长适中、颈肩平直,公羊颈部粗壮;背部长平宽;鬐甲平坦或微隆,母羊前胸中等宽深,公羊前胸宽而深;体躯长而深,肋部弹性良好;臀部长而宽、强壮而较圆,髋关节宽,坐骨宽而突出,尾部长细而毛短,形似猪尾;腿骨较细但强壮,蹄发育良好;乳房大、形状好,附着面积较大,乳头较大、分隔距离适中。

生产性能:成年母羊,产奶期 210～240 d,产奶总量 500 kg,乳脂率 6.0%,干物质含量20%,乳蛋白含量 5.5%,乳糖含量 5.0%。母羔 4 月龄达初情期,发情季节持续时间约为 5 个月,平均正常发情 8.8 次,母羊 7 月龄性成熟,即可配种;公羊 10 月龄宜配种;母羊发情周期平均为 17 天,妊娠期为 145～153 d。经产母羊的产羔率为 200%～230%。公羔初生重 5.5 kg以上,母羔初生重 4.5 kg 以上。成年公羊体高 85 cm,体重 110 kg,成年母羊体高 77 cm,体重87 kg;6 月龄公羔胴体重 29 kg,屠宰率 53%,净肉率 45%,6 月龄母羔胴体重 23 kg,屠宰率52%,净肉率 43%,

适应性:耐粗饲、适应性强。适应于舍饲或半舍饲饲养。

任务二　山羊品种选择

一、山羊品种的分类

全世界现有主要的山羊品种和品种群 150 多个,在分类上各国略有差异,但主要还是根据生产方向进行分类,一般分为六大类。

(1)绒用山羊。如辽宁绒山羊、内蒙古绒山羊等。

(2)毛皮山羊。如济宁青山羊、中卫山羊等。

(3)肉用山羊。如波尔山羊、南江黄羊等。

(4)毛用山羊。如安哥拉山羊等。

(5)奶用山羊。如萨能山羊、关中奶山羊等。

(6)普通山羊。如新疆山羊等。

二、我国主要的山羊品种

(一)辽宁绒山羊

辽宁绒山羊是我国产绒量最高的山羊品种,原产于辽宁省辽东半岛及周边地区,是世界珍贵的绒山羊品种。

外貌特征:辽宁绒山羊体格大,毛色纯白,外层为粗毛,具有丝光,毛长而弯曲,内层由纤细柔软的绒毛组成。体质结实,头较大,公羊角发达,由头顶部向两侧螺旋式平直伸展,母羊角较小,向后上方伸展。颌下有须,颈宽厚,颈肩结合良好,背平直,后躯发达,四肢健壮有力。

生产性能:成年公羊体重 53.5 kg,体高 63.6 cm,体长 75.7 cm;母羊体重 44.9 kg,体高 60.8 cm,体长 72.8 cm。每年清明前后抓绒一次,公羊产绒量平均 600 g,最高可达 1.35 kg,粗毛产量 700 g;母羊产绒量 470 g,最高 1.025 kg,粗毛产量 500 g。绒毛平均细度 17 μm 左右,平均长度 7 cm;净毛率 70% 以上。屠宰率 50% 左右。产羔率 148%。

(二)内蒙古绒山羊

内蒙古绒山羊原产于内蒙古西部地区,主要分布在内蒙古阿拉善盟、鄂尔多斯市、巴彦淖尔市等地,在国际上享有很高声誉。

外貌特征:内蒙古绒山羊体质结实,公、母羊均有角,角向上向后向外弯曲伸展,呈"倒八字"形,公羊角粗大,母羊角细小。头中等大小,鼻梁微凹,耳大向两侧半下垂。体型近似方形,背腰平直,胸部宽深,四肢较短,蹄质结实。被毛白色,由外层的粗毛和内层的绒毛组成。

生产性能:成年公羊体高 65.4 cm,体长 70.8 cm,体重 47.8 kg;成年母羊体高 56.4 cm,体长 59.1 cm,体重 27.4 kg。成年公羊抓绒量 400 g,粗毛产量 350 g;成年母羊抓绒量 350 g,粗毛产量 300 g。羊绒长 6.6~7.6 cm,绒毛细度为 14.61~15.6 μm,净绒率 50%~70%。繁殖率较低,多产单羔,羔羊生长发育快,成活率高。产羔率 100%~105%,屠宰率 40%~50%。

(三)济宁青山羊

济宁青山羊原产于山东省西南部的菏泽和济宁地区,是一个优良的羔皮用山羊品种。

外貌特征:济宁青山羊体格小,俗称为"狗羊"。公、母羊均有角,角向后上方生长。颈部较细长,背直,尻微斜,腹部较大,四肢短而结实。被毛由黑白两色毛混生而成青色,特征是"四青一黑",即背毛、嘴唇、角和蹄为青色,前膝为黑色,因被毛中黑白二色毛的比例不同又可分为正青(黑毛数量占 30%~60%)、粉青色(黑毛数量占 30% 以下)、铁青色(黑毛数量占 60% 以上)3 种。

生产性能:成年公羊体高 55~60 cm,体长 60 cm,体重约 30 kg;成年母羊体高 50 cm,体长 56.5 cm,体重约 26 kg。成年公羊产毛 300 g 左右,产绒 50~150 g;母羊产毛约 200 g,产绒 25~50 g。主要产品是滑子皮,羔羊出生后 3 d 内屠宰,其特点是毛细短,长约 2.2 cm;紧密适中,在皮板上构成美丽的花纹,花形有波浪、流水及片花,为国际市场上有名商品。青山羊 4 月龄即可配种,母羊常年发情,年产两胎或两年三胎,一胎多羔,平均产羔率 293.65%。屠宰率 42.5%。

(四)中卫山羊

中卫山羊原产于宁夏回族自治区的沙坡头区、中宁、同心、海原及甘肃省的景泰、靖远等地,又名"沙毛山羊",是我国独特而珍贵的裘皮山羊品种。

外貌特征:中卫山羊体质结实,身短而深,近似方形,四肢端正,蹄质结实。成年羊头清秀,面部平直,额部有卷毛,颌下有须。公、母羊均有角,向后上方并向外延伸呈半螺旋状。被毛多为白色,少数呈现纯黑色或杂色,光泽悦目,形成美丽的花案。羔羊全身生长着弯曲的毛辫,呈细小萝卜丝状,光泽良好,呈丝光。

生产性能:成年公羊体重 54 kg,体高 61.4 cm,体长 67.7 cm;成年母羊体重 37 kg,体高 56.7 cm,体长 59.2 cm。成熟较早,母羊 7 月龄左右即可配种繁殖,多为单羔,产羔率 103%。屠宰率 40%～45%。

中卫山羊的代表性产品是羔羊生后 1 月龄左右,毛长达到 7.5 cm 左右时宰杀剥取的毛皮,因用手捻摸毛股时有沙沙粗糙感觉,故又称为"沙毛裘皮"。其裘皮的被毛呈毛股结构,毛股上有 3～4 个波浪形弯曲,最多可有 6～7 个。毛股紧实,花色艳丽。裘皮皮板面积 1 360～3 392 cm^2。适时屠宰得到的裘皮,具有美观、轻便、结实、保暖和不擀毡等特点。

(五)南江黄羊

南江黄羊原产于四川省南江县,是我国培育的第一个肉用山羊品种。

外貌特征:南江黄羊体型较大,公、母羊大多数有角,头型较大,颈部较粗,背腰平直,后躯丰满,体躯近似圆筒形,四肢粗壮。被毛呈黄褐色,面部多呈黑色,鼻梁两侧有一条浅黄色条纹,从头顶至尾根沿脊背有一条宽窄不等的黑色毛带,前胸、肩、颈和四肢上部着生黑色而且长的粗毛。

生产性能:成年公羊体高 74.6 cm,体长 79.0 cm,体重 60.6 kg;成年母羊体高 65.8 cm,体长 69.1 cm,体重 41.2 kg。在放牧条件下,8 个月龄屠宰前体重可达(22.65±2.33)kg,屠宰率 47.63%±1.48%,12 月龄屠宰率 49.41%±1.10%,成年为 55.65%±4.48%。性成熟早,3 月龄就有初情表现,且四季发情,8 月龄时可配种,年产两胎或二年三胎,双羔率可达 70% 以上,产羔率 187%～219%。

我国很多地方如浙江、陕西、河南等地已引入南江黄羊饲养,并同当地山羊进行杂交改良,取得了较好效果。

(六)崂山奶山羊

崂山奶山羊分布于山东省的东部及胶东半岛和鲁中南等地区。

外貌特征:崂山奶山羊体质结实,结构紧凑而匀称。公、母羊大多数无角,头长眼大,额宽鼻直,耳薄较长,向前外方伸展。胸宽背直,肋骨开张良好。后躯发育良好,尻略下斜,四肢健壮。公、母羊大多无角,有肉垂。公羊头大,颈粗,腹部紧凑,睾丸发育良好。母羊外貌清秀,腹大而不下垂,乳房附着良好,基部宽广,上方下圆,质地柔软,发育良好,皮薄有弹性,乳头大小适中。被毛白色,毛细短,皮肤粉红色,成年羊头、耳、乳房皮肤上有大小不等的黑斑。

生产性能:泌乳期 8 个月,最长可达 10 个月,平均产奶量 497 kg。一胎平均 400 kg,二胎平均 550 kg,三胎平均 700 kg,一般利用 5～7 个胎次。性成熟早,母羊 3～4 月龄开始发情,发情季节在 8 月下旬到翌年 1 月底,发情旺季集中在 9～10 月,初配年龄平均为 220 日龄,发情周期平均 20 d,妊娠期 150 d,产羔率平均 170%。

(七)关中奶山羊

关中奶山羊原产于陕西省的渭河平原,具有适应性好、抗病性能强、耐粗放管理,产奶量高等特点,是我国培育的奶山羊品种。

外貌特征:关中奶山羊体质结实,乳用型明显,具有头、颈、躯干、四肢长的"四长"特征。公羊头大颈粗,前胸开阔,腹部紧凑,外形雄伟,睾丸发育良好。母羊颈长,胸宽背平,腰长尻宽,乳房庞大,形状方圆。公、母羊四肢结实,肢势端正,蹄质结实,呈蜡黄色。全身毛短色白,皮肤粉红色,耳、唇、鼻及乳房皮肤上偶有大小不等的黑斑。部分羊有角和肉垂。

生产性能:成年公羊体高 82 cm 以上,体重 65 kg 以上;成年母羊体高 69 cm 以上,体重 45 kg 以上。在一般饲养条件下,平均产奶量一胎 450 kg、二胎 520 kg,三胎 600 kg,高产个体在 700 kg 以上。若饲养条件良好,产奶量可提高 15％～20％。鲜奶乳脂率 3.8％～4.3％,总干物质 12％。母羊初情期在 4～5 月龄,发情季节多集中于 9～11 月。发情周期 20 d,发情持续期 28 h。初配年龄 8～10 月龄,妊娠期 150 d,产羔率平均 184.3％。

(八)新疆山羊

新疆山羊在新疆全区均有分布。具有耐粗饲,攀登能力和抗病力强,生长快,繁殖力高和产奶多等特点。

外貌特征:新疆山羊头大小适中,耳小半下垂,鼻梁平直或下凹。公、母羊多数有角,角呈半圆形弯曲,或向后上方直立,角尖微向后弯。背平直,前躯比后躯发育稍好,尾小而上翘。被毛以白色为主,其次为黑色、灰色、褐色及花色。

生产性能:成年公羊体重 60 kg 左右,成年母羊体重 35 kg 左右。产绒量成年公羊 250～310 g,母羊 180 g 左右,净绒率 75％以上,绒纤维自然长度 4.0～4.4 cm,绒纤维细度 13.8～14.4 μm。秋季发情,产羔率 110％～115％。屠宰率 40％左右。

三、国外主要的山羊品种

(一)波尔山羊

波尔山羊原产于南非的亚热带地区,是世界上最受欢迎的肉用山羊品种之一。

外貌特征:波尔山羊具有良好的肉用体型,体躯呈长方形,头大壮实,眼棕色,鼻大稍弯曲,前额突出明显。耳长适中向下垂。颈粗壮,胸宽深,背长而宽深,肋骨开张良好,腰丰满,尻宽长,皮肤松软,有较多皱褶,肌肉发达。被毛短密有光泽,体躯白色,头颈为红褐色,从额中至额端有一条白色毛带。公羊角较宽而且向上向外弯曲,母羊角小而直。

生产性能:波尔山羊生长发育快,属于早熟品种。初生重 3.2～4.3 kg,3 月龄断奶重公羔 23.6～25.7 kg,母羔 19.5～21.0 kg。6 月龄内日增重为 225～255 g。成年公羊体重 90～100 kg,成年母羊 65～75 kg。屠宰率 50％～60％,肉质细嫩,肌肉横切面呈大理石纹。繁殖性能好,初情期为 4 月龄,母羊全年发情,秋季为性活动高峰期,发情周期为 21～22 d,发情持续期为 40～60 h,一年两胎或两年三胎,产羔率 175％～250％。

(二)安哥拉山羊

安哥拉山羊原产于土耳其的安哥拉地区,是生产具有波光色泽的优质马海毛的古老品种。现主要分布在土耳其,在南非、美国、阿根廷、澳大利亚、俄罗斯等国也有一定数量分布。

外貌特征:安哥拉山羊全身被毛白色,羊毛有丝样光泽,手感滑爽柔软,由螺旋状或波浪状毛辫组成,毛辫长可垂至地面,体格中等。公、母羊均有角,耳中等长度,呈下垂或半下垂状态,颜面平直或略凹陷,面部和耳朵有深色斑点。体躯狭窄,肋骨扁平,颈部细短,四肢较短,蹄质坚实。

生产性能:成年公羊体高 60～65 cm,体重 55～60 kg,剪毛量 3.5～5.0 kg;成年母羊体高 51～55 cm,体重 36～42 kg,剪毛量 2.5～3.5 kg。毛股自然长度 18～25 cm,最长可达 35 cm,细度 35～52 μm,净毛率 65%～85%,一般年剪毛两次。生长发育慢,性成熟晚,1.5 岁后才能发情配种,产羔率 100%～110%。

我国自 1984 年以来,从澳大利亚引进该品种,目前主要饲养在陕西、山西、内蒙古和甘肃等省(自治区)。

(三)萨能奶山羊

萨能奶山羊是世界上最著名的奶山羊品种,原产于瑞士,现已广泛分布于世界各地,具有早熟、长寿、繁殖力强、泌乳性能好等特点。

外貌特征:萨能奶山羊具有乳用家畜特有的楔形体型,体型高大,结构紧凑,头长面直,眼大灵活,耳薄长向前方平伸。公、母羊大多有须无角,部分个体颈下有一对肉垂。体躯宽深,背长而直,后躯发育好,四肢结实,肢势端正。被毛白色,偶有毛尖呈淡黄色,皮薄有弹性,呈粉红色,随着年龄的增长,鼻端、耳和乳房上出现大小不等的黑斑。

生产性能:成年公羊体高 80～90 cm,体长 95～114 cm,体重 75～95 kg;成年母羊体高 75～78 cm,体长 82 cm,体重 50～65 kg。泌乳期 10 个月左右,以产后 2～3 个月产奶量最高,305 d 的产奶量为 600～1 200 kg,最高日产量可达 10 kg 以上,乳脂率 3.8%～4.0%。性成熟早,一般 10～20 月龄配种,秋季发情,年产羔一次,多产双羔,产羔率 160%～220%。

(四)吐根堡奶山羊

吐根堡奶山羊原产于瑞士东北部吐根堡山谷,分布于欧洲、美洲、亚洲、非洲的各个国家和地区,与萨能奶山羊同享盛名。1982 年引入我国四川省,繁殖正常,生长良好。

外貌特征:吐根堡奶山羊体型略小于萨能奶山羊,也具有乳用家畜特有的楔形体型。毛色以浅褐色为主,部分羊为深褐色,幼羊色较深,随年龄增长而变浅。颜面两侧各有一条灰白色条纹,鼻端、耳缘、腹部、臀部、尾下及四肢下端均为灰白色。公、母羊均有须,多数无角而有肉垂。骨骼结实,四肢较长,蹄壁蜡黄色。公羊体长,颈细瘦,头粗大;母羊皮薄,骨细,颈长,乳房大而柔软,发育良好。

生产性能:成年公羊体高 80～85 cm,体重 60～80 kg,成年母羊体高 70～75 cm,体重 45～55 kg。泌乳期 8～10 个月,平均产奶量 600～1 200 kg,乳脂率 3.5%～4.0%。全年发情,但多集中在秋季,母羊 1.5 岁配种,公羊 2 岁配种,平均妊娠期 151.2 d,产羔率平均为 173.4%。

吐根堡奶山羊体质健壮,性情温驯,耐粗饲,耐炎热,对于放牧或舍饲都能很好地适应。

复习思考题

1.简述绵羊、山羊品种分类方法。

2.试述澳洲美利奴羊的品种特征特性。

3.简述我国主要绵羊、山羊品种的特征特性。

技能训练二十三　羊的品种识别

【目的要求】

能够根据品种特征识别并描述引进和本地的主要绵羊、山羊品种,熟悉各品种的产地、经济类型及主要优缺点。

【材料和用具】

材料:不同绵羊、山羊品种的图片、照片、模型、幻灯片、光盘,实体绵羊、山羊若干。

用具:幻灯机或多媒体设备。

【内容和方法】

1.品种介绍

利用品种图片、相关课件或活畜,介绍引进和本地的绵羊、山羊品种外貌特征、生产性能。

2.辨认品种

(1)绵羊。澳洲美利奴羊、德国美利奴羊、新疆细毛羊、中国美利奴羊、林肯羊、特克赛尔羊、考力代羊、无角陶赛特羊、萨福克羊、茨盖羊、戴瑞羊、杜泊羊、滩羊、湖羊、卡拉库尔羊、小尾寒羊、蒙古羊、西藏羊、哈萨克羊等。

(2)山羊。萨能奶山羊、吐根堡奶山羊、关中奶山羊、安哥拉山羊、波尔山羊、辽宁绒山羊、内蒙古绒山羊、济宁青山羊、中卫山羊、南江黄羊、崂山奶山羊、新疆山羊。

【实训报告】

调查本地区饲养的绵羊、山羊品种,描述其品种特征和生产性能,并做鉴别比较说明。

羊的良种繁育

【知识目标】
1. 了解羊的繁殖规律。
2. 掌握羊的发情鉴定与配种技术。
3. 掌握羊的妊娠诊断与预产期计算。

【技能目标】
1. 能够熟练运用外部观察法、阴道检查法及试情法进行羊的发情鉴定。
2. 能够熟练进行公羊的采精、精液品质检查、稀释并完成人工输精操作。
3. 能够利用外部观察法、阴道检查法及超声波探测法等方法对羊的妊娠做出准确诊断。

任务一 羊的发情及发情鉴定

一、羊的性成熟和初配年龄

1. 性成熟

性成熟是指性器官发育完全,开始产生成熟的性细胞(精子或卵子),并能分泌性激素的时期。此时,公羊开始有性行为,母羊出现发情症状,如果公、母羊相互交配,即能受胎。

羊的性成熟时间受品种、饲养条件、个体发育、气候等因素的影响而有差异。早熟的肉用、毛肉兼用及奶山羊,在良好的饲养条件下,达性成熟的年龄较早,一般为5~7月龄,如小尾寒羊性成熟更早,4~5月龄就能配种受胎;毛用品种羊性成熟较晚,一般为8~10月龄。

2. 初配年龄

羊达到性成熟时并不意味着可以配种,刚达到性成熟的羊,其身体并未达到充分发育,如果这时进行配种,就可能影响它本身和胎儿的生长发育,因此,公、母羔羊在4月龄断奶时,一定要分群管理,以避免偷配。羊的初配年龄受品种和饲养管理条件的制约,一般年龄达12月龄,体重达到成年母羊的70%时,可进行第一次配种。早熟品种、饲养管理条件好的母羊,配种年龄可较早些。种公羊的利用在1.5岁左右开始为宜。

3. 羊的繁殖年限

绵羊在 3～6 岁时繁殖能力最强,7～8 岁后下降,因此,大多数羊场,种羊在 8 岁左右淘汰。某些特别优秀的个体或育种价值较高的种羊,如加强饲养管理,利用年限可达 10 岁以上。

二、羊的繁殖季节

羊属于短日照动物,一般在秋、冬季节发情配种,这是自然选择的结果,也是生物适应环境的具体表现。在野生条件下,羊总是选择在秋末、冬初配种,春季产羔,这样所产羔羊经过一年生长发育即可安全越冬。

羊的发情季节因品种、地区而有差异。生长在寒冷地区或原始品种的羊,发情表现出季节性;生长在温暖地区或经过人工选择的品种,则没有严格的季节性。我国的湖羊、小尾寒羊等地方品种,萨福克羊、波尔山羊等培育品种都具有四季发情的特性。而绝大多数品种发情季节性明显,即使全年发情的品种也相对集中在春、秋两季,以 8～9 月发情最多。

影响繁殖季节的主要因素是光照,其次还有纬度、海拔、气温、营养状况等因素。

公羊没有明显的繁殖季节,因而任何季节都能配种,但在精液品质方面也有季节性变化的特点。一般秋季最好,春季和夏季较差。

三、发情与发情周期

1. 发情

发情为母羊在性成熟以后,所表现出的一种具有周期性变化的生理现象。母羊发情时有以下一些表现特征。

(1)性欲。性欲是母羊愿意接受公羊交配的一种行为。母羊发情时,一般不抗拒公羊接近或爬跨,或者主动接近公羊并接受公羊的爬跨交配。

(2)性兴奋。母羊发情时,表现兴奋不安。

(3)生殖道变化。外阴部充血肿大,柔软而松弛,阴道黏膜充血发红,上皮细胞增生,前庭腺分泌增多,子宫颈开放,子宫蠕动增多,输卵管的蠕动、分泌和上皮纤毛的波动也增强。

(4)卵泡发育和排卵。卵巢上有卵泡发育成熟,发育成熟后卵泡破裂,卵子排出。

母羊在某一时期出现上述四方面的特征通常都称为发情。母羊从开始表现上述特征到这些特征消失为止称发情持续期。通常母羊的发情持续期为 20～50 h,平均为 30 h,但品种、个体、年龄和配种季节等之间差异很大。母羊一般在发情结束接近终止时排卵,即在发情开始后 12～14 h 内。因此,在发情开始后的 12 h 内进行配种或输精较适宜,也可认为发现爬跨即可配种。羊在发情期内,若未经配种,或虽经配种但未受孕时,经过一定时期会再次出现发情现象。

2. 发情周期

母羊出现第一次发情以后,其生殖器官及整个机体的生理状态有规律地发生一系列周期性变化,这种变化周而复始,一直到停止繁殖年龄为止,这种周期性变化称为发情周期。发情周期的计算一般从这一次发情开始或结束到下一次发情开始或结束为一个发情周期。一般绵羊为 14～20 d,平均 17 d;山羊为 18～23 d,平均 21 d。

四、羊的发情鉴定

发情鉴定是羊繁殖工作中一项重要的技术环节。通过发情鉴定可以及时发现发情母羊,正确掌握配种或人工授精时间,防止误配、漏配,提高受胎率。由于母羊发情持续时间短,外部表现不太明显,不宜发现。因此,母羊的发情鉴定应以试情为主,结合外部观察。

1. 外部观察法

主要观察母羊的精神状态、性行为表现及外阴部变化情况。母羊发情时,常常表现为兴奋不安,对外界刺激反应敏感,食欲减退,反刍减少或减弱,鸣叫,有交配欲,主动接近公羊,公羊追逐或爬跨时常站立不动,也有部分性欲强的母羊爬跨其他母羊,并有模仿公羊交配动作,频频摆尾、排尿,且外阴部有(或)悬挂少量黏液。

2. 阴道检查法

用开膣器辅助观察母羊阴道黏膜、分泌物和子宫颈口变化,并判断发情与否。若发情,则母羊阴道黏膜充血、呈红色、表面光亮湿润,有透明液体流出,子宫颈口充血、松弛、开张,有黏液流出。

3. 公羊试情法

选择性欲旺盛,营养良好,健康无病的2～5岁有性经验的公羊放入母羊群,观察母羊的反应,发现有站立不动并愿意接近公羊的母羊,特别是接受爬跨的母羊,则此母羊已发情。为了防止试情公羊偷配母羊,试情公羊需要做输精管结扎或阴茎移位手术,如无手术条件,也可带上试情布。同时,试情公羊应单圈饲养,除试情外,不得和母羊在一起,要给以良好的饲养条件,保持体格健壮,并每隔5～6 d让其本交一次,以维持其旺盛的性欲。试情公羊与母羊的比例为1∶(45～50)。在生产中多采用每天早上试情,也有早晚各试情一次的。

任务二　羊的配种技术

一、配种时期的选择

羊配种时期的选择,主要根据各地区、各羊场的年产胎次和产羔时间决定。

1. 年产一胎的母羊

有冬季产羔和春季产羔两种。冬季产羔时间在1～2月间,需要在8～9月配种;春季产羔时间在4～5月间,需要在11～12月配种。

2. 二年三产的母羊

第一年5月配种,10月产羔;第二年1月配种,6月产羔;第二年9月配种,次年2月产羔。

3. 一年二产的母羊

可于4月初配种,当年9月初产羔;第二胎在10月初配种,翌年3月初产羔。

二、配种方法

羊的配种方法可以分为自然交配和人工授精两种。

(一)自然交配

自然交配又可分为自由交配和人工辅助交配。

1. 自由交配

在配种期内,根据母羊数的多少,将选好的种公羊放入母羊群中,混群饲养或放牧,公、母羊自由交配。该方法省工省事适合于分散的小群体。若公、母羊比例适当,一般为1:(30~40),可获得较高受胎率。但有许多缺点:①无法控制产羔时间;②公羊追逐母羊交配,影响羊群的采食抓膘,而且公羊的精力消耗太大;③无法了解后代的血缘关系;④不能进行有效的选种选配;⑤优秀种公羊的利用率低。

2.人工辅助交配

将公、母羊分群隔离饲养,在配种期内经发情鉴定,把挑选出来的发情母羊与指定公羊进行交配。这种配种方式不仅可以提高种公羊的利用率,增加利用年限,而且能够有计划地选配,提高后代质量。

(二)人工授精

它是用器械采取公羊的精液,经过精液检查和处理,再将精液输入发情母羊生殖道内,达到母羊受胎的配种方式。人工授精可以提高优秀种公羊的利用率,提高与配母羊数十倍,节约种公羊饲养费用,加速羊群的遗传进展,并可以防止疾病传播。

三、人工授精的组织和技术

(一)配种前的准备工作

1.站址的选择及房舍设备的选择

站址一般选择在母羊密度大,水草条件好,交通条件便利,无传染病,还应有足够的放牧地的地区。并且可在周围临近地区设一些输精点。授精站应具备采精室、精液处理室,还应备有种公羊舍、试情公羊舍及试情圈等设施。

2.器械药品的准备

应在配种季节开始前将人工授精所需器械及常用药品备齐。所需器械主要有:显微镜、天平、假阴道(外壳、内胎、塞子)、输精器、金属开膣器、温度计、量筒及各式玻璃瓶等。常用药品有:酒精、氯化钠、碳酸氢钠、白凡士林、高锰酸钾、碘酊、新洁尔灭等。

3.羊群的准备

种公羊在平时放牧时应注意维持中等以上的膘情,配种前1~1.5个月开始喂配种日粮;检查参加配种公羊的精液品质,使其达到输精的要求;对初次参加配种的公羊进行调教,使其性反射敏感,利于采精。

母羊应在配种季节来临之前,及时做好羔羊断奶、剪毛、整群等工作,在配种时母羊膘情要好,这样才能保证发育整齐、发情率高、促使母羊多排卵,将来产羔也多,而且产羔整齐,便于管理。

4.记录表格的准备

人工授精有利于绵羊育种记载,按照配种计划来准备公羊采精记录及配种记录等。

(二)人工授精技术

1.采精前的准备工作

包括器械的清洗与消毒、假阴道的准备及安装。

2.采精的方法和步骤

(1)采精场地。首先要有固定的采精场所,以便使公羊建立交配的条件反射,如果在露天采精,则采精的场地应当避风、平坦,并且要防止尘土飞扬,采精时应保持环境安静。

(2)台羊的准备。对公羊来说,台羊(母羊)是重要的性刺激物,是用假阴道采精的必要条件。台羊应当选择健康的、体格大小与公羊相似的发情母羊。用不发情的母羊为台羊不能引起公羊性欲时,可先用发情母羊训练数次即可。在采精时,须先将台羊固定在采精架上。

如用假母羊作台羊,须先经过训练,即先用真母羊为台羊,采精数次,再改用假母羊为台羊。假母羊是用木料制成的木架(大小与公羊体格相似),架内填上适量的麦草或稻草,上面覆盖一张羊皮并固定之。

(3)公羊的牵引。在牵引公羊到采精现场后,不要使它立即爬跨台羊,要控制几分钟,再让它爬跨,这样不仅可增强其性反射,也可提高所采取精液的质量。公羊阴茎包皮孔部分,如有长毛应事先剪短,如有污物应擦洗干净。

(4)采精技术。采精人员用右手握住假阴道后端,固定好集精杯(瓶),并将气嘴活塞朝下,蹲在台羊的右后侧,当公羊跨上母羊背上的同时,应迅速将公羊的阴茎导入假阴道内,切忌用手抓碰摩擦阴茎。若假阴道内的温度、压力、滑度适宜,当公羊后躯急速向前用力一冲,即已射精,此时,顺着公羊动作向后移下假阴道,并迅速将假阴道竖起,集精杯一端向下,然后打开活塞上的气嘴,放出空气,取下集精杯,盖好送精液处理室待检。

3.采精后用具的清理

倒出假阴道内的温水,将假阴道、集精杯放在热水中用洗衣粉充分洗涤,然后用温水冲洗干净、擦干,待用。

4.精液品质的检查

检查精液的品质,是保证受精效果的一项重要措施。主要检查的项目和方法如下。

(1)射精量。精液采取后,将精液倒入有刻度的玻璃管中观察即可。有的单层集精杯本身带有刻度,若用这种集精杯采精,采精后直接观察,无须倒入其他有刻度的玻璃容器。

(2)色泽。正常的精液为乳白色。如精液呈浅灰色或浅青色,是精子少的特征;深黄色表示精液内混有尿液;粉红色或淡红色表示有新的损伤而混有血液;红褐色表示在生殖道中有深的旧损伤;有脓液混入时精液呈淡绿色;精囊发炎时,精液中可发现絮状物。

(3)精液的气味。刚采得的正常精液略有腥味,当睾丸、附睾或副性腺有慢性化脓性病变时,精液有腐臭味。

(4)云雾状。用肉眼观察新采得的公羊精液,可以看到由于精子活动所引起的翻腾滚动极似云雾的状态。精子密度越大、活力越强者,则其云雾状越明显。因此,根据云雾状表现的明显与否,可以判断精子活力的强弱和精子密度的大小。

(5)活力。用显微镜检查精子活力的方法是:用消毒过的干净玻璃棒取出原精液一滴,或用生理盐水稀释过的精液一滴,滴在擦洗干净的干燥的载玻片上,并盖上干净的盖玻片,盖时使盖玻片与载玻片之间充满精液,避免气泡产生,然后放在显微镜下放大 $300\sim600$ 倍进行观察,观察时盖玻片、载玻片、显微镜载物台的温度不得低于 30 ℃,室温不能低于 18 ℃。精子活力检查根据直线前进的精子所占的比例来确定。

(6)密度。精液中精子密度的大小,是精液品质优劣的重要指标之一。用显微镜检查精子密度的大小,其制片方法(用原精液)与检查活力的制片方法相同,通常在检查活力时,同时检查密度。公羊精子的密度分为"密""中""稀"三级。

5.精液的稀释

(1)精液稀释目的。①增加精液容量和扩大配种母羊的头数。②延长精子在体外的存活时间,提高受胎率。③有利于精液的保存和运输。

(2)稀释液的种类。稀释液应能供给精子营养,具有与精液相同的渗透压,稀释液的酸碱度要适于精子生存,而且应配制简便,成本低廉。在稀释精液过程中要注意做到稀释液温度与精液温度一致,稀释时要缓慢倒入,防止精子受到机械冲击,稀释倍数要根据精子密度来决定。羊常用的稀释液见表4-2-1。

表 4-2-1 常用羊精液稀释液配方

稀释液名称	成分	用途及稀释倍数
乳汁稀释液	牛乳或羊乳	即时输精用1∶(2~4)倍
生理盐水稀释液	蒸馏水 100 mL,氯化钠 0.9 g	即时输精用1∶(1~2)倍
乳粉、卵黄稀释液	蒸馏水 100 mL,乳粉 10 g,卵黄 10 mL,青霉素 60 000 IU,链霉素 0.1 g	低温保存用1∶(2~3)倍
柠檬酸钠、卵黄、葡萄糖稀释液	蒸馏水 100 mL,柠檬酸钠 2.3 g,葡萄糖 1.0 g,卵黄 10 mL,青霉素 100 000 IU,链霉素 0.1 g,磺胺粉 0.3 g	低温保存用1∶(2~3)倍

(引自《科学养绵羊》,荣威恒,1997年)

6.输精

在羊人工授精的实际工作中,由于母羊发情持续时间短,再者很难准确地掌握发情开始时间,所以当天抓出的发情母羊就在当天配种1~2次(若每天配1次时在上午配,配2次时在上午、下午各配1次),如果第二天继续发情,则可再配。

将待配母羊牵到输精室内的输精架上固定好,并将其外阴部消毒干净,输精员右手持输精器,左手持开膣器,先将开膣器慢慢插入阴道轻轻打开,寻找子宫颈。找到子宫颈后,将输精器前端插入子宫颈口内 0.5~1.0 cm 深处,用拇指轻压活塞,注入原精液 0.05~0.1 mL 或稀释精液(1∶3 倍稀释)0.1~0.2 mL,保证有效精子数在 5 000 万个以上。

在输精过程中,如果发现母羊阴道有炎症,而又要使用同一输精器的精液进行连续输精时,在对有炎症的母羊输完精之后,用 75% 的酒精棉球擦拭输精器进行消毒,以防母羊相互传染疾病。但使用酒精棉球擦拭输精器时,要特别注意棉球上的酒精不宜太多,而且只能从后部向尖端方向擦拭,不能倒擦。酒精棉球擦拭后,用 0.9% 的生理盐水棉球重新再擦拭一遍,才能对下一只母羊进行输精。

任务三 羊的妊娠与预产期的计算

一、羊的妊娠

(一)母羊妊娠生理变化

母羊妊娠后,体况和生殖器官均发生相应的变化。随着胎儿生长发育,母体新陈代谢加强,食欲增加,消化功能提高,营养状况改善,体重增加,被毛光亮。妊娠后期由于胎儿迅速发育,母体常不能获得足够的营养物质,而消耗体内前期贮存的营养物质供胎儿需要,因此,如果饲养管理较差,母羊则表现瘦弱。妊娠初期,阴门收缩紧闭,阴道干涩;妊娠后期,阴道黏膜苍白、阴唇收缩;妊娠末期,阴唇、阴道水肿,柔软。

(二)妊娠诊断

1. 外部观察法

一般母羊妊娠后,表现为周期性的发情停止,食欲增进,营养状况改善,膘情好转,被毛光滑,而且神态安静,行动谨慎;外阴部比较干燥,皱纹收缩明显;妊娠3个月后腹围明显增大,右侧比左侧更为突出,妊娠后期可以看到胎动。

2. 阴道检查法

母羊妊娠3周后,阴道黏膜苍白,黏液少、干涩,开膣器插入时感觉阻力大。子宫颈口关闭,有子宫栓附着。当用开膣器刚刚打开阴道时,阴道黏膜苍白,几秒钟后即变为粉红色。

阴道检查法对于那些有持久黄体、子宫颈及阴道发生病理变化的母羊往往很难做出正确判断,因而,此法难度较大,在生产中常作为辅助方法。

3. 黄体酮水平测定法

母羊妊娠后,由于妊娠黄体的存在,在相当于下一个情期到来的时间段,其血液和奶中黄体酮含量明显高于未孕母羊。配种后20～25 d,妊娠绵羊血浆中黄体酮含量大于1.2 ng/mL,妊娠山羊血浆中黄体酮含量大于或等于3 ng/mL。

4. 超声波探测法

一般采用多普勒超声波诊断仪探听母体内血液在脐带、胎儿血管和心脏中的流动情况即可进行诊断。探测时要把探测部位的毛剪掉并涂以耦合剂,然后把探头放到探测部位,通过影像或声音来判断。

二、羊的预产期与分娩

(一)预产期的推算

羊妊娠期的长短,因品种与个体的营养水平的不同而有差异。早熟的肉毛兼用品种,多在饲草料比较充足的条件下育成,妊娠期较短,其他品种多在放牧条件下育成,妊娠期稍长,平均为150 d(140～156 d)。

预产期的计算方法:配种月加5,配种日减2。

(二)分娩

1. 分娩预兆

母羊临近分娩时,乳房肿大,乳头直立,可从乳头中挤出少量清亮的胶状液体或少量初乳。阴门肿胀、潮红、柔软红润,阴道黏膜潮红,有时流出浓稠黏液。母羊食欲不振,行动困难,排尿频繁,起卧不安,时常回顾腹部,喜欢独站墙角,有时用前蹄刨地,不时鸣叫。当发现母羊卧地,四肢伸直努责或肷部下陷特别明显时,应立即送入产房。

2.母羊分娩

母羊正常分娩时,在羊膜破裂后 0.5 h 内即可产出羔羊。正常胎位的羔羊出生时,两前肢夹着头部先出,当羔羊头部通过外阴部后,身体的其他部分随即顺利产出。若产双羔或多羔时,先后间隔 5～30 min,但有时也长达数小时以上。

当羔羊出生后,应立即将其口腔、鼻腔内的黏液擦净。羔羊身上的黏液让母羊舔干,以便使母羊熟悉羔羊。脐带可让其自行断裂,不能自行断裂时,可用手掐断,并涂以碘酒消毒。

母羊将胎儿全部产出后,0.5～4 h 内排出胎衣,7～10 d 内常有恶露排出。

3.助产

一般正常产羔的母羊不需助产,但当分娩异常时应及时助产,其方法是人在母羊体躯后侧,用膝盖轻压其肷部,等羔羊嘴端露出后,用一手向前推动母羊会阴部,羔羊头部露出后,再用一手托住头部,一手握住前肢,随母羊的努责向后下方拉出胎儿。若属胎位异常而出现难产,应消毒手臂,伸入阴道内,调整胎位与采取相应的助产措施。

羔羊出生后发生假死情况时,应提起羔羊两后肢,使羔羊悬空,同时用手轻拍其背胸部,一般情况都可复活;还可进行人工呼吸,用两手分别握住羔羊的前肢和后肢,慢慢活动胸部,或对鼻腔内进行人工吹气,使其复苏。

复习思考题

1.解释下列概念:

性成熟;初配年龄;发情;发情周期。

2.羊的发情症状有哪些?

3.简述羊的发情鉴定方法。

4.叙述羊的人工授精技术。

5.简述羊的妊娠症状与分娩预兆。

肉用羊生产

【知识目标】

1. 了解羊的外貌部位与体尺测量技术。

2. 掌握羊的年龄鉴别技术。

3. 掌握肉用羊的生产性能指标与羊的育肥方式。

【技能目标】

1. 能准确识别羊的外貌部位。

2. 能根据羊的牙齿更换和磨损情况,来判定羊的年龄。

3. 掌握肉用羊的育肥技术。

任务一 肉用羊的外貌部位识别与体尺测量

一、肉用羊的外貌部位识别

羊的体型外貌在一定程度上能反映出羊的体质、机能、生产性能和健康状况,通过外貌观察,可以鉴别羊品种、个体间的体型差异,正确判断羊的健康状况及对生活条件的适应性,还可鉴定羊的生长发育是否正常。为区别、记载每个羊的外貌特征,必须识别羊体表各部位名称。

(一)绵羊体表各部位名称

绵羊体表各部位名称如图 4-3-1 所示。

(二)山羊体表各部位名称

山羊体表各部位名称如图 4-3-2 所示。

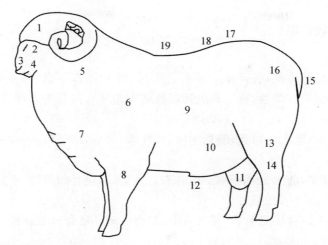

1.头 2.眼 3.鼻 4.嘴 5.颈 6.肩 7.胸 8.前肢 9.体侧 10.腹 11.阴囊
12.阴筒 13.后肢 14.飞节 15.尾 16.臀 17.腰 18.背 19.鬐甲

图 4-3-1 绵羊体表各部位名称

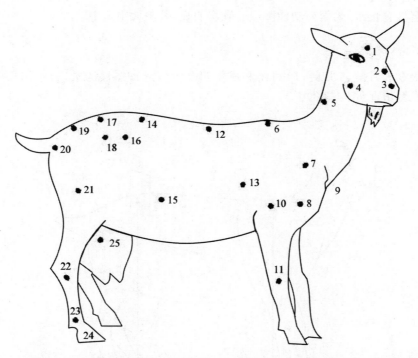

1.头 2.鼻梁 3.鼻 4.颊 5.颈 6.鬐甲 7.肩部 8.肩端 9.前胸 10.肘 11.腕
12.背部 13.胸部 14.腰部 15.腹部 16.胁部 17.十字部 18.腰角
19.尻 20.坐骨端 21.大腿 22.飞节 23.系 24.蹄 25.乳房

图 4-3-2 山羊体表各部位名称

二、肉用羊的外貌特征

1. 整体结构

体躯粗圆,长宽比例协调,各部结合良好。臀、后腿和尾部丰满,其他部位肌肉分布广而多。骨骼较细,皮薄而富有弹性,被毛着生良好且富有光泽。具有本品种的典型特征。

2. 头、颈部

按品种要求,口方,眼大而明亮,额宽丰满,耳纤细、灵活,颈部较粗,颈肩结合良好。

3. 前躯

肩丰满、紧凑、厚实,前胸宽而丰满。前肢直立结实,腿短且间距宽,管部细致。

4. 中躯

胸部宽深,胸围大。背腰宽而平,长度适中,肌肉丰满。肋骨开张良好,长而紧密。腹底成直线,腰荐结合良好。

5. 后躯

臀部长、平、宽,大腿肌肉丰满,后裆开阔,小腿肥厚。后肢短直而细致,肢势端正。

6. 生殖器和乳房

生殖器官发育正常,无繁殖功能障碍。乳房明显,乳头大小适中。

三、羊的体尺测量

羊只一般在 3 月龄、6 月龄、12 月龄和成年四个阶段进行体尺测量,通过体尺测量可以了解羊的生长发育情况(图 4-3-3)。

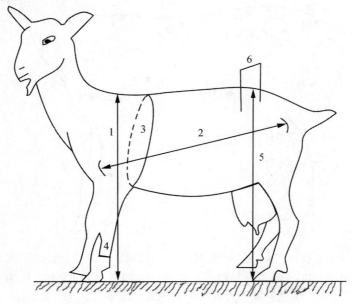

1. 体高　2. 体斜长　3. 胸围　4. 管围　5. 十字部高　6. 腰角宽

图 4-3-3　羊体尺测量示意图

体尺测量所用的工具主要有测杖、卷尺、圆形测量器等。测量时被测羊端正站立在宽敞平坦的场地,四肢直立,头自然前伸,姿态自然。每项指标测量3次,取其平均值,做好记录。测量应准确,操作宜迅速。常用的体尺测量部位和方法如下。

(1)体高:由鬐甲最高点至地面的垂直距离。用测杖测量。

(2)体斜长:由肩端最前缘至坐骨结节后缘的距离。用测杖测量。

(3)胸围:在肩胛骨后缘绕胸一周的长度。用卷尺测量。

(4)管围:左前肢管骨最细处的水平周径。用卷尺测量。

(5)十字部高:由十字部至地面的垂直距离。用测杖测量。

(6)腰角宽:两侧腰角外缘间距离。用圆形测量器测量。

任务二　羊的年龄鉴别

羊的年龄一般根据育种记录和耳标即可了解。但在无耳号的情况下,只能根据牙齿的更换和磨损情况,来判定羊的年龄。

羊的牙齿按发育阶段可分为乳齿和永久齿两种。幼年羊乳齿全部长出共计20枚,随着羊的生长发育,逐渐更换为永久齿,到成年时达32枚。乳齿小而洁白,永久齿大而微黄。羊上腭没有门齿,下腭有8枚门齿,上、下腭各有12枚臼齿(两边各6枚)。

羔羊初生时在下腭有一对乳齿,生后不久长出第二对乳齿,2~3周龄长出第三对乳齿,生后3~4周龄长出第四对乳齿,1.0~1.5岁第一对乳齿(乳钳齿)更换为永久齿,1.5~2.0岁更换第二对乳齿,2.0~3.0岁更换第三对乳齿,3.5~4.0岁更换第四对乳齿。四对乳齿完全更换为永久齿时,一般称为"齐口"或"新满口"。4岁以上的羊根据门齿磨损程度来识别年龄。5岁钳齿齿面磨平,称"老满口";6岁钳齿磨损成较小的方形,外中间齿磨平,齿缝扩大,称"漏水";7岁牙齿开始松动或脱落,称"破口";8岁牙床只剩点状齿,称"老口";9~10岁牙齿基本脱光,称"光口"。

虽然羊牙齿更换及磨损程度随品种、个体及饲料条件等的不同而略有差异,但在一般情况下,可根据表4-3-1所列内容对照判断。

表4-3-1　羊的年龄判断表

羊的年龄/岁	乳门齿的更换及永久齿的磨损	习惯叫法
1.0~1.5	乳钳齿更换	对牙
1.5~2.0	乳内中间齿更换	四齿
2.0~3.0	乳外中间齿更换	六齿
3.5~4.0	乳隅齿更换	新满口
5	钳齿齿面磨平	老满口
6	钳齿齿面呈方形	漏水
7	内外中间齿齿面磨平	破口
8	开始有牙齿脱落	老口
9~10	牙齿基本脱落	光口

任务三　肉用羊的育肥方式

　　肉用羊的育肥方式有放牧育肥、舍饲育肥和放牧加补饲混合育肥。具体采取哪种方式进行育肥,要根据当地饲草资源状况、羊的品种与质量、肉羊生产者的技术水平、养羊场的基础设施等条件来确定。

一、放牧育肥

　　放牧育肥是草原畜牧业采用的最基本的育肥方式。它充分利用天然草场、人工草场或秋茬地进行放牧抓膘,是传统和经济的育肥方式,也是应用很普遍的一种育肥方式。

　　夏季牧草丰盛,营养丰富,适口性好,羊只抓膘快,到了秋后,其体重一般比春季增加30％～50％,为了提高抓膘育肥效果,要尽量延长放牧时间,在夏、秋炎热季节有条件的可以进行夜牧,中午休息,以利于绵羊的采食与消化。秋季牧草结籽,营养物质含量高,所以长膘最快,要抓住这一关键时期。在半农半牧区,秋季要利用庄稼收获后的茬子地,充分利用地里剩余的秸秆和谷穗等。此外,在肥育期要保证饮水和盐的供给。

　　放牧育肥的羊只,应按品种、年龄、性别、放牧条件进行分群,并根据草场的情况合理控制载畜量,保证育肥羊在放牧地上采食到足够的青草量。

二、舍饲育肥

　　舍饲育肥是我国农区育肥绵羊采用较多的一种方法,在冬季牧草枯黄和羊只屠宰前短期内进行育肥。除喂草以外,应多喂一些农副产品,如酒糟、醪糟、米糠、油饼类和一些不能作为粮食的含淀粉丰富的饲料。对育肥羊在饲养管理上要周到,尽量减少外界刺激,喂料时少给勤添。羊舍要干燥、清洁、通风良好,育肥时间一般以两个月为宜。肥育期过短,效果不明显,而肥育期过长,增重不多,也不经济。

三、混合育肥

　　混合育肥是以放牧为主,舍饲为辅的育肥方式。它既能利用夏、秋牧草生长旺季,进行放牧育肥,又可利用各种农副产品及少量精料,进行补饲或后期催肥。这种方式比完全依靠放牧育肥效果好,又比舍饲育肥更经济,适合于各地的肉羊育肥生产条件。

　　混合育肥有两种方式:一种是在整个肥育期,每天均进行放牧,并补饲一定数量的混合精料和其他饲料。前期以放牧为主,舍饲为辅,少量补料;后期以舍饲为主,多补精料,适当就近放牧采食。另一种是前期安排在牧草生长旺盛季节全天放牧,后期进入秋末冬初时转入舍饲催肥,根据饲养标准配合营养丰富的育肥日粮,补饲量依不同年龄、性别和生长期而异,育肥30～40 d出栏。

任务四 肉用羊的育肥技术

一、育肥前的准备

(一)羊舍的准备

羊舍应选在地势高燥、避风向阳、空气流通、开阔平坦、有一定的缓坡、便于排水的地方。地形要求开阔整齐,有一定的发展余地。羊舍面积根据羊的多少而定,通常每只羊占 0.5 m² 左右。

(二)羊群的组织

根据育肥方式的不同,选择合适的羊只进行育肥。在育肥前按照品种、性别、年龄等进行分群,以便根据不同羊只的营养需要合理配制日粮,提高育肥效果和经济效益。

(三)驱虫与防疫

开始育肥前要对羊群进行驱虫、药浴,清除体内外的寄生虫,并进行防疫注射,以免患病造成损失。

(四)去势与修蹄

公羊在育肥前需去势。羊去势后性情温顺,管理方便,容易肥育,节省饲料,肉的膻味减小。放牧肥育前应对羊群进行修蹄,以利放牧采食。

二维码 4-3-1
修整羊蹄

(五)饲草料的贮备

贮备充足的饲草、饲料,确保整个肥育期羊只不断草、料,不轻易更换饲草料。在整个肥育期间,一般每只羊每天需要准备干草 2.0～2.5 kg,或青贮饲料 3.0～5.0 kg,或氨化饲料 3.0～5.0 kg 等,精饲料按每只每天 0.3～0.5 kg 准备。

(六)剪毛

被毛较长的肉毛兼用羊,在育肥前可进行一次剪毛,这样既不影响宰后皮张质量,又可增加经济收入,同时也有利于育肥。

二、羔羊的育肥技术

羔羊育肥就是对断奶后的羔羊集中育肥,到 4～10 月龄,体重达到相应标准时屠宰上市,是当前肉羊生产的发展趋势。

(一)羔羊育肥的优点

(1)羔羊生长速度快,饲养成本低,饲料报酬好。
(2)羔羊肉嫩多汁,瘦肉多、脂肪少、膻味小、易消化。

（3）羔羊肉价格高，经济效益好。

（4）春羔当年屠宰上市，避免羊在冬春季的掉膘，加快羊群周转，缩短生产周期，减轻草场压力。

（5）提高羊群中可繁母羊的比例，从而获得更多的产羔数，有利于扩大再生产。

（二）羔羊育肥的饲养管理

1.羔羊早期育肥

从羔羊群中挑选体格较大，早熟性好的公羔作为育肥羊，以舍饲为主，肥育期一般为 50～60 d。羔羊不提前断奶，保留原有的母子对。羔羊要求及早开食，每天喂 2 次，饲料以谷物粒料为主，搭配适量大豆饼粕，粗料用优质青干草，让羔羊自由采食。3 月龄后体重达 25～27 kg 的羔羊即可上市。

2.断奶后羔羊育肥

羔羊断奶后育肥是目前羊肉生产的主要方式。可分为混合育肥和舍饲育肥。

（1）混合育肥。

①放牧加补饲。在有放牧条件的地方，可实行放牧加补饲的育肥方法。夏、秋季节，牧草茂盛，羊只白天以放牧为主，晚上归牧后，根据实际情况适当进行补饲，一般以干草为主，适当给一些玉米面和饼粕类等饲料，补饲时间在晚上（20：00 以后），补饲量可随羔羊月龄和体重的增加而增加。放牧加补饲从断奶开始，一直到 8～9 月龄，以后转入舍饲，进行短期强度育肥。

②舍饲。从 10 月龄开始，平均舍饲 60～70 d。这时进入冬季，天气转冷，羔羊体重在 25 kg 左右。舍饲期间，要保证较好的环境条件，尽量减少育肥羔羊的运动消耗。每天分 3 次饲喂，喂后饮水，经过 60～70 d 的育肥，羔羊体重可达 40～45 kg 的出栏要求。参考日粮：干草 1.5～2.0 kg，精补料 0.35～0.5 kg，食盐 15 g。如有青贮饲料，可每天喂给 1.5～2.0 kg，干草减少到 1 kg。

（2）舍饲育肥。在不具备放牧条件的地区，羔羊育肥适合采用全程舍饲育肥的方式。肥育期可分为适应期和快速育肥期两个阶段。

①适应期。适应期 10～15 d，在此期间，饲料的类型不能变化太大，开始时以青粗饲料为主，给以少量精料，以后精料的比例逐渐增大，适应期结束时精料的比例达到 40% 以上，而且精料的组成也要逐渐改变，除粗蛋白质保持 15% 外，精料的能量含量要逐渐提高，使羔羊在 4 月龄后能适应高能量催肥日粮的饲喂。

②快速育肥期。快速育肥期 150～180 d。进入快速育肥期，日粮中精料的比例越来越高，1～2 个月时，精料比例可达 70%，3～4 个月时达 75%，5～6 个月时最高可达 85% 左右。参考日粮：干草 1.5～1.8 kg，精料 0.35～0.75 kg，食盐 15 g。

三、成年羊的育肥技术

用于育肥的成年羊，一般都是从繁殖群中清理出来的淘汰羊，这类羊一般年龄较大，肉质较差，饲料转化率较低，屠宰率低。为了改善淘汰成年羊的肉质、提高屠宰率而进行成年羊的育肥，经短期育肥后，肉质得到改善，达到上市的良好膘情状态。

（一）育肥羊的选择

一般而言，凡不做种用的公、母羊和淘汰的老弱病残羊均可用来育肥。为了提高育肥的经济效益,应对育肥的成年羊细致挑选,要求羊的体型高大,增重快,健康无病,最好是肉用性能突出的品种,年龄在1.5~2岁。

(二)肥育期的饲养管理

成年羊的育肥可分为预饲期(10~15 d)和正式肥育期(40~60 d)两个阶段。

预饲期的主要任务是让羊只适应环境、饲料和饲养方式的转变,并完成健康检查、称重、驱虫、健胃、防疫等工作。此期间应以青粗饲料为主,适量搭配精饲料,并逐渐增加精料的比例,预饲期结束时可增加到育肥阶段的饲养标准。

二维码 4-3-2
羊的饲喂

进入正式肥育期,精饲料的比例可提高到60%~70%。补饲用混合精料的配方比例大致为:玉米、大麦等能量饲料占70%左右,麸皮10%左右,饼粕类蛋白质饲料占20%左右,食盐、矿物质等的比例占1%~2%。

在饲喂过程中,应避免过快地变换饲料种类和饲粮类型。用一种饲料代替另一种饲料,一般要经过3~5 d的过渡期。供饲喂用的各种青干草和粗饲料要铡短,饲喂时要少喂勤添,精饲料的饲喂每天可分两次投料。用青贮、氨化秸秆饲料喂羊时,喂量由少到多,逐渐代替其他牧草,当羊群适应后,每只成年羊每天喂量不应超过下列指标:青贮饲料2.0~3.0 kg,氨化秸秆1.0~1.5 kg。

舍饲育肥期间,要制订合理的饲养管理工作日程,补饲要先粗后精,定时定量,先喂后饮,饮水清洁;圈舍应清洁干燥,空气良好,挡风避雨,同时要定期清扫消毒,保持圈舍的安静;经常观察羊群,定期检查,发现异常,及时治疗。

四、无公害肉羊生产技术规程

(一)羊场环境及羊舍

1.羊场环境

羊场用地要充分考虑羊场放牧的饲草、饲料条件,选择地势高燥,排水良好、通风,还要易于组织防疫的地方。场区内净道污道要分开,且互不交叉。周围要有围墙或防疫沟,并建立绿化隔离带。

2.羊舍

羊舍设计应保温隔湿,地面和墙壁应便于消毒。饲养区内不得饲养其他经济用途的动物。

(二)羊只引进和购入

无公害肉羊应坚持自繁自养的原则。引种时要正确选择品种,慎重选择个体。引进种羊要严格执行《种畜管理条例》的有关规定,并进行严格检疫。购入的羊要在隔离场进行不少于15 d的观察,经兽医检查确认为合格后,方可转入生产群。

(三)饲养管理

1.对管理人员的要求

场内工作人员定期进行健康检查,有传染病者不得从事饲养工作;场内兽医人员不得对外诊治羊只及其他动物;羊场配种人员不得对外开展羊的配种工作。

2.消毒

选择适宜的消毒剂进行消毒,并且要选择高效安全的抗寄生虫药,定期对羊只进行驱虫、药浴。

3.饮水、饲料添加剂和兽药的使用

无公害肉羊的饮水要符合《无公害食品畜禽饮用水水质》的规定,饲料要符合《无公害食品肉羊饲养饲料使用准则》的规定。药物添加剂使用要遵守《饲料药物添加剂使用规范》。饲料运输时不得使用运输畜禽的车辆。

用药严格执行《无公害食品肉羊饲养兽药使用准则》的规定,符合《中华人民共和国兽药典》《中华人民共和国兽药规范》《兽药质量标准》和《进口兽药质量标准》的相关规定。优先使用符合《中华人民共和国兽用生物制品质量标准》《进口兽药质量标准》的疫苗。允许使用消毒预防剂对饲养环境、羊舍和器具的消毒。所用兽药必须来自具有《兽药生产许可证》和产品批准文号的生产企业,或者具有《进口兽药许可证》的供应商。

(四)运输

装运前对羊只要进行严格的兽医卫生检疫,羊只在装运及运输过程中不得接触其他偶蹄动物,并要避开疫区,运输车辆要彻底清洗和消毒。长途运输要备好运输过程中所需的各种物资、物品。为防止长途运输导致掉膘,在运输前1周内逐渐过渡到运输途中所饲喂的日粮。

(五)资料记录

对无公害肉羊要做好并妥善保存好相关的生产记录。内容包括羊只来源、饲料消耗情况、发病率、死亡率及无害化处理情况、实验室检查及其结果、用药及免疫接种情况、消毒情况、羊只发运目的地等。

复习思考题

1.简述肉用羊的外貌特征。

2.肉用羊的育肥方式有哪些?

3.如何进行羔羊的育肥?

4.如何进行成年羊的育肥?

5.无公害肉羊生产技术规程有哪些?

技能训练二十四   肉用羊的外貌鉴定(含体尺测量)

【目的要求】

初步掌握肉用羊鉴定技术和基本方法,熟悉羊的体尺测量部位,会正确测量羊的体尺,为掌握选择优良种羊技术奠定基础。

【材料和用具】

材料:供测量鉴定用羊若干只。

用具:羊用测杖,卷尺,圆形测量器,鉴定记录表,鉴定标准。

【内容和方法】

1.肉用羊外貌鉴定

(1)鉴定的年龄和时间。肉用羊鉴定一般在断奶、6~8月龄、周岁和2.5岁时进行。

(2)鉴定的方法和技术。鉴定前要准备好鉴定圈,圈内最好装备可活动的围栏,以便能够根据羊群头数多少而随意调整圈羊场地的面积,便于捉羊。鉴定开始时,鉴定人员与羊保持一定距离,由前面→侧面→后面→另一侧面有顺序地进行,从整体看羊的体型结构、品种特征、精神表现及有无明显的损征和失格,取得一个概括性认识后再走近羊体,查看公羊是否单睾、隐睾,母羊乳房发育是否正常等,以确定该羊有无进行个体鉴定的价值。凡是应进行个体鉴定的羊只要按规定的鉴定项目、顺序以及各自的品种鉴定分级标准组织实施。

(3)鉴定结果整理。按照鉴定结果,参照被鉴定羊只品种标准,对所鉴定羊只定出等级。

2.羊的体尺测量

(1)选择平坦场地将羊保定,使羊站立的姿势端正。

(2)根据不同项目分别用卷尺、测杖、圆形测量器逐一测量羊的体尺。测量部位要准确,读数要精确,卷尺不能拉得太紧或太松,以免影响准确性。

【实训报告】

1.将外貌鉴定和体尺测量结果分别记入表技训4-3-1、表技训4-3-2中。

表技训4-3-1　肉用羊外貌鉴定评分表

序号	个体号	品种	性别	年龄	外貌					体躯各部						发育情况				总计
					毛色	被毛	头势	外形	小计	颈	前躯	中躯	后躯	四肢	小计	外生殖器	羊体发育	整体结构	小计	

鉴定人:

表技训4-3-2　羊体尺测量记录表　　　　　　　　　　　　　　cm

序号	个体号	品种	性别	年龄	测量成绩												
					头长	额宽	体高	体长	胸宽	胸深	胸围	尻高	尻长	腰角宽	管围	十字部高	肢高

鉴定人:

2.按照外貌鉴定结果和体尺测量成绩,参照被鉴定羊只品种等级标准,对所鉴定羊只定出等级。

毛用羊生产

任务一　毛用羊的外貌特征识别

一、毛用羊的外貌特征

毛用羊外貌特征是头较长,颈长,鬐甲高且窄,胸长而深但宽度不足,背腰平直但不如肉用羊宽,中躯容积大,后躯发育不如肉用羊好,四肢相对较长。公羊颈部有2～3个发育完整的横皱褶,母羊为纵皱褶,体躯上也有较小的皮肤皱褶。

理想型的毛用细毛羊的外貌特征为头毛着生眼线,并有一定长度,呈毛丛结构,似帽状,鼻梁平滑,面部光洁,无死毛,公羊角呈螺旋形,无角型公羊应有角凹,母羊无角。体型正侧呈长方形,胸深,背腰长,腰线平直,尻宽而平,后躯丰满,肢势端正。四肢有毛着生,前肢到腕关节,后肢达飞节。超过上述界限者倾向毛用型,达不到者倾向肉用型。公羊颈部有1～3个发育完整或不完整的横皱褶,母羊为纵皱褶。躯干上没有皮肤皱纹。

二、毛用羊的个体品质鉴定

毛用羊鉴定共分4次进行,即初生羔羊鉴定、断奶羔羊鉴定、1～1.5岁育成羊鉴定和

2.5 岁成年羊鉴定。

(一)初生鉴定

羔羊出生后第一次哺乳前测量体重,按体重、外形、被毛品质分为优、中、劣三级。

(二)断奶鉴定

凡初生鉴定为优、中级者,满 4 月龄时断奶,按体重、毛长、羊毛细度、体质和外形结构等进行鉴定。

凡体质健壮,发育良好,外形符合品种要求者,对体重、毛长、羊毛细度进行实际测量。同时观察毛丛结构、弯曲形态、被毛匀度,逐项进行鉴定记录。凡体质瘦弱,发育不良,外形有缺陷,体重、毛长、羊毛细度不符合要求,或毛丛结构松散,有异质毛或有色纤维等缺陷的,均不宜继续留做种用。符合标准的选入育成羊群进行培育。

(三)育成鉴定

断奶鉴定后被选留培育的羊均应进行实际测量,不能测量的用肉眼观察比较。鉴定项目主要包括头毛和皱褶类型,羊毛的长度、密度、细度、油汗、匀度、腹毛着生等品质,外形与体格大小,体重和剪毛量 4 个方面。最后结合羊只的健康状态观察、生殖器官检查、繁育成绩评定,完成总评项目,并依据品种鉴定分级标准,给羊定出等级。

(四)成年鉴定

成年羊鉴定的项目与育成羊鉴定的项目相同,其中体重、毛长、剪毛量按各品种鉴定分级标准执行。

(1)鉴定人员首先对羊群的来源和现状、饲养管理情况、选种选配情况、以往鉴定等级比例有一个全面了解,并对全群进行粗略的观察,对羊群的品质特性和体格大小等有一个整体的感官比较。

(2)将鉴定羊只保定在平坦的、光线好的鉴定地点,羊站立的姿势要端正。

(3)鉴定的内容及操作程序。

①观察羊只整体结构是否匀称,外形有无严重缺陷,被毛中有无花斑或杂色毛,行动是否正常等。

②两眼与绵羊保持同高,观察头部、鬐甲、背腰、体侧、四肢姿势、臀部发育状况。

③查看公羊睾丸及母羊乳房发育情况,以确定有无进行个体鉴定的价值。

④查看耳标、年龄,观察口齿、头部发育状况及面部、颌部有无缺陷等。

⑤以细毛羊为例,按照 NY 1—2004 细毛羊鉴定标准,规定细毛羊鉴定项目共 10 项,用汉语拼音首位字母表示,评定结果以 3 分制表示。现具体说明鉴定技术和方法。

a.头部(TX)。头毛着生眼线,鼻梁平滑,面部光洁,无死毛,公羊角呈螺旋形,无角型公羊应有角凹,母羊无角,评分 3 分(T3);头毛多或少,鼻梁稍隆起,公羊角形较差,无角型公羊有角,评分 2 分(T2);头毛过多或光脸,鼻梁隆起,公羊角形较差,无角型公羊有角,母羊有小角评分 1 分(T1)。

b.体型类型(LX)。正侧呈长方形,公、母羊颈部有优良的纵皱褶或裙皱;胸深,背腰长,腰线平直,尻宽而平,后躯丰满,脚势端正,评分 3 分(L3);颈部皮肤较紧或皱褶较多,体躯有明显皱褶,评分 2 分(L2);颈部皮肤紧或皱褶过多,背线、腹线不平,后躯不丰满,评分 1 分(L1)。

c.被毛长度。它是指被毛中毛丛的自然长度。测定时,应轻轻将毛丛分开,尽量保持羊毛的自然状态,用有毫米刻度单位的直尺沿毛丛的生长方向测量其自然长度,精确度为 0.5 cm,并直接用阿拉伯数字表示,如记录为 6.5、7.0、7.5、8.0 等。鉴定母羊时只测量体侧部位(肩胛骨后缘一掌处与体侧中线交点处),鉴定公羊时,除体侧外,还应测量肩部(肩胛部中心)、股部(髋结节与飞节连线的中点)、背部(背部中点)和腹部(腹中部偏左处)等部位,记录时按肩部、体侧、股部、背部、腹部顺序排列。

超过或不足 12 个月的毛长均应折合为 12 个月毛长(实测毛长/生长月数×12)。

d.长度匀度(CX)。被毛各部位毛丛长度均匀,C3;背部与体侧毛丛长度差异较大,C2;被毛各部位毛丛长度差异较大,C1。

e.被毛手感(SX)。用手抚摸肩部、背部、体侧部、股部被毛。被毛手感柔软、光滑,S3;被毛手感较柔软、光滑,S2;被毛手感粗糙,S1。

f.被毛密度(MX)。被毛密度达中等以上,M3;被毛密度达中等或很密,M2;被毛密度差,M1。

g.被毛纤维细度。细毛羊羊毛细度应是 60 支以上或毛纤维直径 25.0 μm 以内的同质毛。

在测定毛长的部位,依不同的测定方法需要取少量毛纤维测细度,以 μm 表示,现场可暂用支数表示。

h.细度匀度(YX)。被毛细度均匀,体侧和股部细度差不超过 2.0 μm,毛丛内纤维直径均匀,Y3;被毛细度较均匀,后躯毛丛内纤维直径欠均匀,少量浮现粗绒毛,Y2;被毛细度欠均匀,毛丛中有较多浮现粗绒毛,Y1。

i.羊毛弯曲(WX)。正常弯曲(弧度成半圆形),毛丛顶部到根部弯曲明显、大小均匀,W3;正常弯曲,毛丛顶部到根部弯曲欠明显、大小均匀,W2;弯曲不明显或有非正常弯曲,W1。

j.羊毛油汗(HX)。白色油汗,含量适中,H3;乳白色油汗,含量适中,H2;浅黄色油汗,H1。

定级:以上鉴定结果可给鉴定羊只以初评,最后的等级还要用剪毛量和剪毛后体重来校正。

将鉴定结果填入表 4-4-1 中。

表 4-4-1　细毛羊鉴定记录表

个体号	母号	父号	头部	体型类型	毛长					长度匀度	被毛手感	密度	细度	细度匀度	弯曲	油汗	污毛量	净毛率	净毛量	体重	等级	备注
					肩	侧	股	背	腹													

任务二 毛用羊的饲养技术

一、种公羊的饲养管理

种公羊的数量虽少，但种用价值高，对后代的影响大，对提高羊群的生产力起重要作用，故对饲养管理上要求高。种公羊的基本要求是体质结实，维持中上等膘情，四肢健壮，精力充沛，性欲旺盛，精液品质好。种公羊精液的数量和品质，取决于日粮的全价性和饲养管理的科学性与合理性。

对种公羊应选择优质的天然或人工草场放牧，补饲的草料应力求多样化，以使营养价值完全，容易消化，适口性好。要求富含蛋白质、矿物质和维生素。在管理上，可采取单独组群饲养，并保证有足够的运动量。实践证明，种公羊最好的饲养方式是放牧加补饲，分为配种期和非配种期两个阶段。配种期应加强运动，以保证种公羊能产生品质优良的精液。

1.配种期的饲养管理

（1）日粮配合。种公羊配种期除放牧外，每日补饲饲料量大致如下：混合精料 1.2～1.4 kg，青干草 2.0 kg，胡萝卜 1.0～1.5 kg，食盐 15～20 g，鸡蛋 2～4 枚。在配种预备期（配种前 1～1.5 个月）应增加精料量，开始按配种期的 65%～70% 的量喂给，以后逐渐增加，直到配种开始时增至正常喂量。配种恢复期（配种后 1～1.5 个月）要逐渐减少精料量，逐步过渡到非配种期的饲养水平。

（2）饲养管理日程。种公羊在配种前 1 个月开始采精，检查精液品质。开始采精时，1 周采精 1 次，继而 1 周 2 次，以后 2 d 1 次，到配种时，每天采精 1～2 次，成年公羊每日采精最多可达 3～4 次。多次采精者，两次采精间隔至少为 2 h。对精液密度较低、精子活力较差的公羊，需增加营养并加大运动量。当放牧运动量不足时，每天早上可酌情定时、定距离和定速度增加运动量。

2.非配种期的饲养管理

种公羊在非配种期，虽然没有配种任务，但仍不能忽视饲养管理工作。除放牧采食外，应补给足够的能量、蛋白质、维生素和矿物质饲料。在冬、春季节，种公羊没有配种任务，体重 80～90 kg，一般补饲饲料量约 1.5 kg 和可消化粗蛋白质 150 g。一般日补给精料 0.5 kg，干草 3 kg，胡萝卜 0.5 kg，食盐 5～10 g。

二、繁殖母羊的饲养管理

对繁殖母羊，要求长年保持良好的饲养管理条件，以完成配种、妊娠、哺乳和提高生产性能等任务。繁殖母羊的饲养管理，可分为空怀期、妊娠期和泌乳期三个阶段。

1.空怀期的饲养管理

主要任务是恢复体况。由于各地产羔季节安排的不同，母羊的空怀期长短各异，如在年产羔一次的情况下，产冬羔母羊的空怀期一般为 5～7 个月，而产春羔母羊的空怀期可长达 8～10 月。这期间牧草繁茂，营养丰富，注重放牧，一般经过两个月抓膘可增重 10～15 kg，为配种做好准备。

2. 妊娠期的饲养管理

母羊妊娠期一般分为妊娠前期(3 个月)和妊娠后期(2 个月)。

(1)妊娠前期。胎儿发育较慢,所增重量仅占羔羊初生重的 10%。此间,所需营养并不显著增多,但要求母羊能继续保持良好膘度。除放牧外,可根据具体情况进行少量补饲。

(2)妊娠后期。胎儿生长发育快,羔羊初生重的 90% 在此期间完成生长,营养物质的需要量明显增加。在此期间如母羊养分供应不足,会使胎儿发育不良,母羊产后缺奶,羔羊成活率低。此时正值严冬枯草期,靠放牧难以满足母羊的营养需要,因此,必须加强对妊娠后期母羊的补饲,保证其营养物质的需要。一般日补饲精料 0.2~0.3 kg,干草 1.5~2.0 kg。在管理上,必须坚持放牧,每天放牧可达 6 h 以上,游走距离 8 km 以上。母羊临产前 1 周左右,不得远牧,以便分娩时能回到羊舍。在放牧时,做到慢赶、不打、不惊吓、不跳沟、不走冰滑地和出入圈不拥挤。饮水时应注意饮用清洁水,早晨空腹不饮冷水,忌饮冰冻水,以防流产。

3. 哺乳期的饲养管理

母羊哺乳期一般为 3~4 个月,可分为哺乳前期(1.5~2 个月)和哺乳后期(1.5~2 个月)。母羊的补饲重点应在哺乳前期。

(1)哺乳前期。母乳是羔羊主要的营养物质来源,尤其是出生后 20 d 内,几乎是唯一的营养物质。应保证母羊全价饲养,以提高产乳量,否则,母羊泌乳力下降,影响羔羊发育。多数地区,此时正在枯草季节或青草生长很低,单靠放牧往往得不到足够的营养,应当根据母羊膘情及所带单、双羔给予不同的补饲标准,精料量应比妊娠后期有所增加。饲料供应尽可能多地提供优质干草、青贮料和多汁料。管理上要保证充足饮水,羊舍保持干燥清洁。

(2)哺乳后期。母羊泌乳力渐趋下降,加之羔羊已逐步具有了采食植物性饲料的能力。此时羔羊依靠母乳已不能满足其营养需要,需加强对羔羊补料。对哺乳后期的母羊,除放牧采食外,亦可酌情补饲。

三、育成羊的饲养管理

育成羊是指羔羊断奶后到第一次配种的青年羊,多在 4~18 月龄。羔羊断奶后的 3~4 个月生长发育快,增重强度大,对饲养条件要求高,当营养条件良好时,日增重可达 200~300 g。8 月龄后,羔羊的生长发育强度逐渐下降,到 1.5 岁时生长基本趋于成熟。因此,在生产中一般将育成羊分育成前期(4~8 月龄)和育成后期(8~18 月龄)两个阶段进行饲养。

1. 育成前期

育成前期尤其是刚断奶不长时间的羔羊,生长发育快,瘤胃容积有限且机能不完善,对粗饲料的利用能力差。这一阶段饲养的好坏,直接影响羊的体格大小、体型和成年后的生产性能,必须引起高度重视。应按羔羊的平均日增重及体重,依据饲养标准,提供合适营养水平的日粮。因此,育成前期羊的饲养应以精料为主,适当补饲优质青、粗饲料或选用优良放牧地完成。

2. 育成后期

育成后期羊的瘤胃消化机能趋于完善,可以采食大量的牧草和农作物秸秆。这一阶段,育成羊可以放牧为主,结合补饲少量的混合精料和优质青干草进行饲养。

育成羊在配种前应安排在优质草场放牧或适当的补喂混合精料,使其保持良好的体况,力争满膘,迎接配种。当年的第一个越冬度春期,一定要搞好补饲,首先保证足够的干草或秸秆,在放牧的条件下,每羊每日补饲混合精料 200~300 g。

四、羔羊的培育

羔羊主要指断奶前处于哺乳期间的羊只。哺乳期的羔羊是一生中生长发育强度最大而最难饲养的一个阶段，稍有不慎不仅会影响羊的发育和体质，还会造成发病率和死亡率增加，给养羊生产造成重大损失。因此，应采取措施，合理饲养。

1.早吃初乳，吃足初乳

羔羊出生后，应尽早吃到初乳。初乳中含有丰富的蛋白质（17%～23%）、脂肪（9%～16%）、矿物质等营养物质和抗体，对增强羔羊体质、抵抗疾病和排出胎粪具有重要的作用。初生羔羊不吃初乳，将导致生长速度下降，死亡率增加。因此，应保证羔羊在产后15～30 min内吃到初乳。

在羔羊1月龄内，要确保双羔和弱羔能吃到奶。对初生孤羔、缺奶羔羊和多胎羔羊，保证吃到初乳的基础上，应找保姆羊代养或人工哺乳，可用牛奶、羊奶、奶粉和代乳品等。人工哺乳务必做到清洁卫生，定时、定量和定温（35～39 ℃）。哺乳工具用奶瓶或饮奶槽，要定期消毒，保持清洁，否则易患消化道疾病。

2.适时补饲，满足生长需要

羔羊时期生长发育迅速，1～2月龄以后，羔羊逐渐以采食草料为主，哺乳为辅。羔羊从10日龄开始训练吃草料，以刺激消化器官的发育，促进心肺功能健全。在圈内安装羔羊补饲栏（仅能让羔羊进去），让羔羊自由采食，少给勤添；待全部羔羊都会吃料后，再改为定时、定量补料，每日补喂精料50～100 g。羔羊生后7～20 d，晚上母仔在一起饲养，白天羔羊留在羊舍内，母羊在羊舍附近草场上放牧，中午回羊舍喂一次奶。羔羊20日龄后，可随母羊一起放牧。

羔羊1月龄后，逐渐转变为以采食为主，除哺乳、放牧采食外，可补给一定量的草料。如细毛羊和半细毛羊，1～2月龄每天喂两次，补精料150 g；3～4月龄，每天喂2～3次，补精料200 g。饲料要多样化，适口性好，易消化，粗纤维含量少，富含蛋白质、矿物质、维生素。羊舍内应常备有青干草，设足够的水槽和盐槽，也可在精料中混入0.5%～1.0%的食盐。

3.加强管理，顺利断奶

羔羊出生时，要保温防暑，进行称重；7～15 d内进行编号、去角（山羊）或断尾（绵羊），1月龄左右对不符合种用的公羔进行去势；羔羊时期容易发病，如羔痢、肺炎、胃肠炎等，应经常性观察食欲、粪便、精神状态的变化，发现问题，及时处理。保持舍内的干燥、清洁、温暖，勤换垫草或垫土，定期消毒，搞好防疫注射。

二维码4-4-1　羊的
防疫注射与标记

羔羊断奶年龄最多不超过4月龄。羔羊断奶后，有利于母羊恢复体况，准备配种，也能锻炼羔羊的独立生活能力。羔羊断奶多采用一次性断奶方法，母仔隔离4～5 d，断奶成功。羔羊断奶后按性别、体质强弱分群放牧饲养。

任务三　毛用羊的日常管理

一、羊的放牧管理

羊是以放牧为主的草食动物，天然牧草是羊的主要饲料。羊具有较强的合群性、自由采食能力和游走能力,故适宜放牧饲养。放牧饲养的优势是能充分利用天然的植物资源,降低养羊生产成本及增加运动量而有利于羊体健康等。

(一)四季牧场的规划

羊的放牧饲养,要求对放牧场做出科学规划。在我国大部分养羊地区,由于季节和气候的影响,牧草的产量和质量均呈明显的季节性变化。因此,必须根据气候的季节性变化、牧草生长规律、草场的地形地势及水源等具体情况规划四季牧场,才能收到良好的效果。

1.春季牧场

春季是冷季进入暖季的交替时期,牧草开始萌发,气温多变,气候不稳定。因此,春季牧场应选择在平原、川地、盆地或丘陵地及冬季未能利用的阳坡,这些地方气候较温暖,雪融较早,牧草最先萌发。

2.夏季牧场

我国夏季气温较高,降水量较多,牧草丰茂但含水量较高。特别是炎热潮湿的气候对羊体健康不利。夏季牧场应选择到高地或坡地,这些地方气候凉爽多风,蚊蝇少,牧草丰茂,有利于增加羊只采食量。

3.秋季牧场

秋季气候适宜,牧草结籽,营养价值高,是绵羊、山羊放牧抓膘的最佳时期。牧地的选择和利用,可先由山冈到山腰,再到山底,最后放牧到平滩地。此外,秋季还可利用割草后的再生草地和农作物收割后的茬子地放牧抓膘。

4.冬季牧场

冬季严寒而漫长,牧草枯黄,营养价值低,此时育成羊处于生长发育阶段,妊娠母羊正处在妊娠后期或产冬羔期。因此,冬季牧场应选择在地势较低和山峦环抱的向阳平坦地区。

(二)放牧方式

1.固定放牧

指羊群一年四季在一个特定区域内自由放牧采食,这是一种原始的放牧方式。此方式不利于草场的合理利用与保护,载畜量低,单位草场面积提供的畜产品数量少,每个劳动力所创造的价值不高。

2.围栏放牧

指根据地形把放牧场围起来,在一个围栏内,根据牧草所提供的营养物质数量结合羊的营养需要量,安排一定数量的羊只放牧。此方式能合理利用和保护草场。

3.季节轮牧

指根据四季牧场的划分,按季节轮流放牧。这是我国牧区普遍采用的放牧方式,能较合理利用草场,提高放牧效果。为了防止草场退化,可定期安排休闲牧地,以利于牧草恢复生机。

4.小区轮牧

又称分区轮牧,是指在划定季节牧场的基础上,根据牧草的生长、草地生产力、羊群的营养需要和寄生虫侵袭动态等,将牧地划分为若干个小区,羊群按一定的顺序在小区内进行轮回放牧。此方式是一种先进的放牧方式,其优点有三:一是能合理利用和保护草场,提高草场载畜量;二是可将羊群控制在小区范围内,减少游走所消耗的热能,增重加快;三是能控制体内寄生虫感染。

(三)四季放牧技术要点

1.放牧羊群的队形

为了控制羊群游走、休息和采食时间,使其多采食、少走路而有利于抓膘,在放牧实践中应通过一定的队形来控制羊群。基本队形有"一条鞭"和"满天星"两种。

(1)一条鞭。它是指羊群放牧时排列成"一"字形横队,放牧员在羊群前边,保持一定距离,挡住羊群,左右移动并缓步后退,引导羊群前进。如有助手,可在羊群后边哄赶少数落伍或向两边走散的羊只。无助手时,放牧员必须勤吆喝、打口哨或掷泥块,勤向两边走动。羊群在横队里一般有1~3层,不能过密了,否则后边羊就采食不到好草。出牧初期是羊采食高峰期,应控制住头羊,放慢前进速度;当放牧一段时间,羊快吃饱时,前进的速度可适当快一点;待到大部分羊只吃饱后,羊群出现站立不采食或躺卧休息时,放牧员在羊群左右走动,不让羊群前进;羊群休息反刍结束,再令羊群继续放牧。

(2)满天星。它是指放牧员将羊群控制在牧地的一定范围内让羊只自由散开采食,当羊群采食一定时间后,再移动更换牧地。散开面积的大小,主要取决于牧草的密度。牧草密度大、产量高的牧地,羊群散开面积小,反之则大。此种队形,适用于任何地形和草原类型的放牧地。

总之,不管采用何种放牧队形,放牧员都应做到"三勤"(腿勤、眼勤、嘴勤)、"四稳"(出牧稳、放牧稳、收牧稳、饮水稳)、"四看"(看地形、看草场、看水源、看天气),宁为羊群多磨嘴,不让羊群多跑腿,保证羊一日三饱。否则,羊走路多,采食少,不利于抓膘。

2.四季放牧技术要点

(1)春季放牧。春季气候逐渐转暖,草场逐渐转青,是羊群由补饲逐渐转入全放牧的过渡时期。主要任务是羊只恢复体况。初春时,羊只经过漫长的冬季,膘情差,体质弱,冬羔待哺,春羔正生。春季虽较冬季气候略暖,但气温变化较大,忽冷忽热,牧草青黄不接,易出现"春乏"现象,放牧不当很容易造成羊只死亡。在牧草返青期,青草稀短,远看绿油油,近看不供口,羊只容易出现跑青现象。跑青不但吃不饱,还消耗体力,践踏青草,影响牧草的再生能力。为了防止跑青,保证安全过春,放牧时人在前头挡住头羊,进行躲青拢群。

在牧地选择上,应选阴坡或枯草高的牧地放牧,使羊看不见青草,但在草根部分又有青草,羊只可以青、干草一起采食。待牧草长高后,可逐渐转到返青早、开阔向阳的牧地放牧。春季对瘦弱羊只,可单独组群,适当予以照顾;对带仔母羊和待产母羊,留在羊舍附近较好的草场放牧,若遇天气骤变,以便迅速赶回羊舍。

春季毒草一般萌发较早,而羊群急于吃青,容易误食毒草,因此,放牧时应加以注意,防止误吃中毒。

(2)夏季放牧。这个时期春寒已过,日暖昼长,青草茂密,羊群吃得饱,体力大增,所以是抓膘的好时期。但是夏季气温高,多雨、湿度较大,蚊蝇较多,对羊群抓膘不利。夏季要求加强放牧,尽量延长放牧时间,要求早出牧,晚收牧,中午可以不赶羊回圈,让羊群卧憩,要防止羊群"扎窝",出牧早,但要避开晨露较大、羊只不爱吃草的时间。出牧和归牧时要掌握住"出牧急行、收牧缓行"和"顺风出牧、顶风归牧"的原则,在山区还要防止因走得太急而发生滚坡等意外事故。

夏季绵羊、山羊需水量增多,每天应保证充足的饮水,同时,应注意补充食盐和其他矿物质。

(3)秋季放牧。秋季气候凉爽,白天渐短,草质逐渐枯老,草籽成熟,羊群的食欲旺盛,是羊群抓油膘的黄金季节。秋季抓膘的关键是尽量延长放牧时间,中午可以不休息,做到羊群多采食、少走路。放牧时应由夏季的高山牧场逐渐向低处转移,可选择牧草丰盛的山腰和山脚地带放牧,也可选择草高、草密的沟泡附近或江河两岸可食草籽多的牧地放牧,要经常更换牧地,使羊群能够吃到多种杂草,对刈割草场或农作物收获后的茬子地,可进行抢茬放牧。

秋季也是羊的配种季节,要做到抓膘、配种两不误。到了晚秋霜冻天气来临时,不宜早出牧,以防妊娠母羊采食了霜冻草而引起流产。

(4)冬季放牧。冬季放牧任务是有利于保膘、保胎,羊只安全越冬。冬季气候寒冷,牧草枯黄,牧区冬季很长,放牧地有限,草畜矛盾突出。所以应在秋季牧地延长放牧时间,推迟羊群进入冬季牧地。

对冬季草场的利用原则是:先远后近,先阴坡后阳坡,先高处后低处,先沟堑地后平地,以免下大雪后,这些先放的地段,被雪封盖就放不成了。在羊舍附近划出草场,以备大风雪天或产羔期利用。严冬时,要顶风出牧,但出牧时间不宜太早;顺风放牧,而收牧时间不宜太晚。

二、羊的一般管理

(一)羊的编号

编号对于羊只识别和选种选配是一项必不可少的基础性工作,羔羊出生后 2~3 d,结合初生鉴定,即可进行个体编号。常用的方法有耳标法、剪耳法、墨刺法和烙角法。

1. 耳标法

耳标有金属耳标和塑料耳标两种,形状有圆形和长条形,以圆形为好。

(1)编号。用特制的钢字或用记号笔在耳标上编号。标记内容主要为品种、年号、个体号。品种一般以该品种的第一个汉字或汉语拼音的第一个大写字母代表;年号取公历年份的最后一位数,放在个体号前,编号时以 10 年为一个编号年度计;个体号根据羊场羊群的大小,取 3 位或 4 位,尾数单号代表公羊,双号代表母羊。

(2)装耳标。在耳标钳有针的一面装上阳牌然后按压安装钳上的夹片,水平装上耳标阴牌。

(3)消毒、打孔、固定。将装好的耳标钳和耳标一起浸泡消毒,在羊耳上缘血管较少处用碘酒消毒,一人将羊保定,操作员左手固定耳朵,右手执钳在耳部中心位置消过毒的地方,避开大血管,迅速用力下压,松开即可。

2. 剪耳法

用耳号钳在羊耳朵上剪一定缺口代表号数。其规定是:左耳为个位数,右耳为十位数,耳尖耳中计百位,耳上缘一个缺口为 3,下缘一个缺口为 1。这种方法简单,但当羊的数量在 1 000 以上无法表示,而且在羔羊时期剪的耳缺到成年时往往变形无法辨认,所以此法现在用得很少。

墨刺法和烙角法虽然简便经济,但都有不少缺点,如墨刺法字迹模糊,无法辨认,而烙角法仅适用于有角羊。所以,现在这两种方法使用较少。

(二)羔羊的断尾

1.断尾的目的

细毛羊、半细毛羊及其杂种羊,具有细长的尾,为了减少粪尿污染后躯及体侧被毛,便于配种,应进行断尾。

2.断尾的时间

羔羊生后1～2周即可断尾,体弱羔羊可适当推迟。断尾应选择晴天的早晨。断尾处大约离尾根4 cm,在第3至第4尾椎,母羔以盖住外阴部为宜。

3.断尾的方法

(1)烙断法。使用断尾钳或断尾铲进行,用火烧至黑红色。助手将羔羊抱起,腹部向上,另用一钉有铁皮的断尾板从应断部位挡住羔羊肛门、阴部或睾丸。把尾的皮肤向尾根处捋起,然后用烧好的断尾钳或断尾铲烙断。断尾后松开捋起的皮肤,使其包住伤口。

(2)结扎法。将橡皮筋圈套在尾部第3～4尾椎,紧紧扎住,断绝血液流通,经10多天后下端尾部自行脱落。

(三)羔羊的去势

1.去势的目的

去势后,羊性情温顺,管理方便,节省饲料,肉的膻味小,凡不宜做种用的公羔应进行去势。

2.去势的时间

去势时间,以公羔生后2～3周龄为宜,如遇天气寒冷或体弱的羔羊,可适当延迟。最好选择在晴天的上午进行。

3.去势的方法

(1)刀切法。由一人固定住羔羊的四肢,并使羔羊的腹部向外,另一人将阴囊上的毛剪掉,在阴囊下1/3处涂上碘酒消毒,然后用消毒过的手术刀将阴囊下方切一口,将睾丸挤出,慢慢拉断血管和精索。一侧的睾丸取出后,如法取出另一侧的睾丸,阴囊内撒20万～30万IU的青霉素,然后伤口处涂上消毒药物即可。

(2)去势钳法。用特制的去势钳,在阴囊上部用力将精索夹断后,睾丸会逐渐萎缩。

(3)结扎法。将睾丸挤进阴囊里,用橡皮筋紧紧地结扎阴囊的上部,断绝睾丸的血液流通,经15 d左右,阴囊和睾丸萎缩后自动脱落。

(四)剪毛与梳绒

1.绵羊剪毛

细毛羊、半细毛羊及其生产同质毛的杂种羊,一年内仅在春季剪毛一次。粗毛羊和生产异质毛的杂种羊,可在春秋各剪毛一次。过迟过早的剪毛对羊都不利,过早羊体易遭受冻害,过迟既阻碍羊体散发热量而影响绵羊放牧抓膘,又

二维码 4-4-2
绵羊剪毛

会出现羊毛自行脱落而造成经济损失。我国西北牧区一般在5月下旬到6月上旬,农区在4月中旬至5月上旬,秋季剪毛多在9月进行。

绵羊在剪毛前12～24 h内,不应饮水、放牧和补饲,一般空腹剪毛比较安全;雨淋过的绵羊,待羊毛晾干时再剪,湿毛不易剪,剪下来也不好保存。剪毛应从价值最低的绵羊开始,借以

熟练剪毛技术。如属不同品种,先剪粗毛,后剪杂种羊,最后剪细毛羊。如剪完粗毛羊,须把剪毛场所清扫后,再剪半细毛羊或细毛羊。

剪毛时,若剪得不整齐,也不要再剪,二刀毛剪下来极短,无纺织价值,不如长着好,留在下次剪。剪下来的毛被应当连在一起,成为一整张套毛,便于分级和毛纺厂选毛。

剪毛程序如下。

(1)剪毛员用两膝夹住羊背,左臂把羊头夹在腋下,左手握住羊的左前肢,使腹部皮肤平直,先从两前肢中间颈部下端把毛被剪开,沿腹部左侧剪出一条斜线,再以弧线依次剪去腹毛。左手按住羊的后胯,使羊两后肢张开。先从左腿内侧向蹄剪,再从右腿内侧向蹄剪,后由蹄部往回剪,剪去后腿内侧毛。

(2)剪毛员右腿后移,使羊呈半右卧势,把羊两前肢和羊头置于腋下,左手虎口卡住左后腿使之伸直,先由左后蹄剪至肋部,依次向后,剪至尾根,剪去左后腿外侧毛。从后向前剪去左臀部羊毛。然后提起羊尾,剪去尾的羊毛。

(3)剪毛员膝盖靠住羊的胸部,左手握住羊的颔部,剪去颈部左侧羊毛,接着剪去左前肢内外侧羊毛。剪毛员左手握住前腿,依次剪完左侧羊毛。

(4)使羊右转,呈半右卧势,剪毛员用手按住羊头,左腿放在羊前腿之前,右腿放在羊两后腿之后,使羊呈弓形,便于背部剪毛,剪过脊柱为止;剪完背部和头部,接着剪毛员握住羊耳朵,剪去前额和面部的羊毛。

(5)剪毛员右腿移至羊背部,左腿同时向后移。左手握住羊颔,将羊头按在两膝上,剪去颈部右侧羊毛,再剪去右前腿外侧羊毛。然后把羊头置于两腿之间,夹住羊脖子,依次剪去右侧部的羊毛。

剪完一只羊后,须仔细检查,若有伤口,应涂上碘酒,以防感染。剪毛后防止绵羊暴食。牧区气候变化大,绵羊剪毛后,几天内应防止雨淋和烈日暴晒,以免引起疾病。

2.山羊梳绒

山羊梳绒的时间,依各地的气候条件而异。春季气候转暖,绒纤维开始脱落。脱落的顺序是从头部开始,逐渐向颈、肩、腰和股部推移。当发现头部绒纤维脱落,便是开始梳绒的时间。梳绒应间隔 10 d 左右,分两次进行。

梳绒前 12 h 羊只停止放牧和饮水。梳绒时,梳左侧捆住两右肢,梳右侧捆住两左肢,将羊卧倒。若站立梳绒时,将头拴在木桩上,挟住羊体,轻轻用梳子梳绒。

梳绒程序:先用稀梳顺毛方向梳去草屑和粪块等污物,再用密梳从股、腰、胸、肩到颈部,依次反复顺毛梳理,最后逆毛梳理直到将脱落的绒纤维梳净为止。梳绒动作要轻,以防抓破皮肤。梳子油腻后,不便梳绒,可将梳子在土地上反复摩擦,除去油腻。若梳绒和剪毛同时进行,则梳绒和剪毛地点要分开,先梳绒后剪毛,以免绒、毛混杂。对怀孕母羊,要特别仔细,避免造成流产。一般是成年羊先梳,育成羊后梳;健康羊先梳,病羊后梳;白色羊先梳,有色羊后梳。羊梳绒后,要特别注意气候变化,防止羊只感冒。

(五)驱虫与药浴

1.驱虫和药浴的准备

(1)药物准备。阿苯达唑(丙硫苯咪唑)、左旋咪唑、硝氯酚、氯硝柳胺、赛福丁、螨净、伊维菌素、强力解毒敏、硫酸阿托品注射液和各种葡萄糖注射液或葡萄糖氯化钠注射液、饱和盐水。

(2)器材准备。各种药品及药液配制用具、粪便检查及体表寄生虫检查用具。

(3)药浴池及药淋装置。

①药浴池结构。用水泥筑成，一般呈长方形水沟状，深 1 m，长 10~15 m，底宽 40~60 m，上宽 60~100 m。池的入口端为陡坡，出口端用围栏围成储羊圈，并设有滴流台，羊出浴后，应在滴流台上停留片刻，使身上药液回流池内(图 4-4-1)。

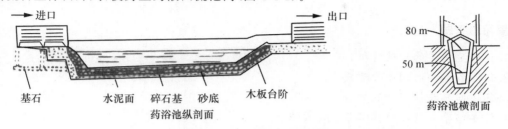

图 4-4-1 大型药浴池示意图

②药淋装置。淋浴在特设的淋浴场进行，羊进入淋浴场后即开动水泵将药液喷洒在羊身上。

(4)人员防护用具。乳胶手套、口罩、防护衣、帽、胶靴。

2.驱虫时机

防治蠕虫的时机最好于其成熟前驱虫，使寄生虫在产卵前即被驱除。北方以放牧为主的羊，一年进行三次驱虫。第一次驱虫是在 2 月进行，不但能制止羊寄生虫春季高潮的形成，而且是减少羊春乏死亡的途径之一；第二次驱虫在 6~7 月进行，一方面可控制寄生虫夏季高峰的形成，另一方面还可促进羊恢复春乏期的营养，尤其是对羔羊绦虫病的防治更有利；第三次驱虫是在 11~12 月进行，能使羊安全度过春季。3 次驱虫最关键的是 11~12 月这次驱虫，不仅能减少春乏死亡，而且因天气寒冷，不利于虫卵发育，可达到生物学自动灭虫的目的。

3.防治程序

北方羊寄生虫的防治主要程序如下。

(1)羊消化道线虫防治。每年 3 次驱虫，分别于 2 月、6~7 月、11~12 月进行。

(2)羊螨病的防治。应于春季剪毛或抓绒后 1 周进行药浴，秋季再药浴一次。

(3)羊蝇蛆病防治。宜在成蝇停止飞翔时进行防治。在北方可在 9~10 月进行。成蝇飞翔产卵或幼虫时引起羊跑蜂子季节可使用驱避剂。

(4)羊肝片吸虫病防治。灭螺用理化法进行，畜体驱虫北方在 11 月及翌年 3 月实施两次驱虫；南方在感染后 2~3 个月驱虫，以后每隔 3 个月进行 1 次，连续 3 次。

(5)羊绦虫及绦虫蚴防治。羊绦虫在每年 8 月、11~12 月两次驱虫，羊绦虫蚴的防治侧重于检出阳性病畜，无害化处理患病器官。

4.驱虫方法

(1)驱虫药的配制。根据所选药物的要求进行配制。但驱虫药多不溶于水，需配成混悬液给药，方法是先把淀粉、面粉或细玉米加入少量水中，搅匀后再加入药粉，继续搅匀，最后加足量水即成混悬液。使用时边用边搅拌，防止上清下稠，影响驱虫效果与安全。

(2)给药方法。羊多为个体给药，根据所选药物的要求选定相应的给药方法。不论哪种给药方法，均要预先测量动物体重，精确计算药量。

5.药浴的方法

(1)池浴的方法。药浴时工作人员手持压扶杆(带钩的木棒)，在浴池两旁控制羊只从入口端徐徐前行,并使其头部抬起不致浸入药液内,但在接近出口时,要用压扶杆将羊头部压入药液内 1～2 次,以防头部发生疥癣。出浴后,在滴流台停留 20 min 放出。

(2)淋浴的方法。适用于各类羊场和养羊户,有专门的淋浴场和喷淋药械,每只羊需喷淋 3～5 min。一般养羊户可采用背负式喷雾器,逐只羊进行喷淋,羊体各部位都要喷到、湿透,注意腹下、尾下及四肢内侧。

复习思考题

1.简述毛用羊的外貌特征。

2.简述各类羊的饲养管理要点。

3.简述四季牧场划分的方法。

4.绵羊四季放牧应把握哪些技术要点?

乳用羊生产

任务一　奶山羊的外貌特征及产奶性能评定

一、奶山羊的外貌特征

奶山羊的外貌应具备典型乳用特征,即清秀的体型,鲜明的轮廓,结实的体质。不同的品种虽有不同的特殊特征,但评定的项目对各个品种都是相同的。

外貌鉴定主要按体躯各部分的特征和重要性,规定一个满分标准,不够标准的适当扣分,最后将各项评分相加,计算总分并依据外貌评分等级标准,定出等级,以区别优势(表 4-5-1 至表 4-5-3)。

表 4-5-1　母羊外貌鉴定标准

项目	满分标准	标准分
一般外貌	体质结实,结构匀称,轮廓明显,反应灵敏。外貌特征符合品种要求。头长、清秀、鼻直、鼻孔大,嘴齐,眼大有神,耳长、薄并前倾、灵活,颈部长。皮肤柔软、有弹性。毛短、白色、有光泽	25
体躯	体躯长、宽、深,肋骨开张、间距宽,前胸突出且丰满,背腰长而平直,腰角宽而突出,肷窝大,腹大而不下垂,尻部长而不过斜,臀端宽大	30
泌乳系统	乳房容积大,基部宽广,附着紧凑,向前延伸、向后突出。两乳区均衡对称。乳房皮薄、毛稀、有弹性,挤乳后收缩明显,乳头间距宽,位置、大小适中,乳静脉粗大弯曲,乳井明显,排乳速度快	30
四肢	四肢结实,肢势端正,关节明显而不膨大,肌腱坚实。前肢端正,后肢飞节间距宽,利于容纳庞大的乳房,系部坚强有力,蹄形端正,蹄质坚实,蹄底圆平	15

表 4-5-2　公羊外貌鉴定标准

项目	满分标准	标准分
一般外貌	体质结实,结构匀称,雄性特征明显。外貌特征符合品种要求。头大、额宽,眼大突出,耳长直立,鼻直,嘴齐,颈粗壮。前躯略高,皮肤薄而有弹性,被毛短而有光泽	30
体躯	体躯长而宽深,鬐甲高,胸围大,前胸宽广,肋骨拱圆,肘部充实。背腰宽平,腹部大小适中,尻长宽而不过斜	35
雄性特征	体躯高大,轮廓清晰,目光炯炯,温顺而有悍威。睾丸大、左右对称,附睾明显,富于弹性。乳头明显,附着正常,无副乳头	20
四肢	四肢结实,肢势端正,关节明显,肌腱坚实。后肢开张,系部坚强有力,蹄形端正,蹄缝紧密,蹄质坚实,蹄底平正	15

表 4-5-3　外貌评级标准

类型	特级	一级	二级	三级
成年公羊	85～100	80～85	75～80	70～75
产奶母羊	80～100	75～80	70～75	65～70

二、奶山羊产奶性能评定

评定奶山羊产奶性能的主要指标为产奶量、乳脂率和饲料转化率。

(一)产奶量的测定与计算

1.产奶量的测定方法

准确的方法应该是对每只羊的每次产奶量进行称重和登记。但此种方法费时费力。实际上,许多国家和地区推行的是简化产奶量的测定方法,如每月测定一次或每隔 1.5～2 月测定一次产奶量。

2.产奶量的计算

(1)个体产奶量的计算。通常以 300 d 总产奶量表示,指从产羔后第 1 天开始到第 300 天为止的总产量。超过 300 d 者,超出部分不计算在内。不足 300 d 但超过 210 d 者,按实际产奶量计算,但需注明泌乳天数。不足 210 d 的泌乳期,属非正常泌乳期。

(2)全群产奶量的计算。有两种计算方法,一种是应产母羊的全年平均产奶量,一种是实产母羊的全年平均产奶量,其公式如下:

$$应产母羊全年平均产奶量 = \frac{全年全群总产量}{全年每天饲养能泌乳母羊只数}$$

$$实产母羊全年平均产奶量 = \frac{全年全群总产量}{全年每天饲养泌乳母羊只数}$$

能泌乳母羊只数,指羊群中所有的成年母羊,包括产奶的、干奶的及空怀的。

泌乳母羊只数,只包括产奶羊,不包括干奶羊和其他非产奶羊。

(二)乳脂率的测定和计算

1.乳脂率的测定方法

常规的乳脂率测定的方法,是在全泌乳期内,每月测定一次,先计算出各月的乳脂率,再将各月乳脂量之和除以各月总产奶量,即得平均乳脂率。其计算公式为:

$$平均乳脂率 = \sum(F \times M)/\sum M$$

式中, $\sum$ 为各月的总和; F 为乳脂率; M 为产奶量。

2.4.0%标准乳的计算

为了评定和便于比较不同羊只的产奶性能,应将不同乳脂率的奶校正为 4.0%乳脂率的标准乳。计算公式如下:

$$FCM = M(0.4 + 15F)$$

式中,FCM 为乳脂率 4.0%标准奶量; M 为含脂率为 F 的产奶量; F 为需要校正奶的含脂率。

(三)饲料转化率的计算

饲料转化率,是评定奶山羊品质优劣的一个重要指标,表示对饲料的利用能力。饲料转化率越低,用于维持的比例就越低,纯收益就越高。计算公式如下:

饲料转化率 = 全泌乳期饲喂各种饲料干物质总量(kg)/全泌乳期总产奶量(kg)

其单位为:千克饲料干物质/千克奶。

三、影响奶山羊产奶量的因素

影响奶山羊产奶量的因素很多,概括起来有遗传因素、生理因素和环境因素 3 个方面。

(一)遗传因素

1.品种

不同品种,产奶量不同,奶中的营养成分也有差异。如萨能奶山羊在世界上产奶量最高,其世界纪录是一个泌乳期产奶 3 432 kg(英国);而努比亚山羊的乳脂率最高,为 4.6%。

2.个体

同一品种内的不同个体间产奶量和乳脂率仍有差异。

(二)生理因素

1.年龄和胎次

奶山羊泌乳能力随年龄和胎次增加而发生规律性变化。如萨能奶山羊在 18 月龄配种的情况下,以 3～6 岁,即第 2～5 胎产奶量较高,其中以 2～3 胎产奶量最高,6 胎以后产奶量显著下降。

2.泌乳期

奶山羊在一个泌乳期中产奶量呈规律性的变化:分娩后最初几天产奶量较低,随着身体逐渐恢复,日产奶量逐渐增加,在第 20～120 天日产奶量达到该泌乳期的高峰,其中以第 40～70 天最高,120 d 以后产奶量开始下降。

3.初产年龄

奶山羊的初产年龄过早不利于母羊的生长发育,而过晚则缩短了经济利用年限,减少了产羔次数,影响终身产奶量。初配年龄取决于个体生长发育的程度。

4.同窝产羔数

一般产羔数多的母羊产奶量较高,但多羔母羊妊娠期的营养消耗多,可能会影响产后的泌乳。

(三)环境因素

1.饲养管理

奶山羊的饲养方式、饲喂方法等,都对产奶量有影响。营养物质的供给,对产奶量的影响最为明显。日粮中给予一定量的青绿多汁饲料和青贮饲料,并注意各种营养物质的合理搭配,根据泌乳母羊的营养需要实行全价饲养,能充分发挥奶山羊的泌乳性能。

适当的运动,经常刷拭羊体,羊舍内保持通风良好,清洁干燥,合理安排工作日程,对提高产奶量有良好作用。

2.挤奶

挤奶的方法、次数对产奶量有明显的影响。正确的挤奶方法可显著提高产奶量。将每日挤奶 1 次改为挤奶 2 次,可提高产奶量 25%～30%;改 2 次挤奶为 3 次挤奶,可提高 15%～20%。在生产实际中,多数采用 2 次挤奶。

3.产羔月份

产羔月份对产奶量也有一定影响。一般母羊在 1～3 月产羔的产奶量较高。因为母羊在分娩后的泌乳盛期,恰好在青绿饲料丰富和气候温和的季节,有利于产奶量的提高。

4.其他

疾病、气候、应激、发情等原因,都会影响产奶量。

任务二　奶山羊的饲养管理

一、产奶母羊的饲养管理

(一)产奶母羊的饲养

1.泌乳初期

母羊产后 20 d 内为泌乳初期,也称恢复期。母羊产后,体力消耗很大,体质较弱,腹部空虚但消化机能较差;生殖器官尚未复原,乳腺及血液循环系统机能不很正常,部分羊乳房、四肢和腹下水肿还未消失,此时,应以恢复体力为主。饲养上,在产后 5～6 d 内,给以易消化的优质干草,饮用温盐水小米或麸皮汤,并给以少量的精料。6 d 后逐渐增加青贮饲料或多汁饲料,14 d 以后精料增加到正常的喂量。

精料量的增加,应根据母羊的体况、食欲、乳房膨胀情况、产奶量的高低,逐渐增加,防止突然过量导致腹泻和胃肠功能紊乱。日粮中粗蛋白质含量以 12％～14％ 为宜,具体要根据粗饲料中粗蛋白质的含量灵活应用;粗纤维含量以 16％～18％ 为宜;干物质采食量按体重的 3％～4％ 供给。

2.泌乳高峰期

产后 20～120 d 为泌乳高峰期,其中又以产后 40～70 d 奶量最高,此期奶量约占全泌乳期奶量的一半。泌乳高峰期的母羊,尤其是高产母羊,营养上入不敷出,体重明显下降,因此饲养要特别细心,营养要完全,并给以催奶饲料。

催奶的方法:从产后 20 d 开始,在原来精料量(0.5～0.75 kg)的基础上,每天增加 50～80 g 精料,只要奶量不断上升,就继续增加,当增加到每千克奶给 0.35～0.40 kg 精料,奶量不再上升时,就要停止加料,并维持该料量 5～7 d,然后按泌乳羊标准供给。要时刻保持羊只旺盛的食欲,并防止消化不良。

3.泌乳稳定期

母羊产后 120～210 d 为泌乳稳定期,此期产奶量虽已逐渐下降,但下降较慢。在饲养上要尽量避免饲料、饲养方法及工作日程的改变,多给一些青绿多汁饲料,保持清洁的饮水,尽可能使高产奶量稳定保持一个较长时期。

4.泌乳后期

产后 210 d 至干奶为泌乳后期,由于发情与怀孕的影响,产奶量显著下降,应根据个体营养情况逐渐减少精料的喂量,以免造成羊体过肥和浪费饲料。饲养上要想法使产奶量下降得慢一些。泌乳高峰期精料的增加,是在奶量上升之前进行,而此期精料的减少,是在奶量下降之后进行,以减缓奶量下降速度。

(二)产奶母羊的管理

1. 挤奶方法

奶的分泌是一个连续的过程,良好的挤奶习惯,会提高奶的产量和质量,降低乳房炎的发病率,延长奶山羊的利用年限,获得较高的经济效益。

挤奶的方法分为手工挤奶和机器挤奶两种。

(1)手工挤奶。手工挤奶方法有拳握式(压榨法)和滑挤式(滑榨法),以拳握式为佳。拳握式是先用拇指和食指握紧乳头基部,以防乳汁倒流,然后其他手指依次向手心紧握,压榨乳头,把乳挤出。滑挤式是用拇指和食指指尖捏住乳头,由上向下滑动,将乳汁挤出,适用于乳头短小者。

挤奶时两手同时握住两乳头,一挤一松,交替进行。动作要轻巧、敏捷、准确,用力均匀,使羊感到轻松。每天挤奶 2~3 次为宜,挤奶速度 80~120 次/min。

产后第一次挤奶时,应洗净母羊后躯的血迹、污垢,剪去乳房上的长毛。挤奶时用 45~50 ℃的热水擦洗乳房,随后按摩乳房,并开始挤奶。按摩时先左右对揉,然后由上而下按摩,动作要柔和舒畅,不可强烈刺激。当挤完奶后应再次按摩乳房,并挤净余奶。挤奶过程是个条件反射,奶的排出受神经与激素调节,因而挤奶时间、挤奶场所和人员不能经常变动。

手工挤奶时应注意的如下事项。

①挤奶前必须把羊床、羊体和挤奶室打扫干净。

②挤奶员应健康无病,勤剪指甲,洗净双手,工作服和挤奶用具应保持干净。挤奶桶最好是带盖的小桶。

③乳房接受刺激后的 45 s 左右,脑垂体即分泌催产素,该激素的作用仅能维持 5~6 min,所以,擦洗乳房后应立即挤奶,不得拖延。

④每次挤奶时,应将最先挤出的一把奶弃去,以减少细菌含量,保证鲜奶质量。

⑤挤奶室要保持安静,严禁打骂羊只。

⑥严格执行挤奶时间和挤奶程序,以形成良好的条件反射。

⑦患乳房炎或有病的羊最后挤,其乳汁不可食用,擦洗乳房的毛巾与健康羊不可混用。

⑧挤完奶后应及时过秤,准确记录,用纱布过滤后速交收奶站。

(2)机器挤奶。在大型的奶山羊场,实行机械化挤奶,可以减轻挤奶员的劳动强度,提高工作效率和乳的质量。

机器挤奶有如下要求。

①有宽敞、清洁、干燥的羊舍和铺有干净褥草的羊床,以保护乳房而获得优质的羊奶。

②有专门的挤奶间(内设挤奶台、真空系统和挤奶器等)、贮奶间(内装冷却罐)及清洁无菌的挤奶用具。

③适宜的挤奶程序:定时挤奶(羊只进入清洁而宁静的挤奶台)→冲洗并擦干乳房→乳汁检查→戴好挤奶杯并开始挤奶(擦洗后 1 min 内)→按摩乳房并给集乳器上施加一些张力→乳房萎缩,奶流停止时轻巧而迅速地取掉乳杯→用消毒液浸泡乳头→放出挤完奶的羊只→清洗挤奶用具及挤奶间。

④山羊挤奶器,无论提桶式或管道式,其脉动频率均为 60~80 次/min,节拍比为 60:40,挤压节拍占时较少,真空管道压力为(280~380)×133.3 Pa。

⑤挤奶系统保持卫生,坚持进行检查与维修。

2.羊奶的检查

山羊奶是人的食品之一。鲜奶检验的目的:一是防止鲜奶污染;二是为了生产出符合要求的产品;三是实行按质论价的依据。检验的主要指标如下。

(1)色泽和气味。新鲜羊奶是呈乳白色的均匀胶态流体,具有羊奶固有的香味,味道浓厚油香。如色泽异常,呈红色、绿色或明显黄色,有粪尿味、霉味、臭味等,不得食用。

(2)密度。羊奶的密度为(1.030±0.003)g/mL。密度受温度的影响,以 20 ℃为标准,温度每升高或降低 1 ℃,奶的密度相应减少或增加 0.000 2 g/mL。

(3)新鲜度、清洁度和杂质度。新鲜度表示羊奶受污染的程度。羊奶随放置时间的延长,奶中乳酸菌就会大量繁殖,分解乳糖,使奶中酸度上升,影响奶的质量。目前,在生产上主要是借助牛奶的检验方法——酒精阳性反应法。

新鲜羊奶应无沉淀、无凝块、无杂质,否则为不新鲜或不清洁乳。

羊奶杂质度的检验方法:是用吸管在奶桶底部取样,用滤纸过滤,如滤纸上有可见的杂质,则按有杂质处理,进行扣杂并降低价格。

(4)卫生检查。即细菌含量测定。为了保证乳的卫生质量需要进行卫生检验。其方法,一是亚甲蓝还原试验,主要检验乳的新鲜程度和细菌污染程度;二是平皿法,主要检查乳中细菌的含量。按照国家对一级鲜奶的要求,新鲜羊奶细菌总数不得超过 100 万个/mm³,大肠杆菌不得超过 9 000 个/mm³,不得检出致病菌。

羊奶的卫生检验,还必须检验汞、铅、硝酸盐等有毒物质。另外,鲜奶中不得含有初乳、乳房炎乳,更不应含有防腐剂和增重剂。

(5)掺杂掺假乳检验。奶中掺水可通过检测密度、非脂固形物和冰点来检验;掺碱用溴麝香草酚蓝法检测;食盐可用试纸法和试剂法检验;掺入洗衣粉用亚甲蓝显色法检验;碘试剂法可以检验奶中有无淀粉;掺入豆浆可用碘溶液法和甲醛法来检测;掺硼酸、硼砂的检查方法是姜黄试纸法;而二乙酰法是检验奶中是否加入尿素的有效方法。

3.鲜奶的处理

鲜奶的处理是保证原乳纯洁、新鲜的关键。其方法包括过滤、净化、杀菌、冷却和贮藏。

(1)过滤。对鲜奶进行过滤可去除鲜奶中的杂质和部分微生物。通常,将细纱布折叠成 4 层,结扎在盛奶桶口上,把称重后的奶经过纱布缓缓地倒入桶中即可。

过滤用的纱布,必须保持清洁,用后先用温水冲洗,再用 0.5%的碱水洗涤,最后用清水冲洗干净,蒸汽消毒 10～20 min,存放于清洁干燥处备用。

(2)净化。为了获得纯洁的乳汁,分离出乳中微小的机械杂质及微生物等,必须经过净化机处理。净化是利用离心力的作用,将大量的机械杂质存留于分离钵的内壁上,使奶得到净化。

(3)杀菌。羊奶营养丰富,是细菌良好的培养基,若保存不当,很容易酸败。为了消灭乳中的病原菌和有害细菌,延长乳的保存时间,经过滤、净化后的奶应进行杀菌。杀菌方法主要有放射杀菌法、紫外线杀菌法、超声波杀菌法、化学药物杀菌法、加热杀菌法等,一般多采用加热杀菌法,根据采用的不同温度,又可分为以下几种方法。

①低温长时间杀菌法。加热温度为 62～65 ℃,需时 30 min。因加热时间较长,效果不够理想,仅在奶羊场做初步消毒。

②短时间巴氏杀菌法。加热温度为 72～74 ℃,需时 15～30 s。常用管式杀菌器或板式热交换器进行,速度快,可连续处理,多为大乳品厂采用。

③高温瞬间杀菌法。温度为 85～87 ℃,需时 10～12 s。此法速度快,效果好,但乳中的酶易被破坏。

④超高温灭菌法。将羊奶加热到 130～140 ℃,保持 0.5～4 s,随之迅速冷却。可用蒸汽喷射直接加热或用热交换器间接加热。经处理的羊奶完全无菌,在无菌包装和常温条件下可保存数月。

(4)冷却。净化后的乳,一般都直接进行加工,如需短期贮藏,必须进行冷却,以抑制奶中微生物的繁殖,保持新鲜度。

冷却的方法较多,最简单的方法是直接用地下水进行冷却。在小型加工厂,多采用冷排装置进行冷却;大型乳品厂多用片式冷却器。无论采用何种冷却设备,都要求将挤出的奶在 24 h 以内冷却到 5 ℃以下。

(5)贮藏。冷却后的奶只能暂时抑制微生物的活动,当温度升高时,细菌又会开始繁殖,因此,冷却后的奶还需低温保存。通常将冷却后的奶贮藏于 4～5 ℃的冷槽或冷库内。

二、干奶羊的饲养管理

(一)干奶羊的饲养

母羊经过 10 个月的泌乳和 5 个月的怀孕,营养消耗很大,为了使其有个恢复和补充的机会,应停止产奶。母羊在干奶期应得到充足的蛋白质、矿物质及维生素,并使乳腺机能得到休整。怀孕后期的体重如果能比产奶高峰期增加 20%～30%,胎儿的发育和高产奶量就有保证。但应注意不要喂得过肥,否则容易造成难产,并患代谢疾病。

干奶期的母羊,体内胎儿生长很快,母羊增重的 50%是在干奶期增加的,此时,虽不产奶,但还需贮存一定的营养,要求饲料水分少,干物质含量高,一般的方法是在干奶前 40 d,50 kg 体重的母羊,每天给 1 kg 优质豆科牧草,2.5 kg 青贮玉米,0.5 kg 混合精料;产前 20 d 要增加精料喂量,适当减少粗饲料给量。

干奶期不能喂发霉变质的饲料和冰冻的青贮料,要注意钙、磷和维生素的供给,自由舔食食盐,每天补饲一些青草、胡萝卜等富含维生素的饲料。

(二)干奶羊的管理

1.干奶方法

干奶方法分为自然干奶和人工干奶两种。产奶低的母羊,在泌乳 7 个月左右配种,怀孕 1～2 个月后奶量迅速下降而自动停止产奶,即自然干奶。产奶量高,营养条件好的母羊,应实行人工干奶。人工干奶法又分为逐渐干奶法和快速干奶法。

(1)逐渐干奶法。逐渐减少挤奶次数,打乱挤奶时间,停止乳房按摩,减少精料,控制多汁饲料,限制饮水,加强运动,使羊在 7～14 d 之内逐渐干奶。

(2)快速干奶法。在预定干奶的当天,认真按摩乳房,将乳挤净,然后擦干乳房,用 2%的碘液浸泡乳头,经乳头孔注入青霉素或金霉素软膏,用火棉胶封闭乳头孔,并停止挤奶,7 d 之内乳房积乳逐渐被吸收,乳房收缩,干奶结束。

无论采用何种干奶方法,停止挤奶后一定要随时检查乳房,若发现乳房肿胀明显,触摸有痛感,就要把奶挤出,重新采取干奶措施。如果乳房发炎,必须治愈后,再进行干奶。

2.干奶的时间

正常情况下,一般从怀孕第 90 天开始干奶。干奶期的长短,要根据母羊的营养状况、产奶量的高低、体质的强弱、年龄大小等确定,一般为 45~75 d。

3.干奶期的管理

在干奶初期,要注意圈舍、褥草和环境卫生,以减少乳房感染的机会。怀孕中期,最好驱除一次体内外寄生虫。怀孕后期要注意保胎,严禁施以暴力和惊吓羊只,出入圈舍谨防拥挤,严防滑倒和角斗。要坚持运动,对腹部和乳房过大而行走困难的母羊,可任其自由运动。产前 1~2 d,让母羊进入分娩栏,并做好接产准备。

三、种公羊的饲养管理

(一)种公羊的饲养

种公羊的饲养管理分为配种期和非配种期两个阶段。在配种期,公羊的神经处于兴奋状态,经常心神不安,采食不好,加之配种任务繁重,其营养和体力消耗很大,在饲养管理上要特别细心,日粮营养完全、适口性好、品质好、易消化。粗饲料应以优质豆科干草、青绿饲料为主,冬季补饲富含维生素的青贮饲料、胡萝卜等。混合精料的喂量,75 kg 体重的公羊,配种季节每天饲喂 0.75~1.0 kg,非配种季节 0.6~0.75 kg,可消化粗蛋白质以 14%~15% 为宜,粗纤维以 15% 为宜。

为了完成配种任务,在非配种期就应加强饲养。每年春季,公羊性欲减退,食欲逐渐旺盛,此时是加强饲养的最好时期,应使公羊恢复良好的体况和精神状态,在有条件的地方可适当放牧。

(二)种公羊的管理

管理好种公羊的目的,在于使它具有良好的体况,健康的体质,旺盛的食欲和良好的精液品质,以便更好地完成配种任务,发挥其种用价值。

种公羊的管理要点:温和待羊,恩威并施,驯治为主。经常运动,每日刷拭,及时修蹄,不忘防疫,定期称重,合理利用。

奶山羊属于季节性繁殖家畜,配种季节性欲旺盛,神经兴奋,不思饮食,因此,配种季节管理要特别精心。配种期的公羊应远离母羊舍,最好单独饲养,以减少发情母羊与公羊之间的干扰,特别是青年的公羊与成年公羊要分开饲养,以免互相爬跨,影响休息和发育。

奶山羊公羊性反射强而快,所以必须定期采精或交配,如长期不配种,会出现自淫、性情暴躁、顶人等恶癖。

四、羔羊的培育

羔羊和青年羊的培育,不仅可以塑造奶山羊的体质、体型,而且直接影响其主要器官(胃、心、肺、乳房等)的发育和机能,最终影响其生产力。羔羊的培育分为胚胎期和哺乳期。

1.胚胎期的培育

胎儿在母体内生活的时间是 150 d 左右,主要通过母体获得营养。在饲养管理方面,应根据胎儿的发育特点加强怀孕母羊的饲养。

羔羊在胚胎期的前 3 个月发育较慢,其重量仅为初生重的 20％～30％,这一时期主要发育脑、心、肺、肝、胃等主要器官,要求营养物质完全。因母羊处于产奶后期,母子之间争夺营养物质的矛盾并不突出,母羊的日粮只要能够满足产奶的需要,胎儿的发育就能得到保证。妊娠期后两个月,胎儿发育很快,70％～80％的重量是在这一阶段增长的,此期胎儿的骨骼、肌肉、皮肤及血液的生长与日俱增,因此,应供给母羊充足数量的能量、蛋白质、矿物质与维生素,饲料日粮以优质豆科干草、青贮饲料和青草为主,适当补充部分精料。母羊每日应坚持运动,可防止水肿和难产,常晒太阳,可增加维生素 D。

2.哺乳期的培养

哺乳期是指从出生到断奶,一般为 2～3 个月,羔羊的断奶重较初生重可增长 7～8 倍,是羊的一生中生长发育的最快时期。

哺乳期羔羊的培育分为初乳期、常乳期和由哺乳到草料过渡期。

(1)初乳期。从羔羊出生到第 6 天为初乳期。母羊产后 6 d 以内的乳叫初乳,是羔羊出生后唯一的全价天然食品,对羔羊的生长发育有极其重要的作用,因此,应让羔羊尽量早吃、多吃初乳,才能确保增重快,体质强,发病少,成活率高。初乳期最好让羔羊随着母羊自然哺乳,6 d 以后再改为人工哺乳。如需进行人工哺乳,从生后 20～30 min 开始,每日 4～5 次,喂量从 0.6～1.0 kg,逐渐增加,初乳期平均日增重以 150～220 g 为宜。

(2)常乳期。羔羊生后的 7～60 d,这一阶段奶是羔羊的主要食物。从出生到 45 日龄,羔羊的体尺增长最快,从出生到 75 日龄,羔羊的体重增长最快,尤以 35～75 日龄生长最快,这与母羊的泌乳高峰期 40～70 d 是极其吻合的。因此,在饲养方面,应保证供给充足的营养。

羔羊生后两个月内,其生长速度与吃奶量有关,每增重 1 kg 需奶 6～8 kg。整个哺乳期需奶量 80 kg,平均日增重母羔不低于 140 g,公羔不低于 160 g。

人工哺乳时,要按羔羊的年龄、体重、强弱分群饲养,做到定时、定量、定温、定质。饲喂的奶必须新鲜,加热时应用热水浴。

人工哺乳,从 10 日龄起增加奶量,25～50 d 奶量最高,50 d 后逐渐减少喂量。10 日龄后的羔羊应开始诱食饲草。可将幼嫩的优质青干草捆成小把悬吊于圈中,让羔羊自由采食。在羔羊出生 20 d 后开始诱食精料。可将精料放入饲槽,并诱导羔羊舔食,反复数次就可吃料了。

(3)由哺乳到草料过渡期。羔羊生后的 61～90 d,该阶段的食物从奶、草并重过渡到草料为主,要注意日粮的能量、蛋白质营养水平和全价性,日粮中可消化粗蛋白质以 16％～20％为佳,可消化总养分以 74％为宜。后期奶量不断减少,以优质干草和精料为主,全奶仅作蛋白补充饲料。培育的羔羊应发育良好,外貌清秀,棱角明显,腹部突出,母羔已显出雌性形象。

五、青年羊的培育

从断奶到配种前的羊叫青年羊。这一阶段是羊骨骼和器官的充分发育时期,优质青干草和充足的运动,是培育青年羊的关键。青干草有利于消化器官的发育,培育成的羊骨架大,肌肉薄,腹大而深,采食量大,消化力强,乳用型明显。丰富的营养,充足的运动,可使青年羊胸部宽广,心肺发达,体质强壮。如果营养跟不上,便会影响生长发育,形成腿高、腿细、胸窄、胸浅、后躯短的体型,并严重影响体质、采食量和终生泌乳能力。半放牧半舍饲是培育青年羊最理想的饲养方式,在有放牧条件的地区,最好进行放牧加补饲。断奶后至 8 月龄,每日在吃足优质干草的基础上,补饲混合精料 250～300 g,其中可消化粗蛋白质的含量不低于 15%。18 月龄配种的母羊,满 1 岁后,每日给精料 400～500 g,如果草的质量好,可适当减少精料喂量。

青年公羊的生长速度比青年母羊快,应多喂一些精料。运动对青年公羊更为重要,不仅有利于生长发育,而且可以防止形成草腹和恶癖。

青年羊可在 10 月龄、体重 32 kg 以上进行配种,育种场及饲料条件差的地区可在第 2 年早秋配种。

复习思考题

1. 影响奶山羊产奶量的因素有哪些?

2. 产奶母羊的饲养管理措施有哪些?

3. 干奶羊的饲养管理措施有哪些?

4. 种公羊的饲养管理措施有哪些?

5. 如何正确培育乳用羔羊?

国家畜禽遗传资源品种名录(2021年版)

传统畜禽

一、猪

(一)地方品种

1. 马身猪
2. 河套大耳猪
3. 民猪
4. 枫泾猪
5. 浦东白猪
6. 东串猪
7. 二花脸猪
8. 淮猪(淮北猪、山猪、灶猪、定远猪、皖北猪、淮南猪)
9. 姜曲海猪
10. 梅山猪
11. 米猪
12. 沙乌头猪
13. 碧湖猪
14. 岔路黑猪
15. 金华猪
16. 嘉兴黑猪
17. 兰溪花猪
18. 嵊县花猪
19. 仙居花猪
20. 安庆六白猪
21. 皖南黑猪
22. 圩猪
23. 皖浙花猪
24. 官庄花猪
25. 槐猪
26. 闽北花猪
27. 莆田猪
28. 武夷黑猪
29. 滨湖黑猪
30. 赣中南花猪
31. 杭猪
32. 乐平猪
33. 玉江猪
34. 大蒲莲猪
35. 莱芜猪
36. 南阳黑猪
37. 确山黑猪
38. 清平猪
39. 阳新猪
40. 大围子猪
41. 华中两头乌猪(沙子岭猪、监利猪、通城猪、赣西两头乌猪、东山猪)
42. 宁乡猪

43. 黔邵花猪
44. 湘西黑猪
45. 大花白猪
46. 蓝塘猪
47. 粤东黑猪
48. 巴马香猪
49. 德保猪
50. 桂中花猪
51. 两广小花猪(陆川猪、广东小耳花猪、墩头猪)
52. 隆林猪
53. 海南猪
54. 五指山猪
55. 荣昌猪
56. 成华猪
57. 湖川山地猪(恩施黑猪、盆周山地猪、合川黑猪、罗盘山猪、渠溪猪、丫权猪)
58. 内江猪
59. 乌金猪(柯乐猪、大河猪、昭通猪、凉山猪)
60. 雅南猪
61. 白洗猪

62. 关岭猪
63. 江口萝卜猪
64. 黔北黑猪
65. 黔东花猪
66. 香猪
67. 保山猪
68. 高黎贡山猪
69. 明光小耳猪
70. 滇南小耳猪
71. 撒坝猪
72. 藏猪(西藏藏猪、迪庆藏猪、四川藏猪、合作猪)
73. 汉江黑猪
74. 八眉猪
75. 兰屿小耳猪
76. 桃园猪
77. 烟台黑猪
78. 五莲黑猪
79. 沂蒙黑猪
80. 里岔黑猪
81. 深县猪
82. 丽江猪
83. 枣庄黑盖猪

(二)培育品种(含家猪与野猪杂交后代)

1. 新淮猪
2. 上海白猪
3. 北京黑猪
4. 伊犁白猪
5. 汉中白猪
6. 山西黑猪
7. 三江白猪
8. 湖北白猪
9. 浙江中白猪
10. 苏太猪
11. 南昌白猪
12. 军牧 1 号白猪
13. 大河乌猪

14. 鲁莱黑猪
15. 鲁烟白猪
16. 豫南黑猪
17. 滇陆猪
18. 松辽黑猪
19. 苏淮猪
20. 湘村黑猪
21. 苏姜猪
22. 晋汾白猪
23. 吉神黑猪
24. 苏山猪
25. 宣和猪

(三)培育配套系

1.光明猪配套系	8.渝荣Ⅰ号猪配套系
2.深农猪配套系	9.天府肉猪
3.冀合白猪配套系	10.龙宝1号猪
4.中育猪配套系	11.川藏黑猪
5.华农温氏Ⅰ号猪配套系	12.江泉白猪配套系
6.滇撒猪配套系	13.温氏 WS501 猪配套系
7.鲁农Ⅰ号猪配套系	14.湘沙猪

(四)引入品种

1.大白猪	4.汉普夏猪
2.长白猪	5.皮特兰猪
3.杜洛克猪	6.巴克夏猪

(五)引入配套系

1.斯格猪	2.皮埃西猪

二、普通牛、瘤牛、水牛、牦牛、大额牛

普通牛

(一)地方品种

1.秦川牛(早胜牛)	18.吉安牛
2.南阳牛	19.锦江牛
3.鲁西牛	20.渤海黑牛
4.晋南牛	21.蒙山牛
5.延边牛	22.郏县红牛
6.冀南牛	23.枣北牛
7.太行牛	24.巫陵牛
8.平陆山地牛	25.雷琼牛
9.蒙古牛	26.隆林牛
10.复州牛	27.南丹牛
11.徐州牛	28.涠洲牛
12.温岭高峰牛	29.巴山牛
13.舟山牛	30.川南山地牛
14.大别山牛	31.峨边花牛
15.皖南牛	32.甘孜藏牛
16.闽南牛	33.凉山牛
17.广丰牛	34.平武牛

35. 三江牛
36. 关岭牛
37. 黎平牛
38. 威宁牛
39. 务川黑牛
40. 邓川牛
41. 迪庆牛
42. 滇中牛
43. 文山牛
44. 云南高峰牛
45. 昭通牛

46. 阿沛甲咂牛
47. 日喀则驼峰牛
48. 西藏牛
49. 樟木牛
50. 柴达木牛
51. 哈萨克牛
52. 台湾牛
53. 阿勒泰白头牛
54. 皖东牛
55. 夷陵牛

(二)培育品种

1. 中国荷斯坦牛
2. 中国西门塔尔牛
3. 三河牛
4. 新疆褐牛
5. 中国草原红牛

6. 夏南牛
7. 延黄牛
8. 辽育白牛
9. 蜀宣花牛
10. 云岭牛

(三)引入品种

1. 荷斯坦牛
2. 西门塔尔牛
3. 夏洛来牛
4. 利木赞牛
5. 安格斯牛
6. 娟姗牛
7. 德国黄牛
8. 南德文牛

9. 皮埃蒙特牛
10. 短角牛
11. 海福特牛
12. 和牛
13. 比利时蓝牛
14. 瑞士褐牛
15. 挪威红牛

瘤牛

引入品种

婆罗门牛

水牛

(一)地方品种

1. 海子水牛
2. 盱眙山区水牛

3. 温州水牛
4. 东流水牛

5. 江淮水牛
6. 福安水牛
7. 鄱阳湖水牛
8. 峡江水牛
9. 信丰山地水牛
10. 信阳水牛
11. 恩施山地水牛
12. 江汉水牛
13. 滨湖水牛
14. 富钟水牛
15. 西林水牛
16. 兴隆水牛

17. 德昌水牛
18. 涪陵水牛
19. 宜宾水牛
20. 贵州白水牛
21. 贵州水牛
22. 槟榔江水牛
23. 德宏水牛
24. 滇东南水牛
25. 盐津水牛
26. 陕南水牛
27. 上海水牛

(二)引入品种

1. 摩拉水牛
2. 尼里-拉菲水牛

3. 地中海水牛

牦牛

(一)地方品种

1. 九龙牦牛
2. 麦洼牦牛
3. 木里牦牛
4. 中甸牦牛
5. 娘亚特牛
6. 帕里牦牛
7. 斯布牦牛
8. 西藏高山牦牛
9. 甘南牦牛

10. 天祝白牦牛
11. 青海高原牦牛
12. 巴州牦牛
13. 金川牦牛
14. 昌台牦牛
15. 类乌齐牦牛
16. 环湖牦牛
17. 雪多牦牛
18. 玉树牦牛

(二)培育品种

1. 大通牦牛

2. 阿什旦牦牛

大额牛

地方品种

独龙牛

三、绵羊、山羊

绵羊

(一)地方品种

1. 蒙古羊
2. 西藏羊
3. 哈萨克羊
4. 广灵大尾羊
5. 晋中绵羊
6. 呼伦贝尔羊
7. 苏尼特羊
8. 乌冉克羊
9. 乌珠穆沁羊
10. 湖羊
11. 鲁中山地绵羊
12. 泗水裘皮羊
13. 洼地绵羊
14. 小尾寒羊
15. 大尾寒羊
16. 太行裘皮羊
17. 豫西脂尾羊
18. 威宁绵羊
19. 迪庆绵羊
20. 兰坪乌骨绵羊
21. 宁蒗黑绵羊
22. 石屏青绵羊
23. 腾冲绵羊
24. 昭通绵羊
25. 汉中绵羊
26. 同羊
27. 兰州大尾羊
28. 岷县黑裘皮羊
29. 贵德黑裘皮羊
30. 滩羊
31. 阿勒泰羊
32. 巴尔楚克羊
33. 巴什拜羊
34. 巴音布鲁克羊
35. 策勒黑羊
36. 多浪羊
37. 和田羊
38. 柯尔克孜羊
39. 罗布羊
40. 塔什库尔干羊
41. 吐鲁番黑羊
42. 叶城羊
43. 欧拉羊
44. 扎什加羊

(二)培育品种

1. 新疆细毛羊
2. 东北细毛羊
3. 内蒙古细毛羊
4. 甘肃高山细毛羊
5. 敖汉细毛羊
6. 中国美利奴羊
7. 中国卡拉库尔羊
8. 云南半细毛羊
9. 新吉细毛羊
10. 巴美肉羊
11. 彭波半细毛羊
12. 凉山半细毛羊
13. 青海毛肉兼用细毛羊
14. 青海高原毛肉兼用半细毛羊
15. 鄂尔多斯细毛羊
16. 呼伦贝尔细毛羊
17. 科尔沁细毛羊
18. 乌兰察布细毛羊
19. 兴安毛肉兼用细毛羊
20. 内蒙古半细毛羊

21. 陕北细毛羊
22. 昭乌达肉羊
23. 察哈尔羊
24. 苏博美利奴羊
25. 高山美利奴羊
26. 象雄半细毛羊

27. 鲁西黑头羊
28. 乾华肉用美利奴羊
29. 戈壁短尾羊
30. 鲁中肉羊
31. 草原短尾羊
32. 黄淮肉羊

(三) 引入品种

1. 夏洛来羊
2. 考力代羊
3. 澳洲美利奴羊
4. 德国肉用美利奴羊
5. 萨福克羊
6. 无角陶赛特羊
7. 特克赛尔羊

8. 杜泊羊
9. 白萨福克羊
10. 南非肉用美利奴羊
11. 澳洲白羊
12. 东佛里生羊
13. 南丘羊

山羊

(一) 地方品种

1. 西藏山羊
2. 新疆山羊
3. 内蒙古绒山羊
4. 辽宁绒山羊
5. 承德无角山羊
6. 吕梁黑山羊
7. 太行山羊
8. 乌珠穆沁白山羊
9. 长江三角洲白山羊
10. 黄淮山羊
11. 戴云山羊
12. 福清山羊
13 闽东山羊
14. 赣西山羊
15. 广丰山羊
16. 尧山白山羊
17. 济宁青山羊
18. 莱芜黑山羊
19. 鲁北白山羊

20. 沂蒙黑山羊
21. 伏牛白山羊
22. 麻城黑山羊
23. 马头山羊
24. 宜昌白山羊
25. 湘东黑山羊
26. 雷州山羊
27. 都安山羊
28. 隆林山羊
29. 渝东黑山羊
30. 大足黑山羊
31. 酉州乌羊
32. 白玉黑山羊
33. 板角山羊
34. 北川白山羊
35. 成都麻羊
36. 川东白山羊
37. 川南黑山羊
38. 川中黑山羊

39. 古蔺马羊
40. 建昌黑山羊
41. 美姑山羊
42. 贵州白山羊
43. 贵州黑山羊
44. 黔北麻羊
45. 凤庆无角黑山羊
46. 圭山山羊
47. 龙陵黄山羊
48. 罗平黄山羊
49. 马关无角山羊
50. 弥勒红骨山羊
51. 宁蒗黑头山羊
52. 云岭山羊
53. 昭通山羊
54. 陕南白山羊
55. 子午岭黑山羊
56. 河西绒山羊
57. 柴达木山羊
58. 中卫山羊
59. 牙山黑绒山羊
60. 威信白山羊

(二)培育品种

1. 关中奶山羊
2. 崂山奶山羊
3. 南江黄羊
4. 陕北白绒山羊
5. 文登奶山羊
6. 柴达木绒山羊
7. 雅安奶山羊
8. 罕山白绒山羊
9. 晋岚绒山羊
10. 简州大耳羊
11. 云上黑山羊
12. 疆南绒山羊

(三)引入品种

1. 萨能奶山羊
2. 安哥拉山羊
3. 波尔山羊
4. 努比亚山羊
5. 阿尔卑斯奶山羊
6. 吐根堡奶山羊

四、马

(一)地方品种

1. 阿巴嘎黑马
2. 鄂伦春马
3. 蒙古马
4. 锡尼河马
5. 晋江马
6. 利川马
7. 百色马
8. 德保矮马
9. 甘孜马
10. 建昌马
11. 贵州马
12. 大理马
13. 腾冲马
14. 文山马
15. 乌蒙马
16. 永宁马
17. 云南矮马
18. 中甸马
19. 西藏马
20. 宁强马
21. 岔口驿马
22. 大通马

23. 河曲马

24. 柴达木马

25. 玉树马

26. 巴里坤马

27. 哈萨克马

28. 柯尔克孜马

29. 焉耆马

(二)培育品种

1. 三河马

2. 金州马

3. 铁岭挽马

4. 吉林马

5. 关中马

6. 渤海马

7. 山丹马

8. 伊吾马

9. 锡林郭勒马

10. 科尔沁马

11. 张北马

12. 新丽江马

13. 伊犁马

(三)引入品种

1. 纯血马

2. 阿哈-捷金马

3. 顿河马

4. 卡巴金马

5. 奥尔洛夫快步马

6. 阿尔登马

7. 阿拉伯马

8. 新吉尔吉斯马

9. 温血马(荷斯坦马、荷兰温血马、丹麦温血马、汉诺威马、奥登堡马、塞拉-法兰西马)

10. 设特兰马

11. 夸特马

12. 法国速步马

13. 弗里斯兰马

14. 贝尔修伦马

15. 美国标准马

16. 夏尔马

五、驴

地方品种

1. 太行驴

2. 阳原驴

3. 广灵驴

4. 晋南驴

5. 临县驴

6 库伦驴

7. 泌阳驴

8. 庆阳驴

9. 苏北毛驴

10. 淮北灰驴

11. 德州驴

12. 长垣驴

13. 川驴

14. 云南驴

15. 西藏驴

16. 关中驴

17. 佳米驴

18. 陕北毛驴

19. 凉州驴

20. 青海毛驴

21. 西吉驴

22. 和田青驴

23. 吐鲁番驴

24. 新疆驴

六、骆驼

地方品种

1. 阿拉善双峰驼
2. 苏尼特双峰驼
3. 青海骆驼
4. 新疆塔里木双峰驼
5. 新疆准噶尔双峰驼

七、兔

(一)地方品种

1. 福建黄兔
2. 闽西南黑兔
3. 万载兔
4. 九疑山兔
5. 四川白兔
6. 云南花兔
7. 福建白兔
8. 莱芜黑兔

(二)培育品种

1. 中系安哥拉兔
2. 浙系长毛兔
3. 皖系长毛兔
4. 苏系长毛兔
5. 西平长毛兔
6. 吉戎兔
7. 哈尔滨大白兔
8. 塞北兔
9. 豫丰黄兔
10. 川白獭兔

(三)培育配套系

1. 康大 1 号肉兔
2. 康大 2 号肉兔
3. 康大 3 号肉兔
4. 蜀兴 1 号肉兔

(四)引入品种

1. 德系安哥拉兔
2. 法系安哥拉兔
3. 青紫蓝兔
4. 比利时兔
5. 新西兰白兔
6. 加利福尼亚兔
7. 力克斯兔
8. 德国花巨兔
9. 日本大耳白兔

(五)引入配套系

1. 伊拉肉兔
2. 伊普吕肉兔
3. 齐卡肉兔
4. 伊高乐肉兔

八、鸡

(一)地方品种

1. 北京油鸡
2. 坝上长尾鸡
3. 边鸡
4. 大骨鸡
5. 林甸鸡
6. 浦东鸡
7. 狼山鸡
8. 溧阳鸡
9. 鹿苑鸡
10. 如皋黄鸡
11. 太湖鸡
12. 仙居鸡
13. 江山乌骨鸡
14. 灵昆鸡
15. 萧山鸡
16. 淮北麻鸡
17. 淮南麻黄鸡
18. 黄山黑鸡
19. 皖北斗鸡
20. 五华鸡
21. 皖南三黄鸡
22. 德化黑鸡
23. 金湖乌凤鸡
24. 河田鸡
25. 闽清毛脚鸡
26. 象洞鸡
27. 漳州斗鸡
28. 安义瓦灰鸡
29. 白耳黄鸡
30. 崇仁麻鸡
31. 东乡绿壳蛋鸡
32. 康乐鸡
33. 宁都黄鸡
34. 丝羽乌骨鸡
35. 余干乌骨鸡
36. 济宁百日鸡
37. 鲁西斗鸡
38. 琅琊鸡
39. 寿光鸡
40. 汶上芦花鸡
41. 固始鸡
42. 河南斗鸡
43. 卢氏鸡
44. 淅川乌骨鸡
45. 正阳三黄鸡
46. 洪山鸡
47. 江汉鸡
48. 景阳鸡
49. 双莲鸡
50. 郧阳白羽乌鸡
51. 郧阳大鸡
52. 东安鸡
53. 黄郎鸡
54. 桃源鸡
55. 雪峰乌骨鸡
56. 怀乡鸡
57. 惠阳胡须鸡
58. 清远麻鸡
59. 杏花鸡
60. 阳山鸡
61. 中山沙栏鸡
62. 广西麻鸡
63. 广西三黄鸡
64. 广西乌鸡
65. 龙胜凤鸡
66. 霞烟鸡
67. 瑶鸡
68. 文昌鸡
69. 城口山地鸡
70. 大宁河鸡

71. 峨眉黑鸡
72. 旧院黑鸡
73. 金阳丝毛鸡
74. 泸宁鸡
75. 凉山崖鹰鸡
76. 米易鸡
77. 彭县黄鸡
78. 四川山地乌骨鸡
79. 石棉草科鸡
80. 矮脚鸡
81. 长顺绿壳蛋鸡
82. 高脚鸡
83. 黔东南小香鸡
84. 乌蒙乌骨鸡
85. 威宁鸡
86. 竹乡鸡
87. 茶花鸡
88. 独龙鸡
89. 大围山微型鸡
90. 兰坪绒毛鸡
91. 尼西鸡
92. 瓢鸡
93. 腾冲雪鸡

94. 他留乌骨鸡
95. 武定鸡
96. 无量山乌骨鸡
97. 西双版纳斗鸡
98. 盐津乌骨鸡
99. 云龙矮脚鸡
100. 藏鸡
101. 略阳鸡
102. 太白鸡
103. 静原鸡
104. 海东鸡
105. 拜城油鸡
106. 和田黑鸡
107. 吐鲁番斗鸡
108. 麻城绿壳蛋鸡
109. 太行鸡
110. 广元灰鸡
111. 荆门黑羽绿壳蛋鸡
112. 富蕴黑鸡
113. 天长三黄鸡
114. 宁蒗高原鸡
115. 沂蒙鸡

(二)培育品种

1. 新狼山鸡
2. 新浦东鸡
3. 新扬州鸡

4. 京海黄鸡
5. 雪域白鸡

(三)培育配套系

1. 京白 939
2. 康达尔黄鸡 128 配套系
3. 新杨褐壳蛋鸡配套系
4. 江村黄鸡 JH-2 号配套系
5. 江村黄鸡 JH-3 号配套系
6. 新兴黄鸡Ⅱ号配套系
7. 新兴矮脚黄鸡配套系
8. 岭南黄鸡Ⅰ号配套系
9. 岭南黄鸡Ⅱ号配套系

10. 京星黄鸡 100 配套系
11. 京星黄鸡 102 配套系
12. 农大 3 号小型蛋鸡配套系
13. 邵伯鸡配套系
14. 鲁禽 1 号麻鸡配套系
15. 鲁禽 3 号麻鸡配套系
16. 新兴竹丝鸡 3 号配套系
17. 新兴麻鸡 4 号配套系
18. 粤禽皇 2 号鸡配套系

19. 粤禽皇 3 号鸡配套系
20. 京红 1 号蛋鸡配套系
21. 京粉 1 号蛋鸡配套系
22. 良凤花鸡配套系
23. 墟岗黄鸡 1 号配套系
24. 皖南黄鸡配套系
25. 皖南青脚鸡配套系
26. 皖江黄鸡配套系
27. 皖江麻鸡配套系
28. 雪山鸡配套系
29. 苏禽黄鸡 2 号配套系
30. 金陵麻鸡配套系
31. 金陵黄鸡配套系
32. 岭南黄鸡 3 号配套系
33. 金钱麻鸡 1 号配套系
34. 南海黄麻鸡 1 号
35. 弘香鸡
36. 新广铁脚麻鸡
37. 新广黄鸡 K996
38. 大恒 699 肉鸡配套系
39. 新杨白壳蛋鸡配套系
40. 新杨绿壳蛋鸡配套系
41. 凤翔青脚麻鸡
42. 凤翔乌鸡
43. 五星黄鸡
44. 金种麻黄鸡
45. 振宁黄鸡配套系
46. 潭牛鸡配套系
47. 三高青脚黄鸡 3 号
48. 京粉 2 号蛋鸡
49. 大午粉 1 号蛋鸡

50. 苏禽绿壳蛋鸡
51. 天露黄鸡
52. 天露黑鸡
53. 光大梅黄 1 号肉鸡
54. 粤禽皇 5 号蛋鸡
55. 桂凤二号黄鸡
56. 天农麻鸡配套系
57. 新杨黑羽蛋鸡配套系
58. 豫粉 1 号蛋鸡配套系
59. 温氏青脚麻鸡 2 号配套系
60. 农大 5 号小型蛋鸡配套系
61. 科朗麻黄鸡配套系
62. 金陵花鸡配套系
63. 大午金凤蛋鸡配套系
64. 京白 1 号蛋鸡配套系
65. 京星黄鸡 103 配套系
66. 栗园油鸡蛋鸡配套系
67. 黎村黄鸡配套系
68. 凤达 1 号蛋鸡配套系
69. 欣华 2 号蛋鸡配套系
70. 鸿光黑鸡配套系
71. 参皇鸡 1 号配套系
72. 鸿光麻鸡配套系
73. 天府肉鸡配套系
74. 海扬黄鸡配套系
75. 肉鸡 WOD168 配套系
76. 京粉 6 号蛋鸡配套系
77. 金陵黑凤鸡配套系
78. 大恒 799 肉鸡
79. 神丹 6 号绿壳蛋鸡
80. 大午褐蛋鸡

(四)引入品种

1. 隐性白羽鸡
2. 矮小黄鸡
3. 来航鸡
4. 洛岛红鸡

5. 贵妃鸡
6. 白洛克鸡
7. 哥伦比亚洛克鸡
8. 横斑洛克鸡

(五)引入配套系

1. 雪佛蛋鸡
2. 罗曼(罗曼褐、罗曼粉、罗曼灰、罗曼白 LSL) 蛋鸡
3. 艾维茵肉鸡
4. 澳洲黑鸡
5. 巴波娜蛋鸡
6. 巴布考克 B380 蛋鸡
7. 宝万斯蛋鸡
8. 迪卡蛋鸡
9. 海兰(海兰褐、海兰灰、海兰白 W36、海兰白 W80、海兰银褐)蛋鸡
10. 海赛克斯蛋鸡
11. 金慧星
12. 罗马尼亚蛋鸡
13. 罗斯蛋鸡
14. 尼克蛋鸡
15. 伊莎(伊莎褐、伊莎粉)蛋鸡
16. 爱拔益加
17. 安卡
18. 迪高肉鸡
19. 哈伯德
20. 海波罗
21. 海佩克
22. 红宝肉鸡
23. 科宝 500 肉鸡
24. 罗曼肉鸡
25. 罗斯(罗斯 308、罗斯 708)肉鸡
26. 明星肉鸡
27. 尼克肉鸡
28. 皮尔奇肉鸡
29. 皮特逊肉鸡
30. 萨索肉鸡
31. 印第安河肉鸡
32. 诺珍褐蛋鸡

九、鸭

(一)地方品种

1. 北京鸭
2. 高邮鸭
3. 绍兴鸭
4. 巢湖鸭
5. 金定鸭
6. 连城白鸭
7. 莆田黑鸭
8. 龙岩山麻鸭
9. 大余鸭
10. 吉安红毛鸭
11. 微山麻鸭
12. 文登黑鸭
13. 淮南麻鸭
14. 恩施麻鸭
15. 荆江鸭
16. 沔阳麻鸭
17. 攸县麻鸭
18. 临武鸭
19. 广西小麻鸭
20. 靖西大麻鸭
21. 龙胜翠鸭
22. 融水香鸭
23. 麻旺鸭
24. 建昌鸭
25. 四川麻鸭
26. 三穗鸭
27. 兴义鸭
28. 建水黄褐鸭
29. 云南麻鸭
30. 汉中麻鸭
31. 褐色菜鸭
32. 枞阳媒鸭

33.缙云麻鸭 36.于田麻鸭

34.马踏湖鸭 37.润州凤头白鸭

35.娄门鸭

(二)培育配套系

1.三水白鸭配套系 6.国绍1号蛋鸭配套系

2.仙湖肉鸭配套系 7.中畜草原白羽肉鸭配套系

3.南口1号北京鸭配套系 8.中新白羽肉鸭配套系

4.Z型北京鸭配套系 9.神丹2号蛋鸭

5.苏邮1号蛋鸭 10.强英鸭

(三)引入品种

咔叽·康贝尔鸭

(四)引入配套系

1.奥白星鸭 5.丽佳鸭

2.狄高鸭 6.南特鸭

3.枫叶鸭 7.樱桃谷鸭

4.海加德鸭

十、鹅

(一)地方品种

1.太湖鹅 16.鄱县白鹅

2.籽鹅 17.武冈铜鹅

3.永康灰鹅 18.溆浦鹅

4.浙东白鹅 19.马岗鹅

5.皖西白鹅 20.狮头鹅

6.雁鹅 21.乌鬃鹅

7.长乐鹅 22.阳江鹅

8.闽北白鹅 23.右江鹅

9.兴国灰鹅 24.定安鹅

10.丰城灰鹅 25.钢鹅

11.广丰白翎鹅 26.四川白鹅

12.莲花白鹅 27.平坝灰鹅

13.百子鹅 28.织金白鹅

14.豁眼鹅 29.云南鹅

15.道州灰鹅 30.伊犁鹅

(二)培育品种

扬州鹅

(三)培育配套系

1.天府肉鹅

2.江南白鹅配套系

(四)引入配套系

1.莱茵鹅

2.朗德鹅

3.罗曼鹅

4.匈牙利白鹅

5.匈牙利灰鹅

6.霍尔多巴吉鹅

十一、鸽

(一)地方品种

1.石岐鸽

2.塔里木鸽

3.太湖点子鸽

(二)培育配套系

1.天翔 1 号肉鸽配套系

2.苏威 1 号肉鸽

(三)引入品种

1.美国王鸽

2.卡奴鸽

3.银王鸽

(四)引入配套系

欧洲肉鸽

十二、鹌鹑

(一)培育配套系

神丹 1 号鹌鹑

(二)引入品种

1.朝鲜鹌鹑

2.迪法克 FM 系肉用鹌鹑

特 种 畜 禽

一、梅花鹿

(一)地方品种

吉林梅花鹿

(二)培育品种

1. 四平梅花鹿
2. 敖东梅花鹿
3. 东丰梅花鹿
4. 兴凯湖梅花鹿

5. 双阳梅花鹿
6. 西丰梅花鹿
7. 东大梅花鹿

二、马鹿

(一)地方品种

东北马鹿

(二)培育品种

1. 清原马鹿
2. 塔河马鹿

3. 伊河马鹿

(三)引入品种

新西兰赤鹿

三、驯鹿

地方品种

敖鲁古雅驯鹿

四、羊驼

引入品种

羊驼

五、火鸡

(一)地方品种

闽南火鸡

(二)引入品种

1.尼古拉斯火鸡

2.青铜火鸡

(三)引入配套系

1.BUT 火鸡

2.贝蒂纳火鸡

六、珍珠鸡

引入品种

珍珠鸡

七、雉鸡

(一)地方品种

1.中国山鸡

2.天峨六画山鸡

(二)培育品种

1.左家雉鸡

2.申鸿七彩雉

(三)引入品种

美国七彩山鸡

八、鹧鸪

引入品种

鹧鸪

九、番鸭

(一)地方品种

中国番鸭

(二)培育配套系

温氏白羽番鸭1号

(三)引入品种

番鸭

(四)引入配套系

克里莫番鸭

十、绿头鸭

引入品种

绿头鸭

十一、驼鸟

引入品种

1.非洲黑驼鸟
2.红颈驼鸟

3.蓝颈驼鸟

十二、鸸鹋

引入品种

鸸鹋

十三、水貂(非食用)

(一)培育品种

1.吉林白水貂
2.金州黑色十字水貂
3.山东黑褐色标准水貂
4.东北黑褐色标准水貂

5.米黄色水貂
6.金州黑色标准水貂
7.明华黑色水貂
8.名威银蓝水貂

(二)引入品种

1.银蓝色水貂

2.短毛黑色水貂

十四、银狐(非食用)

引入品种

1.北美赤狐 　　　　　　　　　　　　　2.银黑狐

十五、北极狐(非食用)

引入品种

北极狐

十六、貉(非食用)

(一)地方品种

乌苏里貉

(二)培育品种

吉林白貉

国务院办公厅关于促进畜牧业高质量发展的意见

国办发〔2020〕31 号

各省、自治区、直辖市人民政府，国务院各部委、各直属机构：

畜牧业是关系国计民生的重要产业，肉蛋奶是百姓"菜篮子"的重要品种。近年来，我国畜牧业综合生产能力不断增强，在保障国家食物安全、繁荣农村经济、促进农牧民增收等方面发挥了重要作用，但也存在产业发展质量效益不高、支持保障体系不健全、抵御各种风险能力偏弱等突出问题。为促进畜牧业高质量发展、全面提升畜禽产品供应安全保障能力，经国务院同意，现提出如下意见。

一、总体要求

（一）指导思想。以习近平新时代中国特色社会主义思想为指导，全面贯彻党的十九大和十九届二中、三中、四中全会精神，认真落实党中央、国务院决策部署，牢固树立新发展理念，以实施乡村振兴战略为引领，以农业供给侧结构性改革为主线，转变发展方式，强化科技创新、政策支持和法治保障，加快构建现代畜禽养殖、动物防疫和加工流通体系，不断增强畜牧业质量效益和竞争力，形成产出高效、产品安全、资源节约、环境友好、调控有效的高质量发展新格局，更好地满足人民群众多元化的畜禽产品消费需求。

（二）基本原则。

坚持市场主导。以市场需求为导向，充分发挥市场在资源配置中的决定性作用，消除限制畜牧业发展的不合理壁垒，增强畜牧业发展活力。

坚持防疫优先。将动物疫病防控作为防范畜牧业产业风险和防治人畜共患病的第一道防线，着力加强防疫队伍和能力建设，落实政府和市场主体的防疫责任，形成防控合力。

坚持绿色发展。统筹资源环境承载能力、畜禽产品供给保障能力和养殖废弃物资源化利用能力，协同推进畜禽养殖和环境保护，促进可持续发展。

坚持政策引导。更好发挥政府作用，优化区域布局，强化政策支持，加快补齐畜牧业发展的短板和弱项，加强市场调控，保障畜禽产品有效供给。

（三）发展目标。畜牧业整体竞争力稳步提高，动物疫病防控能力明显增强，绿色发展水平显著提高，畜禽产品供应安全保障能力大幅提升。猪肉自给率保持在 95% 左右，牛羊肉自给率保持在 85% 左右，奶源自给率保持在 70% 以上，禽肉和禽蛋实现基本自给。到 2025 年畜禽养殖规模化率和畜禽粪污综合利用率分别达到 70% 以上和 80% 以上，到 2030 年分别达到

75％以上和85％以上。

二、加快构建现代养殖体系

（四）加强良种培育与推广。继续实施畜禽遗传改良计划和现代种业提升工程，健全产学研联合育种机制，重点开展白羽肉鸡育种攻关，推进瘦肉型猪本土化选育，加快牛羊专门化品种选育，逐步提高核心种源自给率。实施生猪良种补贴和牧区畜牧良种补贴，加快优良品种推广和应用。强化畜禽遗传资源保护，加强国家级和省级保种场、保护区、基因库建设，推动地方品种资源应保尽保、有序开发。（农业农村部、国家发展改革委、科技部、财政部等按职责分工负责，地方人民政府负责落实。以下均需地方人民政府落实，不再列出）

（五）健全饲草料供应体系。因地制宜推行粮改饲，增加青贮玉米种植，提高苜蓿、燕麦草等紧缺饲草自给率，开发利用杂交构树、饲料桑等新饲草资源。推进饲草料专业化生产，加强饲草料加工、流通、配送体系建设。促进秸秆等非粮饲料资源高效利用。建立健全饲料原料营养价值数据库，全面推广饲料精准配方和精细加工技术。加快生物饲料开发应用，研发推广新型安全高效饲料添加剂。调整优化饲料配方结构，促进玉米、豆粕减量替代。（农业农村部、国家发展改革委、科技部、财政部、国务院扶贫办等按职责分工负责）

（六）提升畜牧业机械化水平。制定主要畜禽品种规模化养殖设施装备配套技术规范，推进养殖工艺与设施装备的集成配套。落实农机购置补贴政策，将养殖场（户）购置自动饲喂、环境控制、疫病防控、废弃物处理等农机装备按规定纳入补贴范围。遴选推介一批全程机械化养殖场和示范基地。提高饲草料和畜禽生产加工等关键环节设施装备自主研发能力。（农业农村部、国家发展改革委、工业和信息化部、财政部等按职责分工负责）

（七）发展适度规模经营。因地制宜发展规模化养殖，引导养殖场（户）改造提升基础设施条件，扩大养殖规模，提升标准化养殖水平。加快养殖专业合作社和现代家庭牧场发展，鼓励其以产权、资金、劳动、技术、产品为纽带，开展合作和联合经营。鼓励畜禽养殖龙头企业发挥引领带动作用，与养殖专业合作社、家庭牧场紧密合作，通过统一生产、统一服务、统一营销、技术共享、品牌共创等方式，形成稳定的产业联合体。完善畜禽标准化饲养管理规程，开展畜禽养殖标准化示范创建。（农业农村部负责）

（八）扶持中小养殖户发展。加强对中小养殖户的指导帮扶，不得以行政手段强行清退。鼓励新型农业经营主体与中小养殖户建立利益联结机制，带动中小养殖户专业化生产，提升市场竞争力。加强基层畜牧兽医技术推广体系建设，健全社会化服务体系，培育壮大畜牧科技服务企业，为中小养殖户提供良种繁育、饲料营养、疫病检测诊断治疗、机械化生产、产品储运、废弃物资源化利用等实用科技服务。（农业农村部、科技部等按职责分工负责）

三、建立健全动物防疫体系

（九）落实动物防疫主体责任。依法督促落实畜禽养殖、贩运、屠宰加工等各环节从业者动物防疫主体责任。引导养殖场（户）改善动物防疫条件，严格按规定做好强制免疫、清洗消毒、疫情报告等工作。建立健全畜禽贩运和运输车辆监管制度，对运输车辆实施备案管理，落实清洗消毒措施。督促指导规模养殖场（户）和屠宰厂（场）配备相应的畜牧兽医技术人员，依法落实疫病自检、报告等制度。加强动物疫病防控分类指导和技术培训，总结推广一批行之有效的防控模式。（农业农村部、交通运输部等按职责分工负责）

（十）提升动物疫病防控能力。落实地方各级人民政府防疫属地管理责任,完善部门联防联控机制。强化重大动物疫情监测排查,建立重点区域和场点入场抽检制度。健全动物疫情信息报告制度,加强养殖、屠宰加工、无害化处理等环节动物疫病信息管理。完善疫情报告奖惩机制,对疫情报告工作表现突出的给予表彰,对瞒报、漏报、迟报或阻碍他人报告疫情的依法依规严肃处理。实施重大动物疫病强制免疫计划,建立基于防疫水平的养殖场(户)分级管理制度。加强口岸动物疫情防控工作,进一步提升口岸监测、检测、预警和应急处置能力。严厉打击收购、贩运、销售、随意丢弃病死畜禽等违法违规行为,构成犯罪的,依法追究刑事责任。(农业农村部、公安部、交通运输部、海关总署等按职责分工负责)

（十一）建立健全分区防控制度。加快实施非洲猪瘟等重大动物疫病分区防控,落实省际联席会议制度,统筹做好动物疫病防控、畜禽及畜禽产品调运监管和市场供应等工作。统一规划实施畜禽指定通道运输。支持有条件的地区和规模养殖场(户)建设无疫区和无疫小区。推进动物疫病净化,以种畜禽场为重点,优先净化垂直传播性动物疫病,建设一批净化示范场。(农业农村部、国家发展改革委、交通运输部等按职责分工负责)

（十二）提高动物防疫监管服务能力。加强动物防疫队伍建设,采取有效措施稳定基层机构队伍。依托现有机构编制资源,建立健全动物卫生监督机构和动物疫病预防控制机构,加强动物疫病防控实验室、边境监测站、省际公路检查站和区域洗消中心等建设。在生猪大县实施乡镇动物防疫特聘计划。保障村级动物防疫员合理劳务报酬。充分发挥执业兽医、乡村兽医作用,支持其开展动物防疫和疫病诊疗活动。鼓励大型养殖企业、兽药及饲料生产企业组建动物防疫服务团队,提供"一条龙""菜单式"防疫服务。(农业农村部、中央编办、国家发展改革委、财政部、人力资源社会保障部等按职责分工负责)

四、加快构建现代加工流通体系

（十三）提升畜禽屠宰加工行业整体水平。持续推进生猪屠宰行业转型升级,鼓励地方新建改建大型屠宰自营企业,加快小型屠宰场点撤停并转。开展生猪屠宰标准化示范创建,实施生猪屠宰企业分级管理。鼓励大型畜禽养殖企业、屠宰加工企业开展养殖、屠宰、加工、配送、销售一体化经营,提高肉品精深加工和副产品综合利用水平。推动出台地方性法规,规范牛羊禽屠宰管理。(农业农村部、国家发展改革委等按职责分工负责)

（十四）加快健全畜禽产品冷链加工配送体系。引导畜禽屠宰加工企业向养殖主产区转移,推动畜禽就地屠宰,减少活畜禽长距离运输。鼓励屠宰加工企业建设冷却库、低温分割车间等冷藏加工设施,配置冷链运输设备。推动物流配送企业完善冷链配送体系,拓展销售网络,促进运活畜禽向运肉转变。规范活畜禽跨区域调运管理,完善"点对点"调运制度。倡导畜禽产品安全健康消费,逐步提高冷鲜肉品消费比重。(农业农村部、国家发展改革委、交通运输部、商务部等按职责分工负责)

（十五）提升畜牧业信息化水平。加强大数据、人工智能、云计算、物联网、移动互联网等技术在畜牧业的应用,提高圈舍环境调控、精准饲喂、动物疫病监测、畜禽产品追溯等智能化水平。加快畜牧业信息资源整合,推进畜禽养殖档案电子化,全面实行生产经营信息直联直报。实现全产业链信息化闭环管理。支持第三方机构以信息数据为基础,为养殖场(户)提供技术、营销和金融等服务。(农业农村部、国家发展改革委、国家统计局等按职责分工负责)

（十六）统筹利用好国际国内两个市场、两种资源。扩大肉品进口来源国和进口品种,适度进口优质安全畜禽产品,补充和调剂国内市场供应。稳步推进畜牧业对外投资合作,开拓多元海外市场,扩大优势畜禽产品出口。深化对外交流,加强先进设施装备、优良种质资源引进,开展动物疫苗科研联合攻关。(农业农村部、国家发展改革委、科技部、商务部、海关总署等按职责分工负责)

五、持续推动畜牧业绿色循环发展

(十七)大力推进畜禽养殖废弃物资源化利用。支持符合条件的县(市、区、旗)整县推进畜禽粪污资源化利用,鼓励液体粪肥机械化施用。对畜禽粪污全部还田利用的养殖场(户)实行登记管理,不需申领排污许可证。完善畜禽粪污肥料化利用标准,支持农民合作社、家庭农场等在种植业生产中施用粪肥。统筹推进病死猪牛羊禽等无害化处理,完善市场化运作模式,合理制定补助标准,完善保险联动机制。(农业农村部、国家发展改革委、生态环境部、银保监会等按职责分工负责)

(十八)促进农牧循环发展。加强农牧统筹,将畜牧业作为农业结构调整的重点。农区要推进种养结合,鼓励在规模种植基地周边建设农牧循环型畜禽养殖场(户),促进粪肥还田,加强农副产品饲料化利用。农牧交错带要综合利用饲草、秸秆等资源发展草食畜牧业,加强退化草原生态修复,恢复提升草原生产能力。草原牧区要坚持以草定畜,科学合理利用草原,鼓励发展家庭生态牧场和生态牧业合作社。南方草山草坡地区要加强草地改良和人工草地建植,因地制宜发展牛羊养殖。(农业农村部、国家发展改革委、生态环境部、国家林草局等按职责分工负责)

(十九)全面提升绿色养殖水平。科学布局畜禽养殖,促进养殖规模与资源环境相匹配。缺水地区要发展羊、禽、兔等低耗水畜种养殖,土地资源紧缺地区要采取综合措施提高养殖业土地利用率。严格执行饲料添加剂安全使用规范,依法加强饲料中超剂量使用铜、锌等问题监管。加强兽用抗菌药综合治理,实施动物源细菌耐药性监测、药物饲料添加剂退出和兽用抗菌药使用减量化行动。建立畜牧业绿色发展评价体系,推广绿色发展配套技术。(农业农村部、自然资源部、生态环境部等按职责分工负责)

六、保障措施

(二十)严格落实省负总责和"菜篮子"市长负责制。各省(自治区、直辖市)人民政府对本地区发展畜牧业生产、保障肉蛋奶市场供应负总责,制定发展规划,强化政策措施,不得超越法律法规规定禁养限养。加强"菜篮子"市长负责制考核。鼓励主销省份探索通过资源环境补偿、跨区合作建立养殖基地等方式支持主产省份发展畜禽生产,推动形成销区补偿产区的长效机制。(国家发展改革委、农业农村部等按职责分工负责)

(二十一)保障畜牧业发展用地。按照畜牧业发展规划目标,结合地方国土空间规划编制,统筹支持解决畜禽养殖用地需求。养殖生产及其直接关联的畜禽粪污处理、检验检疫、清洗消毒、病死畜禽无害化处理等农业设施用地,可以使用一般耕地,不需占补平衡。畜禽养殖设施原则上不得使用永久基本农田,涉及少量永久基本农田确实难以避让的,允许使用但须补划。加大林地对畜牧业发展的支持,依法依规办理使用林地手续。鼓励节约使用畜禽养殖用地,提高土地利用效率。(自然资源部、农业农村部、国家林草局等按职责分工负责)

(二十二)加强财政保障和金融服务。继续实施生猪、牛羊调出大县奖励政策。通过政府购买服务方式支持动物防疫社会化服务。落实畜禽规模养殖、畜禽产品初加工等环节用水、用电优惠政策。通过中央财政转移支付等现有渠道，加强对生猪屠宰标准化示范创建和畜禽产品冷链运输配送体系建设的支持。银行业金融机构要积极探索推进土地经营权、养殖圈舍、大型养殖机械抵押贷款，支持具备活体抵押登记、流转等条件的地区按照市场化和风险可控原则，积极稳妥开展活畜禽抵押贷款试点。大力推进畜禽养殖保险，鼓励有条件的地方自主开展畜禽养殖收益险、畜产品价格险试点，逐步实现全覆盖。鼓励社会资本设立畜牧业产业投资基金和畜牧业科技创业投资基金。（财政部、银保监会、国家发展改革委、农业农村部等按职责分工负责）

（二十三）强化市场调控。依托现代信息技术，加强畜牧业生产和畜禽产品市场动态跟踪监测，及时、准确发布信息，科学引导生产和消费。完善政府猪肉储备调节机制，缓解生猪生产和市场价格周期性波动。各地根据需要研究制定牛羊肉等重要畜产品保供和市场调控预案。（国家发展改革委、财政部、农业农村部、商务部等按职责分工负责）

（二十四）落实"放管服"改革措施。推动修订畜牧兽医相关法律法规，提高畜牧业法制化水平。简化畜禽养殖用地取得程序以及环境影响评价、动物防疫条件审查、种畜禽进出口等审批程序，缩短审批时间，推进"一窗受理"，强化事中事后监管。（司法部、自然资源部、生态环境部、农业农村部、海关总署等按职责分工负责）

国务院办公厅
2020 年 9 月 14 日

参 考 文 献

[1] 赵聘,潘琦,刘亚明.畜禽生产.2 版.北京:中国农业大学出版社,2015.

[2] 潘琦.畜禽生产技术实训教程.2 版.北京:化学工业出版社,2017.

[3] 潘琦.科学养猪大全.3 版.合肥:安徽科技出版社,2015.

[4] 杨公社.猪生产学.北京:中国农业出版社,2002.

[5] 陈明清,王连纯.现代养猪生产.北京:中国农业出版社,2002.

[6] 杨宁.家禽生产学.2 版.北京:中国农业出版社,2013.

[7] 周新民,蔡长霞.家禽生产.北京:中国农业出版社,2011.

[8] 蔡吉光,王星.家禽生产技术.2 版.北京:化学工业出版社,2016.

[9] 赵聘,黄炎坤,徐英.家禽生产.北京:中国农业大学出版社,2015.

[10] 莫放.养牛生产学.2 版.北京:中国农业大学出版社.2010.

[11] 王根林.养牛学.北京:中国农业出版社.2014.

[12] 梁学武.养牛学实验指导.北京:中国农业出版社.2014.

[13] 曲永利,陈勇.养牛学.北京:化学工业出版社.2014.

[14] 欧红萍.养牛与牛病防治 300 问.北京:中国农业大学出版社.2018.

[15] 朱永毅,徐君.牛羊生产.武汉:华中科技大学出版社,2018.

[16] 李国和,马进勇.畜禽生产技术.北京:中国农业大学出版社,2016.

[17] 易宗容,阳刚,郭蓉.牛羊生产与疾病防治.北京:中国轻工业出版社,2016.

[18] 中国食物与营养发展纲要(2014—2020 年).国务院办公厅,2014.

[19] 中国奶牛群体遗传改良计划(2008—2020 年).农业部办公厅,2008.

[20] 全国生猪遗传改良计划(2009—2020 年).农业部办公厅,2009.

[21] 全国肉牛遗传改良计划(2011—2025 年).农业部办公厅,2011.

[22] 全国蛋鸡遗传改良计划(2012—2020 年).农业部办公厅,2012.

[23] 全国肉鸡遗传改良计划(2014—2025 年).农业部办公厅,2014.

[24] 全国肉羊遗传改良计划(2015—2025).农业部办公厅,2015.

[25] 全国水禽遗传改良计划(2020—2035).农业农村部办公厅,2020.

[26] 全国畜禽遗传资源保护和利用"十三五"规划.农业部办公厅,2016.

[27] 全国草食畜牧业发展规划(2016—2020 年).农业部,2016.

[28] 乡村振兴战略规划(2018—2022 年).中共中央、国务院,2018.

[29] 国家畜禽良种联合攻关计划(2019—2022 年).农业农村部办公厅,2019.

[30] 全国农业现代化规划(2016—2020 年).国务院办公厅,2016.

[31] 全国饲料工业"十三五"发展规划.农业部,2016.

[32] 畜禽规模养殖污染防治条例.国务院令第 643 号,2013.

[33] 关于推进农业废弃物资源化利用试点的方案.农业部、国家发展改革委、财政部、住房和城乡建设部、环境保护部、科学技术部,2016.

［34］关于加快推进畜禽养殖废弃物资源化利用的意见.国务院办公厅,2017.

［35］关于加快推进农业机械化和农机装备产业转型升级的指导意见.国务院,2018.

［36］关于促进草牧业发展指导意见.农业部办公厅,2016.

［37］畜禽粪污资源化利用行动方案(2017—2020 年).农业部,2017.

［38］关于加快畜牧业机械化发展的意见.农业农村部,2019.

［39］全国草原保护建设利用"十三五"规划.农业部,2016.

［40］粮改饲工作实施方案.农业部,2017.

［41］关于促进畜牧业高质量发展的意见.国务院办公厅,2020.

［42］国家畜禽遗传资源品种名录(2021 年版).国家畜禽遗传资源委员会办公室,2021.